建筑弱电工程设计

迟长春　陈建伟　主编

内容简介

本书系统地介绍了建筑弱电工程设计的理论与实践，内容包括智能建筑弱电工程设计概述、有线电视系统、通信系统、消防系统、安全防范系统、楼宇设备自动化系统、计算机网络与综合布线系统、建筑智能化系统集成和智能住宅小区系统设计。每章末有思考题与习题，书末附录收集了弱电工程常用的图形符号。

本书既可作为高等院校电气、自动化、电子信息、通信及相关专业的教材，也可供从事建筑弱电系统工程的技术人员阅读。

图书在版编目(CIP)数据

建筑弱电工程设计/迟长春，陈建伟主编. —天津：天津大学出版社，2010.9

ISBN 978-7-5618-3695-8

Ⅰ.①建… Ⅱ.①迟…②陈… Ⅲ.①房屋建筑设备：电气设备-建筑安装工程-建筑设计 Ⅳ.①TU85

中国版本图书馆 CIP 数据核字(2010)第 171821 号

出版发行 天津大学出版社
出 版 人 杨欢
地　　址 天津市卫津路 92 号天津大学内(邮编：300072)
电　　话 发行部：022-27403647 邮购部：022-27402742
网　　址 www.tjup.com
印　　刷 天津市泰宇印务有限公司
经　　销 全国各地新华书店
开　　本 185mm×260mm
印　　张 18.75
字　　数 468 千
版　　次 2010 年 9 月第 1 版
印　　次 2010 年 9 月第 1 次
印　　数 1-4 000
定　　价 34.00 元

凡购本书，如有缺页、倒页、脱页等质量问题，烦请向我社发行部门联系调换

版权所有　　侵权必究

建筑电气专业系列教材
编写委员会

主　任：吴爱国

副主任：孟庆龙　王东林　黄民德

委　员：王　萍　王绍红　王东林　温海水　迟长春
苏　刚　龚　威　沈廼文　孟庆龙　黄民德
靖大为　郭福雁　季　中　王　嬴　张志刚
杨国庆　崔同泰　曾永捷　孙绍国

秘　书：胡林芳　陈建辉

前　言

智能建筑是一种融现代建筑技术、计算机技术、自动控制技术与信息通信网络技术等高新技术于一体的新型建筑，它的迅速发展为建筑行业带来了强大的发展空间和技术革命。弱电系统是智能建筑的重要组成部分，在建筑设备各系统中，弱电系统的作用和地位越来越突出，应用越来越广泛，且有很大的发展前景。本书为满足社会对建筑弱电工程应用型、实用型人才的需要而编写，着重突出实用性和可操作性，体现先进性，力求以深入浅出、循序渐进的方式系统地介绍内容，使读者可以较快地掌握建筑弱电系统的工程设计知识。

全书共分9章，包括智能建筑弱电工程设计概述、有线电视系统、通信系统、消防系统、安全防范系统、楼宇设备自动化系统、计算机网络与综合布线系统、建筑智能化系统集成、智能住宅小区系统设计。书末附录了弱电工程常用的图形符号。

本书由上海电机学院迟长春和天津城市建设学院陈建伟担任主编，第1、2、4章由迟长春编写，第6章及附录由陈建伟编写，第3、5章由胡林芳编写，第7、8章由杨国庆编写，第9章由孙红跃编写，全书由迟长春统稿。天津大学的孙雨耕教授，河北工业大学的王景琴教授、李奎教授，天津城市建设学院的黄民德教授、龚威教授、王瀛教授对本书提出了宝贵的意见，在此一并表示由衷的感谢。

本书参考了有关智能化技术方面的网上资料和大量书刊资料，并引用了部分资料，限于篇幅，在参考文献中未一一列出，在此谨向这些书刊资料的作者表示衷心的谢意！

本书既可作为高等院校电气、自动化、电子信息、通信及相关专业的教材，也可供从事弱电系统工程的技术人员阅读。每章末有思考题与习题，教学学时数可在48学时左右。

由于编者水平有限，书中难免存在不足之处，恳请专家、同行和读者批评指正。

编者

2010年8月

目　录

第 1 章　智能建筑弱电工程设计概述

1.1　智能建筑概述

智能建筑(Intelligent Building,IB)是信息时代的产物,是社会信息化与经济国际化条件下应运而生的、现代高科技的结晶。随着电子信息技术的发展,建筑物中设备的自动化程度的提高以及建筑物中的通信网络系统的增强,建筑物正从分散的、个别的控制,发展为集中综合自动控制的智能建筑。

智能建筑的主要特征是其具备在一座建筑物内进行信息管理和对信息进行综合利用的能力。这个能力包括信息的采集和综合、信息的分析和处理以及信息的交换和共享。智能建筑内机电设备的自动化控制也是信息处理的一个方面,它可以节能和保护环境,进一步改善人类居住和工作的环境。

世界上第一幢智能大楼于 1984 年在美国康州首府哈特福德市的城市广场建成,这是一栋 38 层的办公建筑,拥有比较好的建筑设备系统,将通信自动化、办公自动化、楼宇自动化、安全、防灾等技术纳入运行管理,同时给租户提供新的服务及共享服务功能,从而成为世界上第一座冠以"智能建筑"的大楼,被视为城市现代化、信息化的主要标志。

从此,智能建筑风靡全球。据统计,美国新建和改造的办公大楼约 71% 为智能建筑。日本从 1985 年开始建设智能大厦,并制订了一系列的发展计划,成立了智能化组织,到 20 世纪末已有 65% 的建筑实现了智能化。新加坡计划建成"智能城市花园"。印度计划建设"智能城"。韩国计划将其半岛建成"智能岛"。

20 世纪 80 年代末 90 年代初,中国科学院计算技术研究所就曾进行了"智能化办公大楼可行性研究",对智能办公楼的发展进行了探讨。80 年代后期出现了较早的一批智能设施和系统较为完备的建筑物。1990 年建成的北京发展大厦是智能建筑的雏形。1993 年建成的广东国际大厦是我国大陆首座智能化商务大厦,它具有较完善的"3A"系统(建筑设备自动化系统 Building Automation System, BAS;通信自动化系统 Communication Automation System, CAS;办公自动化系统 Office Automation System, OAS。如图 1-1 所示)及高效的国际金融信息网络,通过卫星可直接接收美联社道琼斯公司的国际经济信息,同时还提供了舒适的居住和办公环境。

目前中国已建成的智能建筑,如北京的恒基中心、新华社办公大楼、中化大厦、北京南站,上海的环球金融中心、金茂大厦,广州的中天广场,济南的山东省商业大厦等诸多建筑物,为中国智能建筑的发展奠定了基础,同时,也相继建立起研究开发队伍。

《智能建筑设计标准》(GB/T 50314—2006)中对智能建筑的定义为:以建筑物为平台,兼备信息设施系统、信息应用系统、建筑设备管理系统、公共安全系统等,集结构、系统、服务、管理及其优化组合为一体,向人们提供高效、便捷、节能、环保、健康的建筑环境。

美国的智能建筑学会(Intelligent Building Institute,IBI)把智能建筑定义为:通过优化建筑

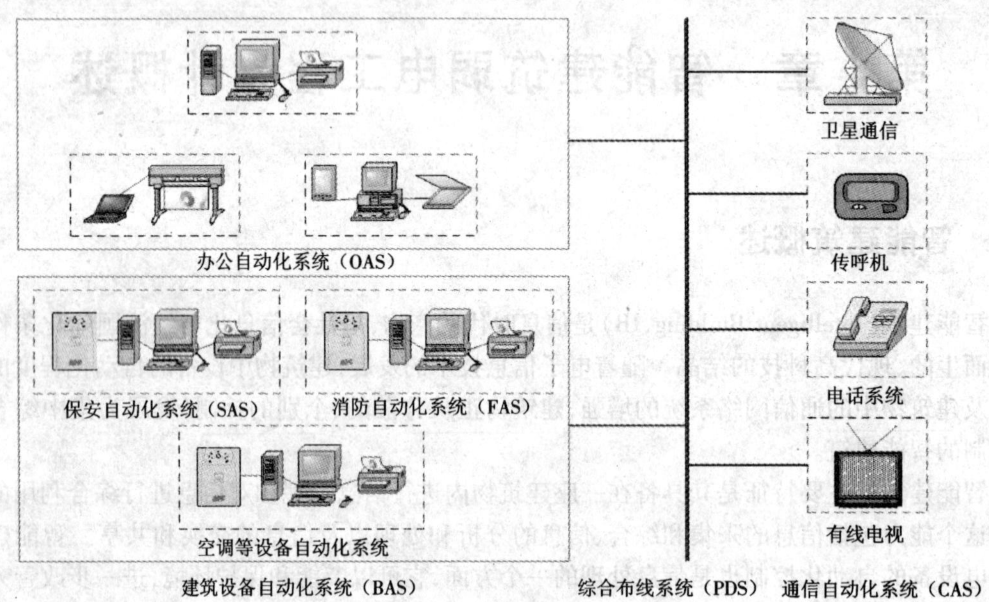

图 1-1 智能建筑的"3A"系统

物的结构、系统、服务和管理等基本要素及它们之间的内在关系，提供一个投资合理，具有高效、舒适、便利的环境。

智能建筑的实质是：为了达到一定的需求（目标）、应用（功能），建立一个以信息系统为基础的平台，将系统相关的各要素紧密地集成在一起，包括与解决问题相关的数据、信息、知识、人员、设备、网络、环境、模型等，也包括各种已经建立的系统或系统服务，对其进行综合和集成，将其统一在应用的框架平台下，按需求进行连接、配置和共享，达到系统智能化的总体目标。

从智能建筑的功能角度分析，智能建筑提供的环境应该是一种优越的生活环境和高效率的工作环境，包括以下方面。

①安全。包括增强人员和物品的安全，提高供电可靠性、电磁兼容性，降低电源的谐波影响，提高对火灾、地震、灾害及结构的安全性等。除了要保证生命、财产、建筑物安全外，还要考虑信息的安全性，防止信息网中发生信息泄露和被干扰，特别是防止信息数据被破坏、被篡改，防止黑客入侵。

②舒适和健康。包括提供舒适的微气候、良好的视觉照明和光环境，对噪声控制、空气污染控制，提高工作效率等，使人们在智能建筑中能够舒适和健康地生活。

③良好的室外环境。包括空间的利用率和灵活性好，建筑物和周围环境的关系协调，对办公组织机构、办公方法和程序的变更及设备更新的适应性强，当网络功能发生变化和更新时，不妨碍原有系统的使用。

④方便可靠，便于操作、管理和维修。建筑物和它的设备应便于操作和维修，运行和维护的生命周期成本低，还应便于能耗计量和节能监控，如对主要电力设备的能耗计量、空调设备的能耗计量等。

1.2 智能建筑的系统组成

智能建筑与一般建筑不同的地方,除了有一般的电力供应、给排水、空气调节、采暖、通风等设施外,还应具有较好的信息处理及自动控制能力。

现代智能建筑主要由三大系统组成:通信系统、办公自动化系统、建筑自动化系统。这三个系统中又包含各自的子系统。应该注意,这几个系统是一个综合性的整体,而不是过去的那样分散的没有联系的系统。图1-2为建筑物的各种智能系统。

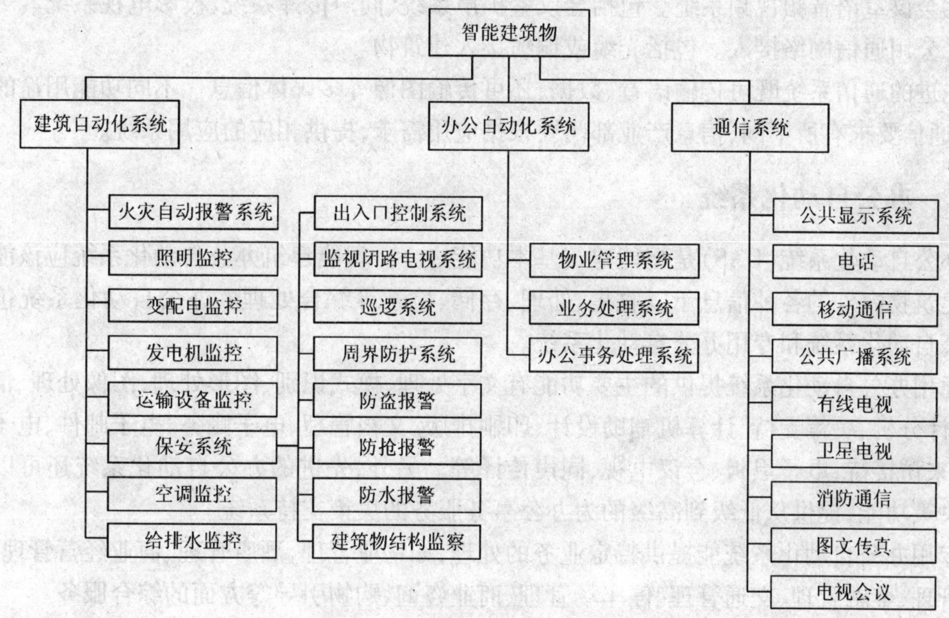

图1-2 建筑物的各种智能系统

1.2.1 通信系统

通信系统(TCS)又称通信网络系统。它的功能有语音通信、数据通信、图形图像通信。

通信系统主要提供建筑内外的一切语音和数据通信,也就是说,既要保证建筑内语音、数据、图像的传输,又要与建筑外远程数据通信网,如公用电话网(PSTN)、用户电报网、传真网、分组交换网(X.25)、数字数据网(DDN)、卫星通信网(VAST)、无线通信网及国际互联网(Internet)等相通,以利互通信息、共享资源。

通信系统主要有下列数种。

①有线语音通信。包括以数字程控交换机(PABX)及虚拟网交换机(Centrex)或模块局为核心的电话、集团电话、公用电话。

②无线通信。包括移动电话、小灵通(PAS)信号增强系统及无绳电话系统。

③可视通信。包括远程会议电视(Video Conference)、可视电话(Video Phone)。

④卫星通信(VSAT)系统。

⑤电视(TV)系统。包括有线电视(CATV)、卫星电视(SATV)、视频点播(VOD)等。一般

在屋面设立多个频道天线及卫星电视(SATV)接收天线,经过放大后输送到各接收点,也可接入有线电视网。

⑥公共广播系统。公共广播(Public Address,PA)系统一般分为:

a)业务性广播,用于办公楼、商业楼、教育楼、车站、码头、机场;

b)服务性广播,用于旅馆等公众活动场所;

c)事故广播,用于有火灾时引导人们撤离。

广播设备也可共用,平时用于业务性、服务性广播及播放背景音乐,发生火灾时作事故广播。

⑦会议室语音频视频系统。包括会议室扩声系统、同声传译系统、投影电视系统。

⑧公用通信网络接入。包括光缆或铜缆接入建筑物。

先进的通信系统既可传输语音、数据,还可传输图像等多媒体信息。不同功能用途的建筑物,对通信要求有所不同,信息产业部门要根据应用需求,提供相应的应用系统。

1.2.2　办公自动化系统

办公自动化系统(OAS)是智能建筑基本功能之一。智能建筑办公自动化系统应该能够对来自建筑物内外的各种信息予以收集、处理、存储、检索等综合处理。办公自动化系统包含通用办公自动化系统和专用办公自动化系统。

通用办公自动化系统提供的主要功能有文字处理、模式识别、图形处理、图像处理、情报检索、统计分析、决策支持、计算机辅助设计、印刷排版、文档管理、电子账务、电子邮件、电子数据交换、来访接待、电子黑板、会议电视、同声传译等。另外,先进的办公自动化系统还可以提供辅助决策功能,提供从低级到高级的为办公事务服务的决策支持系统。

专用办公自动化系统能提供特定业务的处理,如物业管理、酒店管理、商业经营管理、图书档案管理、金融管理、交通管理、停车场管理、商业咨询、购物引导等方面的综合服务。

办公自动化系统是一个综合性系统,它主要由计算机系统组成,可分成以下几部分。

①局域网系统(Local Area Network, LAN)。局域网是数据通信和交换的系统,该网络平台提供用户所需的带宽、协议和管理控制要求。

②网络设备。包括网络交换机(Switch)或集线器(Hub)、路由器(Router)、终端与网络端接设备,如调制解调器、远程访问服务器以及网络安全设备,如防火墙等。

③办公自动化设备。包括服务器、计算机工作站、扫描仪、图文终端、文字处理机、主计算机、打印机、绘图机等。

④办公自动化软件和数据库。包括文字处理、模式识别、图形处理、图像处理、情报检索、统计分析、决策支持、计算机辅助设计、印刷排版、语言翻译等。

⑤应用软件。包括办公、计划、财务、人事、情报、技术、物资、物业管理等软件。

1.2.3　建筑自动化系统

建筑自动化系统(BAS)或建筑物自动控制系统,又称建筑设备监控系统或楼宇自动化系统,也有人称为环境监控系统(EMS)。它采用计算机对建筑物内所有机电设施进行自动控制。这些机电设施包括变配电、给排水、采暖通风与空气调节、运输、火灾报警、保安等系统。

建筑自动化系统一般有如下几个子系统。

1. 环境控制管理子系统

环境控制管理子系统主要有电气系统控制、采暖通风与空气调节(HVAC)系统控制、给排水系统控制、运输设备系统控制。一般包含以下几部分。

①采暖通风与空气调节系统控制。包括各种冷热源机组、空调机组、新风机组控制。

②给排水系统控制。包括水泵、水箱水位控制报警。

③运输系统控制。包括电梯、自动扶梯的控制。

④电气系统控制。包括变配电设备、自备发电机、直流电源、照明、动力设备控制。

2. 防灾与保安子系统

防灾与保安子系统主要包括火灾报警及消防联动控制系统、保安系统。一般包含以下几部分。

①火灾报警及消防联动控制系统(FAS)。它在发生火灾时自动报警,消防联动控制系统能自动喷洒水或其他灭火液体和气体,启动防排烟系统排除火灾时产生的烟雾并防止其蔓延。

②保安系统(SCS)。包括闭路电视(CCTV)监控、电子出入口控制(Access Control System)、身份识别、防盗防抢、保安巡逻、结构及地震监视与报警、煤气泄漏报警、水灾报警。

为了完成这一目标,需要在建筑物内建立一个综合的计算机网络系统。这个系统应能将建筑物内的设备自控系统、通信系统、办公自动化系统以及智能卡系统和多媒体计算机系统,综合为一体化的综合计算机管理系统。

1.2.4 计算机网络

要实现智能建筑的功能,计算机网络、局域网(LAN)、广域网(WAN)是智能建筑基础设施必需的重要组成部分。在智能建筑中设置局域网主要是为了可在智能建筑各信息终端和信息源之间互相传递信息。而且由于这些通信设施的所有者是智能建筑的所有者或第三方,所以每个使用者的使用费用较低。

一般智能建筑应有一个高速主干通信网。各个楼层应设置一个或多个局域网,连至高速主干网,由此沟通建筑内计算机中心主机与楼层内各个局域网的通信系统。建筑物与外界的通信联网可以通过高速主干网来实现。

建筑物自动控制领域内的网络也可以和信息网络相连。建筑物各种网络可以和广域网及因特网相连。图1-3为建筑物的计算机网络。

1.2.5 综合布线系统

综合布线系统是智能建筑的信息和通信线路。

常规布线系统中,电话和用户交换机(PABX)通常使用电话线,计算机网络采用双绞线(Twisted Pair, TP)或同轴电缆(Coaxial Cable)。这种布线系统设计复杂、施工困难、工程造价高、完工后管理困难、系统改变不便,不能适应办公室发展需要。

综合布线系统是一种符合国家标准的布线系统。综合布线系统采用了星型网络结构,可以支持电话、计算机、建筑物自动控制等系统。通用布线系统可连接电话机,交换机,电传机,图像、影像设备,可以支持多个厂家的语音和数据设备。它也提供与其他计算机网络的连接。

综合布线系统采用模块化设计,通过方便灵活的跳线,易于扩充和重新分配,便于用户移动、增加及变更,工作不受干扰。

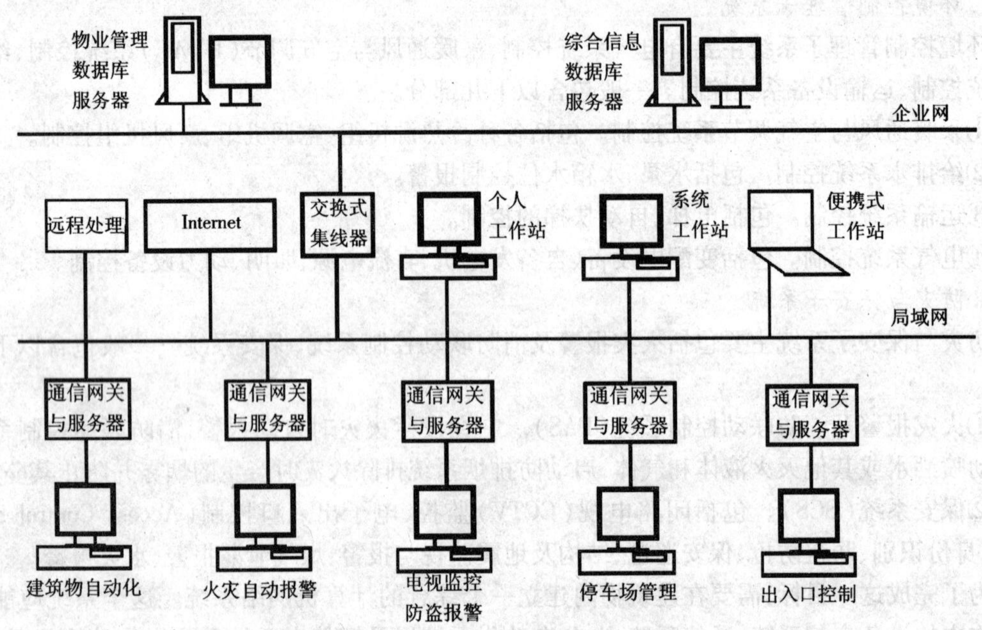

图 1-3 建筑物的计算机网络

综合布线系统采用的传输介质主要有光缆（Optical Fiber Cable）、非屏蔽双绞线（Unshielded Twisted Pair，UTP）和屏蔽双绞线（Shielded Twisted Pair，STP）等。

综合布线系统按照下列六个部分进行设计：工作区（Work Area）、配线子系统（Horizontal Subsystem）、干线子系统（Backbone Subsystem）、设备间（Equipment Room）、管理（Administration）和建筑群子系统（Campus Subsystem）。各个部分都是独立的，很灵活。

智能建筑内有许多竖井和管道用于安放各种设备的电缆及电线，供电话、计算机用。

1.2.6 智能化系统集成

智能建筑追求的目标主要有：

①能共享信息资源；

②提高工作效率和提供舒适的工作环境；

③加强对建筑物及设备的管理，减少管理人员和节约能源；

④使建筑物能适应环境的变化和工作性质的多样性及复杂性。

智能化系统集成是一种技术手段和方式方法，它的本质是使资源共享、信息集成。智能化系统集成是管理的需要。所谓系统集成（Integration）或综合，就是将建筑物的设计、安装、调试、运行维护等既相对独立又相互关联的子系统组成具有一定规模的大系统的过程。这个大系统不是子系统的简单堆叠，而是借助于建筑自动化系统、通信系统和办公自动化系统把现有的分离的设备、功能和信息等综合到一个相互关联的、统一的、协调的系统之中，从而能把先进的高新技术巧妙灵活地运用到现有的智能建筑系统中，以充分发挥其作用和潜力。

从某种意义上讲，智能建筑的智能化程度的提高是永无止境的，智能建筑系统功能的集成是实现建筑物总性能的一个长期的过程。有人认为智能建筑的高级阶段就是计算机集成建筑

(Computer Integrated Building, CIB)。

智能建筑的系统集成原则有以下两点：

①智能建筑的系统集成应满足管理的需要；

②智能建筑的系统集成应根据需求,分层次集成。

要实现智能建筑(建筑领域称为弱电子系统)的集成,应满足以下两个条件：

①信息管理系统为计算机网络结构,它具有相应的信息处理能力；

②各子系统应统一规划有符合标准的通信接口和通信协议。

智能建筑系统集成或综合是多学科、高科技的结晶,它涉及计算机硬件、软件,网络技术,通信交换技术,多媒体技术及各种设备的检测、控制和自动化等。作为一个工程项目,除考虑它的先进性之外,还必须考虑它的可靠性、实用性和经济性等,必须做到整体规划、精心实施、细致管理,使一幢建筑物内的各种操作和控制系统信息共享成为现实。

图 1-4 为智能建筑的综合网络系统的一个例子。

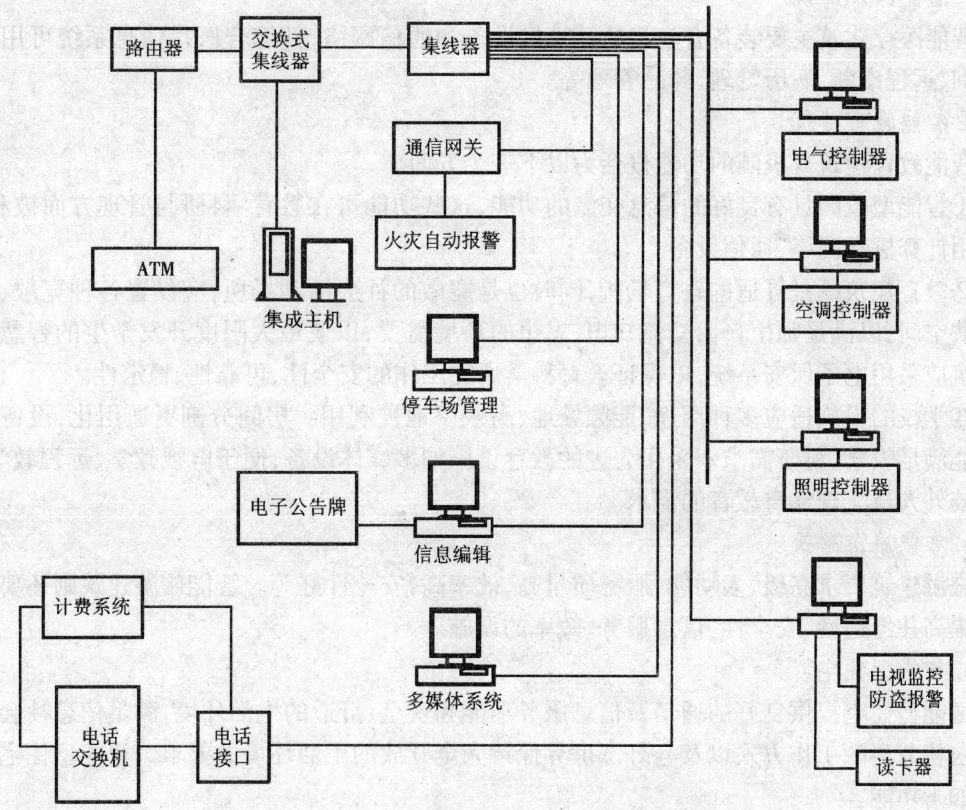

图 1-4　智能建筑的综合网络系统实例

1.3　智能建筑类型

智能建筑的功能将朝着多样化方向发展。智能建筑由于用途、规模不同,所需要的功能系统也不同,因而有必要区分为商业建筑、办公建筑、旅游建筑、医疗建筑、教育建筑、交通建筑和居住建筑等类型。

商业建筑,如银行、股票市场、饭店宾馆、商场等。

办公建筑,如政府行政机构、公司总部、律师事务所等。

教育建筑,如大学校园。

交通建筑,如飞机场、火车站、交通中心等。

医疗建筑,如医院、疗养院等。

居住建筑,如住宅和居住小区。

各种智能建筑的功能不同,它们各具特点。

1. 智能办公建筑

智能办公建筑分为专用办公建筑和出租办公建筑。专用办公建筑指政府办公楼、公司办公楼、企业办公楼、金融楼、商业楼。出租办公建筑指业主租给各种公司办公用的大楼。智能办公建筑主要提供完善的办公自动化服务、各种通信服务并保证有良好的环境。

2. 智能医疗建筑

智能医疗建筑主要装备有完善的计算机设备和通信网络,其综合医疗信息系统可用于医疗咨询、远程诊断、病历管理、药品管理等。

3. 智能教育建筑

智能教育建筑或校园的功能概括为以下三个方面。

①智能型校园具有良好的信息交流的功能,这些功能可在教育、科研与管理方面被利用,应采用计算机和网络、通信设备。

②教育建筑既是舒适的教育场所,同时也是宽敞的社会活动场所,应设置各种宽敞、舒适的公共空间,以满足师生自由交流知识、思想的环境需要,以便最大限度开发学生的智慧。教育建筑应采用电子保安系统,以保证教育科学研究工作的安全性、可靠性、稳定性。

③学校的设施适应多种用途,能频繁地、高效率地被利用。房间分割更通用化,设备建筑设施能满足教学、科研需求。采用先进的教育设施如多媒体设备,便于电视教学、远程教学,以满足校外人员实现终身教育的需求。

4. 智能旅游建筑

旅游建筑要求高级、多功能,服务质量高、效率高,安全性好等。智能旅游建筑则还要求有多种提高其舒适性、安全性、信息服务、效率的设施。

5. 智能型住宅

智能型住宅提供良好的通信及信息服务功能和安全、舒适的生活环境,满足信息社会中人们追求快节奏的工作方式以及与外部世界保持完全开放的生活环境的要求。智能型住宅一般具有如下功能。

①安全防范措施。如安全对讲、防盗报警、火灾报警、煤气泄漏报警、紧急求助报警以及电视监视、巡逻设施。

②信息服务设施。如电话、计算机网络、有线电视。

③设备自动控制。对社区的供水、交通运输、配电设施进行自动化控制,对水表、煤气表、暖气表等进行自动计量和远传。

④家庭智能化设施。对家庭电器设备的远程遥控,如空调、照明、加热器、摄像机、娱乐器材等。

在智能建筑的基础上将发展智能建筑群,进一步实现智能化城市。

1.4　智能建筑弱电系统设计概述

所谓弱电系统,是针对强电系统而言的。一般来说,强电系统的主要功能是实现能量的转换,如将电能转换为光能的电气照明系统、将电能转换为机械能的电梯系统等。而弱电系统的功能则是实现信息的处理及信号的传输,通常由多个复杂的子系统组成,前面所讲的通信系统、办公自动化系统、建筑自动化系统等均是它的子系统。

目前人们对建筑物的功能要求越来越多,越来越高,而智能建筑弱电系统能够进一步丰富和完善建筑物的功能,其作用和地位也就越来越突出,应用越来越广泛,有着极大的发展前景。

1.4.1　设计内容

智能建筑弱电系统设计内容按照设计任务书确定,要和有关部门协调,明确分工。系统的深化设计由系统集成商完成,建筑设计单位负责审核及与其他系统的接口的协调事宜。对各个子系统考虑如下。

①电话和计算机网络按照需求采用通用布线系统。一般可以由电信或网络部门提供设计安装,或提供到建筑物分界点。网络设备和软件的采购决定一般不包含在设计范围内。

②有线电视可以由地方提供设计安装。卫星电视系统设备可以在设计范围内由采购决定。

③广播系统包括背景音乐及紧急广播。紧急广播可在火灾报警系统中设计,但应该满足紧急广播的要求,应该明确系统的转换点。

④报告厅、多功能厅等的音响系统是专业性较强的系统,同声传译系统也同样,设计可以提出性能要求,由产品供应商提供方案。

⑤楼宇设备自动化控制系统与被控制设备关系比较密切,设计监控点时需要协同空调、给排水、电气等专业人员确定。

⑥火灾自动报警及消防联动系统按照规范配置。

⑦安全防范系统包括保安监视、门禁、入侵探测、巡更等内容。监控点需要协同保安专业人员确定。

⑧停车场管理系统设置需要建筑物和停车场管理部门确定。

⑨系统集成按照需求来定。在设计时要注意,智能化系统是一个集成化的系统,而不是各个子系统设计完成后再来集成。

有的工程设计时,公共场所及某些场所只做预留,智能化系统设备由弱电竖井经电缆桥架或线槽引至房间门口,待以后由室内装修设计后再进行详细设计。

1.4.2　设计说明

智能建筑弱电系统设计说明的主要内容如下。

(1)工程概况　叙述建筑物的区位,建筑物的总面积、总高度,建筑物类别、级别、工程意义以及建筑物的功能、用途等。

(2)设计依据　国家现行规范、标准、行业标准,建筑单位、主管部门有关文件及具体意见与要求,设计单位建筑、设备等各工种提供的技术资料或文本。

(3)设计原则　智能建筑弱电子系统配置的总体要求及目标。

(4)智能化系统配置　说明本工程项目所需设计的所有智能化弱电子系统名称。根据不同性质的工程和建设单位的不同要求而设置各种智能建筑弱电子系统。

1.4.3　设计任务书内容

智能建筑弱电系统设计任务书的内容主要是设计依据、设计原则、设计内容、技术要求,如下所示。

(1)设计依据　设计依据包括建筑物的设计任务书,建筑物的建筑、结构、设备方案等,同时,要求遵循国家现行有关规范和标准。

(2)设计原则　设计原则是功能实用、技术先进、经济合理、施工维修方便、留有可以扩展余地、符合可持续发展要求。

(3)设计内容　设计内容一般包括有线电视系统、通信系统、办公自动化系统、楼宇设备自动化控制系统,还可以包括消防系统、安全防范系统;系统布线可以采用通用布线和专用布线;系统集成;防雷和接地(本书以弱电设计为主,不涉及此内容)。

(4)技术要求　分系统提出技术性能要求。

下面以某工程为实例来说明智能建筑弱电系统设计任务书的内容。

某办公大楼是一座现代化的大楼,建筑面积为×××m^2,高为×××m,供办公使用。要求设计先进、实用的智能建筑弱电系统。

1. 设计依据

①建筑物的设计任务书。

②建筑物的建筑、结构、设备设计图样。

③国家现行有关规范和标准,如《智能建筑设计标准》(GB/T 50314—2006)、《综合布线系统工程设计规范》(GB/T 50311—2007)等。

2. 设计原则

设计成为智能建筑,提供安全、高效、舒适、便利的环境。智能建筑弱电系统应该具有下列特点。

①实用性。应按照实际需要提出设计的功能,不要不加分析地硬套标准。

②采用的技术先进、成熟。当前信息技术发展快,设计人员应该掌握该领域内的国内外新技术和发展方向,避免采用即将淘汰的或落后的技术。

③系统和设备标准化,符合开放型要求,经济合理。采用标准化、开放型的系统,这是一个发展趋势,避免采用封闭式的专用系统。

④施工维修方便。要考虑方便施工。为长期应用,必须维修方便。

⑤管理方便。实现系统集成化,能够统一监控和管理。控制分散化,管理集中化。

⑥具有灵活性和扩展性。智能化系统正在日新月异地发展,它的灵活性和扩展性很重要,这是一个系统的生命力。可持续发展的系统才有较强的生命力。

⑦体现以人为本。系统应该满足人的需求,为人服务。

3. 设计内容

本工程主要设计一个集成化的系统,可以划分为通信系统、火灾自动报警系统、安全防范系统、楼宇设备自动化控制系统、综合布线系统、智能化系统集成、办公自动化系统、防雷、接地等子项，具体如下。

1)通信系统

通信系统为建筑物内的人们提供有效的信息服务。

①将共用通信网络光缆线路系统引入建筑物内。光缆从两个不同的路由引入建筑物。

②根据用户需求配置对应的通信设备，并预留足够的裕量。大厅设置公用电话。

③有线电视系统提供卫星电视节目、自制节目和地方有线电视联网。电视采用双向传输方式。

④设公共广播系统，提供背景音乐和业务广播，并和紧急广播系统相连或共用。

⑤多功能会议室设置会议扩声系统、大屏幕投影电视系统。

⑥会议电视室设双向传输会议电视系统。

⑦无线对讲系统。

⑧全球定位系统(GPS)。

2)办公自动化系统

办公自动化系统为建筑物内的人们创造良好的信息环境并提供有效的办公信息服务。(有关专业办公自动化系统另行考虑)

①办公自动化系统应该有公共信息库、网络服务器、电子邮件服务器等。

②计算机主干网传输速率为 1 Gbit/s,10/100 Mbit/s 到桌面。主干网和因特网连接，具有良好的安全防范措施。

③物业管理子系统。对建筑物内各种物业项目实施资料管理以及运行和维修管理。

④信息服务子系统。对建筑物内公众提供信息发布、查询等功能。门厅设置电子公告牌。

⑤卡管理系统。用于考勤、门禁、计费、停车场管理等。

3)楼宇设备自动化控制系统

对建筑物内各种设备进行测量控制，使之能够安全、可靠运行，节约相关人力、物力。

①暖通空调(HVAC)系统控制，如对各种冷热源机组、空调机组、新风机组控制。

②给排水系统控制，如各种水泵、水箱水位控制报警。

③电气系统控制，如变配电设备、直流电源、照明、动力设备控制。

④运输系统控制，如各电梯、自动扶梯的控制、监视。

4)火灾自动报警系统

按照规范配置设计火灾自动报警系统，并注意提供系统集成的接口。

5)安全防范系统

根据建筑物的使用功能和安全防范管理要求，构成先进、可靠、合理适用的安全防范系统。

①闭路电视(CCTV)监控系统，对必须监视的场所、部位、通道进行监视。

②入侵报警系统，对设防区的非法入侵、盗窃、破坏等进行探测和报警。

③电子出入口控制系统(Access Control System)，对需要控制的出入口进行控制和管理。

④保安巡逻管理系统，对保安人员巡逻的状态进行监督、记录和报警。

6)综合布线系统

综合布线系统应能满足建筑物和建筑物群的信息通信网络布线要求，应能支持语音和数据信息传输要求。

7)智能化系统集成

各个智能化的子系统应能与集成管理系统进行通信和信息共享。

8)防雷、接地

防雷、接地要能够保证系统和人身安全以及设备和数据安全。

1.4.4 智能建筑相关规范标准

目前,我国执行的智能建筑相关规范、标准如下:

①《智能建筑设计标准》(GB/T 50314—2006);

②《智能建筑工程质量验收规范》(GB 50339—2003);

③《民用闭路监控电视系统工程技术规范》(GB 50198—94);

④《文物系统博物馆安全防范》(GB 16571—1996);

⑤《文物系统博物馆风险等级和安全防护级别的规定》(GA/T 27—2002);

⑥《银行营业场所风险等级和防护级别的规定》(GA 38—2004);

⑦《银行营业场所安全防范工程设计规范》(GB/T 16676—1996);

⑧《安全防范工程技术规范》(GB 50348—2004);

⑨《综合布线系统工程设计规范》(GB/T 50311—2007);

⑩《综合布线系统工程验收规范》(GB/T 50312—2007)。

伴随着智能建筑的不断发展,关于智能建筑的施工标准规范、工程质量验收规范、智能建筑电气工程预算定额工作量清单与施工质量监理验收和电气节能手册等都相继问世,为智能建筑的规范发展打下了良好的基础。

思考题与习题

1. 简述智能建筑的产生背景及发展趋势。
2. 简述建筑弱电系统的设计内容。

第2章　有线电视系统

2.1　有线电视系统概述

自20世纪40年代电视机形成商品以来,接收高质量的电视节目,一直既是用户的需要也是许多技术人员和厂商的努力方向。在电视节目制作和播出环节解决之后,传输和接收电视信号就成为重中之重。有线电视系统是指将一组高质量的音、视频信号源设备输出的多套电视信号,经过一定的处理,利用同轴电缆、光缆或微波传给千家万户的公共电视传送系统。

有线电视技术的产生与发展和现代科学技术的发展紧密相关,经历了初始、成长和发展3个阶段。

共用天线系统(Common Antenna TV,CATV)也称公用天线系统,起源于1948年美国宾夕法尼亚州的曼哈尼山城。它为了解决电视台发射信号的盲区和重影问题,用一套主接收天线接收电视信号,经与电力线共杆的同轴电缆进行信号传输并分配入户,这种方式一直沿用下来。但随着城市建设的逐步发展,高层建筑物越来越多,对电视信号形成遮挡,加之各类电波的干扰,所以,共用天线系统作为有线电视系统的初始阶段的历史使命已经完成。

为了解决电视信号的遮挡和干扰问题,人们一直在探寻一种能有效提高电视节目传送质量并能增加节目容量的方法,这就是电缆电视系统(Cable TV,CATV)。电缆电视系统在20世纪60—70年代得到大力发展。它是在有线电视台、站配备前端设备,并用同轴电缆作干线传输,以闭路的方式组建电视台网,其规模小到几十户,大到上万户,其采用了邻频传输技术,提高了频带利用率,增加了频道容量;同时采用了电平控制技术,提高了信号传输质量。但受到同轴电缆干线传输距离有限的约束,其应用受到一定限制。

有线电视的发展伴随着微波技术、卫星电视技术和光纤传输技术的发展而同步进行。在20世纪80年代,采用多路微波分配系统、光纤传输代替同轴电缆进行干线和超干线传输的方式进入实用阶段,使有线电视的网络结构更为合理,规模更加扩大,使大范围布网成为可能。有线电视由单向传输模拟电视节目发展为双向传输多功能综合业务以及电信网、有线电视网和计算机数据网的“三网合一”的多带宽综合信息网已经得以实现。

2.1.1　我国有线电视系统的频道划分

我国关于电视频道的划分如表2-1所示,由表中可见以下几点。

①目前我国电视广播采用Ⅰ、Ⅲ、Ⅳ、Ⅴ四个波段,Ⅰ、Ⅲ波段为VHF频段,Ⅳ、Ⅴ波段为UHF频段。

②Ⅰ与Ⅲ波段之间和Ⅲ与Ⅳ波段之间为增补频道A、B波段,这是因CATV节目不断增加和服务范围不断扩大而开辟的新频道。

③每个频道之间的间隔为8 MHz。

④在Ⅰ波段与A波段(增补频道)之间空出88～171 MHz频段划归调频(FM)广播、通信

等使用,有时称Ⅱ波段,其中87~108 MHz为FM广播频段。

表2-1 我国电视频道划分表

波段	电视频道	频率范围/MHz	中心频率/MHz	图像载波/MHz	伴音载波/MHz
Ⅰ波段	DS-1	48.5~56.5	52.5	49.75	56.25
	DS-2	56.5~64.5	60.5	57.75	64.25
	DS-3	64.5~72.5	68.5	65.75	72.25
	DS-4	76~84	80	77.25	83.75
	DS-5	84~92	88	85.25	91.75
Ⅱ波段(增补频道 A_1)	Z-1	111~119	115	112.25	118.75
	Z-2	119~127	123	120.25	126.75
	Z-3	127~135	131	128.25	134.75
	Z-4	135~143	139	136.25	142.75
	Z-5	143~151	147	144.25	150.75
	Z-6	151~159	155	152.25	158.75
	Z-7	159~167	163	160.25	166.75
Ⅲ波段	DS-6	167~175	171	168.25	174.75
	DS-7	175~183	179	176.25	182.75
	DS-8	183~191	187	184.25	190.75
	DS-9	191~199	195	192.25	198.75
	DS-10	199~207	203	200.25	206.75
	DS-11	207~215	211	208.25	214.75
	DS-12	215~223	219	216.25	222.75
A_2波段(增补频道)	Z-8	223~231	227	224.25	230.75
	Z-9	231~239	235	232.25	238.75
	Z-10	239~247	243	240.25	246.75
	Z-11	247~255	251	248.25	254.75
	Z-12	255~263	259	256.25	262.75
	Z-13	263~271	267	264.25	270.75
	Z-14	271~279	275	272.25	278.75
	Z-15	279~287	283	280.25	286.75
	Z-16	287~295	291	288.25	294.75
B波段(增补频道)	Z-17	295~303	299	296.25	302.75
	Z-18	303~311	307	304.25	310.75
	Z-19	311~319	315	312.25	318.75
	Z-20	319~327	323	320.25	326.75
	Z-21	327~335	331	328.25	334.75
	Z-22	335~343	339	336.25	342.75
	Z-23	343~351	347	344.25	350.75

续表

波段	电视频道	频率范围/MHz	中心频率/MHz	图像载波/MHz	伴音载波/MHz
B波段(增补频道)	Z-24	351~359	355	352.25	358.75
	Z-25	359~367	363	360.25	366.75
	Z-26	367~375	371	368.25	374.75
	Z-27	375~383	379	376.25	382.75
	Z-28	383~391	387	384.25	390.75
	Z-29	391~399	395	392.25	398.75
	Z-30	399~407	403	400.25	406.75
	Z-31	407~415	411	408.25	414.75
	Z-32	415~423	419	416.25	422.75
	Z-33	423~431	427	424.25	430.75
	Z-34	431~439	435	432.25	438.75
	Z-35	439~447	443	440.25	446.75
	Z-36	447~455	451	448.25	454.75
	Z-37	455~463	459	456.25	462.75
Ⅳ波段	DS-13	470~478	474	471.25	477.75
	DS-14	478~486	482	479.25	485.75
	DS-15	486~494	490	487.25	493.75
	DS-16	494~502	498	495.25	501.75
	DS-17	502~510	506	503.25	509.75
	DS-18	510~518	514	511.25	517.75
	DS-19	518~526	522	519.25	525.75
	DS-20	526~534	530	527.25	533.75
	DS-21	534~542	538	535.25	541.75
	DS-22	542~550	546	543.25	549.75
	DS-23	550~558	554	551.25	557.75
	DS-24	558~566	562	559.25	565.75
	Z-38	566~574	570	567.25	573.75
	Z-39	574~582	578	575.25	581.75
	Z-40	582~590	586	583.25	589.75
	Z-41	590~598	594	591.25	597.75
	Z-42	598~606	602	599.25	605.75
	DS-25	606~614	610	607.25	613.75

续表

波段	电视频道	频率范围/MHz	中心频率/MHz	图像载波/MHz	伴音载波/MHz
V波段	DS-26	614~622	618	615.25	621.75
	DS-27	622~630	626	623.25	629.75
	DS-28	630~638	634	631.25	637.75
	DS-29	638~646	642	639.25	645.75
	DS-30	646~654	650	647.25	653.75
	DS-31	654~662	658	655.25	661.75
	DS-32	662~670	666	663.25	669.75
	DS-33	670~678	674	671.25	677.75
	DS-34	678~686	682	679.25	685.75
	DS-35	686~694	690	687.25	693.75
	DS-36	694~702	698	695.25	701.75
	DS-37	702~710	706	703.25	709.75
	DS-38	710~718	714	711.25	717.75
	DS-39	718~726	722	719.25	725.75
	DS-40	726~734	730	727.25	733.75
	DS-41	734~742	738	735.25	741.75
	DS-42	742~750	746	743.25	749.75
	DS-43	750~758	754	751.25	757.75
	DS-44	758~766	762	759.25	765.75
	DS-45	766~774	770	767.25	773.75
	DS-46	774~782	778	775.25	781.75
	DS-47	782~790	786	783.25	789.75
	DS-48	790~798	794	791.25	797.75
	DS-49	798~806	802	799.25	805.75
	DS-50	806~814	810	807.25	813.75
	DS-51	814~822	818	815.25	821.75
	DS-52	822~830	826	823.25	829.75
	DS-53	830~838	834	831.25	837.75
	DS-54	838~846	842	839.25	845.75
	DS-55	846~854	850	847.25	853.75
	DS-56	854~862	858	855.25	861.75

2.1.2 有线电视系统分类

有线电视系统分类只是在某一方面突出地、简单地反映系统中的某一特点，它们并不能说明各种类型的有线电视系统有什么本质的区别。因此，分类的方法不同，分得的类型也不同。

1. 按频道利用方式分类

(1)隔频传输系统　电视接收机接收开路电视信号时对相邻频道的抑制能力较差,为了防止相互干扰,各级电视台必须按照全国统一规划实行隔频传输。通常,在V段每隔一个频道安排一套节目,在U段每隔两个以上频道安排一套节目。有线电视系统在早期由于频道数不是很多,通常也采用隔频传输。由于其频道容量少,现在已不再使用。

(2)邻频传输系统　这种系统将标准广播电视频道中相邻频段间的频率资源充分利用起来,在闭路系统中进行传输,如5频道和6频道之间,增加了增补1~7频道;在12频道和13频道之间,增加了增补8~37频道;在24频道和25频道之间,增加了增补38~42频道。这种系统频道利用率较高,但对前端设备和电视接收机的要求较高,是目前普遍使用的有线电视系统。此系统中最高工作频率已发展到1 000 MHz。

2. 按信号传输媒介分类

(1)同轴电缆传输方式　这是一种最简单、使用最早的传输方式,且设备成本低,安全可靠,安装方便。但因为电缆对信号电平损失较大,每隔几百米就要安装一个干线放大器来提高信号电平,由此将引入较多的噪声和非线性失真,使信号质量下降,其传输距离受到限制。因此对干线放大器提出了较高的要求。由于电缆的传输在高频道上的损耗值要高于在低频道的损耗值,因而要求干线放大器应具有频率均衡能力;为了补偿温度变化对干线放大器技术指标的影响,在干线传输线路上还应分段使用带自动温度补偿(ATC)和自动电平控制(ALC)的干线放大器。同时,干线放大器还要有灵活的输出方式。同轴电缆传输方式一般只在小系统或大系统中靠近用户分配系统的最后几千米中使用。

(2)微波传输方式(MMDS)　微波传输方式是把电视信号调制到微波频段,定向或全向向服务区发射无线信号,在接收端再把它解调还原成电视信号,送入用户分配系统。微波传输方式不需要架设电缆、光缆,只需要安装微波发射机、微波接收机及收发天线即可。此方式施工简单,成本低,收效快,且不受地形、地域限制,特别适合于山区、丘陵地区传输电视信号,但信道带宽有限,所能容纳的频道数有限,易受建筑物的阻挡和反射,产生阴影区和重影区,微波传输还易受到雨、雪、雾等气候条件的影响。

(3)光缆传输方式　光缆传输方式是通过光发射机把高频电视信号转换成为光信号,使其沿着光导纤维传输,接收端再通过光接收机把光信号变换成射频电视信号。这种传输方式具有频带宽、容量大、损耗低、抗干扰能力强、失真小、噪声低、性能稳定可靠等优点,是未来信息传输的主要方式。但目前其设备成本较高,因而应用受到了一定的限制。

(4)光缆/电缆混合传输方式(HFC)　这种传输方式用光缆作为主干线或支干线,用电缆作分配网络。HFC网络是当前大型有线电视系统的主要传输方式,其传输的信号质量较高、成本相对较低,尤其适合于在大、中型有线电视网络中应用,也是今后相当一段时期内有线电视网络发展的主流。

3. 按系统交互特性分类

(1)单向传输系统　在有线电视系统中,由前端向用户终端传送的信号称为下行信号或正向传输信号;从用户向前端传送的信号称为上行信号或反向传输信号。单向传输系统是指有线电视系统只进行正向传输信号的一点对多点的单向传输电视信号的系统。传统的有线电视系统均属此类。

(2)双向交互式传输系统　它是能进行正向和反向传输信号的系统。交互式要求双向传输,可以满足用户提出的双向服务的要求,主要功能有各种家政服务,付费电视,计算机及数据通信,视、音频信号的上传,家庭水、电、气的自动监测与抄表,防盗、防火报警及系统工作状态的监测等。双向交互式传输系统目前尚处于不断完善、不断发展的阶段,交互式的业务已部分完成。

另外,按干线放大器的供电方式不同,还可分为分散供电系统和集中供电系统。分散供电系统是指干线放大器就近接市电的供电方式;而集中供电系统可以从前端或干线上某一点加入电源插入器和集中供电电源,电源电流通过干线电缆对干线放大器进行供电。这种供电方式便于集中管理电源,保证电源质量,便于维护,但由于系统中接头较多,容易造成短路,电源应有过载保护电路。

2.2 有线电视系统的设计基础

2.2.1 增益

1. 电压增益和功率增益

增益是衡量 CATV 系统中放大器等有源器件放大信号能力大小的参数。在系统中有两种表示增益的方法,一种为功率增益,一种为电压增益。通常 CATV 系统中的增益均取对数表示。图 2-1 所示为某一放大器,其输入、输出端各参数符号如图所示。

图 2-1 放大器输入输出参数

定义

$$(\text{功率增益})=\frac{\text{输出功率}(P_o)}{\text{输入功率}(P_i)}\quad(\text{倍})$$

对上式两边取 10lg 后,功率增益的单位由倍数变成为分贝(dB),有

$$\text{功率增益}=10\lg\frac{P_o}{P_i}\quad(\text{dB})\tag{2-1}$$

定义

$$(\text{电压增益})=\frac{\text{输出电压}(U_o)}{\text{输入电压}(U_i)}\quad(\text{倍})$$

对上式两边取 20lg 后,电压增益的单位也由倍数变成为分贝,有

$$\text{电压增益}=20\lg\frac{U_o}{U_i}\quad(\text{dB})\tag{2-2}$$

在 CATV 系统中,已知各个器件的输入与输出阻抗、电缆的特性阻抗均为 75 Ω,即 $R_o=R_i=75\ \Omega$,则

$$功率增益 = 10\ \lg\frac{P_o}{P_i} = 10\ \lg\frac{U_o^2/R_o}{U_i^2/R_i} = 10\ \lg\frac{U_o^2}{U_i^2} = 20\ \lg\frac{U_o}{U_i} = 电压增益$$

所以,CATV 系统中器件的增益既可用功率比表示,也可用电压比表示,二者的比值是相等的。

2. 分贝

在 CATV 系统中,通常均用分贝(dB)表示放大器的放大倍数,或者表示系统中任意一点的电压、功率值。由于系统中的电压通常在几百微伏 ~100 毫伏之间,当用 μV、mV 来计量时数值显得过大,计算不方便,所以常取对数来计算。

当用 1 μV 电压作计量标准,将某点的电压 U 与计量标准 1 μV 做如下运算:$20\lg\frac{U}{1\ \mu V}$。这时的单位定义为 dBμV,简写为 dB。

例如,系统中某点的电压分别为 10 μV、100 μV、1 mV,当用 dBμV 表示时,数值分别为 20 dBμV、40 dBμV、60 dBμV。

1 μV 电压为　$20\lg\frac{1\ \mu V}{1\ \mu V} = 0$　(dBμV)

当用 1 mV 电压作为计量单位标准时,此时的单位定义为 dBmV,有 $20\lg\frac{1mV}{1mV} = 0$(dBmV)。则 10 μV、100 μV、1V 用 dBmV 表示时,数值分别为 -40 dBmV、-20 dBmV、60 dBmV。

如果系统中某点的功率分别为 100 μW、1 mW、1 W,而用 1 mW 功率作为计量标准时,此时的单位定义为 dBmW,简写为 dBm。则各点的电平值分别为 -10 dBm、0 dBm、30 dBm。

2.2.2　载噪比

在 CATV 系统中存在着放大器、调制器等有源器件,这些器件中的晶体管等电子元器件会不同程度地产生噪声。当电视信号在系统中传输时,这些噪声功率也同样要在系统中传输。当这些噪声功率传输到用户端时,在电视机的屏幕上将会出现雪花状或杂乱无章的信号,从而影响到整个 CATV 系统的收视质量,所以必须尽量控制整个系统的噪声。系统内的噪声包含两个方面:一是电阻产生的热噪声,用噪声源电压表示;二是放大器中的晶体管等器件产生的噪声,用噪声系数表示。

1. 载噪比

为了衡量系统中噪声干扰对电视图像质量的影响程度,用载噪比(C/N)来衡量。其定义为

$$(C/N) = \frac{载波功率}{噪声功率}\quad(倍) \tag{2-3}$$

用分贝表示

$$C/N = 10\lg(C/N)\quad(dB)$$

由于 CATV 系统中器件的输入、输出阻抗均为 75 Ω,式(2-3)也可写成

$$C/N = 20\lg\frac{载波电压}{噪声电压}\quad(dB) \tag{2-4}$$

为了计算方便,用(C/N)表示倍数,用 C/N 表示分贝值。用分贝值表示时,功率比和电压比所得结果是相同的。系统的 C/N 越高,则图像的清晰度越好。按照系统载噪比的大小,我国将图像划分成 5 个等级,如表 2-2 所示。并规定 CATV 系统图像质量必须达到 4 级以上。

表 2-2 图像质量等级

图像等级	载噪比/dB	电视画面的主观评价
5	51.9	优异的图像质量(无雪花等)
4	43	良好的图像质量(稍有雪花)
3	36.3	可通过(可接受)的图像质量(稍令人讨厌的雪花)
2	31.8	差的图像质量(令人讨厌的雪花)
1	29.5	很差的图像质量(很令人讨厌的雪花)

2. 载噪比的分配

我国规定了整个 CATV 系统的 $C/N \geqslant 43$ dB,而整个系统是由若干个子系统组成的,因此在进行系统设计时,必须合理地分配给各个子系统一定的技术指标。当信号功率一定时,载噪比是衡量系统噪声功率大小的指标。而整个系统的噪声功率是随着信号的传输不断积累的,所以载噪比的分配实质上是噪声干扰功率的分配,必须把载噪比(C/N)变成为噪载比(N/C)才能分配。例如:某系统前端分配 1/3 的载噪比指标,干线分配 2/3 的载噪比指标,实质上是分配总噪声功率的 1/3 给前端,2/3 给干线。则前端、干线噪载比分别为

$$(N/C)_{前端}=\frac{1}{3}(N/C)_{总},(N/C)_{干线}=\frac{2}{3}(N/C)_{总}$$

所以载噪比的分配遵循下列公式

$$(C/N)_i=\frac{1}{q}(C/N)_{总} \tag{2-5}$$

式中:q——分配比例,如 1/3、2/3 等;

$(C/N)_i$——子系统的载噪比。

两边取对数 10lg 得

$$C/N_i=C/N_{总}-10\lg q \quad (\mathrm{dB}) \tag{2-6}$$

上式也可推广应用于 n 台放大器串接的情况。例如,已知某干线总的载噪比为 $C/N_{干线}$,干线有 n 台相同放大器等间隔设置,现平均分配指标,则每台放大器应满足的载噪比为

$$C/N_i=C/N_{干线}-10\lg(1/n) \quad (\mathrm{dB})$$

例 2.1 某一系统,设计的总载噪比为 44 dB,前端和干线各分配 1/2,求前端和干线的载噪比各为多少分贝?

解 $C/N_{前端}=C/N_{干线}=C/N_{总}-10\lg 1/2$

$=44-10\lg 1/2=47(\mathrm{dB})$

即实际的前端和干线的载噪比必须大于或等于 47 dB,才能满足总指标的要求。

2.2.3 非线性失真

当电视信号在 CATV 系统中传输时,系统中采用了很多的放大器等有源器件,而这些器件中的主要元件为晶体管,晶体管本身是一种非线性器件。因此,当信号通过放大器时,其输出端必然会产生各种非线性失真,系统中串接的放大器台数越多,非线性失真就越严重。为了满足一定的非线性指标,就限制了系统中串接的放大器台数,从而也就限制了 CATV 系统的传输范围。CATV 系统主要考虑的非线性失真指标有交扰调制比(CM)、载波互调比(IM)、组合三次差拍比(CTB)、组合二次差拍比(CSO)等。

1. 非线性失真的产物

图 2-2 所示为某一放大器。当输入信号为 U_i时，由于放大器的非线性，输出信号 U_o与 U_i之间的关系可用幂级数展开得

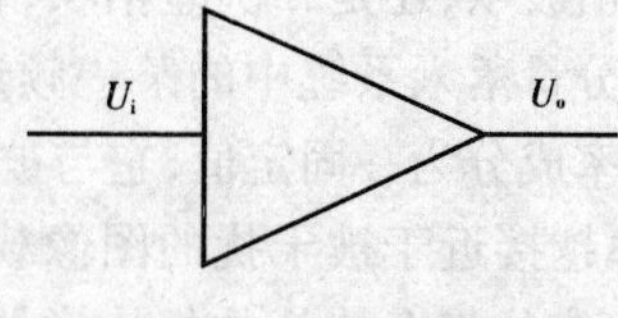

图 2-2　放大器框图

$$U_o = K_1 U_i + K_2 U_i^2 + K_3 U_i^3 + \cdots \tag{2-7}$$

式中：$K_1 > K_2 > K_3 > \cdots$为各阶次项的系数，其中 K_1 为放大器的线性项，即放大倍数；K_2、K_3均为非线性项，随着阶次项的增加，系数越来越小，影响也越来越小，通常仅考虑前三项。

为了分析方便，设仅输入三个频道的电视信号，即

$$U_i = A_1 \cos \omega_1 t + A_2 \cos \omega_2 t + A_3 \cos \omega_3 t \tag{2-8}$$

式中：ω_1、ω_2、ω_3分别为 3 个频道图像载波的频率；$A_1 = U_1(1 + m_1 \cos \Omega_1 t)$、$A_2 = U_2(1 + m_2 \cos \Omega_2 t)$、$A_3 = U_3(1 + m_3 \cos \Omega_3 t)$分别为 3 个频道图像载波振幅变化规律，其中 m_1、m_2、m_3分别为 3 个频道图像载波的调制指数，Ω_1、Ω_2、Ω_3分别为 3 个图像载波调制信号的角频率。则放大器输出信号

$$\begin{aligned} U_o = & K_1(A_1 \cos \omega_1 t + A_2 \cos \omega_2 t + A_3 \cos \omega_3 t) \\ & + K_2(A_1 \cos \omega_1 t + A_2 \cos \omega_2 t + A_3 \cos \omega_3 t)^2 \\ & + K_3(A_1 \cos \omega_1 t + A_2 \cos \omega_2 t + A_3 \cos \omega_3 t)^3 \end{aligned} \tag{2-9}$$

式(2-9)中的二次项、三次项为非线性失真项，相应的非线性失真产物称为二次(二阶)失真产物和三次(三阶)失真产物。

先分析二次失真产物。将式(2-9)中的二次项展开得

$$\begin{aligned} & K_2(A_1 \cos \omega_1 t + A_2 \cos \omega_2 t + A_3 \cos \omega_3 t)^2 \\ = & K_2(A_1^2 \cos^2 \omega_1 t + A_2^2 \cos^2 \omega_2 t + A_3^2 \cos^2 \omega_3 t + 2A_1A_2 \cos \omega_1 t \cdot \cos \omega_2 t \\ & + 2A_1A_3 \cos \omega_1 t \cdot \cos \omega_3 t + 2A_2A_3 \cos \omega_2 t \cdot \cos \omega_3 t) \\ = & K_2[\frac{A_1^2}{2}(1 + \cos 2\omega_1 t) + \frac{A_2^2}{2}(1 + \cos 2\omega_2 t) + \frac{A_3^2}{2}(1 + \cos 2\omega_3 t) \\ & + A_1A_2 \cos(\omega_1 + \omega_2)t + A_1A_2 \cos(\omega_1 - \omega_2)t + A_1A_3 \cos(\omega_1 + \omega_3)t \\ & + A_1A_3 \cos(\omega_1 - \omega_3)t + A_2A_3 \cos(\omega_2 + \omega_3)t + A_2A_3 \cos(\omega_2 - \omega_3)t] \\ = & K_2\Big[\frac{A_1^2}{2} + \frac{A_2^2}{2} + \frac{A_3^2}{2} + \frac{A_1^2}{2}\cos 2\omega_1 t + \frac{A_2^2}{2}\cos 2\omega_2 t + \frac{A_3^2}{2}\cos 2\omega_3 t \\ & + A_1A_2 \cos(\omega_1 + \omega_2)t + A_1A_2 \cos(\omega_1 - \omega_2)t + A_1A_3 \cos(\omega_1 + \omega_3)t \\ & + A_1A_3 \cos(\omega_1 - \omega_3)t + A_2A_3 \cos(\omega_2 + \omega_3)t + A_2A_3 \cos(\omega_2 - \omega_3)t\Big] \end{aligned} \tag{2-10}$$

由上式可见，当输入 3 个频道信号时，二阶失真产物共有 12 项。其中 1、2、3 项为直流项，可通过放大器中的隔直流电容阻隔掉，不会产生干扰。第 4、5、6 项为二次谐波项，当 $2\omega_1$ 正好落在系统中某一传输频道时，就会对该频道产生干扰。对于全频道系统，仅 DS-5 频道的二次谐波($2 \times 85.25 = 170.5$ MHz)正好落在 DS-6，通过选择频道可避开。其余的二次谐波均不会

落入正常 DS 频道。但对于采用邻频传输的 CATV 系统,由于增补频道的利用,会有许多的二次谐波落入正常频道造成干扰。第 7 ~ 12 项为二次差拍项(两个频率的和、差项),当二次差拍的频率正好落在系统中某一频道时,则会对该频道产生干扰。

从上面分析可见,无论是二次谐波项,还是二次差拍项,它们均是信号经过放大后产生的新的频率分量,只要这个新的频率分量落入系统中的某一频道,就会形成干扰,称为相互调制干扰,简称互调干扰。由于新的频率成分为一固定值,它与被干扰图像的载频差拍后会在电视屏幕上形成斜网状现象,干扰频率越接近于被干扰的图像载频,斜网表现得越粗。理论可证明,随着频道数量的增加,二次失真产物将会按指数规律增加。由式(2-10)可知,二次差拍项的幅度比二次谐波项的幅度大,所以二次差拍项造成的干扰要大些。

再分析三次失真的产物。将式(2-9)中的三次项展开得

$$
\begin{aligned}
&K_3(A_1\cos\omega_1 t+A_2\cos\omega_2 t+A_3\cos\omega_3 t)^3\\
&=K_3\Big[\frac{3}{4}A_1^3\cos\omega_1 t+\frac{3}{4}A_2^3\cos\omega_2 t+\frac{3}{4}A_3^3\cos\omega_3 t+\frac{A_1^3}{4}\cos 3\omega_1 t\\
&+\frac{A_2^3}{4}\cos 3\omega_2 t+\frac{A_3^3}{4}\cos 3\omega_3 t+\frac{3}{2}A_1A_2^2\cos\omega_1 t+\frac{3}{2}A_1^2A_2\cos\omega_2 t\\
&+\frac{3}{2}A_2A_3^2\cos\omega_2 t+\frac{3}{2}A_2^2A_3\cos\omega_3 t+\frac{3}{2}A_1^2A_3\cos\omega_3 t+\frac{3}{2}A_1A_3^2\cos\omega_1 t\\
&+\frac{3}{4}A_1A_2^2\cos(\omega_1+2\omega_2)t+\frac{3}{4}A_1A_2^2\cos(\omega_1-2\omega_2)t+\frac{3}{4}A_1^2A_2\cos(2\omega_1+\omega_2)t\\
&+\frac{3}{4}A_1^2A_2\cos(2\omega_1-\omega_2)t+\frac{3}{4}A_2A_3^2\cos(\omega_2+2\omega_3)t+\frac{3}{4}A_2A_3^2\cos(\omega_2-2\omega_3)t\\
&+\frac{3}{4}A_2^2A_3\cos(2\omega_2+\omega_3)t+\frac{3}{4}A_2^2A_3\cos(2\omega_2-\omega_3)t+\frac{3}{4}A_1^2A_3\cos(\omega_3+2\omega_1)t\\
&+\frac{3}{4}A_1^2A_3\cos(\omega_3-2\omega_1)t+\frac{3}{4}A_1A_3^2\cos(2\omega_3+\omega_1)t+\frac{3}{4}A_1A_3^2\cos(2\omega_3-\omega_1)t\\
&+\frac{3}{2}A_1A_2A_3\cos(\omega_1+\omega_2+\omega_3)t+\frac{3}{2}A_1A_2A_3\cos(\omega_1+\omega_2-\omega_3)t\\
&+\frac{3}{2}A_1A_2A_3\cos(\omega_1-\omega_2+\omega_3)t+\frac{3}{2}A_1A_2A_3\cos(\omega_1-\omega_2-\omega_3)t\Big]
\end{aligned}
\tag{2-11}
$$

由式(2-11)可见,当输入 3 个频道信号时,三阶失真产物共有 28 项。其中 1、2、3 项频率不变,只是幅度上有些失真,其大小为$\frac{3}{4}K_3A_1^3$,它的影响是增加了一些图像失真。4、5、6 项为三次谐波项,有可能落入某一频道造成互调干扰。第 13 ~ 28 项为三次失真引起的差拍项,称为三次差拍项,它们同样会落入某一频道造成互调干扰。第 7 ~ 12 项频率不变,但是幅度上有其他频道的幅度信号,如第 7 项,除了自身的幅度 A_1 外,还有另一个频道信号幅度的平方 A_2^2,所以 A_1 频道信号幅度受到了 A_2 频道信号幅度的调制。同样地,A_2 频道信号幅度受到了 A_1 频道信号幅度的调制。这种干扰称为交扰调制干扰,简称交调干扰。由于非线性失真系数 K_3 一般为负值,故交调干扰的产物在屏幕上显示的为负值(如黑变白),当两个频道的行频不同步时,干扰图像将左右移动。交调干扰通常以移动的白色竖条出现,类似汽车前窗的雨刷,当干扰严重时会出现串像。

2. 交扰调制比

为了衡量交扰调制对正常收看图像的影响，CATV 系统用交扰调制比（CM）来定量地表示。交扰调制比的定义为

$$(CM)=\frac{\text{需要的调制电压}}{\text{其他频道转移来的调制电压}}\quad(\text{倍})$$

用分贝表示

$$CM=20\lg\frac{\text{需要的调制电压}}{\text{其他频道转移来的调制电压}}\quad(\text{dB})\tag{2-12}$$

我国规定，无论系统的规模大小，CATV 系统的 $CM\geqslant 46+10\lg(N-1)$（dB）。式中 N 为电视频道数。

当信号电平降低 1 dB 时，交调比可改善 2 dB。

3. 载波互调比

为了定量地描述互调干扰对正常收看图像的影响，CATV 系统用载波互调比（IM）来表示。其定义为

$$IM=20\lg\frac{\text{图像载波电压}}{\text{互调产物电压}}\quad(\text{dB})\tag{2-13}$$

我国规定，无论系统的规模大小，CATV 系统的 $IM\geqslant 57$ dB。由上述定义可见，载波互调比的大小是与信号电平密切相关的。从非线性失真产物的分析已知二次失真、三次失真均会产生互调干扰，分别用 IM_2、IM_3 表示二次失真、三次失真造成的载波互调比。

当信号电平降低 1 dB 时，三次失真造成的载波互调比可改善 2 dB。

当信号电平降低 1 dB 时，二次失真造成的载波互调比可改善 1 dB。

4. 组合三次差拍比

随着系统设计容量的不断增加，互调干扰的影响越来越严重。对于任意一个频道，将会有一簇的三次差拍和三阶互调信号的频率正好落在该频道中形成干扰，这一簇的干扰信号就成为组合三次差拍干扰。为了定量地描述组合三次差拍对正常收看图像的影响程度，CATV 系统用组合三次差拍比（CTB）来衡量，其定义为

$$CTB=20\lg\frac{\text{图像载波电压}}{\text{组合三次差拍电压}}\quad(\text{dB})\tag{2-14}$$

我国规定，无论系统的规模大小，CATV 系统的 $CTB\geqslant 54$ dB。由于组合三次差拍是由三次失真引起的，因此，组合三次差拍与信号电平之间的关系同交调比、三次互调比与信号电平的关系相同，即当信号电平降低 1 dB 时，组合三次差拍比可改善 2 dB。

5. 组合二次失真比

将落在任一频道中的所有二次失真的总和称为组合二次失真。组合二次失真在电视屏幕上的现象仍为网纹状。

为了衡量组合二次失真对收看图像质量的影响程度，用组合二次失真比（CSO）来表示。其定义为

$$CSO=20\lg\frac{\text{图像载波电压}}{\text{组合二次差拍电压}}\quad(\text{dB})\tag{2-15}$$

我国规定，无论系统的规模大小，CATV 系统的 $CSO\geqslant 53$ dB。组合二次失真比与信号电平之间的关系同载波二次互调比相同，即当信号电平降低 1dB 时，组合二次失真降低 1dB。

6. CM、CTB、CSO、IM_3指标的分配

国家规定了CATV系统的$CM \geqslant 46$ dB、$CTB \geqslant 54$ dB、$IM_3 \geqslant 57$ dB、$CSO \geqslant 53$ dB(暂定),整个系统是由若干部分串接而成的,因此,在进行系统设计时,必须合理地分配给各个部分一定的非线性指标。以组合三次差拍比为例,由于总的组合三次差拍比指标是衡量整个系统组合三次差拍干扰大小的,所以指标的分配实质上分配的是组合三次差拍干扰信号。例如:某系统总CTB指标的2/3分配给干线部分,1/3分配给分配部分,实质上是将总的组合三次差拍干扰信号的2/3分配给干线部分,1/3分配给分配部分。根据组合三次差拍比的定义得

$$\frac{1}{(CTB)_{干}} = \frac{2}{3} \times \frac{1}{(CTB)_{总}}, \frac{1}{(CTB)_{分配}} = \frac{1}{3} \times \frac{1}{(CTB)_{总}}$$

所以组合三次差拍比的分配遵循下列公式

$$(CTB)_1 = \frac{1}{q}(CTB)_{总} \tag{2-16}$$

式中:q——分配比例,如2/3、1/3等。

对上式两边取对数得

$$CTB_1 = CTB_{总} - 20\lg q \quad (\text{dB}) \tag{2-17}$$

同样有

$$CM_1 = CM_{总} - 20\lg q \quad (\text{dB}) \tag{2-18}$$

$$CM_{31} = IM_{3总} - 20\lg q \quad (\text{dB}) \tag{2-19}$$

$$CSO_1 = CSO_{总} - 20\lg q \quad (\text{dB}) \tag{2-20}$$

根据不同的传输结构、传输媒介、设备指标的高低不同,前端、干线、分配系统所取的分配系数是不一样的。根据表2-3所示有线电视系统指标设计值,建议按表2-4~表2-10选择分配系数的值。

表2-3 有线电视系统主要参数设计值

项目	设计值/dB
载噪比(C/N)	43
载波交调比(CM)	$46 + 10\lg 59 = 63$
载波互调比(M)(含IM_3和IM_2)	57
载波组合三次差拍比(CTB)	54

表2-4 无干线系统各部分的分配系数和指标

项目	分配系数	dB数(前端)	分配系数	dB数(分配网络)
载噪比	4/5	45	1/5	51
交调比	1/5	61	4/5	49
载波互调比(IM_3)	1/5	72	4/5	60

表2-5 只具有本地前端系统各部分指标(适应:电长度<100 dB的干线)

项目	前端		干线		分配网络	
	分配系数	dB数	分配系数	dB数	分配系数	dB数
载噪比	7/10	45.6	2/10	51	1/10	54
交调比	2/10	61	2/10	60	6/10	51.4

续表

	前端		干线		分配网络	
载波互调比(IM_3)	2/10	72	2/10	72	6/10	62.2

表2-6 只具有本地前端的系统各部分指标(适应:电长度<100 dB的干线)

	前端		干线		分配网络	
项目	分配系数	dB数	分配系数	dB数	分配系数	dB数
载噪比	5/10	46	4/10	47	1/10	53
交调比	1/10	66	5/10	52	4/10	55
载波互调比(IM_3)	1/10	78	5/10	64	4/10	66
载波互调比(IM_2)	1/10	68	5/10	61	4/10	62
载波组合三次差拍比	1/10	64	5/10	57	4/10	58

表2-7 具有中心前端(或远地前端)的系统各部分指标

项目	本地前端		中心前端		本地干线(超干线)		中心干线		分配网络	
	分配系数	dB数	分配系数	dB数	分配系数	dB数	分配系数	dB数	分配系数	dB数
载噪比	2.5/10	50	2.5/10	50	2/10	51	2/10	51	1/10	54
交调比	0.5/10	73	0.5/10	73	2.5/10	59	2.5/10	59	4/10	55
载波互调比	0.5/10	84	0.5/10	84	2.5/10	70	2.5/10	70	4/10	66

表2-8 光缆电缆混合传输系统指标分配(一)

项目	系统输出口		前端	光缆干线	电缆部分
	国标	设计值			
(C/N)/dB	43	46	55	50	49
CSO/dB	54	57	70	61	60
CTB/dB	54	55	74	65	60

注:①"光缆干线"栏内的指标指光接收机输出端的电视射频信号 C/N、CSO、CTB。

②"前端"栏内的指标没有包括光发射机。

表2-9 光缆电缆混合传输系统指标分配(二)

项目	系统	前端		光缆传输部分		电缆传输部分		机上变换器	
		分配系数	dB数	分配系数	dB数	分配系数	dB数	分配系数	dB数
(C/N)/dB	44	1/10	54	4/10	48.7	2/10	51	3/10	49.2
CSO/dB	55	1/10	75	3/10	65	2/10	69	4/10	63
CTB/dB	55	1/10	65	4/10	59	2/10	62	3/10	60.2

注:①此表用于电缆传输部分的放大器级联数不超过4级,放大器输出模块是推挽式,前端配置必须是高质量的系统。

②目前,机上变换器的指标不高,因此机上变换器的引入可能使得系统指标不能满足现行国家标准。

表2-10 微波电缆混合传输系统指标分配

指标分配	前端	微波干线	电缆网	系统
CTB/dB	76	77.5	55	53
(C/N)/dB	48	45.2/52.9	60/65	43

2.3 有线电视系统组成

目前比较典型的有线电视系统主要由以下4个部分组成：信号源部分、前端设备部分、干线传输系统部分及用户分配网络部分，如图2-3所示。

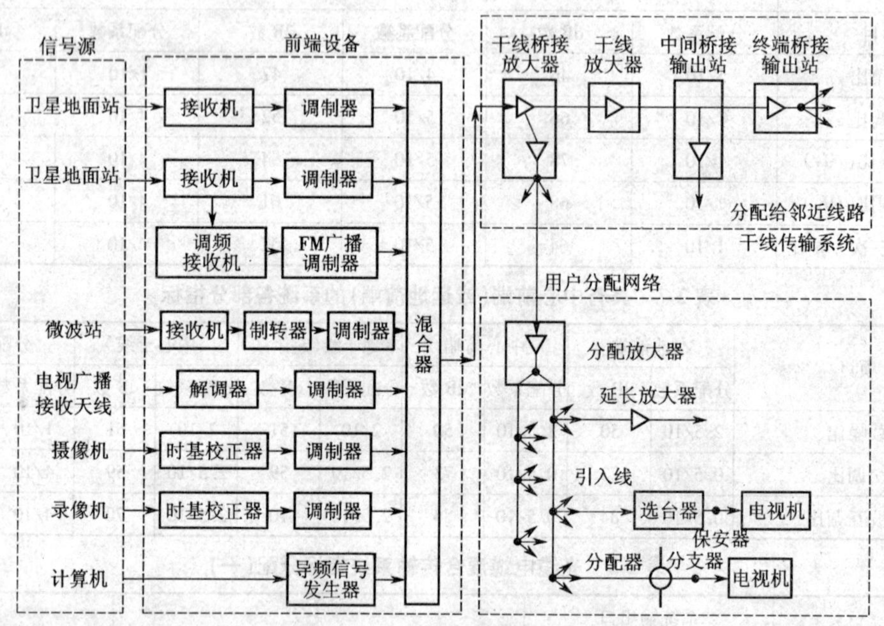

图2-3 有线电视网络组成方框图

1. 信号源部分

有线电视系统的信号源分为两大类：一类是从空中收转的各种电视信号，它包括卫星电视信号，V段、U段电视信号以及其他有线台通过微波（或光缆）传送过来的电视信号；另一类是有线电视系统自办的电视节目。其主要设备包括卫星地面站，微波站，V段、U段接收天线，摄像机，录像机，电视转播车，播控设备及系统管理计算机等。

2. 前端系统部分

前端系统是指在有线电视系统中用以处理通过天线收到的和自办的电视信号并使之适合信道传输的一系列设备。它位于信号源和干线传输系统之间，其作用是将信号源送来的多套电视信号进行必要的处理，然后将其混合成一路信号送到干线传输系统。其主要设备有接收机、调制器、频道放大器及变换器、导频信号发生器、混合器、解调器、制转器和时基校正器。由于信号源和前端设备通常在一起，目前，在系统中将它们合称前端系统。

对于大型的有线电视系统，其前端可能不止一个，根据其作用可分为本地前端、远地前端及中心前端。其中直接与本地用户分配网相连的前端称为本地前端；经过长距离地面传输或卫星线路把信号发送到本地的前端称为远地前端；设置于服务中心，其输入来自开路无线电视信号、卫星电视信号及其他可能信号源的前端称为中心前端。

3. 干线传输系统部分

干线传输系统的作用是传输系统信号，它主要由各种类型的干线放大器、干线电缆、干线光缆、光发射机、光接收机、多路微波分配系统和调频微波中继等设备和器材组成。其任务是把前端输出的高频电视信号高质量地传输给用户分配网络。干线系统的传输方式主要有同轴电缆传输、光纤传输和微波传输以及它们的混合传输。

4. 用户分配系统部分

用户分配系统是有线电视系统的最后部分，其作用是把来自传输干线的信号分配给千家万户，它包括用户分配放大器、分配器、分支器、用户终端盒等设备和器件。分配放大器的功能是补偿支线中的信号损失，放大信号功率以支持更多的用户。分配器和分支器是为了把信号分配给各条支路和各个用户的无源器件，要求其有较好的隔离和适当的输出电平。用户分配网一般采用较细的同轴电缆，以降低成本和便于施工。

另外，在整个有线电视系统组成中，还有两个方面的问题要注意：一个是系统供电问题，另一个是系统防雷问题。对系统前端的供电一般问题不大，但对干线部分及分配部分的供电，应根据当地的电源环境进行适当考虑，一般有集中供电方式和分散供电方式两种。有线电视系统中为了改善接收信号的条件使接收天线向前端提供高质量的电视信号，通常将天线架设在高处，所以天线是系统中最容易受到雷击的部位。为了防止雷击，在接收天线的区域内应安装避雷针，同时在每副天线的输出端还应安装保安器。另外，架设的电缆也容易受到雷击，故当有线电视系统传输干线较长时，可每隔适当距离（200 ~ 300 m）将电缆外导体接地一次。

2.3.1　信号源及前端设备

1. 接收天线

接收天线接收载有图像和伴音信号的空中高频电磁波，使之变为感应电压和电流，并经过电缆传输到系统。天线的增益越高，其输出的电平就越高，系统的信噪比就越好。在信号场强较弱或干扰较大的地区，应选用高增益、抗干扰能力强的天线。天线结构应牢靠并有足够的机械强度，以承受高空风力负载。

天线的结构形式有多种，如八木天线、对数周期天线、环形天线等。在有线电视系统中，最常用的是八木天线，它实际上是由一个有源振子作为主振子和若干个无源振子组成的定向天线。这种天线具有增益较高、结构简单、安装方便等特点，其基本结构如图 2-4 所示。

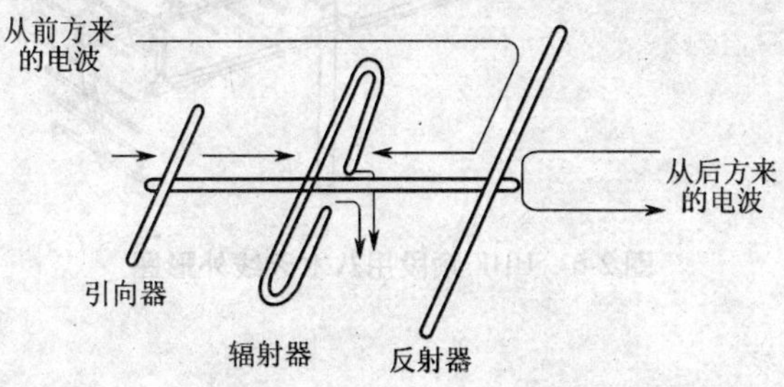

图 2-4　八木天线的基本结构

八木天线的有源振子（辐射器）通常采用半波折合振子，无源振子包括引向器和反射器。以辐射器为中心，前面是引向器，后面是反射器，引向器的长度比有源振子短 5% ~10%，反射器的长度比有源振子长 5% ~15%。引向器可引导前面来的电磁波，使方向性更强；反射器则使后面的电磁波不易进入辐射器。每个振子（包括有源和无源）也称单元。

1)VHF 频段的接收天线

VHF 频段分为Ⅰ、Ⅱ波段,即 VL 为 1 ~5 频道;VH 为 6 ~12 频道。在有线电视系统中通常采用方向性较强而频带较窄的八木天线及其所组成的天线阵作为接收天线。其外观及结构如图 2-5 所示。

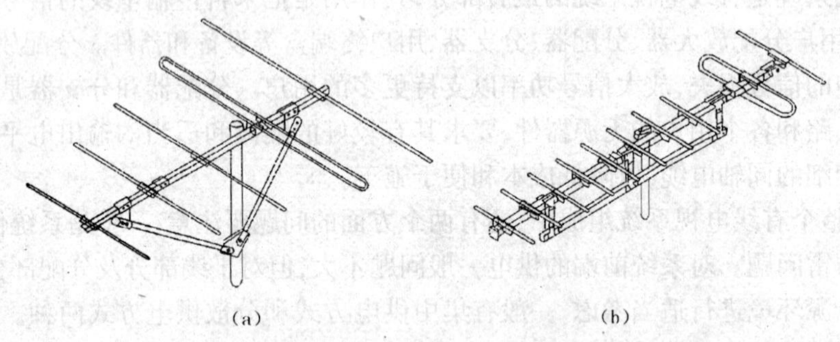

图 2-5 VHF 频段用八木天线外形图

(a)五单元天线;(b)十单元天线

图 2-5(a)所示的是五单元天线,通常用于 1 ~5 频道及调频广播的接收。图 2-5(b)所示的是十单元天线,若减去两个引向振子即为八单元天线,八单元或十单元天线通常用于 6 ~12 频道的接收。

2)UHF 频段的接收天线

UHF 频段的频率范围是 474 ~954 MHz。由于频率高、波长短,信号在传播过程中对树木及建筑物等的绕射能力较差,使得传播损耗较大。因此,接收天线的增益及架设高度应尽可能地高。对有线电视系统而言,接收 UHF 频段通常采用 15 单元以上的八木天线,其外观及结构如图 2-6 所示。

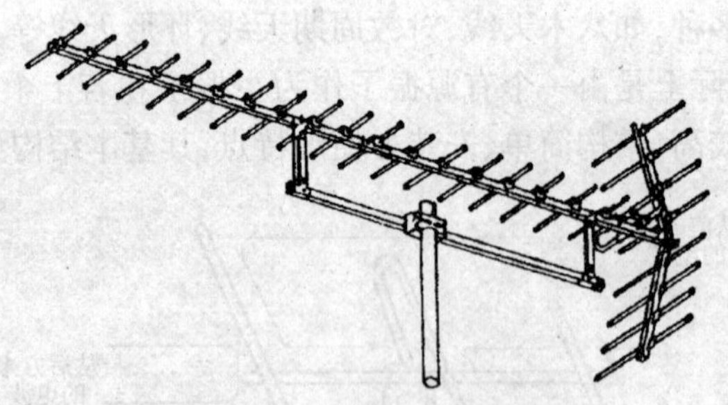

图 2-6 UHF 频段用八木天线外形图

2. 卫星电视接收天线

卫星电视接收系统是利用地球同步卫星来转发电视信号的系统。

卫星电视接收系统是由抛物面天线、馈源、高频头、卫星接收机组成的一套完整的卫星地面接收站,如图 2-7 所示。

抛物面天线是把来自空中的卫星信号能量反射会聚成一点(焦点)。在抛物面天线的焦点处设置一个卫星信号的喇叭,称为馈源,意思是馈送能量的源,要求将会聚到焦点的能量全部收集起来。前馈式卫星接收天线基本上用大张角波纹馈源。高频头(LNB,亦称降频器)是

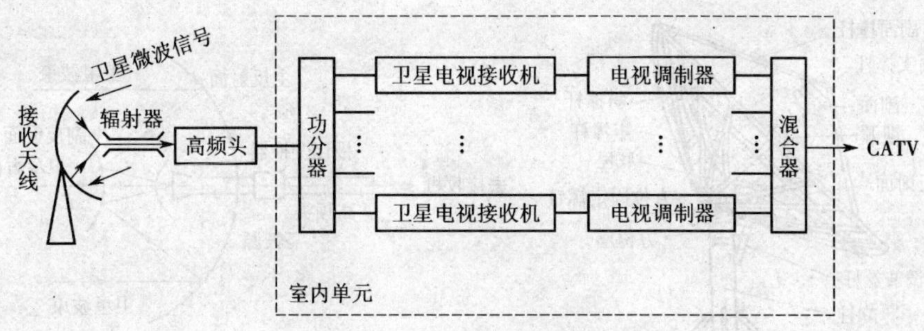

图 2-7　卫星电视接收系统组成

将馈源送来的卫星信号进行降频和信号放大,然后传送至卫星接收机。高频头的噪声度数越低越好。卫星接收机是将高频头输送来的卫星信号进行解调,解调出卫星电视图像信号和伴音信号。

1)接收天线

卫星电视接收天线的作用是接收卫星转发的电磁波信号。卫星电视接收天线按馈电方式分主要有前馈式和后馈式(卡塞格伦天线)两种,按反射面又可分为板状天线和网状天线,但不论是何种天线,其主反射面都是抛物面。

(1)前馈式抛物面天线　如图 2-8 所示,这种抛物面天线由辐射器(也称馈源)和抛物面反射器组成。辐射器相位中心位于抛物面反射器的焦点上,反射器将接收到的卫星发射来的平行平面电磁波聚焦,校正为球面波送给辐射器,再通过波导送给高频头。

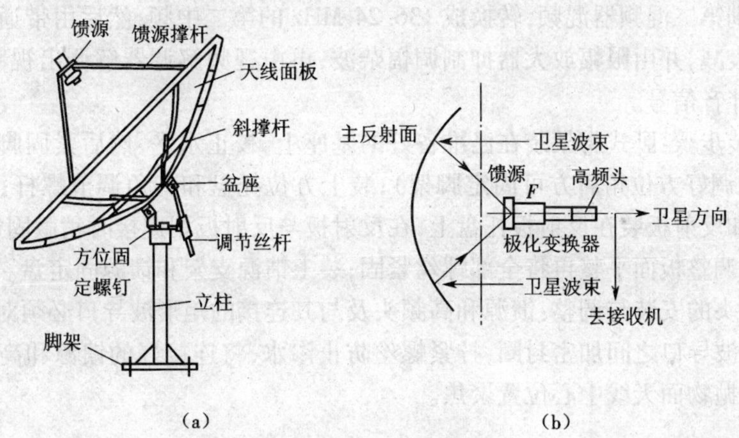

图 2-8　前馈式接收天线结构图

(a)结构图;(b)剖面图

(2)后馈式(卡塞格伦)天线　如图 2-9 所示,这种天线主反射面仍为抛物面,副反射面为一旋转双曲面,设计时使副反射面的虚焦点和主反射面的焦点相重合于 F 点。主反射器将接收到的卫星电视信号聚焦反射到副反射面,经副反射面再反射到馈源,通过波导送给高频头。后馈板状式天线质量高,但价格贵。

2)高频头

高频头紧接在天线输出端,一般兼有放大和变频的功能。它的作用是将卫星天线收到的

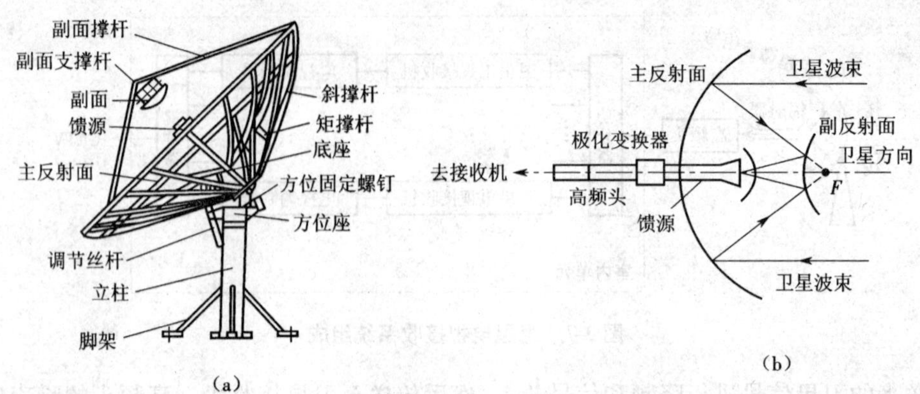

图 2-9 卡塞格伦接收天线结构图

(a)结构图;(b)剖面图

微弱信号进行放大,并且变频到 940 ~ 1 450 MHz 频段后放大输出,通过同轴电缆传送到卫星接收机。

3)功率分配器

功率分配器是将信号功率分成相等或不相等的几路信号功率输出的一种多端口的微波网路。

4)卫星接收机

卫星电视接收机的主要功能是将来自高频头输出的第一中频信号(950 ~ 1 450 MHz)经变频放大后送到第二混频器混频,转换成 136.24 MHz 的第二中频,然后由带通滤波器对邻近频道信号进行衰减,并由限幅放大器抑制调幅杂波,再由视频解调器解调出视频信号,由伴音解调器解调出伴音信号。

天线的安装步骤:卧式脚架装在已准备好的基座上,校正水平,然后紧固脚架铁丝及焊接固定(卧式脚架调好方位角后方可固定脚架);装上方位托盘和仰角调节螺杆;依顺序将反射板的加强支架和反射板装在反射板托盘上,在反射板与反射板相连接时稍微固定但暂不紧固,等全部装上后,调整板面平整再将全部螺丝紧固;装上馈源支架和馈源固定盘。

馈源、高频头的安装与调整:馈源和高频头及与其连接的矩形波导口必须对准、对齐,波导口内要平整,两波导口之间加密封圈,拧紧螺丝防止渗水,将连接好的馈源和高频头装在馈源固定盘上,对准抛物面天线中心位置聚焦。

3. 放大器

放大器的作用是放大电视信号,用于因电视电缆太长而需补偿分配器或分支器的损耗。放大器有天线放大器、频道放大器、线路放大器、分配放大器等数种。

天线放大器在距电视发射台远、磁场弱时使用,目的在于提高接收的信号电平,减少杂波干扰。一般规定现场的磁场信号场强不得低于 50 dBμV/m,场强在 50 ~ 80 dBμV/m 范围内被视为低、中场强区。当信号场强小于 80 dBμV/m 时,应加天线放大器。天线放大器的输入电平通常为 50 ~ 60 dBμV,噪声系数较低,通常为 3 ~ 6 dB。它是用密封的防雨铁盒保护,宜装在天线杆上,一般安装在距天线 1 ~ 1.5 m 处。天线放大器由前端箱中的馈电盒供给 18 V 或 24 V直流电压,用同轴电缆兼作电源线。

天线放大器内的二极管可以对雷电等强浪涌电压起削波作用,以保护放大器不被损坏;里面还有若干个晶体管，起放大信号的作用。

频道放大器又分为单频道放大器和宽频道放大器。

单频道放大器用来放大某一频道的全电视信号，所以它的带宽只要求满足电视频道带宽 8 MHz 就可以了。它在系统的前端，增益较高，其自动增益控制一般是将输出信号的一部分由定向耦合器耦合起来，经过适当的处理后送到放大器去提高增益。

宽频道放大器是把几个天线接收到的各频道信号经过混合器后一同放大。其特点是频道范围宽，节省了放大器的个数，但是要求输入的各频道信号强度相差不宜太大。当用户很多、范围较大时，线路损耗较大，可用线路放大器提高增益。宽频带放大器的增益用最高频道的增益来表示。增益一般在 35 dBμV，最高为 110 dBμV。

优良的放大器还有自动增益控制功能。常用简单的平均值式 ACC 电路，即从末级经过定向耦合器取出一部分信号，经过高放、检波，滤除高频成分，得到平均值，然后通过直流放大后去控制放大器，通常是控制放大器的第二级。这种控制可以得到比较大的增益调整量，而又不会因自动增益影响放大器的各项指标。

4. 混合器

混合器将两路或多路不同频道的电视信号混合成一个复合信号再送到各用户供其选择收看，它可以消除一部分干扰信号。

混合器按工作频率分为频道混合器、频段混合器和宽带混合器；按混合路数分为二混合器、三混合器、四混合器、多混合器等；按工作原理分为有源混合器和无源混合器。混合器的作用如图 2-10 所示。

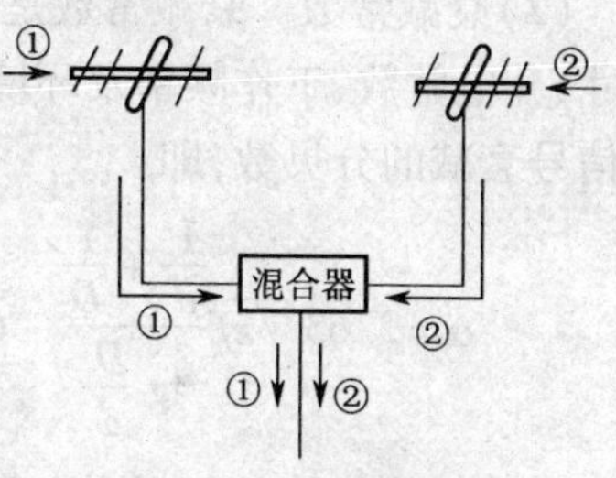

图 2-10　混合器的作用

5. 调制器

调制器的作用是将自办节目中的摄像机、录像机、VCD、DVD、卫星电视接收机、微波中继等设备输出的音频信号和视频信号加载到高频信号上，以便传输，并将有线电视系统开路接收的甚高频和特高频信号经过解调和调制，使之符合邻频传输的要求。

调制器按工作原理分为中频调制式和射频调制式；按组成器件分为分离元件调制器和集成电路调制器。

2.3.2　干线传输系统

有线电视系统中，各种信号都是通过传输线（馈线）传输的，主要的传输线是同轴电缆和光缆。

1. 同轴电缆

同轴电缆在有线电视系统中使用量很大，掌握其有关结构、特性指标，对保证有线电视系统的信号传输质量有很大益处。

1）同轴电缆的结构

同轴电缆由同轴结构的内外导体构成，分内导体、绝缘介质、外导体和护套（保护层）四部分，绝缘介质使内、外导体绝缘且保持轴心重合，如图 2-11 所示。

内导体（又称芯线）可以用铜线、铜包铝线、铜包钢线制成。外导体（又称屏蔽层）由铜丝

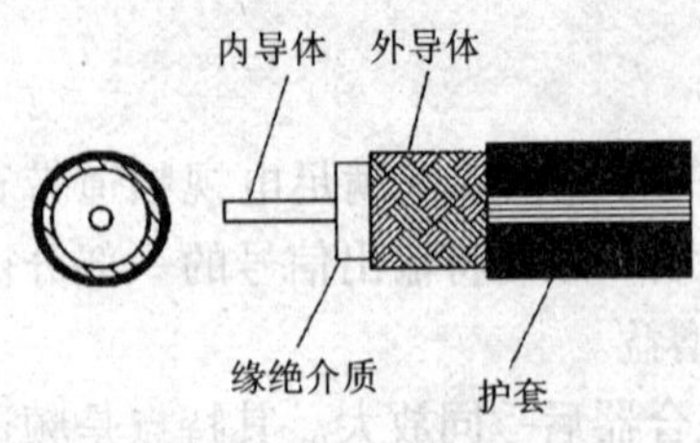

图 2-11 同轴电缆结构图

编织,或镀锡铜丝编织网内加一层铝箔而成,也有用金属管(铝管)或用波状铜管制成的。外导体与内导体之间是绝缘介质,其电特性在很大程度上决定着同轴电缆的传输和损耗特性。经常使用的绝缘介质有干燥空气、聚乙烯(PEV)、聚丙烯、聚氯乙烯(PVC)和氟塑料材料的混合物。其结构形式有竹节、纵孔(藕式)、高发泡等。外导体外层有一层护套,常用聚乙烯或乙烯基类材料,由于填充物的不同分成黑色和白色。

2)同轴电缆的技术指标

同轴电缆的主要技术指标如下。

(1)特性阻抗　同轴电缆的特性阻抗取决于内外导体的直径和内外导体间绝缘材料介电常数。常用电缆的特性阻抗有 75 Ω 和 50 Ω 两种。有线电视系统中采用损耗最小的 75 Ω 电缆。

(2)衰减常数　衰减常数是指射频信号在同轴电缆中传输时的损耗,与同轴电缆的结构尺寸、介电常数、工作频率及环境温度有关。衰减常数(α)表示单位长度(如 100 m)电缆对射频信号衰减的分贝数,即

$$\alpha = 2.63\sqrt{\varepsilon f}\frac{\frac{1}{d}+\frac{1}{D}}{\lg\frac{D}{d}} \quad (\mathrm{dB/100\ m}) \tag{2-21}$$

式中:ε——绝缘体的相对介电常数;

D——外导体直径,mm;

d——内导体直径,mm;

f——传输信号的工作频率,MHz。

通常衰减常数 α 与工作频率之间的关系在电缆产品说明书上都会以表格形式给出。如果手边没有说明书也可以按照下式自行估算

$$\frac{\alpha_1}{\alpha_2} = \frac{f_1^{\frac{1}{2}}}{f_2^{\frac{1}{2}}} \tag{2-22}$$

式中:α_1——工作频率 f_1 时的衰减常数;

α_2——工作频率 f_2 时的衰减常数。

例 2.2　已知 $f_2 = 300$ MHz,$\alpha_2 = 13$ dB/100 m。求 860 MHz 时的衰减常数 α_1。

解　由式(2-22),有

$$\alpha_1 = \alpha_2\frac{f_1^{\frac{1}{2}}}{f_2^{\frac{1}{2}}} = 13 \times \frac{860^{\frac{1}{2}}}{300^{\frac{1}{2}}} = 22 \quad (\mathrm{dB/100\ m})$$

所以,该电缆在 860 MHz 时的衰减常数为 22 dB/100 m。

(3)温度系数　温度系数表示一年四季温度变化对同轴电缆损耗值的影响。温度增加,电缆损耗增加;温度降低,电缆损耗减小。

温度系数定义为温度每升高 1 ℃,电缆对信号衰减增加的百分数。例如,温度系数为 0.2 (dB)%/℃表示温度每升高 1 ℃,电缆衰减值在原基础上增加 0.2%。如果温度变化 ±20 ℃,

电缆衰减值在原基础上变化 ±20 ×0. 2% = ±4%(电缆衰减值)(dB)。

例 2. 3　某电缆在常温(+20 ℃)、频率为 52 MHz 时的衰减为 4 dB/100 m,频率为 800 MHz时的衰减为 10 dB/100 m,求 -20 ℃、+40 ℃时的衰减常数。

解　-20 ℃时,$\alpha_{52\ \mathrm{MHz}} = 40 + 40 \times 0.002 \times (-40\ ℃) = 36.8(\mathrm{dB})$

$\alpha_{800\ \mathrm{MHz}} = 100 + 100 \times 0.002 \times (-40\ ℃) = 92(\mathrm{dB})$

+40 ℃时,$\alpha_{52\ \mathrm{MHz}} = 40 + 40 \times 0.002 \times (+20\ ℃) = 41.6(\mathrm{dB})$

$\alpha_{800\ \mathrm{MHz}} = 100 + 100 \times 0.002 \times (+20\ ℃) = 104(\mathrm{dB})$

(4)回路电阻　回路电阻(也称环路电阻)是指单位长度(如 km)内导体与外导体形成的回路的电阻值(通常以 Ω/km 表示),由于干线放大器是经电缆馈电的,电流经过内导体到达放大器(作为电源的负载),再由放大器经过外导体返回电源,形成一个回路,当需要确定由电源到任一电源负载的电压降时,就要考虑回路电阻的影响。

(5)屏蔽特性　屏蔽特性以屏蔽衰减(dB)表示,dB 数越大表明电缆的屏蔽性能越好。良好的屏蔽特性不但可防止周围环境中的电磁干扰影响本系统,也可防止电缆的传输信号泄漏而干扰其他设备。一般来说,金属管状的外导体具有最好的屏蔽特性,采用两层铝塑带和金属网也能获得较好的屏蔽效果。现在为了发展有线电视宽带综合业务网,生产了具有 4 层屏蔽的接入网同轴电缆,其屏蔽特性很好。

(6)最小弯曲半径　国内外生产的各种同轴电缆,最小弯曲半径差别较大,一般在电缆产品说明书上都会标明。在安装电缆时特别要注意其最小弯曲半径,如果电缆某处弯曲程度太大或被夹扁,特性阻抗就不均匀,将会使该处的驻波比增大,产生反射。因此电缆弯曲时,一定要按照产品给定的最小弯曲半径,对于未标明最小弯曲半径的电缆,其最小弯曲半径一般应为电缆直径的 6 ~10 倍。

表 2-11 列出了国内外部分同轴电缆主要技术指标,供读者参考。75 -5、75 -7 主要用于分配网;75 -9、75 -12 主要用于支线及分配线;干线传输应使用 75 -12 以上的电缆。

表 2-11　国内外部分同轴电缆主要技术指标

电缆型号		内导体直径/mm	绝缘直径/mm	外导体结构	护套材料	护套最大直径/mm	特性阻抗/Ω	最大衰减系数/20 ℃ dB/100 m				最小回波损耗/dB	
								50 MHz	200 MHz	550 MHz	800 MHz	VHF	UHF
75 -5	SYWV -75 -5	1.00	4.8	铝塑带 + 编织	PVC	7.5	75 ±3	4.8	9.7	16.8	20.3	20	18
	RG6 系列	1.02	4.57	铝塑带 + 编织	PVC	6.91	75 ±3	4.7	9.0	15.4	18.8	20	20
	5C - HFL	1.20	5.0	铝塑带 + 编织	PVC	8.0	75 ±3	—	9.0	—	—	20.8	20.8
	FK -5 - P	1.00	4.8	铝塑带 + 编织	PVC	7.2	75 ±3	4.6	8.9	15.8	19.0	20	20
75 -7	SYWV -75 -7	1.66	7.25	铝塑带 + 编织	PVC	10.3	75 ±2.5	3.2	6.4	10.7	13.3	20	18
	RG11 系列	1.63	7.11	铝塑带 + 编织	PVC	13.16	75 ±3	3.0	5.6	10.0	12.3	20	20
	7C - HFL	1.80	7.0	铝塑带 + 编织	PVC	10.5	75 ±3	—	6.2	—	—	20.8	20.8
	FK -7 - P	1.60	7.0	铝塑带 + 编织	PVC	10.3	75 ±2.5	3.0	5.8	10.3	12.8	20	20
75 -9	SYWV(Y) -75 -5	2.15	9.0	铝塑带 + 编织或铝管	PVC	12.2	75 ±2.5	2.4	5.0	8.5	10.4	20	18
	FK -9 - P	2.05	8.8	铝塑带 + 编织	PVC	12.0	75 ±2	2.3	4.5	8.0	9.9	20	20
	FK -9 - L	2.05	8.8	铝管	高密度聚乙烯	12.0	75 ±2	2.3	4.5	8.0	9.9	24	22
	BK -9 - L	2.18	8.8	铝管	高密度聚乙烯	12.0	75 ±2	2.1	4.2	7.4	9.2	26	24

续表

电缆型号		内导体直径/mm	绝缘直径/mm	外导体结构	护套材料	护套最大直径/mm	特性阻抗/Ω	最大衰减系数/20 ℃ dB/100 m				最小回波损耗/dB	
								50 MHz	200 MHz	550 MHz	800 MHz	VHF	UHF
75-12	SYWV(Y)-75-12	2.77	11.5	铝管	PVC或低密度聚乙烯	16.7	75±2	1.9	3.9	6.7	8.2	20	18
	BK-12-L	2.85	11.7	铝管	高密度聚乙烯	14.7	75±2	1.65	3.41	5.94	7.20	26	24
75-13	QR540	3.15 铜包铝	13.03	铝管	高密度聚乙烯	15.49	75±2	1.44	3.04	5.18	6.30	26	26
	MC^2500	3.10 铜包铝	11.9	铝管	高密度聚乙烯	14.90	75±2	1.48	3.04	5.09	6.28	26	26
	TX10565J	3.28 铜包铝	13.2	铝管	高密度聚乙烯	15.90	75±2	1.48	3.0	5.12	6.30	26	26
75-14	BK-14-L	3.28铜	13.3	铝管	高密度聚乙烯	16.5	75±1.5	1.42	2.85	5.10	6.25	26	26

(7)老化　随着时间的流逝,同轴电缆将老化,特别是敷设在室外的电缆,各项性能都要发生变化。其中电缆衰减特性改变非常大,大约 3 年后电缆衰减增加 1.2 倍,6 年后增加 1.5 倍,这点在考虑系统使用寿命及设计过程中都应注意到。

2. 光缆

与电缆相比,光缆具有传输损耗小、频带宽、容量大、不受电磁和雷电干扰、不干扰附近电器、没有电磁辐射、一般中途不需接续等优点。近年来国内外的一些大中城市正在逐步采用光缆代替同轴电缆作为有线电视系统干线的传输媒体,使有线电视系统达到了更高的技术水平。

光缆的结构如图 2-12 所示,它的里面是光导纤维(简称光纤),可以是一根或多根捆在一起。电视系统使用的是多根光纤的光缆。下图中的 KEVLAR 是增加光缆抗拉强度的纱线。

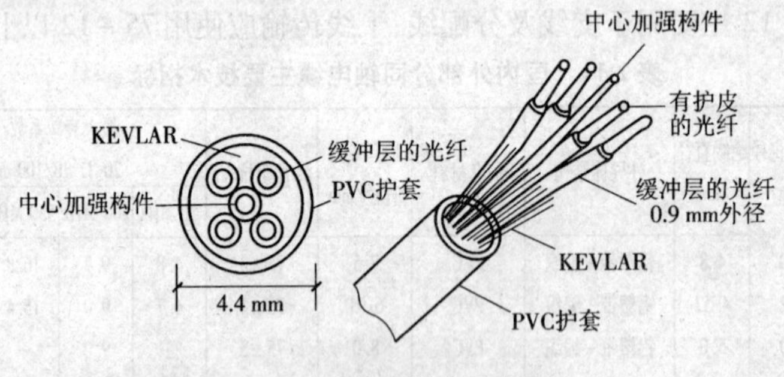

图 2-12　光缆结构示意图

光纤是一根带涂层的透明细丝,直径为几十到几百微米,如图 2-13 所示。外层起保护作用,可分为缓冲层和外敷层;纤芯和包层由超高纯度的二氧化硅制成,分为单模型和多模型。电视光缆使用单模光纤。纤芯是中空的玻璃管。由于纤芯和包层的光学性质不同,光信号在纤芯内被不断反射。电视光缆中传输的是被电视信号调制的激光,产生激光信号的设备是光发送机。电视台用光发送机把混合好的电视信号通过光缆发送出去;在光缆的另一端,用光接收机把光信号转换回电视信号,经放大器放大后送入电缆分配系统。光缆传输过程如图 2-14 所示。

一般而言,当干线传输距离大于 5 km 时,采用光缆的造价和性能指标均优于同轴电缆。

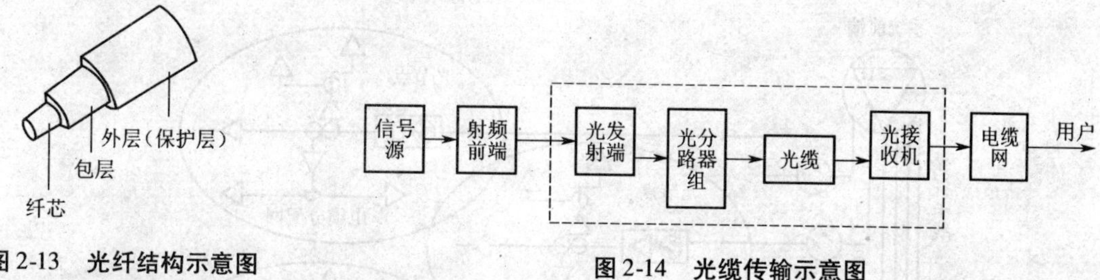

图2-13 光纤结构示意图

图2-14 光缆传输示意图

3. 干线放大器

干线放大器的作用是用来弥补干线电缆的损耗和频率失真。通常干线放大器只用来对信号进行长距离的传输,而不用来带动用户终端。

干线放大器正常工作时,需有工作电源,因而在强弱电设计中应统一考虑。干线放大器还具有均衡作用,以补偿同轴电缆对高低频的损耗的不同。

当干线上分出支线时,干线放大器就要有分支输出,称为干线分支放大器,即分支放大器。

每过一段距离要使用一个带自动调整电平的干线放大器,自动调整有气温变化、湿度变化和频率损耗时而引起的电平起伏。

4. 干线传输系统构成

1)同轴电缆传输系统

采用同轴电缆作传输媒介的有线电视系统,其干线传输系统一般采用树枝形结构。树枝形网络结构类似于树的形状,树干是系统中的干线部分,树枝即分出的支线、分配线部分,如图2-15所示。

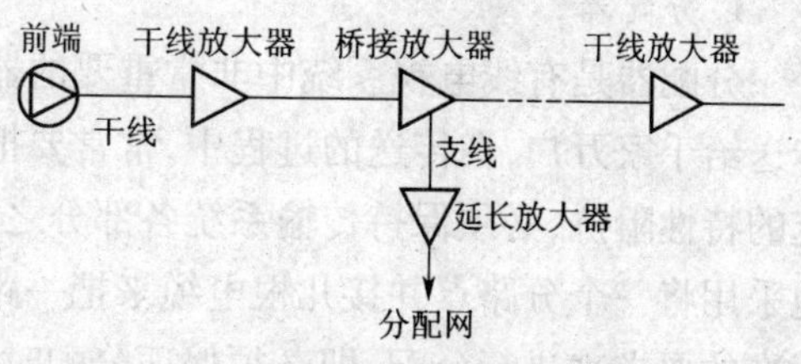

图2-15 树枝形网络结构

从图2-15中可以看出,同轴电缆传输系统由多级干线放大器通过同轴电缆级联构成,其中桥接放大器分出几路支线先后传输到用户分配系统。干线放大器在传输系统中主要作用是对信号进行放大,以补偿干线电缆的损耗,使传输线路进一步延伸。由于干线放大器均安装在室外,其供电采用低压交流电通过同轴电缆馈电的供电方式,因此,在传输系统中还包括电源供给器和电源插入器等设备。

2)HFC网络

HFC网络是构成目前大多数光缆有线电视常用的传输形式,即光缆、电缆混合网。

HFC网络的构成随着光缆的使用比例、网络的结构及用户的分布等因素的多样化而变化。目前,国内的HFC网都是从前端到光节点直接采用光缆传输,在光节点到用户之间再用同轴电缆分配入户。一般把装有包括光接收机、上行光发射机等设备叫做光节点,它实际上是光—电、电—光的转换点,具有双向传输功能,与前端的光端机构成光纤双向传输链路,光节点和用户之间的分配网络仍用同轴电缆。HFC网络构成如图2-16所示。

在前端光发射机将有线电视的电信号转换成光信号并进行光功率放大,经由光分路器分成多路后分别送给光缆传送到各光节点,在光节点由光接收机再将其放大变换成电信号输出给电缆分配网络进行分配到户。若为双向系统,则在光节点还有上行光发射机将上行信号反传给前端(通过另一根光纤),再由前端的光接收机将其接收并转换成电信号供前端处理。

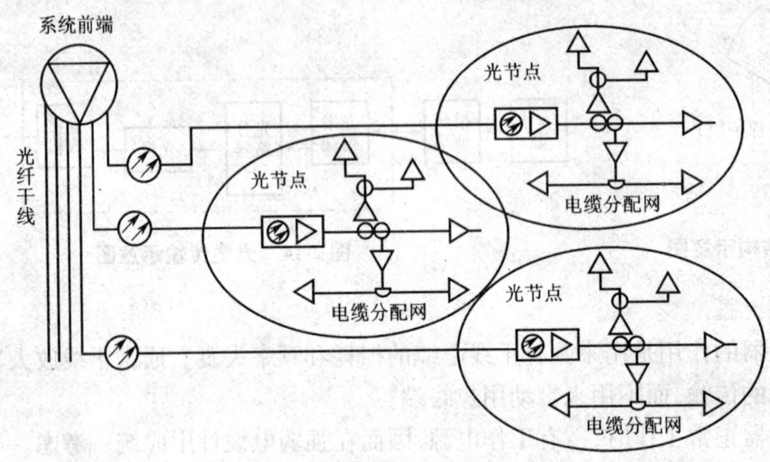

图 2-16　HFC 网络构成示意图

2.3.3　分配系统

1. 分配器

分配器是有线电视系统中非常重要的器件。有线电视系统是把前端提供的高质量的信号传送给千家万户，在传送的过程中，常常要把一路信号分为几路进行传送。由于射频电缆有一定的特性阻抗，必须保持传输系统各部分之间有良好阻抗匹配和相互隔离度。因此，不能简单地采用将一个分路点并接几根电缆来把一路信号分为多路信号的办法，而必须按照国家技术标准的要求来进行分配，即必须保证分配时各部分之间的阻抗匹配和相互隔离度。分配器是能实现上述要求的无源器件之一。

分配器是将一路电视射频信号能量（功率或电压）平均分成几路输出的无源器件，通常用于放大器的输出端或把一条主干线分成若干条支干线，也可用于支干线的末端，通过它直接将信号分配到各个用户，通常有二、三、四、六和八分配器等几种，它由一个输入端和若干输出端构成。其表示符号如图 2-17 所示。

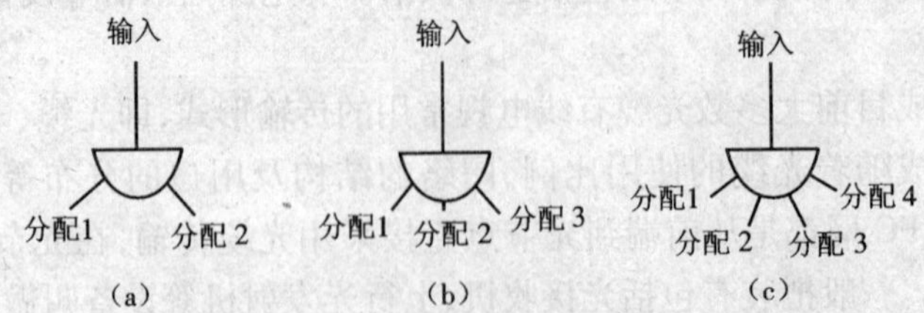

图 2-17　分配器的符号

(a)二分配器；(b)三分配器；(c)四分配器

1) 分配器的作用

(1) 分配作用　将一路输入信号平均地分配给各输出端，而且对信号的损耗不超过规定的范围，是分配器主要的任务。

(2) 隔离作用　分配器的隔离作用是指各分配输出端之间应有一定的隔离度，即相互不影响。例如,任意一路输出线上的电视接收机,其本机振荡辐射波对其他输出线上的电视接收机应不产生影响。

(3)匹配作用　分配器输入信号传输线的阻抗为 75 Ω,经分配器分配为多路后,各输出端的阻抗也应为 75 Ω。即要求分配器应能够使其输入阻抗与输入线路阻抗匹配,各输出端的输出阻抗与输出线路阻抗匹配。

另外,将分配器输入端和输出端倒过来使用,可将多路信号混合成一路信号,即实现混合器的作用。

2)分配器的技术指标

(1)分配损耗　分配损耗是分配器的一项主要指标,是指分配器输入端的输入功率电平与输出端的输出功率电平之间的差值,即

$$L_s = P_i - P_o = 10\lg\frac{P_i}{P_o}\quad(\text{dB}) \tag{2-23}$$

式中:L_s——分配损耗;

P_i——输入功率电平;

P_o——输出功率电平。

由于实际上分配器总有一定损耗,与理想情况相比,输出信号功率要比输入信号功率低。分配损耗的实际值、理想值见表 2-12。

表 2-12　分配损耗实际值、理想值与分配输出端数之间的关系

分配损耗 \ 输出端数	2	3	4	6	8
理想值(dB)	3.01	4.73	6.02	7.78	9.03
实际值(dB)	3.5 ±0.4	5.5 ±0.5	7.5 ±0.5	9 ±1	11 ±1

虽然分配损耗是以功率来定义,但分配损耗值对于输入、输出以电压电平和功率电平表示都是相同的。另外还要注意,分配器的损耗还与信号频率有关,信号频率越高,分配损耗就越大,因此,同一个分配器对不同频段的信号其分配损耗是不一样的,这一点在设计和调整全频道系统时要注意。

(2)相互隔离度　如果在分配器的某一输出端加入一个测试信号,其他输出端就会有微小的电平输出,这两者之间的差值即是相互隔离度,用 dB 表示。相互隔离度的值越大表示这个分配器各输出端之间的相互影响就越小,分配器的性能就越好。国标规定 V 段相互隔离度 >20 dB;U 段相互隔离度 >18 dB;5 ~550 MHz 分配器相互隔离度要求达到 30 dB。

(3)输入阻抗和输出阻抗　有线电视系统中各个器件的标称阻抗都是 75 Ω,所以要求分配器的标称输入阻抗和输出阻抗都是 75 Ω。

(4)反射损耗　反射损耗是衡量分配网络传输质量的主要指标,它表示阻抗匹配的程度。在理想情况下分配器的输入、输出阻抗与同轴电缆阻抗是完全相等的。这时的反射损耗应该很大(>28dB),但由于系统的工作频率范围很宽,分配器的输入阻抗、输出阻抗与同轴电缆的阻抗不可能恒定为 75 Ω,此时反射损耗将减小。若反射损耗过小,分配器的输入端或输出端就会产生反射,使电视机出现重影等不良现象。国标规定,V 段反射损耗 >16 dB,U 段反射损耗 >10 dB。

2. 分支器

和分配器一样,分支器也是有线电视系统中的一种重要无源器件,而且在系统中其使用数量要比分配器多得多。分支器在系统中的基本作用是从干线或支干线的主线路上分出若干路信号并馈送给相应线路,而主线路信号以很小的损耗继续传输给后面的用户。分支器既有主输入端、主输出端,又有若干个分支输出端。根据分支输出端的不同,分支器分为一分支(串接单元)、二分支、三分支、四分支、六分支、八分支等种类。其符号如图 2-18 所示。

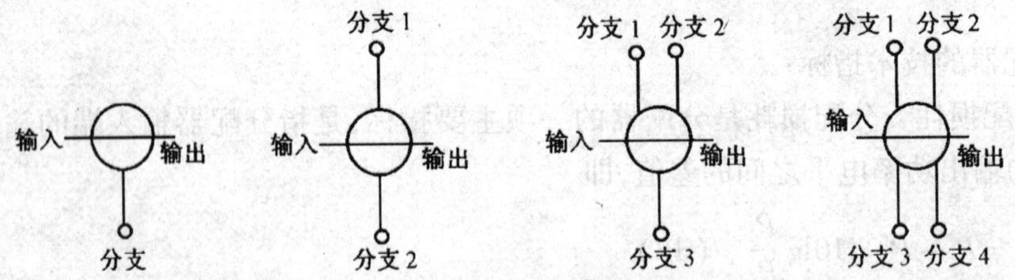

图 2-18 分支器的图形符号

分支器与分配器的根本区别在于分配器平均分配功率给输出端,各输出端获得的信号完全相同;而分支器是从干线上取出一小部分功率给分支端,而大部分功率继续沿干线向后面传输,因而其输出端分为主输出端和分支输出端。

分支器的主要技术指标有插入损耗,分支损耗,相互隔离度,反向隔离度,反射损耗及输入、输出阻抗和分支阻抗等。

(1)插入损耗　插入损耗是指分支器主输入端信号功率电平与主输出端信号功率电平之间的差值,用分贝表示,即

$$L_d = P_i - P_o \quad (dB) \tag{2-24}$$

式中:L_d——插入损耗;

P_i——主输入功率电平;

P_o——主输出功率电平。

分支器的插入损耗是一项重要指标,在进行有线电视传输网络设计时经常要使用,它反映了信号经过分支器以后下降的程度。插入损耗同时还与信号的频率有关,频率越高,插入损耗就越大。一般插入损耗在 0.5 ~4 dB 之间。在工程图纸上习惯将插入损耗标在分支器符号的右上角。

(2)分支损耗　分支损耗是指分支器主输入端信号功率电平与分支输出端信号功率电平之间的差值,用分贝表示,即

$$L_b = P_i - P_b \quad (dB) \tag{2-25}$$

式中:L_b——分支损耗;

P_i——主输入功率电平;

P_b——分支输出功率电平。

分支损耗不但是分支器的一项重要指标,同时也是选择分支器的一项依据,采用不同的分支损耗,可以在一定的范围内调整用户的信号电平。

常见的分支损耗可以分为几种系列,不同厂家的产品往往有较大的差别。常见的系列有

$$L_b = 6,10,14,18,22,26 (dB)$$

$L_b = 8,10,12,14,16,18,20$(dB)

$L_b = 8,11,14,17,20,23,26$(dB)

通常,若分支器的插入损耗小,则分支损耗大;若插入损耗大,则分支损耗小。

3. 终端插座盒

终端插座盒是有线电视系统暴露于室内的部件,是系统的终端,也称为用户盒。终端插座有两种形式:一种是暗装的三孔插座板和单孔插座板;另一种是明装的三孔终端盒和单孔终端盒。它是将分支器传来的信号和用户相连接的装置,电视机从这个插座得到电视信号。终端插座的外形和安装位置对室内装饰会产生一定的影响。终端插座盒如图 2-19 所示。

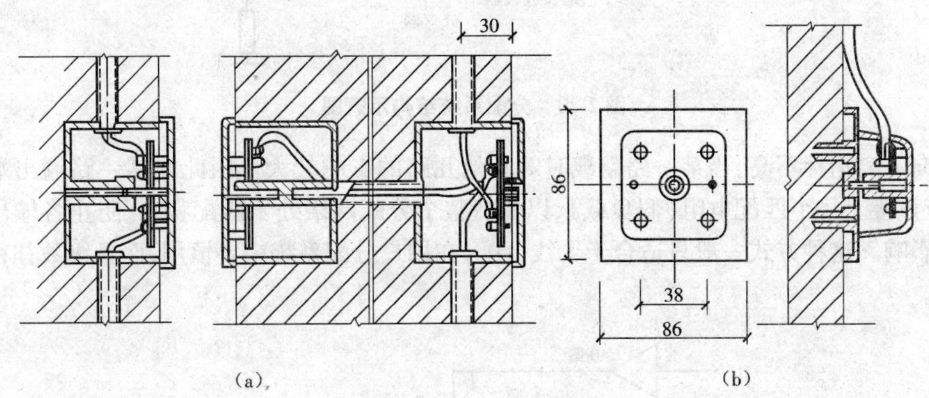

图 2-19　终端插座盒

(a)用户盒暗装;(b)用户盒明装

4. 分配系统构成

1)分配系统的范围

分配系统的范围是在传输系统中除了干线和支干线之外的部分,包括用户分配放大器、无源分配网络(电缆、分支器、分配器)和用户终端。其作用是把干线放大器的分支输出信号再放大传输,最后分配给用户。在有的大型系统中还需要加入延长放大器(支干线),这种放大器一般级数不多(最多 2 ~ 3 级),可以将其视为支干线,在进行系统指标分配时,可以按干线系统对待。在进行干线系统设计时,根据用户分布情况尽可能多地采用干线并联传输的方式,尽量减少延长放大器的级数,提高系统整体指标。

2)分配系统的组成形式

分配网络的组成形式根据系统用户分布情况的不同可以有很多种,在系统的工程设计中,分配网络的设计最灵活多变,同一个系统往往可以有好几个不同的设计方案供选择。一般采用较多的是星形放射状分布,其特点是线路短、放大器少、覆盖效率高、经济合理,如图 2-20 所示。

最后一级用户分配放大器输出以后接无源分配网络,在分配网络中要用到大量的分支器、分配器,具体的分配方式要根据平面建筑物的分布情况、楼层结构和用户数量来进行选择,一般有以下几种方式可供选择。

(1)分配–分配方式　在分配–分配方式网络中所使用的部件均是分配器,如图 2-21 所示。如果电缆长度相等,用户分布对称,则各输出口、用户端电平相同,但实际用户分布往往并不对称,因此系统中各用户端口电平相差较大。这种分配方式的优点是损耗小,但缺点是由于分配

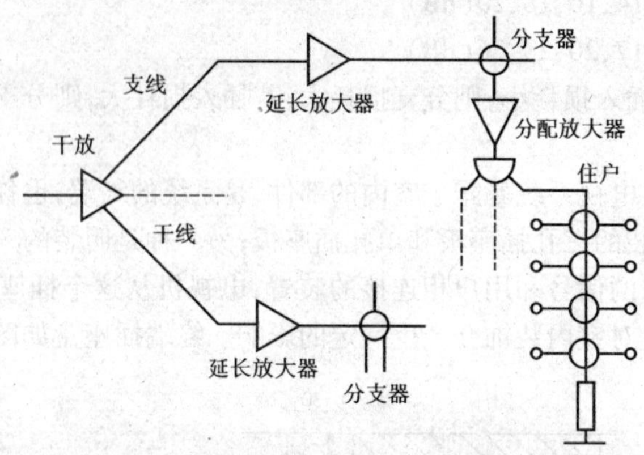

图 2-20 分配系统结构示意图

器的反向隔离指标不高,当某一路空载时对其他几路的影响较大。因此在某一路输出端暂不用时,应该接上一个匹配电阻(假负载),以保持整个分配网络处于匹配状态,防止各输出端口间相互影响。这种方式一般只适合于干线分配,在用户分配系统中要慎用,而且级数往往也不能太多。

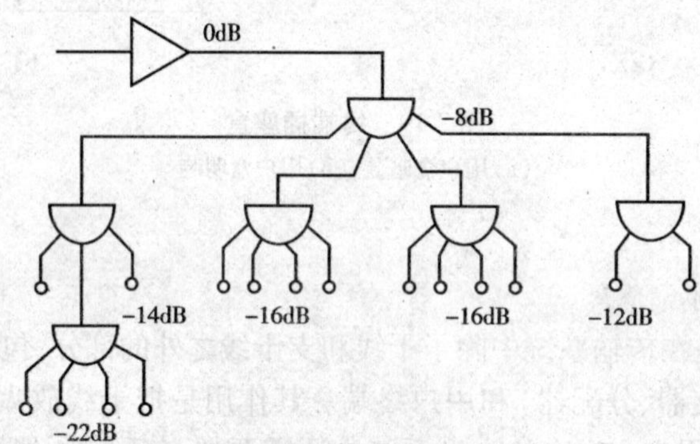

图 2-21 分配-分配形式

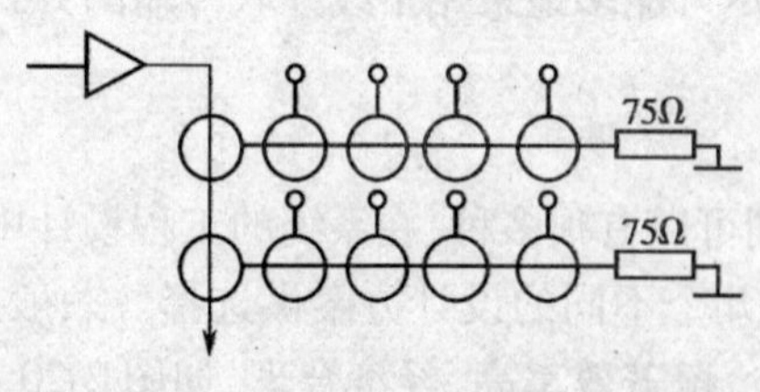

图 2-22 分支-分支形式

(2)分支-分支方式 这种分配网络中使用的都是分支器,如图 2-22 所示。信号从放大器输出端进入第一分支器,它在网络中作为定向耦合器来使用,作用是将信号功率取出一部分供给第一条分支电缆分配用。在第一分支器后沿着传输方向又接有第二个分支器,它将信号功率耦合给第二条分支电缆供分配用。这种分配网络走线施工比较方便,既可以从上往下分配,也可以从 2 楼向上分配,最后的分配可使用分配器,特别适合用户端口不多,却又比较分散,而且传输距离比较远的小型有线电视系统。

(3)分配-分支方式 这是分配网络中使用最广泛的一种分配形式,它先分配后分支,如图 2-23 所示。从用户分配放大器输出的信号先经过分配器分成几路,每一路再通过不同分支损耗值的分支器向用户终端提供符合国家标准要求的信号。它适用于对称排列的分配系统,如单元楼房，或排列有规律的平房以及教学楼。如教学楼分成几层，每一层楼道两边都有教室，这种房屋结构就适合于先用分配器将信号分成几路送给每一层，在每一层再用四分支器将信号分给每一个用户端口，如图 2-24 所示。

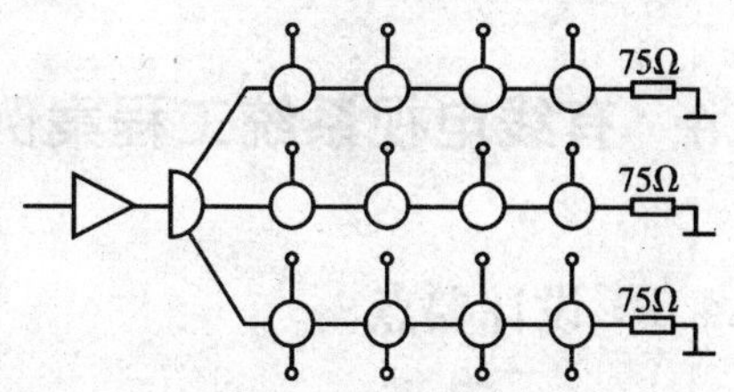

图 2-23　分配-分支形式

这种系统的终端如果没用二分配器，则要接 75 Ω 的匹配电阻，这样对每一层的支线来说，基本上都可以保持匹配。它一般为竖线分配形式，且不怕用户端口空载，也适用于高层建筑。

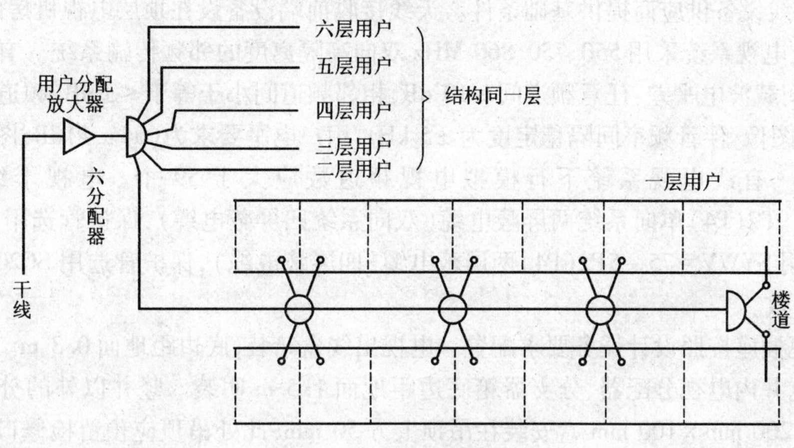

图 2-24　某教学楼实例

(4)分支-分配形式　这也是一种由分支器、分配器组成的分配系统，它是先分支再分配，适用于分段平面分配系统，为了使各用户端口得到的电平一致，就要选用不同分支损耗值的分支器来满足，用户端口也不宜空载，如图 2-25 所示。

(5)分配-分支-分配方式　这种分配形式实际上是分配 - 分支和分支 - 分配两种形式的综合应用，如图 2-26 所示。

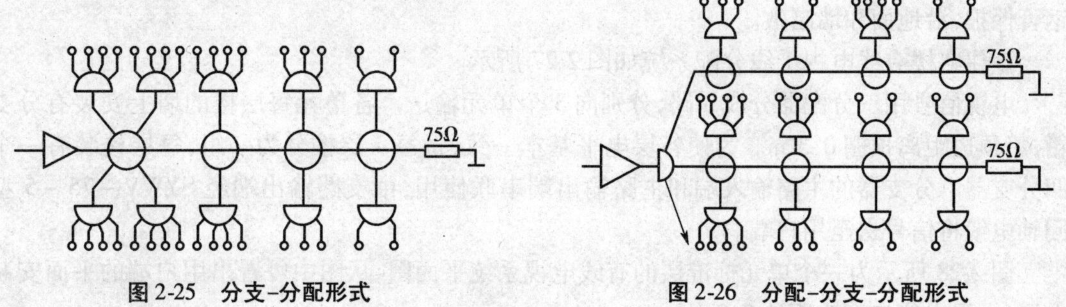

图 2-25　分支-分配形式

图 2-26　分配-分支-分配形式

上述几种分配方式是目前在有线电视分配系统中较为常见的，也可以组成其他的形式，如分支 - 分配 - 分支或不平衡分配形式等。但应注意，凡是暂时不用的端口都应接 75 Ω 的匹配负载。

2.4 有线电视系统工程案例

2.4.1 设计要点

(1)普通电视信号由室外有线电视网络引来。屋顶设卫星天线,接收卫星信号。在屋顶预留数个卫星天线基座,天线数量及接收节目内容按照设计要求确定。天线具体位置按实际测定,并且天线设备供应商提供基础条件。天线接收前端设备设在顶层电视机房内。

(2)有线电视系统采用550、750、860 MHz双向高隔离度的邻频传输系统。有线电视系统输出口频道间载波电平差:任意频道间≤10 dB,相邻频道间小于等于≤3 dB,频道频率稳定度为±25 kHz,图像/伴音频率间隔稳定度为±5 kHz,用户电平要求为(64±4)dB,图像清晰度应在4级以上。有线电视系统下行模拟电视频道数应大于59个。电视干线电缆选用SYWV-75-9P2(P4)单向系统两屏蔽电缆(双向系统四屏蔽电缆),保护管选用SC25。电视支线电缆选用SYWV-75-5P2(P4)两屏蔽电缆(四屏蔽电缆),保护管选用SC20。保护管热镀锌,钢管暗敷。

(3)电视插座按照设计任务要求配置。电视出线盒暗装,底边距地面0.3 m。

(4)弱电井内电视分配器、分支器箱底边距地面1.5 m明装。竖井以外的分支器设尺寸为200 mm×200 mm×100 mm盒安装在吊顶上方50 mm,此处吊顶应预留检修口。无吊顶处距顶板为300 mm。对于住宅一般采用集中式分配分支器系统,基本不用串接分支方式。

2.4.2 工程案例

有线电视系统工程图主要包括有线电视系统图和有线电视平面图,两者用来描述有线电视系统的连接关系和系统施工方法,系统中部件的参数和安装位置在图中都应标注清楚。

某12层住宅楼,共3个单元,两副卫星电视接收天线设置在楼顶,前端设置在该楼顶水箱间内,市内有线电视信号埋地引入至前端箱。系统干线采用SYWV-75-9型同轴电缆,穿直径为32 mm的镀锌钢管保护;分支线使用SYWV-75-5型同轴电缆,穿直径为20 mm的镀锌钢管保护,沿地面和墙暗敷。

该住宅楼有线电视干线分配系统如图2-27所示。

电视信号用三分配器分成3路,分别向3个单元输送。各单元每层楼的墙上安装有分支箱,箱顶边距离顶棚0.3 m。为使各层电平基本一致,将每4层楼分为一组,每层楼装有一个四分支器。分支器的主路输入端和主路输出端串联使用,由支路输出端经SYWV-75-5型同轴电缆将信号送至用户端。

图2-28所示为一个单元标准层的有线电视系统平面图,从图中可看出用户端的平面安装位置,电视出线口底边距地0.3 m。

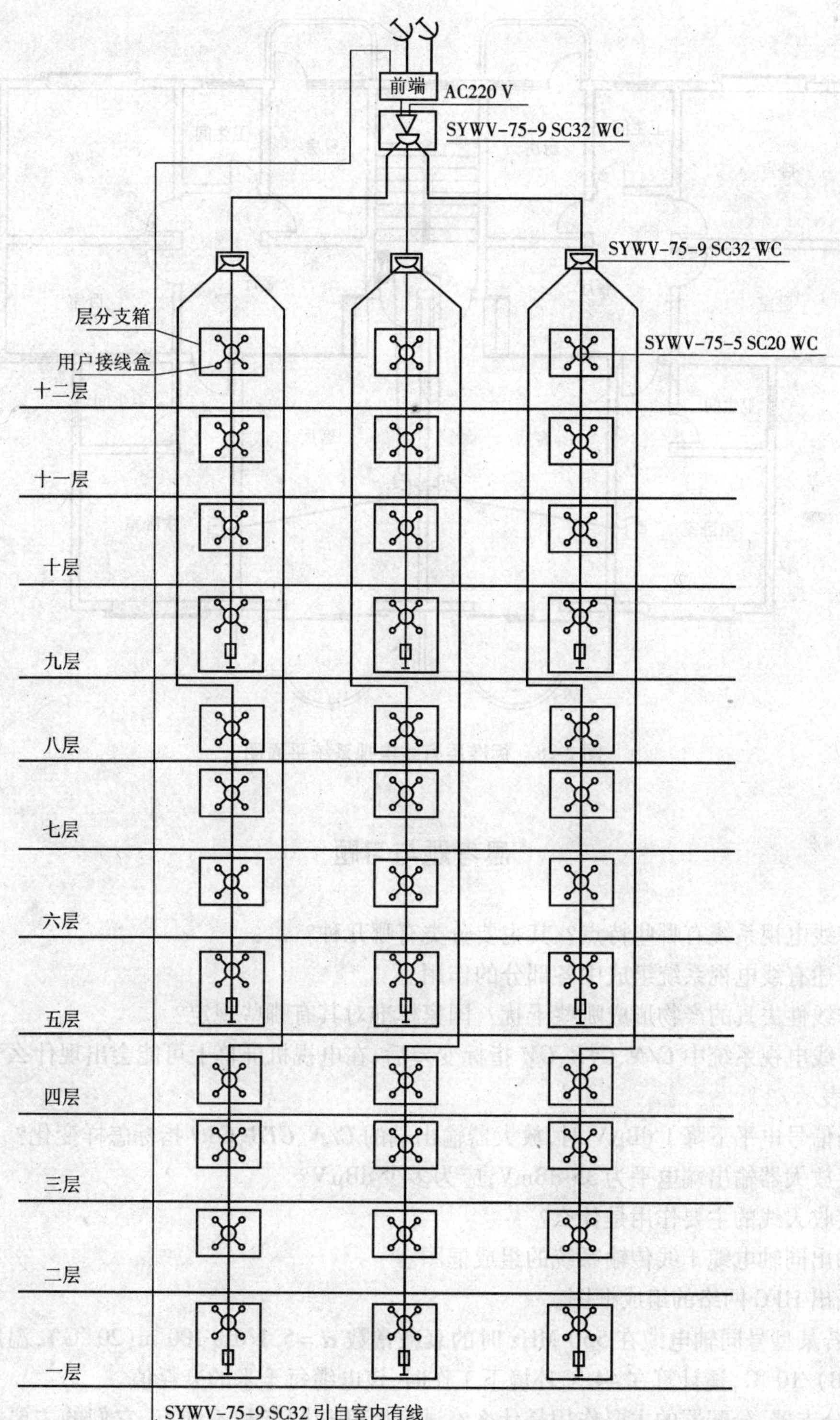

图 2-27　住宅楼有线电视干线分配系统图

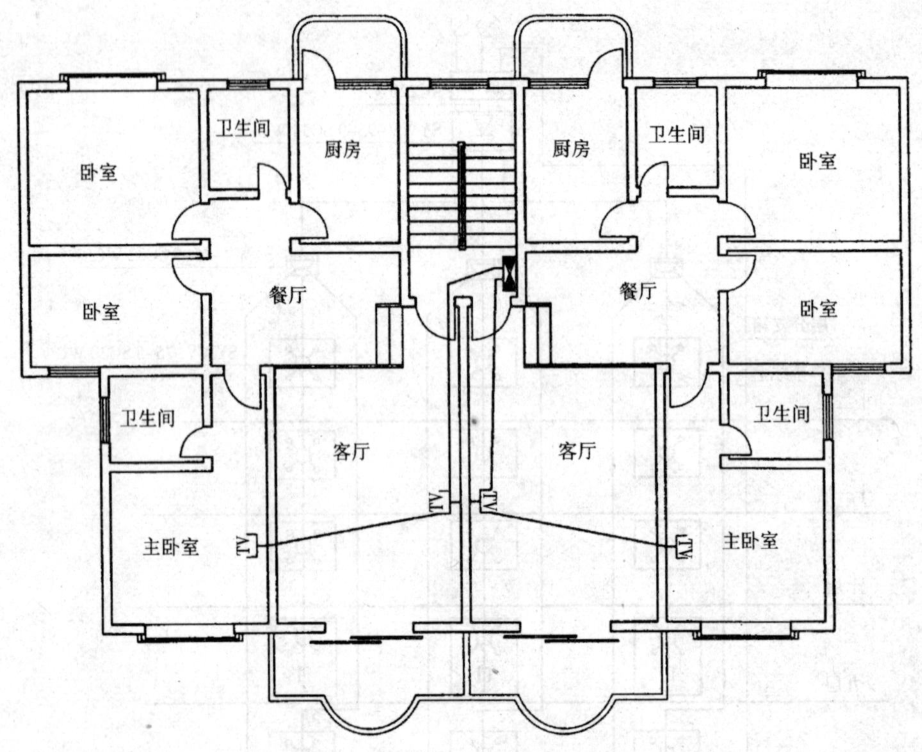

图 2-28　标准层有线电视系统平面图

思考题与习题

1. 有线电视系统有哪些特点？其主要分类有哪几种？

2. 简述有线电视系统组成中各部分的作用。

3. 非线性失真的产物形成哪些干扰？国家标准对其有哪些规定？

4. 有线电视系统中 *C/N*、*CTB*、*CM* 指标变差后，在电视机屏幕上可能会出现什么干扰现象（用图形表示）？

5. 当信号电平下降 1 dBμV 时，放大器输出端的 *C/N*、*CTB*、*CSO* 指标怎样变化？

6. 某放大器输出端电平为 35 dBmV，应为多少 dBμV？

7. 接收天线的主要作用是什么？

8. 画出同轴电缆干线传输系统的组成框图。

9. 画出 HFC 网络的组成框图。

10. 若某型号同轴电缆在 550 MHz 时的衰减常数 $\alpha = 5.1$ dB/100 m（20 ℃），温度系数为 2.5%（dB）/10 ℃，请计算在 44 ℃环境下工作时，该电缆每千米的衰耗值。

11. 分支器、分配器的主要作用是什么？试说明其相同点和不同点，它们的主要技术指标有哪些？

12. 某 6 层住宅楼，共 3 个单元门，每层 2 户，画出分支器分配方式结构图。

第3章 通信系统

通信系统是指用以完成信息传输过程的技术系统的总称。现代通信系统主要借助电磁波在自由空间的传播或在导引媒体中的传输机理来实现,前者称为无线通信系统,后者称为有线通信系统。当电磁波的波长达到光波范围时,这样的电信系统特称为光通信系统,其他电磁波范围的通信系统则称为电磁通信系统,简称为电信系统。由于光的导引媒体采用特制的玻璃纤维,因此有线光通信系统又称光纤通信系统。一般电磁波的导引媒体是导线,按其具体结构可分为电缆通信系统和明线通信系统;无线电信系统按其电磁波的波长则有微波通信系统与短波通信系统之分。另一方面,按照通信业务的不同,通信系统又可分为电话通信系统、广播音响系统和音频与视频会议系统等。本章主要介绍这三类系统的结构与功能。

3.1 电话通信系统

3.1.1 概述

电话通信系统由交换设备、传输系统和用户终端设备三部分组成,是各类建筑物的必备设备。交换设备主要是电话交换机,是接通电话用户之间通信线路的专用设备。交换机之间的线路是公用线路,由于各部电话机不会同时使用线路,因此,公用线路的数量要比电话机的门数少很多,一般只需要10%左右。所以这些公用的线路就会出现没有空闲线路的情况,即通常所说的“占线”。用户终端设备是指电话机、传真机、计算机终端等。

电话的传输系统与电力的传输系统不同,后者是共用系统,一个电源或信号可以分配给多个用户,而电话信号是独立信号,两部电话之间必须有两根导线直接连接,因此有一部电话机就要有两根(一对)电话线。从各用户到电话交换机的电话线路数量很大,不像供电线路只要几根导线就可以连接许多用电户。一台交换机可以接入电话机的数量用门计算,如200门交换机、800门交换机等。

3.1.2 用户终端设备

电话系统的用户终端设备主要是指模拟电话机和数字电话机。

1. 模拟电话机

模拟电话机传输的信号是模拟信号,电话机的送话机作为对语音进行处理的设备在连续的时间内对语音进行处理,使之变为模拟信号,传送给对方。

现在许多家庭使用的普通电话机(POTS)就是模拟电话机。模拟电话机具有代表性的产品有以下三种。

1)拨号盘式电话机

拨号盘式电话机是利用机电结构和声电互换原理来完成拨号、响铃、通话的功能。它的优点是经济、耐用。拨号盘电话机因整机是机械结构,对环境的适应性较强,因此对高温、高湿、有腐蚀气体及对强磁、强电等环境较为适用。这是20世纪60年代前的产品。

2)按钮脉冲式电话机

按钮脉冲电话机采用导电橡胶作为触点和CMOS集成电路构成的电子拨号器,当按下一个数字键(0~9)时,就能发出相应的直流脉冲。它是用按键和一块LSI(逻辑模拟指示器)取代旋转键盘,构成拨号电话;用一块音调振铃集成电路和电声换能器件构成振铃电路;用一块LSI取代混合线圈,并采用小型电声器件组成放送受话器,构成通话线路。

脉冲式电话机由于采用全电子线路元器件,一般都具有存储和重拨号码性能,有的还具有指示、扬声和音乐铃声装置,因此适用于办公室、住宅、公用电话服务站使用。

3)双音多频(DTMF)式电话机

20世纪60年代提出了"双音多频"方式。双音多频式电话机的发话、受话、消侧音等电路与拨号式电话机相同,不同的是取消了拨号,而用双音多频(DTMF)产生号码,其信号由高低两个音频组成。用户每按一个数字键,它就向外线发出相应的双音频信号组,代表一位拨号数字或符号。另外,还有一种脉冲、音频两用按键电话机,它有"P/T"选择键,拨至"P"处,电话机将按键盘形成的编码信号转换成脉冲信号,拨至"T"处,则作为音频发号用。

2. 数字电话机

数字电话机已经开始使用,并且代表了有线电话的最高水平。数字电话机是ISDN(综合业务数字网)最常用的一种终端。它不仅能够提供基本的电话服务,而且还提供许多ISDN补充业务(图像、传真等)。

数字电话机采用的是数字信号,数字信号是一种不连续变化的阶跃信号。

数字电话机目前在我国还没有大量使用,其主要原因有以下两个。

数字电话机可在普通双绞线上实现端到端的全数字连接,是用于家庭、小型办公室和公司的数字应用设备。

①电话用户使用电话机仍以语音通信为主,数据、图像、多媒体通信很少,语音通信使用价格低廉的普通电话机是最经济的选择。

②数字电话机是一种理论较深,涉及的电子技术和通信技术面广,结构复杂的电话机。

3.1.3 程控用户交换机

1. 电话交换机基本功能和组成

电话交换机的任务是完成任意两个电话用户之间的通话连接。其基本功能有:

①呼出检出功能;

②接受被叫功能;

③对被叫进行忙、闲测试;

④如果被叫空闲,则做好通话准备;

⑤向被叫振铃,向主叫送回铃声;

⑥被叫应答,通话;

⑦及时发现话终进行拆线。

电话交换机主要由以下两部分组成。

①话路系统,包括用户电路、交换网络、出中继器、入中继器及线路和监视功能的信号设备。

②控制系统,包括译码、忙闲测试、路由选择、链路选试、驱动控制、计费等。

目前,电话交换机已由人工电话交换机、共电式电话交换机发展到程控数字交换机。

2. 程控数字交换机的主要服务功能

程控数字交换机是使用计算机进行程序控制,可根据不同需要实现众多的服务功能,主要服务功能有系统功能、话务功能、用户分机功能三大类。

1)程控数字交换机的系统功能

从服务器的角度来看,程控数字交换机可以具备下述功能。

①灵活编号(flexible numbering)。程控交换机的编号方案可根据用户单位的具体要求来确定。在号码字长、各种字冠的使用等方面都没有什么限制,因此,它可以满足各种用户的编号需求。

②话务分级(traffic class)。程控交换机可以为每一个分机用户规定一个话务等级,以确定其通话范围。例如,规定话务等级为0级的用户只能呼叫话务台,1级可以打内线电话,2级可以通某些外线电话,3级可以通市话,4级可以打国内长途,5级可以打国际长途等。高等级覆盖低等级的功能。对中继线的使用也可以利用话务等级进行限制,例如,规定某些中继线只能为某个话务等级的用户使用。

③直接拨入(direct dialing in)。具有直接拨入功能的数字交换机,外线用户呼叫时,可直接拨入他所要的分机用户号码,系统可直接将外线用户与其所要的分机接通,不需话务员转接。直接拨入也可以要求由话务员协助。如果由于某些原因,直接拨入呼叫未被接通时,该呼叫可以转向话务台由话务员处理。

④迂回路由选择(overflow on route selection)。如果交换机系统到同一目的地有多条路由,当主路由遇忙时,其他路由都可作为迂回路由使用。对于分机和话务台,迂回路由的选择及迂回路线可以不同。

⑤截接服务(interception servise)。此功能也称为截答或中间服务,主要用来向未能接通所需号码的用户提供一个提示。如果交换系统在接续过程中遇到空号、久叫不应、系统阻塞或主叫话务等级不够等情况,而使用户的呼叫不能完成时,则系统将会自动截住这些呼叫,并以适当的方式(一般用专用信号音,也可以由话务员处理)向主叫用户解释未能接通的原因,从而避免了无意义的重复呼叫,提高了接续效率。

⑥数字号码转换(digit conversion)。这一功能可以使交换系统在进行号码数字分析以前把所收到的一组数字转换成另一组数字。数字转换可以完全删除所接受的数字串,也可以在所接收的数字串前面添加字头。这一功能常用于不同交换机间的互连,它可以使分布在不同交换机上的用户之间相互透明拨号。

⑦功能等级设定(facility class)。虽然程控交换机可以为分机用户提供不同的振铃信号,但是由于资源有限及其他一些非技术因素方面的考虑,不可能使每一个分机用户无条件地随意使用全部功能,为此,可对分机用户设定功能等级加以限制。具有相应功能等级的分机用户才能有权使用相应的服务。

⑧铃流识别(distinctive ringing)。程控交换机可根据呼叫类型向用户提供不同的振铃信号,以使用户了解情况,作出相应处理。例如,内线呼叫、外线呼叫、自动回铃功能产生的回叫等,其振铃信号都可以有所不同。这种安排方便了用户,例如自动回铃呼叫,主叫用户在振铃摘机后首先听到的是回铃音,这和一般呼叫用户在振铃摘机后听到话音的情况是不同的。因

此,若对振铃信号不加以区别,就可能会引起用户的误解或者心理上的不适应。

⑨超时(time out)。为了有效地利用系统公共的硬件、软件资源,程控交换机对许多操作进行了时间限制,如用户摘机后到拨第一位号码数字的间隔时间、两位号码之间的拨号间隔时间、各种信号音对用户连续提供服务的时间等,如果超时,则系统将封存该用户,不向该用户提供进一步服务,从而使该用户的本次呼叫失效。

⑩集中用户交换机(center)。该功能也叫做分区使用功能。就是把交换机上的用户分成几个区域,同一个区域内的分机可以直接互相呼叫,不同区域的分机用户则要通过出中继线拨另一个用户所在区域的中继线号码进行呼叫。因此,每个不同的区域相当于一个独立的交换机,它们有各自的用户、中继线与话务台,但维护终端是共用的。该功能也意味着把一台交换机当做几台使用。

2)程控数字交换机的话务台功能

话务台功能主要包括以下内容。

(1)显示功能　话务台上配有许多指示灯和数码显示器,这些显示装置可使话务员在进行电话接续时,了解一些有关用户和系统的当前状态信息,从而进行相应处理。可显示的内容有以下几个方面。

①有关用户的当前状态,如忙、闲、空号、封锁等。如果用户设置了免打扰或者呼叫转移等功能时,话务员在对该用户进行接续时,这些信息在话务台上也会显示出来。

②呼叫类型,如不同方向来的外线呼叫、内线用户呼叫、回叫等。

③系统的某些当前状态,如系统公共资源暂时缺乏而引起的阻塞、系统出现故障所产生的警告等。

④向话务台呼叫的内线编号和外线用户的电话号码。

⑤话务员在接续过程中所执行的某些功能,如连续呼叫、呼叫保留等。

⑥时间显示,话务台在没有进行接续处理时,可作为一个时钟显示时间。

上述显示内容中,许多都只是和话务员正在进行的接续有关,若接续操作完毕,则所有与本次接续有关的显示内容全部消除。

(2)某些简单的运行维护功能　如显示用户状态、更改用户电话号码等。

(3)某些话务台专有的服务功能　例如以下几个。

①呼叫保留(call hold)。当话务员不能立即将来话呼叫接续到所要被叫时,可将该呼叫置于保留状态,如果系统具有音乐保留(music hold)功能,则处于保留状态的用户将听音乐。有些交换机在话务台可以同时保留几个呼叫。

②连续呼叫(series call)。连续呼叫有连续呼入和连续呼出之分。当一个外线用户希望与几个内线用户连续通话时,话务员可对其进行连续呼入处理。当外线用户与第一个内线用户的通话结束,内线用户挂机后,话务台便向进行本次连续呼入处理的话务员发出信号,然后该话务员再向这个外线用户询问其所要的下一个内线用户号码。重复这一过程,直到最后一个所要求的内线用户通话完毕。当几个内线用户希望连续与同一个外线用户通话时,话务员可以进行连续呼出处理。这时话务员先将第一个内线用户与外线用户接通,当第一个内线用户通话完毕时,话务台向该话务员发出信号,话务员再接通下一个内线用户,直至最后一个用户完成呼叫。实质上,连续呼叫是呼叫保留功能的扩展。

③回叫(call back)。话务员进行呼叫接续后,如果被叫迟迟无人应答或正在通话,则该呼

叫又回叫到进行这次接续处理的话务台，由话务员将被叫状态通知对方。

④强插忙中继线(busy override on busy trunk lines)。如果一个中继线组中所有的中继线都示忙，而话务员有紧急情况需要使用其中的中继线时，话务员可以使用强插功能。插入后通知原使用用户话务员要使用这条中继线，待用户挂机拆线后，话务员即可使用该中继线。

⑤缺席(absence)。进入夜间服务时，话务台可以缺席。此后，所有到话务台的呼叫均转到夜间服务台处理。

⑥话务台的共用号码和单独号码(common and individual number)。所有的话务台可以用一个电话号码供内线用户呼叫，而每个话务台还可以有自己单独的电话号码供分机用户使用。

3)用户功能

用户功能具体是：

①自动回铃；

②电话转接；

③三方电话；

④跟随电话；

⑤无人应答呼叫转移：

⑥分组寻找；

⑦热线电话；

⑧缩位拨号；

⑨呼叫代应；

⑩插入；

⑪电话会议；

⑫定时呼叫；

⑬恶意电话追踪；

⑭寻呼电话：

⑮免打扰。

4)程控数字交换机的优点

程控数字交换机有增量调制(DM)的时分式程控交换机和脉码调制(PCM)的时分式程控交换机(已淘汰)两种。

程控数字交换机的结构与纵横制交换机、程控空分制交换机一样，可分为话路设备和控制设备两部分。

程控数字交换机将程控、时分、数字技术融为一体，具有以下7个优点。

①灵活性大。由于程控数字交换机是用软件控制交换机的操作，因此改动原有的功能、增加新的功能或开辟新的业务时，只需要修改软件就可以实现。例如，要使电话号码升级，只需修改软件，不需改变硬件设备。

②提供新的服务项目。程控数字交换机能够提供如缩位拨号、转移呼叫、热线服务、叫醒业务、会议电话、遇忙等待的服务项目。这些新业务的开通使用，不仅方便了用户，也使交换机的接线次数减少，减轻了处理机的工作负担。

③便于维护管理，可靠性高。程控数字交换机日常的维护管理都是通过软件完成的，它有自动维护管理程序，如装拆、移机或更改用户号码，增减中继线，更改中继线路由等，只需通过

"人机对话"命令更改某些数据就完成了。对于故障的发现和处理,可以通过故障诊断程序查找故障,进行定位处理;在发生故障时可以及时地进行紧急处理。例行测试和话务统计也由专门的程序去执行。所以维护管理非常方便,甚至可以做到无人值守。由于交换机采用了全冗余度形式,每个设备都有双备份,可靠性高。

④通话质量高。由于采用了时分、数字交换,大大地改善了通话质量,在音质、音量上都有显著的改善。

⑤体积小、耗电省。程控数字交换机所使用的器件大多是大规模集成电路或超大规模集成电路,大大缩小了交换机的体积,减少了占地面积及耗电量。

⑥便于保密。数字信号加密是很方便的,对加密的信号破译比较困难,因此采用数字交换,对于加强通信的保密十分有利。

⑦便于向综合业务数字网(ISDN)方向发展。ISDN 是将话音信息和非话音信息,如数据、电报、图像等各种业务信息,经过同一设备进行处理,变成数字信号而在一个统一的数字网中进行传输和交换。要完成数字交换只有程控数字交换机才能担当,所以程控数字交换机是实现和发展 ISDN 的一个重要组成部分。

3.1.4 系统设计

电话通信系统的设计包括以下两方面。

1. 电话机部数(电话站)的设计

设计时要考虑如下几点。

1)电话用户量设计

①一个建设单位,不可能把最终的用户数量敲定,随着工作环境和技术的发展,用户数量是在不断变化的。具体设计时应考虑以下几点。

a)建设单位设有详细的近期发展规划的资料时,设计程控交换机的容量可按城市远期电话普及率指标确定,也可按近期容量的 150% ~200% 设计。

b)如果按工作区两个电话接口点设计,程控交换机容量应加 20% 富裕量;如果按当前电话用户数加近期发展容量设计,程控交换机容量应加 30% 富裕量。

②电话用户量一般以建设单位提供的要求为依据,但仅这一点是不够的。如果是初装,对最终状态不清楚应考虑增大 50% 的容量设计;如果是办公区,应以每个工作区 8 ~10 m^2 有 2 个电话接口点计算;18 ~20 m^2 的办公室应考虑安装 4 个电话接口点。

2)外线使用量的设计

过去向电信部门申请电话外线,难度大,费用高,现在情况变了。电信部门是免费送到用户楼内,只收电话线路使用服务费。但工作人员不能都使用外线。可在设计时采取领导办公室每一个人一部内线、一部外线电话;一般工作人员一部内线电话(可通过内线电话打外线)。在考虑交换机外线端口数时,按照内线电路总数除以 5,加上领导者所需外线电话总数就是交换机端申请外线的总数(这是经验值)。

3)工作区电话接口位置设计

工作区电话接口应考虑放置在房间的两边(各有两个端口),距离地面 30 cm 以上。电缆线缆可使用 4 对三类非屏蔽双绞线或 4 对五类非屏蔽双绞线。其优点:一是节约布线槽的工作量;二是能够节约线缆布槽的使用量。

2. 机房使用设备数量的计算

1)交换设备话务量的计算

模拟电话每门按 0.16 ErL(话务量)计算;数字电话每门按 0.2 ErL(话务量)计算。

2)模拟用户单元(ALU)的计算

每个模拟用户单元可容纳 16 个用户。

3)数字用户单元(DLU)的计算

每个数字用户单元可容纳 16 个用户。

4)出入中继单元的数量计算

出入中继单元电路板每块合计装 8 条中继线。

5)话务台的计算

每个话务台可接入 20 条中继器。

6)外围设备模块的计算

每个外围模块有 256 个端口。

7)公共控制模块的计算

每个用户占 1 个端口,每个中继器占 2 个端口。

8)机柜的数量计算

1 个公共控制机柜可装 2 个控制模块单元,1 个外围设备机柜可装 3 个外围模块单元。

计算所需设备时可参照上述计算方法进行。

3. 电话机房的设计

在实际的电话系统工程中,一般根据用户的门数来决定是否需要设置机房。

设计的方式也是多样的,大致分为集团电话系统(在 200 部电话机内)、部门电话系统(通常由 20 部、30 部、50 部、100 部电话)、大厦(单位)电话系统(大于 1 000 部电话机),一般情况下,集团电话系统、部门电话系统可不设专门的电话机房(在计算机网络设备间增设机柜即可),大厦、大的单位因电话门数多,应设专门的机房。

根据国家标准,对电话机房的设计应考虑如下几点。

1)原则

电话总机房的位置通常安排在一楼或二楼,并邻近大道,以便利电缆和接地线的敷设。为防止电话设备受潮,不能把电话总机房设在地下室。电话总机站需要设置交换机室、蓄电池室、传输设备室、维修室、话务员室等。应尽量远离嘈杂、振动、较多尘垢、散发有害气体及有电磁干扰的地点。电话机房之间要紧密相连,这样既便于维护管理,又节省布线电缆。电话机房通往室外的窗和门都应严密防尘。程控交换机室对室内空气洁净度有要求,并要求室内环境恒温恒湿。

2)机房建筑面积要求

程控交换机房应根据系统的容量及最终容量来考虑使用面积。200 门以下的部门可以不考虑设立专门的机房,程控交换机放置在计算机网络的设备间,一般仅占用两个 2.2 m 高的机柜;200 门以上应设机房。机房应设交换机室、话务室和维修室等。机房面积一般依据表 3-1 考虑。

表 3-1　程控数字交换机房面积的估算　　m²

技术用房名称	800 门以下	800 ~ 2 000 门	2 000 ~ 3 000 门	3 000 门以上
交换机室	20	25	30	40 ~ 50
话务台室	15	15	20	25
配线室	设于交换机房	10	15	20
蓄电池室	10	15	20	25
电力室	设于蓄电池室	10	15	20
电缆进线室	设于交换机房	设于配线室	10	15
配件配品维修室	10	15	20	25
值班室	10	15	20	25
总面积	70	100	150	200

3）机房建筑要求

由于程控交换机高度不等，设计机房时要提出的建筑的具体要求见表 3-2。

表 3-2　机房建筑要求

<table>
<tr><th colspan="2" rowspan="2">机房名称</th><th rowspan="2">室内净高/m
（梁下或网管下）</th><th rowspan="2">地面等效均布
活荷载/(kN/m²)</th><th rowspan="2">地面材料</th><th colspan="2">温度/℃</th><th colspan="2">相对湿度/%</th></tr>
<tr><th>长期</th><th>短期</th><th>长期</th><th>短期</th></tr>
<tr><td rowspan="2">程控交换机房</td><td>低架</td><td>3.0</td><td>4.5</td><td rowspan="4">活动地板或
塑料地板</td><td rowspan="2">10 ~ 28</td><td rowspan="2">10 ~ 35</td><td rowspan="2">30 ~ 75</td><td rowspan="2">10 ~ 90</td></tr>
<tr><td>高架</td><td>3.5</td><td>5.0</td></tr>
<tr><td colspan="2">控制室</td><td>3.0</td><td>4.5</td><td colspan="2">10 ~ 39</td><td colspan="2">40 ~ 80</td></tr>
<tr><td colspan="2">话务员室</td><td>3.0</td><td>3.0</td><td>0 ~ 32</td><td>10 ~ 40</td><td>20 ~ 80</td><td>10 ~ 90</td></tr>
<tr><td colspan="2">传输设备室</td><td>3.5</td><td>6.0</td><td rowspan="2">塑料地面</td><td colspan="2" rowspan="2">10 ~ 32</td><td colspan="2" rowspan="2">20 ~ 80</td></tr>
<tr><td colspan="2">总配线室</td><td>3.5</td><td>6.0</td></tr>
</table>

防静电活动地板距地面一般为 30 cm 左右，同时要有良好的接地。

机柜排放要求符合标准规范。柜架面对面时：净距离为 1 ~ 1.2 m，机柜与墙体的间距为 0.8 m，便于安装和维修。

4）程控交换机房照明要求

程控交换机房的照明要求见表 3-3。

表 3-3　机房照明要求

名称	照度标准/lx	计算点高度/m	照度方向
程控交换机房	100 ~ 200	1 ~ 4	垂直照度
话务台	100 ~ 150	0.8	水平照度
总配线架室	100 ~ 200	1.4	垂直照度
控制室	100 ~ 200	0.8	水平照度
电力室配电盘	100 ~ 150	1.4	垂直照度
电池槽上表面	50 ~ 75	0.8	水平照度
电缆进线室和电缆室	50 ~ 75	0.8	水平照度
传输设备室	100 ~ 200	1.4	垂直照度

5)电话机房的供电设计

电话机房的电源设备包括交流配电、整流、直流配电及蓄电池 4 部分。中小容量的电话机房通常采用整流配电组合电源柜,它将交流配电、整流、直流配电合为一体,因此其需要配 UPS 电源。交换机所需的工作电源主要是直流电源。程控电话交换机使用 48 V 直流电。

6)电话机房的接地设计

①接地类型。电话机房的接地类型有以下 3 种情况。

a)工作接地。程控交换机房的工作接地主要用于以下 5 个方面。一是站内蓄电池正极接地,它的作用是使中继线单线上传送各种直流控制信号,起到旁路噪声干扰电流和串话电流的作用。二是总配线架的工作接地,它的作用是当外线遭受雷击或高压电力线的感应而出现过电压等情况时,通过避雷器利用总配线架上的地线将过电压引导入地,以避免交换设备被击毁。三是程控交换机机盘的工作接地,它的作用是给交换机提供一个基点零电位,起到工作稳定的作用。四是程控交换机房电缆的接地,它的作用是电缆进线室铁架与敷设在铁架上的电缆处于同一电位,这样可以起到屏蔽、过电压保护和防止电缆外皮腐蚀的作用。五是防静电活动板和 MDF 的接地。

b)保护接地。保护接地是指整流设备外壳、不间断电源外壳的接地。它的作用是防止设备带电导线的绝缘损坏而漏电到外壳或框架上产生危害电压,防止可能由雷电或高压电的直击或感应产生的过电压。

c)防雷接地。防雷接地用于建筑物的防雷,通常由建筑物整体防雷设计负责考虑。

②系统单元接地时,接地电阻一般不应大于 4 Ω;系统联合接地时,接地电阻不应大于 1 Ω。

3.1.5　电话管线设计

1. 进网方式

根据邮电部规定,凡接入国家通信网使用的程控用户交换机,必须有邮电部颁发的进网许可证。程控用户交换机除了单位用户相互通话外还要通过出、入中继线实现与公用电话网上的用户进行话务交换,为此一般采用用户交换机进网中继方式。程控用户交换机作为公众电话网的终端设备与公众电话网相连,一般有以下 4 种进网中继方式:

①全自动直拨中继方式;

②半自动直拨中继方式;

③混合自动直拨中继方式;

④人工中继方式。

2. 线路容量的计算

目前,我国广泛采用程控用户交换机,按邮电部门规定,将程控用户交换机的容量分成三类:一是小容量,250 门以下;二是中容量,250 ~ 1 000 门;三是大容量,1 000 门以上。

交换机容量的设计,首先确定内线数量,然后再由此确定中继线数(局线数)等的分配。内线数的计算方法有很多,常见的方法一是按照所有电话机数计算;二是按照建筑物面积计算;三是按照人员数计算。

有关局线数与内线数的估算见表 3-4。

表 3-4　局线数与内线数的估算

	业　种	局线数	内线数
每 10 m^2 建筑面积	事务所 政府机关 商贸公司 证券公司	0.4	1.5
	广播电视台 新闻报社	0.4	1.3
	银行	0.3	1.0
	医院	0.2	1.3
每户	住宅	1	1

有关按照人员数的计算方法见表 3-5。

表 3-5　每线的工作人员数

业　种	每线的工作人员数
政府机关	1.9
公司	1.7 ~ 3.5
事务所	1.7 ~ 3.5
旅馆	1.9 + 客房数
新闻报社	4.6
百货商店	20

内线数确定以后,再确定局线数(中继线数),局线数的计算也有多种方法。有的按话务量计算,有的按总容量的 8% ~10% 比例配分,还有的按邮电部门规定确定。

当容量小于 500 线的用户交换机接入公用网时,一般可不进行中继线的计算,直接依据国家邮电部 1997 年发布的《集中式用户交换机(CENTREX)业务管理办法》的规定。

在确定交换机的容量时,应该考虑满足将来终期的容量需要,并备有维修裕量。表 3-6 是根据我国国民经济状况和一些城市高层建筑的实用数据,进行通信业务预测的参考标准。

表 3-6　预测通信业务发展的参考标准

高层建筑分类 / 通信业务预测 / 发展分期	机关、办公用高层建筑	饭店、宾馆高层建筑	财经商业服务大楼
近期(5 年左右)	每自然间 1.1 个电话,对于银行、办公性质的楼层应根据实际需要分布估算	高级宾馆应考虑用户电报、数据终端、电话等多种业务。目前可按每套客房 1.2 ~2.0的系数考虑	按办公用户和营业厅分布估算: 1. 办公用户同办公楼 2. 营业厅每个专业售货柜台有一个电话,其面积为 20 m^2 左右
远期(15 ~20 年)	每自然间 2.0 个电话,对于银行、办公性质的楼层应根据实际需要分布估算	要求同上,可按每套客房 2.0 ~3.0 的系数考虑	要求同上,并应适当增加数量

交换机的初装容量和终装容量计算如下:

初装容量 = 1.3 × [目前所需门数 + (3 ~ 5)]年内的近期增容数]

终装容量 = 1.3 × [目前所需门数 + (10 ~ 20)]年后的远期发展增容数]

中继线数量按照总机容量的 8% ~ 10% 确定。交换机的实装分机限额约为交换机容量的 80%。

3. 电话线路的进户设计

1)配电方式

建筑物的电话线路包括主干电缆(或干线电缆)、分支电缆(或配线电缆)和用户线路 3 部分,其配线方式应根据建筑物的结构及用户的需要,选用技术先进、经济合理的方案,做到便于施工和维护管理、安全可靠。

干线电缆的配电方式有单独式、复接式、递减式、交接式和合用式,如图 3-1 所示。

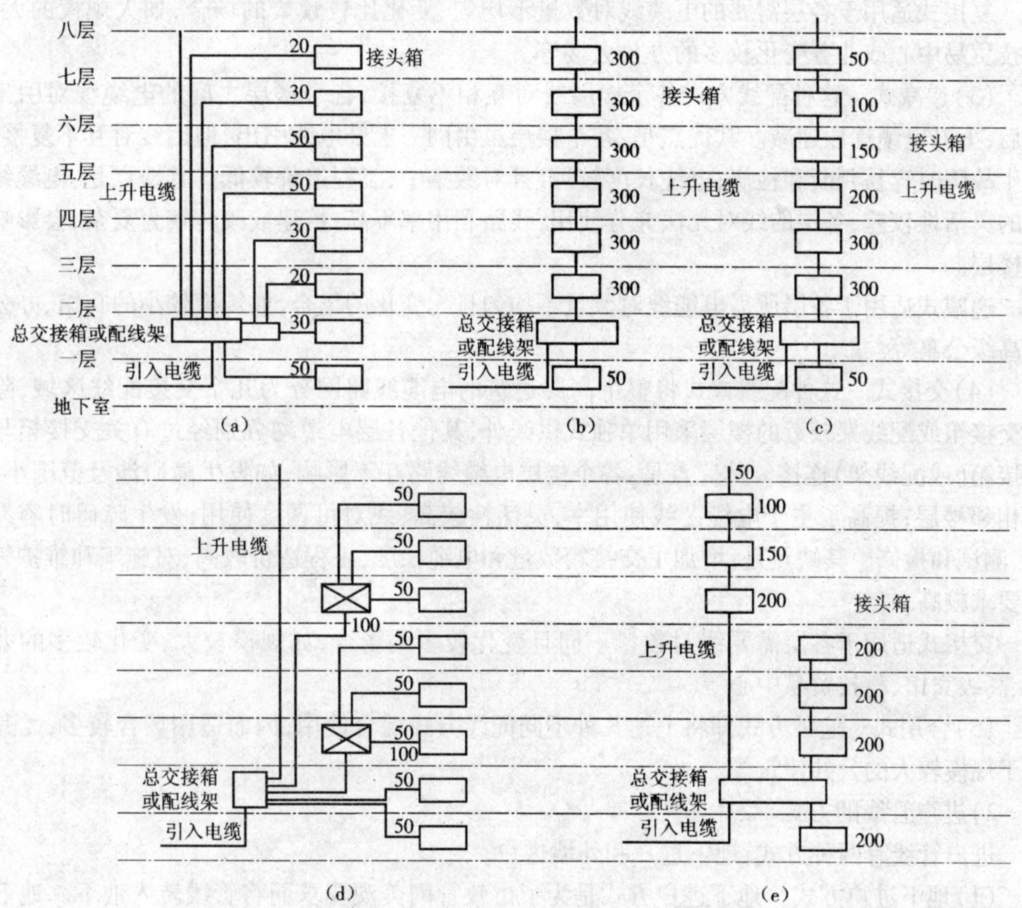

图 3-1　层建筑电话电缆的配线方式

(a)单独式;(b)复接式;(c)递减式;(d)交接式;(e)合用式

(1)单独式　采用这种配线方式时,各个楼层的电缆采取分别独立的直接供线,因此各个楼层的电话电缆线对之间无连接关系。各个楼层所需的电缆对数根据需要来定,可以相同或不同。其优点是:各楼层的电缆线路互不影响,如发生故障时涉及范围较小(只是一个楼层);由于楼层都是单独供线,发生故障时容易判断和检修;扩建或改建较为简单,不影响其他楼层。

其缺点是:单独供线,电缆长度增加,工程造价较高;电缆线路网的灵活性差,各层的线对无法充分利用,线路利用率不高。

单独式适用于各楼层需要的电缆线对较多且较为固定的场合,如高级宾馆的标准层或办公大楼的办公室等。

(2)复接式　采用这种配线方式时,各个楼层之间的电缆线对部分复接或全部复接,复接的线对根据各层需要来决定。每线对的复接次数一般不得超过两次。各个楼层的电话电缆由同一条上升电缆接出,不是单独供线。其优点是:电缆线路网的灵活性较高,各层的线对因有复接关系,可以适当调度;电缆长度较短,且对数集中,工程造价较低。其缺点是:各个楼层电缆线对复接后会互相影响,如发生故障,涉及范围较广,对各个楼层都有影响;各个楼层不是单独供线,如发生障碍不易判断和检修;扩建或改建时,对其他楼层有所影响。

复接式适用于各层需要的电缆线对数量不均匀、变化比较频繁的场合,如大规模的大楼、科技贸易中心或业务变化较多的办公大楼等。

(3)递减式　这种配线方式各个楼层线对互相不复接,各个楼层之间的电缆线对引出使用后,上升电缆逐段递减。其优点是:各个楼层虽由同一上升电缆引出,但因线对互不复接,故发生故障时容易判断和检修;电缆长度较短,且对数集中,工程造价较低。其缺点是:电缆线路网的灵活性较差,各层的线对无法充分使用,线路利用率不高;扩建或改建较为复杂,会影响其他楼层。

递减式适用于各层所需电缆线对数量不均匀且无变化的场合,如规模较小的宾馆、办公楼及高级公寓等。

(4)交接式　这种配线方式将整个高层建筑的电缆线路网分为几个交接配线区域,除离总交接箱或配线架较近的楼层采用单独式供线外,其他各层电缆均分别经过有关交接箱与总交接箱(或配线架)连接。其优点是:各个楼层电缆线路互不影响,如发生障碍涉及范围小,只是相邻楼层;提高了主干电缆芯线使用率,灵活性较高,线对可调度使用;发生障碍时容易判断、测试和检修。其缺点是:增加了交接箱数量和电缆长度,工程造价较高;对施工和维护管理等要求较高。

交接式适用于各层需要线对数量不同且变化较多的场合,如规模较大、变化较多的办公楼、高级宾馆、科技贸易中心等。

(5)合用式　这种方式即将上述几种不同配线方式混合使用,因而适用场合较多,尤其适用于规模较大的公共建筑等。

2)进户管线的方式

进户管线有两种方式:地下进户和外墙进户。

(1)地下进户方式　地下进户方式是为了市政管网美观要求而将管线转入地下。地下进户管线又分为两种敷设形式。第一种是建筑物设有地下层,地下进户管直接进入地下层,采用的是直进户管;第二种是建筑物没有地下层,地下进户管只能直接引入设在底层的配线设备间或分线箱,这时采用的进户管为弯管。地下进户管应埋出建筑物散水坡处 1 m 以下,户外埋设深度在自然地坪下 0.8 m。

(2)外墙进户方式　外墙进户方式是在建筑物第二层预埋进户管至配线设备间或配线箱内。进户管应呈内高外低倾斜状,并做防水弯头,以防雨水进入管中;在有用户电话交换机的建筑物内,一般设置配线架于电话站的配线室内;在不设用户交换机的较大型建筑物内,于首层或地下一层电话引入点设置电缆交接间，内置交接箱。配线架和交接箱是连接内外线的汇集点。

楼房电话线路的引入位置应选择在便于连接楼内电话线路和汇接集中的地方，使内外线路的长度最短。这些线路汇接点应尽量邻近楼层通信业务的负荷中心，以便通信线路引入后能够就近与之连接。

塔楼的高层住宅建筑电话线路的引入位置，一般选在楼底层电梯间或楼梯间附近，这样可以利用电梯间或楼梯间附近的空间或管线竖井敷设电话线路。

3）交接间

电话交接间就是设置电缆交接设备的技术性房间，每幢住宅建筑内必须设置一专用电话交接间。电话交接间一般设在建筑物底层，靠近竖向电缆管路的上升点。并应设在线路网中心，靠近电话局或室外交接箱一侧。

电话交接间使用面积，高层建筑不应小于 $6\ m^2$，多层建筑不应小于 $3\ m^2$。室内净高不小于 2.4 m，通风应良好，有保安措施，设置宽度为 1 m 的外开门。

电话交接间内应设置照明灯及 220 V 电源插座。电话交接间内通信设备可用建筑物综合接地线作保护接地，其综合接地时电阻不宜大于 1 Ω，独自接地时其接地电阻应不大于 5 Ω。

4）进户管的敷设

民用建筑的电话通信地下进户管焊接点应预埋出距离建筑物外墙 2 m，埋深 0.8 m，以便与邮电局地下通信管道连接，并应向外倾斜不小于 4% 的坡度。

选择电话线路引入的具体位置时，应考虑以下几点。

①不能靠近其他地下管线的引入位置。电缆管道、直埋电缆与其他地下管线和建筑物的最小净距见表 3-7。

表 3-7　电缆管道、直埋电缆与其他地下管线和建筑物的最小净距　m

其他地下管道及建筑物名称		平衡净距		交叉净距	
		电缆管道	直埋电缆	电缆管道	直埋电缆
给水管	75 ~ 150 mm	0.5	0.5	—	0.5
	20 ~ 400 mm	1.0	1.0	0.15	0.5
	400 mm 以上	1.5	1.5	0.15	0.5
排水管		1.0	1.0	0.15	0.5
热力管		1.0	1.0	0.25	0.5
煤气管	压力≤300 kPa	1.0	1.0	0.15	0.5
	300 kPa < 压力≤800 kPa	—	—	0.15	0.5
10 kV 以下电力电缆		0.5	0.5	0.5	0.5
建筑物的散水边缘		—	0.5	—	—
建筑物（无散水时）		—	1.0	—	—
建筑物基础		1.5	—	—	—

②电话线路的引入位置不应选择在邻近易燃、易爆、易受机械损伤的地方，如锅炉房、汽车加油处、货物搬运的出入口处等。

③电话线路的敷设路内和引入位置，不应选择在需要穿越高层建筑的伸缩缝、主要结构或

承重墙等关键部分，以免建筑物沉降或承重不同而对电话线路产生外力影响，使电话电缆外护套受伤，引入管道发生错口。

④引入高层建筑的各种地下管线采用公共隧道的方式时，电话线路的引入部分应尽量利用公共隧道，但尽量不与电力电缆同侧敷设。必须同侧敷设时，电话电缆在隧道托架上的位置要尽量远离电力电缆。公共隧道内的通信电缆应与其他管线之间有一定距离。

⑤电话线路的引入位置应尽量选择在高层建筑的后面或侧面，引入处的人孔或手孔，不应设在高层建筑的正面出入口或交通要道上，以免检修电话线路影响交通。

⑥直埋电缆穿越车行道时，应加钢管或铸铁管等保护，在设计穿管保护时，应将管径规格增大一级选择，并留1、2条备用管。直埋电缆不得直接埋入室内。如需引入建筑物内分线设备时，应换接或采取非铠装方法穿管引入。如果引至分线设备的距离在10 m以内时，则可将铠装层脱去后穿管引入。

⑦地下电话电缆引入管道在靠近高层建筑处的埋设深度，不宜小于0.7 m。如果穿越绿化地带，则要适当加大埋设深度。在引入管道的外面，应用8 cm厚度混凝土包封，以增加管道的机械强度和防水效能。

⑧引入管道穿越墙壁时，为了防止污水或有害气体由管孔中进入高层建筑内部，应采取防水和堵气措施。防水措施除采用密闭性能好的钢管等管材外，还应将引入管道由室内向室外稍有倾斜铺设，以防水流入室内。堵气措施通常是对已占用管孔的电缆四周用环氧树脂等填充剂堵塞。对主闲管孔用麻丝等堵口，再用防水水泥浆堵封严密，使外界有害气体无隙可入。

⑨室内管路敷设。室内管路敷设应随土建施工预埋，应避免在高温、高压、潮湿及有强烈振动的位置敷设。暗配管与其他管线的最小净距应符合表3-8的规定。

表3-8 暗配线管与其他管线最小净距 mm

其他管线相互关系	电力线路	压缩空气管	给水管	热力管(不包封)	热力管(包封)	煤气管	备注
平行净距	150	150	150	500	300	300	间距不足时应加绝缘层，应尽量避免交叉
交叉净距	50	20	20	500	300	20	

室内管路敷设要考虑以下几点。

a)直线敷设电缆和用户线管，长度超过30 m应加装过路箱，管路弯曲敷设两次也应加装过路箱，以方便穿线施工。

b)过路箱应设置在建筑物内的公共部分，底边距地0.3～0.4 m或距顶0.3 m。

c)入线箱至用户电话出线盒，应敷设电话线暗管。电话线暗管管内每项应在15～20 mm间选用。穿放平行用户线的管子截面利用率为25%～30%，存放用户线的管子截面利用率为20%～25%。

$$电缆管径利用率=\frac{电缆的外径(mm)}{电缆管内径(mm)}\times 100\%$$

$$用户线管截面积利用率=\frac{管内导线总截面积(mm^2)}{用户线管内截面积(mm^2)}\times 100\%$$

d)暗配管长度超过30 m时，电缆暗管中间应加装过路箱，用户电话线暗管中间应加装过路盒。暗配管需要弯曲敷设时，其路由长度应小于15 m，且该段内不得有S弯，连接弯曲超过两次时，应加装过路箱。

e)管子的弯曲处应安排在管子的端部，管子的弯曲角度不应小于90°，电缆暗管弯曲半径不应小于该管外径的 10 倍，用户电话线管弯曲半径不应小于该管外径的 6 倍。

f)分线箱至用户的暗配管不宜穿越非本户的其他房间，如必须穿越时，暗管不得在其房内开口。暗配管的出入口必须在墙内镶嵌暗线箱，管的出入口必须光滑、整齐。

5)使用的材料

①电缆。电话系统的干线使用电话电缆。室外埋地敷设时使用铠装电缆，架空敷设时用钢丝绳悬挂普通电缆，或使用带自承钢丝绳的电缆，室内使用普通电缆。常用电缆有 HYA 型综合护层塑料绝缘电缆和 HPVV 铜芯全聚氯乙烯电缆，电缆规格标注为 HYA10 ×2 ×0.5，其中 HYA 为型号，10 表示电缆内有 10 对电话线，2 ×0.5 表示每对线为 2 根直径 0.5 mm 的导线。电缆的对数为 5 ~2 400 对，线芯有直径 0.5 mm 和 0.4 mm 两种规格。

在选择电缆时，电缆对数要比实际设计用户数多 20% 左右，以作为线路增容和维护使用。

②光缆。光导纤维通信是一种崭新的信号传输手段，它利用激光通过超纯石英(或特种玻璃)拉制成的光导纤维进行通信。光缆由多芯光纤、铜导线、护套等组成。光缆既可用于长途干线通信，传输近万路电话以及高速数据，又可用于中小容量的短距离市内通信、市局间交换机之间以及闭路电视、计算机终端网络的线路中。光纤通信不但通信容量大、中继距离长，而且性能稳定，可靠性高，缆芯小，质量轻，曲挠性好，便于运输和施工，并且可根据用户需要插入不同信号线或其他线组，组成综合光缆。光缆的标准长度为(1 000 ±100)m。

③电话线。管内暗敷设使用的电话线，常用的是 RVB 型塑料并行软导线或 RVS 型双绞线，规格为 $2\times(0.2\sim0.5)\,mm^2$。要求较高的系统适用 HPW 型并行线，规格为 $2\times0.5\,mm^2$，也可使用 HBV 型绞线，规格为 $2\times0.6\,mm^2$。

④分线箱。电话系统干线电缆与进户连接要使用电话分线箱，也叫电话组线箱或电话交换箱。电话分线箱按要求安装在需要分线的位置，建筑物内的分线箱暗装在楼道中，高层建筑安装在电缆竖井中。分线箱的规格为 10 对、20 对、30 对等，应按所需分线数量选择适当规格的分线箱。

⑤用户出线盒。室内用户要求安装暗装用户出线盒。出线盒面板规格与其前面的开关插座面板规格相同，如 86 型、75 型等。面板分为无插座型和有插座型两种。无插座型出线盒面板只是一个塑料面板，中央留 10 mm 的圆孔，线路电话线与用户电话机线在盒内直接连接，适用于电话机位置较远的用户，用户可以用 RVB 导线做室内线连接电话机接线盒。有插座型出线盒面板分为单插座和双插座，面板上为通信设备专用插座，要使用专用插头与之连接。现在常用的电话机都使用这种插头进行线路连接，如话筒与机座的连接。使用插座型面板时，线路导线直接接在面板背面的接线螺钉上。

3.1.6 住宅楼及综合楼电话系统分析

1. 住宅楼电话系统工程图

住宅楼电话系统工程图如图 3-2 所示。

从系统图中可以看到，进户使用 HYA-50(2 ×0.5)型电话电缆，电缆为 50 对线，每根线芯的直径为 0.5 mm，穿直径 50 mm 焊接管埋地敷设。电话组线箱 TP-1-1 为一只 50 对线电话组线箱，型号为 STO-50。箱体尺寸为 400 mm ×650 mm ×160 mm，安装高度距地 0.5 m。进线电缆在箱体内与本单元分户线和分户电缆及到下一单元的干线电缆连接。下一单元的干线电缆为 HYV-10(2 ×0.5)型电话电缆，电缆为 30 对线，每根线的直径位 0.5 mm，穿直径 40 mm焊

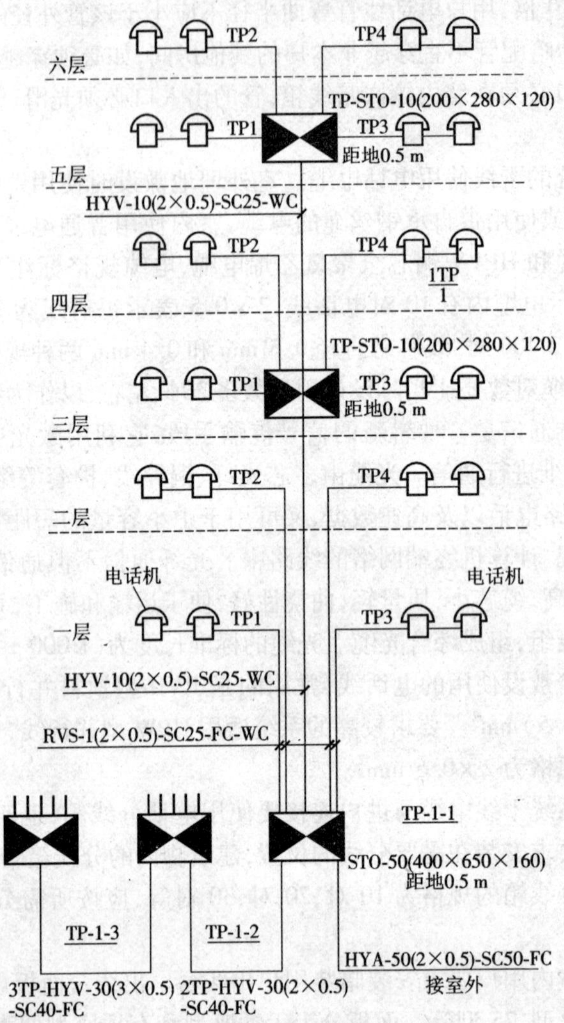

图 3-2 住宅楼电话系统工程图

接钢管埋地敷设。

二层用户线从电话组线箱 TP-1-1 引出，各用户线使用 RVS 型双绞线，每根直径为 0.5 mm，穿直径 15 mm 焊接钢管埋地、沿墙暗敷设（SC15-FC-WC）；从 TP-1-1 至三层电话组线箱用一根 10 对线电缆连接，电缆线型号为 HYV-10（2×0.5），穿直径 25 mm 焊接钢管沿墙暗敷设。在三层和五层各设一只电话组线箱，型号为 STO-10，箱体尺寸为 200 mm× 280 mm× 120 mm，均为 10 对线电话组线箱，安装高度距地 0.5 m。三层到五层也使用一根 10 对线电缆连接。三层和五层电话组线箱分别连接上下层 4 户的用户电话出线口，均使用 RVS 型双绞线，每根直径为 0.5 mm。各层每户内有两个电话出线口。

电话电缆从室外埋地敷设，穿直径 50 mm 的焊接钢管引入建筑物（SC50），钢管连接至一层 TP-1-1 箱，到另外两个单元组线箱的钢管横向埋地敷设。

单元干线电缆 TP 从 TP-1-1 箱向左下到楼梯对面墙，干线电缆沿墙从一楼上到五楼，三层和五层装有电话组线箱，从各层的电话组线箱引出本层和上一层的用户电话线。

2. 综合楼电话系统工程图

综合楼电话系统工程图如图 3-3 所示。

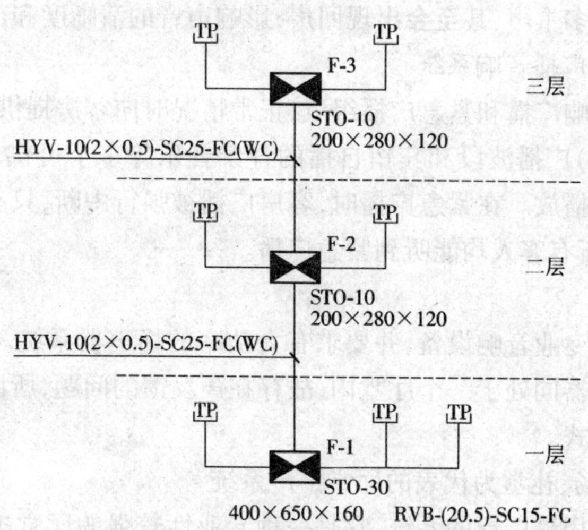

图 3-3 综合楼电话系统工程图

本楼电话系统没有画出电缆进线，首层为 30 对线电话组线箱（STO-30），箱体尺寸为 400 mm ×650 mm ×160 mm。首层有 3 个电话出线口，箱左边线管内穿一对电话线，而箱右边线管内穿两对电话线，到第一个电话出线口分出一对线，再向右边线管内穿剩下的一对电话线。

二、三层各为 10 对线电话组线箱（STO-10），箱体尺寸为 200 mm ×280 mm ×120 mm。每层有 2 个电话出线口。电话组线箱之间使用 10 对线电话电缆，电缆线型号为 HYV-10（2 ×0. 5），穿直径 25 mm 的焊接钢管埋地、沿墙暗敷设（SC25-FC，WC）。到电话出线口的电话线均为 RVB 型并行线[RVB-（2 ×0. 5）-SC15-FC]，穿直径 15 mm 的焊接钢管埋地敷设。

3. 2 广播音响系统

广播音响系统又称电声系统，在各种建筑中的应用范围极为广泛，是剧场、影院、宾馆、舞厅、俱乐部、艺术广场、体育广场、工矿企业、机关学校等各种场所必备的设备。

3. 2. 1 广播音响系统的分类

在建筑工程中，广播音响系统主要有以下 3 种类型。

1. 公共广播系统

公共广播系统包括背景音乐和紧急广播功能，平时播放背景音乐和其他节目，当出现紧急情况时，强制转换为报警广播。这种系统中，广播用的传声器（话筒）与向公共广播的扬声器一般不处在同一个房间内，因此没有声反馈的问题，其典型系统多采用定压式传输方式。

1）公共广播系统

面向公众区的公共广播系统主要用于语言广播，这种系统平时进行背景音乐广播，在出现灾害或紧急情况时可切换成紧急广播。公共广播系统的特点是服务区域面积大，空间宽广，声音传播以直达声为主。但如果扬声器的布局不合理，因声波多次反射而形成超过 50 ms 以上的延时会引起双重声或多重声，甚至会出现回声，影响声音的清晰度和声像的定位。

2）面向宾馆客房的广播音响系统

这种系统由客房音响广播和紧急广播组成，正常情况时向客房提供音乐广播，包括收音机的调幅（AM）、调频（FM）广播波段和宾馆自播的背景音乐等多个可供自由选择的波段，每个广播均由床头柜扬声器播放。在紧急广播时，客房广播被强行中断，只有紧急广播的内容强行切换到床头扬声器，使所有客人均能听到紧急广播。

2. 厅堂扩声系统

厅堂扩声系统使用专业音响设备，并要求有大功率的扬声器系统。由于演讲或演出用的传声器与扩声用的扬声器同处于一个厅堂内，故存在声反馈的问题，所以厅堂扩声系统一般采用低阻抗式直接传输方式。

1）面向体育馆、剧场、礼堂为代表的厅堂扩声系统

这种扩声系统是应用最广泛的系统，它是一种专业性较强的厅堂扩声系统。室内扩声系统往往有综合性多用途的要求，不仅可供会场语言扩声使用，还可用于文艺演出，对音质的要求很高，且受建筑声学条件的影响较大，对于大型现场演出的音响系统，要用大功率的扬声器和功率放大器，在系统的配置和器材选用方面有一定的要求。

2）面向歌舞厅、宴会厅、卡拉 OK 厅的音响系统

这种系统应用于综合性的多用途群众娱乐场所。由于人流多，杂声或噪声较大，故要求音响设备要有足够的功率，较高档次的还要有很好的重放效果，故也应配置专业音响器材，在设计时要注意供电线路与各种灯具的调光器分开。对于歌舞厅、卡拉 OK 厅，还要配置相应的视频图像系统。

3. 会议系统

会议系统包括会议讨论系统、表决系统和同声传译系统。这类系统一般也设置由公共广播提供的背景音乐和紧急广播两用系统。因有其特殊性，常在会议室和报告厅单独设置会议广播系统。对要求较高的国际会议厅，还需另行设计同声传译系统、会议表决系统以及大屏幕投影电视。会议系统广泛应用于会议中心、宾馆、集团公司、学术报告厅等场所。

若从音响设备的构成方式来看，广播音响系统可以分为以下几类。

1）以调音台为中心的专业音响系统

以调音台为中心的专业音响系统如图 3-4 所示。

图中均衡器、压限器和激励器的位置可以互相调换，有些使用场合压限器和激励器可有可无。音频信号线 A 与视频信号线 V 分开走线。

2）以前置放大器为中心的广播音响系统

大多数公共广播系统均属于以前置放大器为中心的广播音响系统，如图 3-5 所示。

3）以 AV 放大器为中心的广播音响系统

以 AV 放大器为中心的广播音响系统适用于 KTV 包房、家庭影院等场合，如图 3-6 所示。

常用广播音响系统的构成及原理如图 3-7 所示。

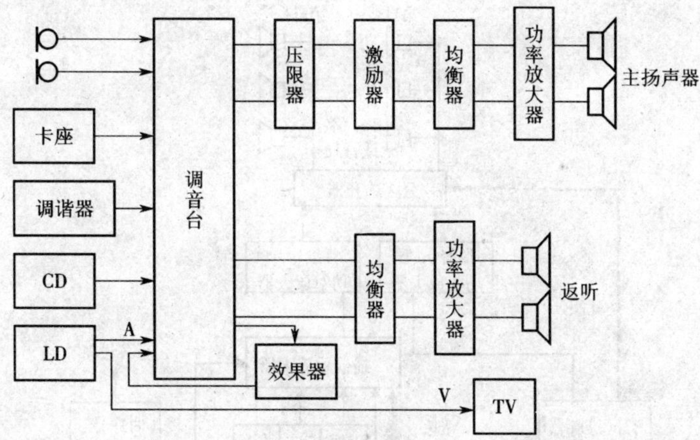

图3-4　以调音台为中心的专业音响系统

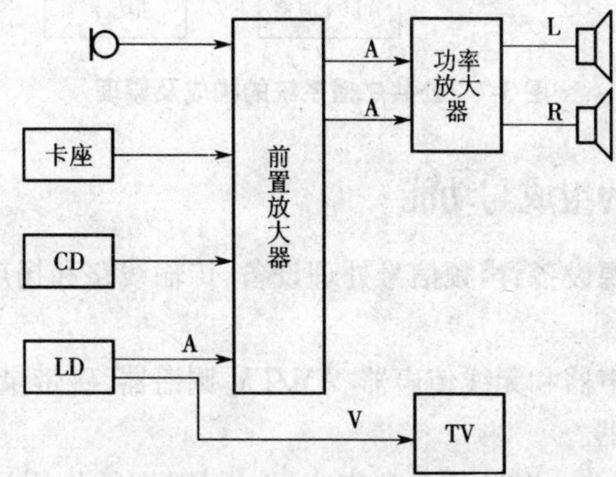

图3-5　以前置放大器为中心的广播音响系统

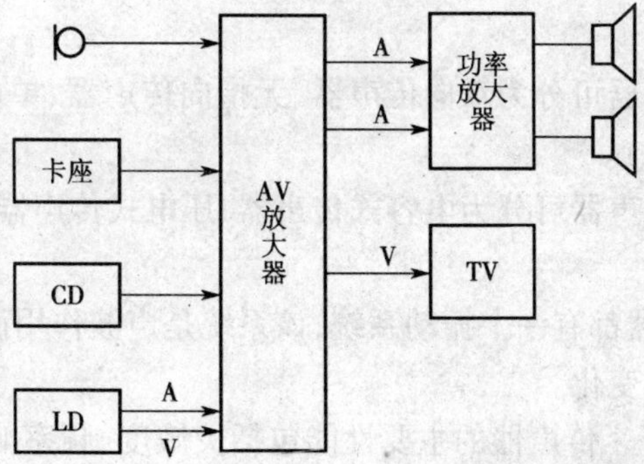

图3-6　以AV放大器为中心的广播音响系统

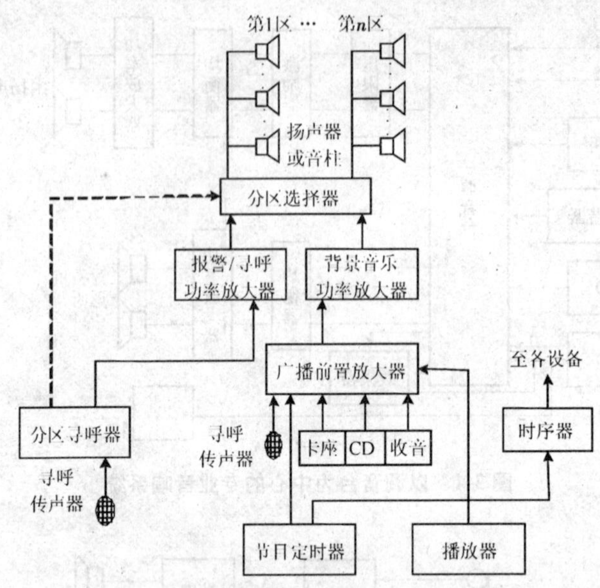

图 3-7 公共广播系统的构成及原理

3.2.2 广播音响系统的组成与功能

广播音响系统由节目源设备、声频信号处理设备、传输线路和扬声器系统 4 部分组成。

1. 节目源设备

节目源设备主要有传声器和无线传声器、AM/FM 调谐器、磁带录音机和激光唱机等。

1)传声器和无线传声器

(1)传声器的作用和分类 传声器也称麦克风、话筒，它的作用是将声音信号转换成相应的电信号。传声器的分类有以下 3 种方式。

①按使用场合来分，传声器可分为普通传声器、立体传声器、无线传声器、测量传声器、佩带式传声器。

②按指向性来分，传声器可分为双向传声器、无指向传声器、单向传声器（心形传声器、超心形传声器、超指向传声器）。

③按换能原理来分，传声器可分为电容式传声器、压电式传声器、半导体式传声器、电磁式传声器、电动式传声器。

无论哪种类型的传声器都有一个振动系统，该系统是声波作用而引起振动，产生出相应的电压变化、电容变化或电阻变化。

(2)传声器的主要性能 传声器的主要性能包括灵敏度、频率响应、指向性和输出阻抗等 4 个方面。

①灵敏度，是指传声器的声－电转换效率。它是自由声场中传声器在频率 1 000 Hz 的恒定声压下所测得的开始输出电压。

②频率响应，指传声器在一个恒定声压下，不同频率时所测得的输出电压变化值。例如，高保真传声器的频率响应最低性能为 50～12 500 Hz；卡拉 OK 使用的传声器频率范围为 80 Hz～130 kHz。

③指向性，指传声器在某一指定频率下，某个方向（θ角）的灵敏度与最大灵敏度（0°角）的比值。

④输出阻抗，指从传声器输出端测得的交流阻抗。输出阻抗在1 000 Ω以下的称为低阻抗输出，大于1 000 Ω的称为高阻抗输出。传声器按输出方式可分为平衡接法和不平衡接法。平衡接法是指输出两根信号线均不接地，而是用金属屏蔽外层接地。不平衡接法是指信号线负端接地，可使用单芯屏蔽线，芯线接信号正端，金属屏蔽接信号负端并接地。

（3）无线传声器的作用和分类　无线传声器由无线话筒部分和接收机部分组成。无线话筒将声音信号以无线电载波形式发射出去。接收机将信号接收下来然后进行解调，还原成声音信号，最后送入调音台进行录音或扩声。无线传声器的组成如图3-8所示。

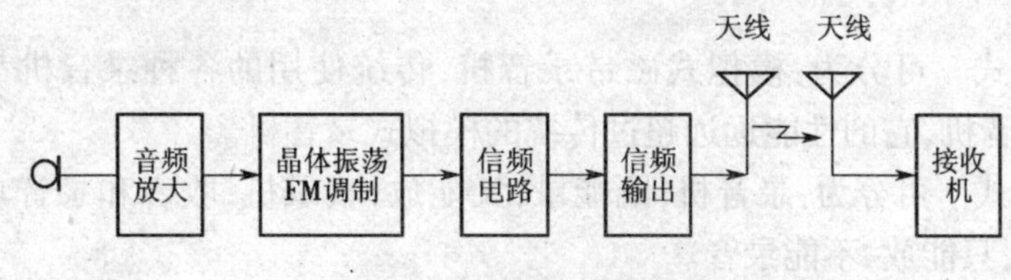

图3-8　无线传声器的组成

无线传声器可分为以下3类。

①按接收方式可分为单接收机单频道接收型、单接收机多频道接收型、双接收机单频道接收型、双接收机多频道接收型。

②按载波频率可分为FM型（调频波段88～108 MHz）、VHF型（低频段30～50 MHz、高频段150～250 MHz）、UHF型（低频段300～600 MHz、高频段700～1 000 MHz）。

③按振荡回路方式可分为调谐振荡回路式、石英晶体控制电路式、锁相环频率合成式。

2）AM/FM调谐器

调谐器分为调幅调谐器和调频调谐器。调幅调谐器接收调幅广播信号（AM），调频调谐器接收调频广播信号（FM）。调谐器由高频放大器、本地振荡器、混频器、中频放大器、检波器组成。在不同场合选择不同的检波器：对调幅（AM）使用幅度检波器，对调频（FM）使用频率检波器。

调谐器的技术性能分为两类：一类是调谐器选择电台的能力，如灵敏度、选择性和俘获比；另一类是输出信号的保真度，如谐波失真、信噪比和立体声分离度。调谐器的技术性能如下。

（1）灵敏度　调谐器对于无线电广播微弱信号的接收能力叫调谐器的灵敏度。灵敏度常用输入信号的电压值表示，单位为μV（微伏），数值越小灵敏度越高。

（2）选择性　选择性是由所选频率信号的强度与收到相邻一定间隔的其他信号强度之比的分贝数来度量的。高保真调频调谐器选择性大于50 dB，高级的调频调谐器的有效选择性达到80 dB。

（3）谐波失真　谐波失真是指调谐器输出的谐波畸变分量与原来信号总量的百分比。调幅调谐器的谐波失真在3%以内，调频调谐器失真在1%以内。

（4）信噪比　信噪比是指调谐器输出信号与输出噪声之比，其值越大越好。中档调幅调谐器的信噪比大于40 dB，中档调频调谐器的信噪比大于70 dB。

（5）立体声分离度　立体声分离度表示接收立体声广播时左、右两声道信号分开的程度，其值越大越好。左、右声道分离度为15～20 dB时可有立体感；采用锁相（PLL）技术后，立体声分离度约在 40 dB 以上。

(6)俘获比　俘获比是指调谐器抑制两个同频率射频信号中较弱一个的能力,允许只接收两个同频率信号中较强的一个。对于高保真调频调谐器的俘获比最低要求小于 3 dB。

3)磁带录音机

磁带录音机是利用磁带进行录音和放音的电声设备,它是一种常用的节目源设备。磁带录音机可按以下几个方面进行分类。

(1)按使用方式　可分为:盘式录音机,这种录音机质量高、稳定性好,主要用于录音公司、电视台等专业性强的单位;盒式录音机,这种录音机使用的是供带盘和卷带盘同装在一个盒内的盒式磁带,它的使用范围最广泛;卡式录音机,它使用卡式磁带,主要用于广播电台播音和汽车放音。

(2)按工作方式　可分为:模拟式磁带录音机,传统使用的各种录音机都是模拟式录音机;数字式磁带录音机,它的性能远远超过传统的模拟式录音机。

(3)按结构形式　可分为:录音机,既能录,又能放;收录机,收音和录音功能组装在一起的录音机;放音机,只能放,不能录音。

(4)按其他分类方式　可分为:单声道、双声道、多声道录音机;三磁头、二磁头录音机;单盒式、双盒式、四盒式录音机;录音座,录音座是指不带功率放大器、扬声器和 AM/FM 调谐器的高级录音机。

4)磁带录音机的技术指标

磁带录音机的技术指标主要有带速误差、抖晃率、频率响应、失真度和信噪比。

(1)带速误差　带速误差指录音机的实际带速 V 与额定带速 V_0 的相对误差的百分比,公式为

$$带速误差 = \frac{V - V_0}{V_0} \times 100\%$$

一般录音机的带速误差为 ±3%,高级录音机的带速误差为 ±0.2%。

(2)抖晃率　抖晃是由磁带不规则运动引起记录信号的寄生调频现象,由抖晃引起的寄生调频的频偏 Δf 对记录信号频率 f_0 的百分比称为抖晃率。公式为

$$抖晃率 = \frac{\Delta f}{f_0}$$

式中:$\Delta f = f - f_0$

f_0——记录信号频率;

f——实际放音频率。

(3)频率响应　录音机的录音输入端到放音输出端之间的频率响应称为频响特性。录音的频响特性为 40 ~ 15 000 Hz;放音频响特性为 120 ~ 6 300 Hz。

(4)失真度　失真度分为谐波失真和互调失真,通常指谐波失真。盒式录音机的谐波失真小于 5%,高保真系统不大于 2%,高档盒式录音座不大于 1%。

(5)信噪比　信噪比是指录音机输出信号与输出噪声之比,信噪比越高越好。录音机的信噪比约为 40 dB,高保真系统约为 55 dB,数字式录音机的信噪比大于 90 dB。

2. 声频信号处理设备

声频信号处理设备有两个作用:一是对声音信号进行修饰,使音色得以美化或取得某些特

殊效果;二是改进传输通道的质量,减少失真和噪声。

对于语言的扩声系统,要求声音传输距离远、挂带的扬声器多、覆盖范围大,但对音质要求不高,声音清晰响亮即可,因此对声音处理设备要求不高。但对于音乐扩声系统,为了获得高保真度和各种高艺术效果的声音,就必须对输入的各种音频信号进行适当的加工处理,如放大或衰减、频率均衡、声像定位、延时、混响、压缩或扩张及环绕等,主要包括以下有关设备。

1)调音台

调音台又称前级增音机,是扩声系统中的主要设备之一,起着指挥中心和分配信号的作用。对于大型信号加工处理设备,常把前级放大器和功率放大器分为独立的前置放大机和功率放大机,习惯上前者称增音机,后者称扩音机。调音台能接收多路不同阻抗、不同电平的音源信号,并对其进行加工、处理和混合后重新分配和编组,由输出端子输出多路音频信号供其他设备使用。它的主要功能有以下几个。

(1)输入信号选择功能　当输入信号的电平超过调音台输入电路的动态范围时,可调节输入信号使其电平衰减,以符合要求。

(2)信号处理功能　在调音台的输入板上一般设有均衡器,包括两段均衡器、三段均衡器(中频频率可调)和四段均衡器(中低音频率可调、中高音频率可调),用来调整音频信号中不同频段的频率特性,使音色更加优美动听和取得某些音色的特殊效果,如表3-9所示。

表3-9　音频信号频率对音质的影响

频率	中心频率	带宽	调整效果
高频	10 kHz	5 ~ 20 kHz	可改变音色的表现力
中频	3 kHz	350 Hz ~ 6 kHz	中高频可改变音色的明亮度、清晰度;中低频可改变音色的力度
低频	100 Hz	20 ~ 350 Hz	可改变音色的丰满度、浑厚度

(3)控制功能　通过声像(全景)电位器控制输入信号进行立体声平衡处理,也可以把本路信号送至左声道或右声道中,进行立体声声像的重新分配、处理,并按各种声源原来的方位送出声音,使听众的听觉和视觉协调统一,有身临其境的感觉。

(4)信号分配功能　调音台中配置辅助线路和编组线路,能把输入的音频信号根据不同的要求分配给有关电路和外围设备。

(5)信号显示功能　在调音台的面板上通常配置有信号音量表或由绿、红、黄三色发光二极管组成的信号显示系统。操作者根据音量表的读数、二极管的发光情况和音量控制器所处的衰减位置判断调音台内各部分的工作是否正常,以便随时进行调整和处理。

(6)监听功能　在调音过程中,为了掌握音色的结构情况,给操作者提供方便,经常要对音频信号和经过加工处理的音色质量进行监测。为此,在调音台的输出板上设有音量控制电位器和监听插口,可随时监听播放的音响效果。

(7)提供振荡信号和对讲系统　有的调音台还设置了音频振荡器,可提供1 kHz和其他频率的振荡信号,以便对系统中其他部分进行监测,了解其是否处于正常状态。

调音台的输出板上一般设置有话筒输入插口和音量控制电位器,为演播室、舞台的安装、施工和声场调试通话提供方便,为控制室与录音棚等场地的联系提供对讲系统。

调音台的种类和型号很多,结构和功能也各有不同,使用者要根据自己的要求和具体情况进行选购。

2）均衡器

均衡器是一种对声音频响特性进行调整的设备。通过均衡器可对声音中的某些频率成分的电平进行提升或衰减，以达到不同的音响效果。由于建筑物的结构、空间、材料不同，对因声音中不同成分的反射和吸收程度不同而造成的频率失真也可通过均衡器进行补偿。有时也利用均衡器人为地制造频率失真，以得到某种特殊的音响效果。均衡器根据自身的构成可分为无源均衡器和有源均衡器两大类。无源均衡器是由电感和电容构成的LC选频网络，可对某频段起补偿作用；由电阻、电容、晶体管和集成电路等器件构成的均衡器为有源均衡器。

3）压限器

压限器的主要功能是对音频信号的动态范围进行压缩或扩张，即把音频信号的最大电平与最小电平之间的相对变化量进行压缩或扩张，达到保护设备、减小失真、降低噪声和修饰美化音质的目的。

压限器由压缩器和限幅器两部分组成。压缩器的主要功能就是压缩放大信号，当输入的音频信号幅度超过该设备所能处理的范围时，它能在信号不失真的前提下把大幅度信号及时准确地压缩到设备所能处理的范围内。限幅器是压缩比足够大的压缩器，当输入信号的峰值超过某一电平（阈值）时，限幅器就会将任何超过阈值电平的波形的顶部全部削掉，而信号的其他部分不受影响。

4）激励器

音频信号在系统的传输过程中损失最多的是中频和高频的谐波成分，使扬声器放出来的声音缺乏现场感、穿透力和清晰度。激励器是一种在原来音频信号中添加上丢失的中频和高频谐波的设备。音频信号进入激励器后分成两路：一路不经任何处理直接送入输出放大电路；另一路经过专门设备的电路产生丰富的可调高频谐波，在输出放大电路中与直达的音频信号进行混合，使原来的声音再生出新的泛音。由于泛音的电平比直达信号的电平低很多，因此不会增加功率电平，而放出来的声音却具有很强的穿透力，能渗透到空间的各个角落，使声音更清晰、动听。

5）移频器

移频器是用来控制扩声系统中声音反馈的一种设备。其原理是用偏移频率的方法来破坏反馈声音信号和原始信号的同相条件。实现偏移频率的方法很多，常用的是单边带调制法。通常把移频器串接在调音台和压限器之间，音频信号经移频器提升频率（一般是5Hz）后，从音响中放出来的声音即使重新进入话筒，也不容易发生正反馈的啸叫现象。移频器主要用于礼堂、会议厅和体育馆等场所的语音扩音系统，而以音乐和歌曲为内容的声音扩声系统则不宜采用。

6）延时器和混响器

声音在建筑物内传播时，没有受到物体表面反射而直接进入人耳的声音称为直达声；经过几次反射到达人耳的声音称为近次反射声。反射声总是落后于直达声到达人耳，落后的时间称为延时时间。近次反射声过后，反射声的密度迅速增加，但其强度越来越小，这些后到的反射声的总体称为混响声。利用电子延时器和数字延时器先对音频信号进行延时处理，再送入扩声系统进行放大，可使不同位置处音箱发出的声音几乎同时到达听众的耳朵，获得高清晰度的理想音响效果。利用电子混响器和数字混响器可以模拟出各种不同环境和不同情景的音响效果。

7)分频器

在电声重放系统中,特别是在大功率和要求高的情况下,分频器用于将全频带的节目信号按频率高低分成两个或两个以上频段,分别进行多频段(如高音、中音和低音)的扬声器重放,以达到互调失真小、音域宽广、调节方便等完美的效果。

3. 传输线路

广播音响系统的信号可以通过有线传输,也可以无线传输。由于无线传输的设备投入太大且受频率管理的限制,智能楼宇的广播音响系统一般都采用有线传输方式。其传输按有线广播音响系统的信号馈送方式可以分为高电平传输、低电平传输和调频载波传输三种方式。

1)高电平传输方式(定压传输方式)

高电平传输方式也称为定压传输方式。在这种传输方式的系统中,主要音响设备都集中在中央音控室,节目源输出的信号经调音台或前级处理后,通过定压式功率放大器或外接升压变压器的普通功率放大器将音响系统前级设备输出的低电平信号转换为70 V、100 V或120 V的高电平信号,再通过专门敷设的广播音响传输线路馈送到各个音响接受终端。

这种传输方式的优点是结构简单,造价相对较低,对输出级功率配合要求不严格,扬声器数量的增减自由度较大,收听范围较大;其缺点是由于容易受长距离敷设的线路间分布电容的影响,各路节目之间往往存在串音干扰。高电平传输方式适用于对音质要求不高的场合。

2)低电平传输方式(定阻传播方式)

这种传输方式即将广播音响系统前级放大器输出的0 dB左右的低电平信号(电压为0.775 V、标准阻抗为600 Ω)直接通过音响传输线路传送到播音终端,在各终端再通过功放电路将低电平信号放大后输出到各扬声器。

低电平传输方式也称为定阻传输方式。这种传输方式可避免电感设备的引入,保证频响效应,较好地抑制各套节目间的串音干扰,音质较好。但需要在每个接收终端前添加一个小型功率放大电路将信号放大,同时对输出功率和阻抗匹配要求严格,对剩余功率要求能承受其1.5倍以上功率容量的假负载,以免被烧毁。低电平传输方式适用于范围较小,对音质要求较高的场合。

3)调频载波传播方式

这种传输方式即在广播音响控制室内采用调频的方法将每路节目源的输出信号通过各自的调制器分别调制到88~108 MHz频带范围内的某一固定频率,然后将已调制的各路信号经混合器放大输出,与智能楼宇的电视接收系统的频道节目混合在一起,利用CATV共用天线电视系统,经电视传输电缆送到每一个电视节目的接收终端盒。最后在电视接收终端盒的FM插孔输出调频信号,通过FM收音机将调频信号解调还原成音频信号后从扬声器输出。

调频信号传输方式可直接利用CATV电视系统的电缆,不需专门敷设电线,节省费用,便于维修。其缺点是必须在中央音控室添置多路调频调制器,在每个接收端配置一台调频收音机。

广播音响系统的三种传输方式的特点及适用场合如表3-10所示。

表 3-10 三种传输方式的特点及适用场合

传输方式	系统特点	适用场合
高电平传输方式	优点： 1. 集中控制功率放大及输出，便于维修 2. 设备集中，结构简单，造价较低，故障率低 3. 对输出级功率配合要求不严，广播范围大 缺点： 1. 敷设传输线路较多 2. 线路传输损失大 3. 存在串音干扰，音质较差	对音质要求不很高的地方
低电平传输方式	优点： 1. 中央控制为集中系统，便于维修 2. 系统配线简单 3. 广播音质较好 缺点： 1. 每个接收终端前须加小型功率放大电路 2. 安装调试维护工作量大 3. 对输出功率和阻抗匹配要求严格，广播范围小	广播收听范围较小、音质要求较高的场合
调频载波传输方式	优点： 1. 共用 CATV 电视系统的电缆 2. 抗干扰能力强 缺点： 1. 中央控制室须添置多路调频调制器 2. 每个接收末端须配置调频收音机 3. 音质较差 4. 一次性投资大，系统维修保养工作量大	1. 不便在建筑物内敷设广播音响电缆的建筑物 2. 已敷设有线电视网络的旧建筑物

4. 扩声设备

扩声设备主要包括功率放大器(简称功放)、线间变压器(音频变压器)和扬声器(音响)。

(1)功率放大器　功率放大器的作用是把来自前置放大器或调音台的音频信号进行功率放大，以足够的功率推动音箱发声。功放按其与扬声器配接的方式分为定压式和定阻式两种。对于传输距离远、音箱布局分散的广播系统，应选用定压式功放。歌舞厅、迪斯科厅等场所的主音箱系统要选用定阻式功放。

(2)线间变压器(音频变压器)　线间变压器的作用是变换电压和阻抗。变压器的接线头用阻抗值标明的，称为定阻式变压器，用电压标明的，称为定压式变压器。

选用变压器时应注意其标称功率是在给定电压比的情况下能传输的功率，选择时要使变压器的功率稍大于要传输的功率。功率选得太大时，变压器的体积大、成本高，会造成浪费；功率选的太小则损耗大，严重时，变压器会因过分发热而烧坏。线间变压器的效率一般选为 75% ~80%。

(3)扬声器　扬声器是将扩音机输出的电能转换成声能的器件。其按结构形式不同可分为电动式纸盆扬声器、电动式高音号筒扬声器和舌簧式扬声器；按声音频率不同可分为低频、中频和高频扬声器。电动式纸盆扬声器音质最好，规格品种多，但效率低，适用于室内对音质要求较高的音乐扩声系统，若将不同频率的扬声器组合成音柱或音箱式组合扬声器，用于厅堂的语音或音乐放音都能得到满意的效果。号筒式扬声器的容量大、效率高，但音质较差，因此仅适用于要求不高的语音扩声系统，且由于它具有适应露天安装的外壳，因此多用于室外的扩声。扬声器的技术指标有以下 4 个。

①标称功率。它是长期工作时的功率（W 或 VA）。扬声器的短时过载能力为标称功率的 1.5～2 倍。

②输入阻抗。它是扬声器输入端的测量阻抗，随输入信号的频率而变化。标称阻抗一般指在 400 Hz 时测得的阻抗。

③灵敏度。扬声器的灵敏度是在其轴线上 1 m 处测出的平均声压。

④失真度。它是指非线性谐波失真，其标注失真度一般指额定功率下的最大失真度。

3.2.3　广播音响系统的技术指标

衡量一个广播音响系统的质量应该从“听得到”和“听得好”两方面考虑。实现前者的技术指标主要有最大声压级、传声增益和声场不均匀度，实现后者的技术指标主要有传输频率特性、失真、总噪声和语言清晰度等。

1. 最大声压级 L_{pmax}

声波在大气中传播时因振动而形成变化压强，总压强与大气原始压强之差称为声压，用 p 表示，单位为 Pa。人耳的感知声压范围在 1 kHz 时为 2×10^{-5}～20 Pa，其下限 2×10^{-5} Pa 称为可闻阈，上限 20 Pa 称为痛阈。超过痛阈时，人耳将产生明显痛感。为便于实际应用，声压常以声压级来表示，其定义为

$$L_p = 20\lg\frac{p}{p_0}$$

式中：L_p——声压级，dB；

p——声压，Pa；

p_0——参考基准声压，$p_0 = 2\times10^{-5}$Pa。

最大声压级是指厅堂内空场稳态时的最大声压级，一般要求为 80～110 dB。

2. 传声增益 G

增益是指扩声系统达到最高可用增益时厅堂内各测点处稳态声压级平均值与扩声系统传声器处声压级的差值。所谓最高可用增益，是指扩声系统中由于扬声器输出的声能的一部分反馈到传声器而引起啸叫（反馈自激）的临界状态的增益减去 6 dB 的值。通常扩声系统的传声增益最高只能达到 －2 dB 左右，在要求不太高的情况下，一般只要大于 －10 dB 就可以了。

3. 声场不均匀度

声场不均匀度是指有扩声时厅堂内各测点得到的稳态声压级的极大值和极小值的差值，一般要求不大于 10dB。

4. 传输频率特性

传输频率特性是指厅堂内各测点处稳态声压的平均值相对于扩声系统传声器处声压或扩声设备输入端电压的幅频响应。

5. 总噪声

总噪声是指扩声系统达到最高可用增益但无有用声信号输入时，厅内各测点处噪声声压的平均值，一般要求为 35～50 dB。

6. 系统失真

系统失真是指扩声系统由输入声信号到输出声信号全过程中产生的非线性畸变，一般要求为5% ~15%。

7. 语音清晰度

语音清晰度是指对扩声系统播出的语言能听清楚的程度。

$$语音清晰度 = \frac{听众正确听到的单音(字音)的数目}{测定用的全部单音(字音)的数目} \times 100\%$$

一般要求语音清晰度应大于80%。

3.2.4 系统设备的选择与安装

1. 扬声器的选择、布置与安装

应根据声场及扬声器的布置方式合理确定技术参数来选择扬声器。多功能厅扩声系统中，多采用前期电子分频组合式扬声器系统，可以是2，3或4分频系统；中、高音单元多采用号筒式扬声器。各种组合音箱也可在广播中应用，其组合音箱大多由两个或三个单元扬声器组成（中、高音单元多采用号筒），更多的是采用无源电子分频，有时为扩大使用范围需另配超低频音箱。

扬声器的布置应满足：在任何情况下所有的听众都能接收到均匀的声能；扩声应得到自然的音响；扬声器的位置在建筑上应当是合理的。扬声器的布置方式有集中式、分散式、分布式和混合式4种。

(1)集中式布置方式　这种方式多用于多功能厅、2 000人以下的会场、体育场的比赛场地。扬声器设置在舞台或主席台的周围，并尽可能集中，大多数情况下扬声器装在自然源上方两侧，相互辅助。这种布置可以使视听效果一致，避免声反馈的影响。扬声器（或扬声器系统）至最远听众的距离应不大于临界距离的3倍。

(2)分散式布置方式　这种方式用于净空较低，纵向距离长或者可能被分隔成几部分使用及厅内混响时间长的多功能厅，以及2 000人以上的会场。这种布置应控制最近的扬声器的功率，尽量减少声反馈，还应防止听众产生重声现象，必要时应加装延时器。

(3)分布式布置方式　这种方式用于体育馆、体育场观众席，扬声器组在顶棚上呈环形布置。例如，两组环形扬声器系统，其中一组供声区为观众席，另一组为运动场地。再如，三组环形扬声器系统，其中一组供声区为上半部观众席，一组为下半部观众席，一组为运动场地。

为满足声场均匀度的要求，应根据要求的直达声供声范围、扬声器（或扬声器系统）的指向特性，合理确定扬声器（或扬声器系统）的声辐射范围的适当重叠。检查高、中音是否达到所在位置的简便实用的方法是：凡在座位上能看到主要负担覆盖本区的扬声器中轴，则高、中音的直达声将较强。

对于扬声器的安装高度和倾斜角度，应根据工程的实际情况，考虑声轴线投射距离、投射点距地面的高度和水平及竖直向上需要的供声范围，用几何作图的方法来确定。

2. 传声器的布置

传声器的布置应能够满足减少声反馈、提高传声增益和防止干扰的要求。传声器的位置与扬声器（或扬声器系统）的间距应尽量大于临界距离，并且位于扬声器的辐射范围角以外。当室内扬声场不均匀时，传声器应尽量避免设在声压级高的部位。传声器应远离晶闸管干扰源及其辐射范围。

3. 前端与放大设备

前级增音机、调音控制台、扩声控制台等前端控制设备的选择应根据不同的使用要求来确定。通常前级增音机至少应有低阻及高阻传声器输入各一路、拾音器输入一路、线路输入和录音重放各一路、录音输出一路。立体声调音台具有多种功能，可根据具体要求选择，一般选用带有 4～8 个编组的产品较为适合。应该指出，虽然调音台的设计可以增加多种功能，但其主通道的性能总是第一位的。主通道的性能主要应考虑等效输入噪声电平和输入动态余量，而这两者一般来说是相互矛盾的，应根据具体要求有所侧重、合理兼顾。

功率放大设备的单元划分应根据负载分组的要求来选择。为了使扩声系统具有良好的扩声效果，功率放大器应有一定的功率储备量，其大小与节目源的性质和扩声的动态范围有关。平均声压级所对应的功率储备量，在语音扩声时一般为 5 倍以上，音乐扩声时一般为 10 倍以上。

4. 扩声控制室

扩声控制室的位置应满足通过观察窗能直接观察到舞台活动区、主席台和大部分观众席。一般情况下，剧场类建筑设在观众厅后部，体育场馆类建筑设在主席台侧，多功能厅设在后部（即靠近会议主持者一侧）。

为减少强电系统对扩声系统的干扰，扩声控制室不应与电气设备机房（包括灯光控制室，尤其是晶闸管调光设备）毗邻或上下层重叠设置。控制台（或调音台等）应与观察窗垂直放置，以便操作人员能尽量靠近观察窗。

5. 线路选择与敷设

调音台（或前级控制台）的进出线路均应采用屏蔽电缆。馈电线宜采用聚乙烯绝缘双芯绞合的多股铜芯导线穿管敷设。为保证传输质量，自功放设备输出端至最远扬声器（或扬声器系统）的导线损耗不应大于 0.5 dB（1 000 Hz 时）。对于前期分频控制的扩声系统，其分频功率输出馈送线路应分别单独分路配线。同一供声范围的不同分路扬声器（或扬声器系统）不应接至同一功率单元，以避免功放设备故障时造成大范围失真。在采用晶闸管调光设备的场所，为防止干扰，传声器线路宜采用四芯金属屏蔽绞线，对角线并接，并穿钢管敷设。

3.2.5　广播音响系统工程图分析

1. 公共广播音响系统

公共广播音响系统通常用于服务性广播（如背景音乐、拾物广播等），发生火灾时切换成火灾事故广播，以满足发生火灾及紧急情况时引导疏散的要求。它常用于宾馆、旅馆性质建筑物的广播系统，办公楼、商业楼及工厂性质建筑物的广播系统，带客房、办公、商业等综合性质建筑物的广播系统，铁路客运站性质建筑物的广播系统，银行性质建筑物的广播系统，学校性质建筑物的广播系统，公园性质建筑物的广播系统等。

1）公共广播音响系统的组成

公共广播系统主要由节目源、功放设备、监听设备、分路广播控制设备、用户设备及广播线路等组成，如图 3-9 所示。

节目源包括激光唱机、磁带录放机、调幅调频收音机及传声器等设备；功放设备包括前级增音机及功率放大器等设备；用户设备包括音箱、声柱、客房床头控制柜、控制开关及音量控制

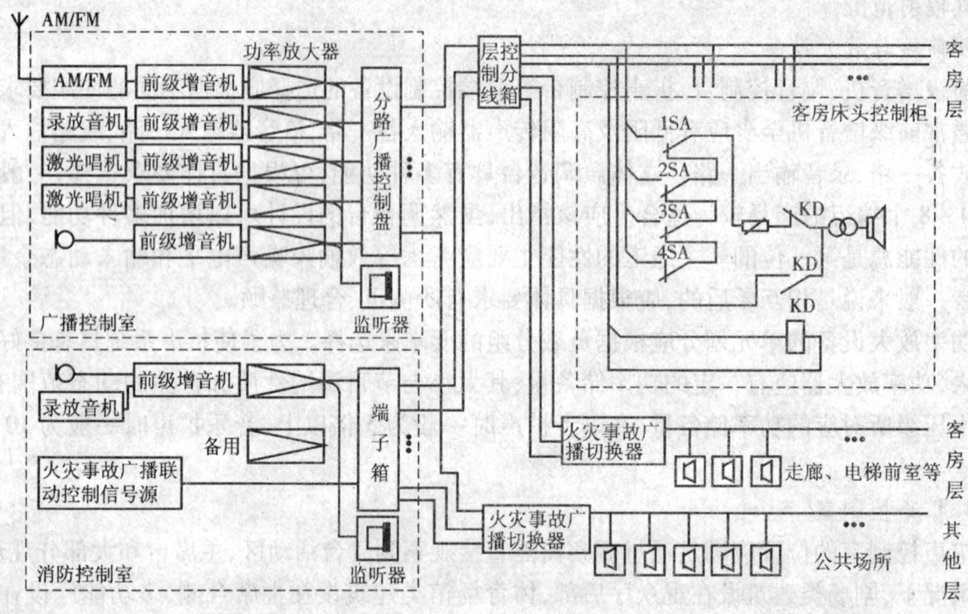

图 3-9 公共广播音响系统图

器等设备。

2)公共广播音响系统的传输线路

旅馆客房的服务性广播线路选择铜芯多芯电缆或铜芯塑料绞合线,其他广播线路采用铜芯塑料绞合线,各种节目信号线采用屏蔽线,火灾事故广播线路采用阻燃型铜芯电缆和电线或耐火型铜芯电缆和电线。

广播系统传输电压通常为 120 V 以下。线路采用穿金属管及线槽敷设,不得将线缆与强电同槽或同管敷设,应在土建主体施工时留出预埋管及接线盒。

火灾事故广播线路应采取金属管保护,并暗敷在非燃烧体结构内,其保护层厚度应不小于 30 mm。不同系统、不同电压、不同电流类别的线路不应穿在同一根管内。各种节目信号应采用穿钢管敷设,管外壁应接保护地线。

3)公共广播系统设备安装

广播系统设置调频调幅天线,调频天线与有线电视系统同杆安装。天线安装前要配合结构施工完成天线基座和屋顶穿楼板的配管等工作。天线竖杆、屋顶配管要做防雷接地连接。

在办公室、生活间、更衣室等处一般装设 3 W 音箱;楼层走廊一般采用吊顶式扬声器音箱,选用 3 ~ 5 W 的扬声音箱,间距按层高(吊顶高度)的 2.5 倍左右考虑;门厅、一般会议室、餐厅、商场等处一般装设 3 ~ 6 W 的扬声器箱;客房床头控制柜选用 1 ~ 2 W 扬声器;大空间的场所采用声柱或组合音箱;在噪声高、潮湿的场所设置扬声器时,应采用号筒扬声器。

室内扬声器安装高度距地 2.2 m 以上或吊顶板下 0.2 m 处,扬声器在吊顶上嵌入安装时,配管使用 ϕ20 mm 电线管及接线盒,并用金属软管与扬声器连接以保护电线;车间内应根据具体情况而定,一般距地面 3 ~ 5 m;室外扬声器安装高度一般为 3 ~ 10 m。音量控制器和控制开关距地面 1.3 m。

弱电竖井内安装的广播设备有分线箱、音量控制器和控制开关。控制开关安装在分线箱内，明装分线箱安装高度为底边距地1.4 m，电线通过线槽、配管引入箱内。

通常将广播设备安装在弱电控制中心的广播机柜中。广播机柜需要制作角钢基础柜架，机柜的底座应与地面固定。机柜内设备应在机柜固定后进行安装，广播机柜采用下进下出进线方式。

2. 宾馆广播音响系统图

某高级宾馆广播音响系统如图3-10所示。

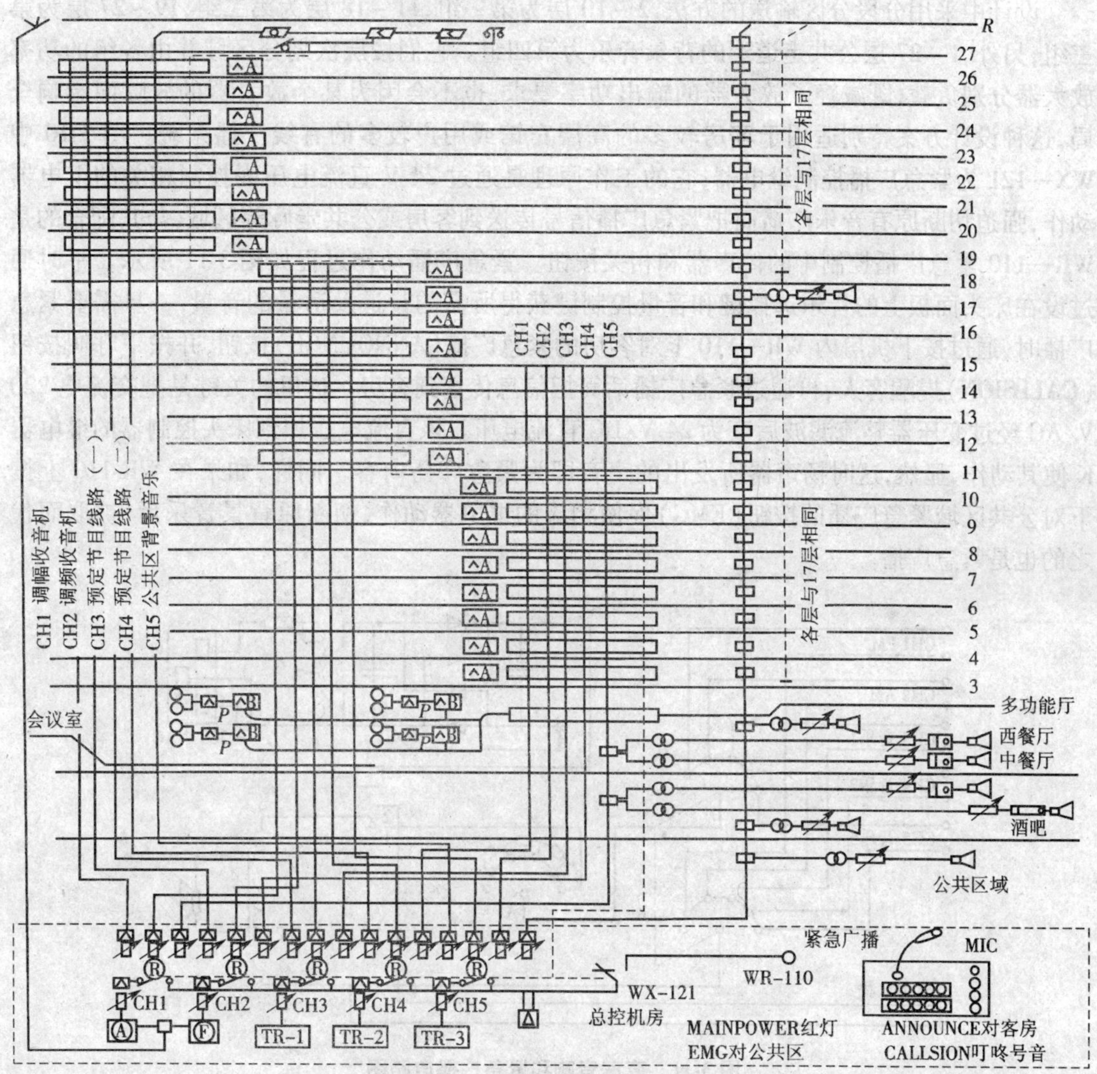

图3-10　某高级宾馆广播音响系统图

整个系统设计体现了高级宾馆音响和紧急广播的总体方案。图3-10中A、F、TR-1、TR-2、TR-3分别为五路音响的信号源，其中有两路为广播段的调频、调幅收音机，另三路为播放音乐的录音机。它们各自经音量调节后把信号源送至前置放大器的输入端，经前置放大器输出的音频信号由紧急广播的继电器WX-121的常闭接点送至功率放大器的输入端，经过功率放大器放大后，音频信号以电压输送的方式由主干线送至弱电管井中的接线板，作为上、下两层之间的垂直连接及本楼层各客房之间的横向连接。所有公共区域的背景音乐由单独一路功率放大器专门提供,每层均设有供音量调节的控制器。客房采用A型控制器供五路音响调节和音量调节。会议室和多功能厅采用B型控制器,不但有音乐选择、音量控制,而且留有本身注入点供扩大器的话筒输入、功率输出,以供本地的会议扩音用。同样,插座采用C型控制器,除了播放背景音乐外,本身设有一个注入点,以供本地广播用。所有扬声器都由线间变压器与输出线路相连接,以达到阻抗匹配的目的。其电路原理如图3-10所示。

设计中采用分段分区输送的方法,2~10层为第一组,11~18层为第二组,19~27层为第三组,另外,1~27层公共走道上的背景音乐为第四组。它们按层次划分区域并由各组的功率放大器分别负载,既减轻了放大器的输出功率要求,也不会因为某个放大器的故障而影响全局,这种设计方案特别适用于客房较多的高层宾馆或用户较多的有线广播系统。图3-10中WX—121为紧急广播控制继电器,它的工作原理是通过24 V直流电压去控制相关的继电器动作,强迫切断原有音乐广播而把紧急广播信号传送到客房或公共走廊等区域,与其配合的是WR—110紧急广播控制中的传声器和相关按钮。紧急广播动作过程如图3-11所示。平时通过设在床头面板上的音乐选择键和音量控制键获得所需的频道及适量的音量,一旦需要紧急广播时,通过按下机房内WR—110上对客房的紧急广播(ANNOUNCE)按钮,并按下呼叫按钮(CALLSION)提醒客人,再通过紧急广播话筒把信息传送到客房。这里的关键是把交流电220 V/AC经过变压器整流滤波后变为24 V/DC直流电压。该直流电压加到床头控制器的继电器K使其动作,显然,这时扬声器所发出的声音即为紧急广播内容。同样,如果在WR-110上按下对公共区域紧急广播的按钮(EMG)促使相应的继电器动作,切断原背景音乐后,被取而代之的也是紧急广播。

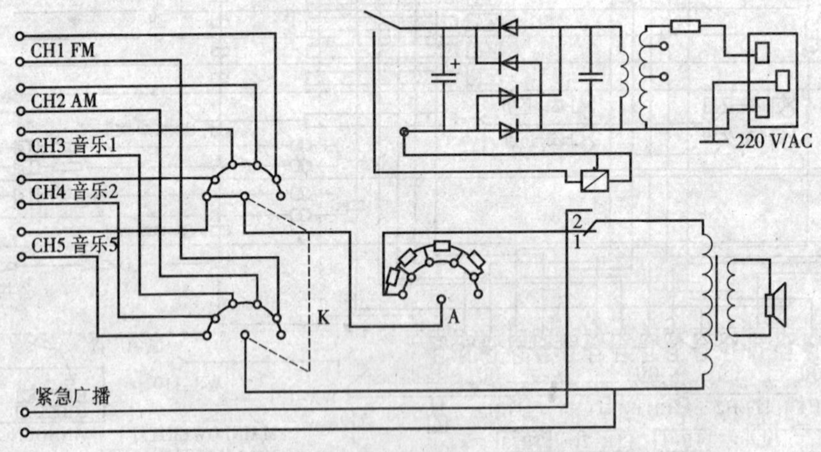

图3-11 套房音响和紧急广播电路图

会议室、多功能厅音响选用乙类B型控制器,如图3-12(a)、(b)所示,它配有流动扩大器,可以实现本地广播。顶层茶座音响选用丙类C型控制器,它不仅可以控制背景音乐的音量大小,而且本身有一注入点用于自办音乐广播节目,如图3-12(c)所示。五路音响系统和紧急广播方框图如图3-12(d)所示。

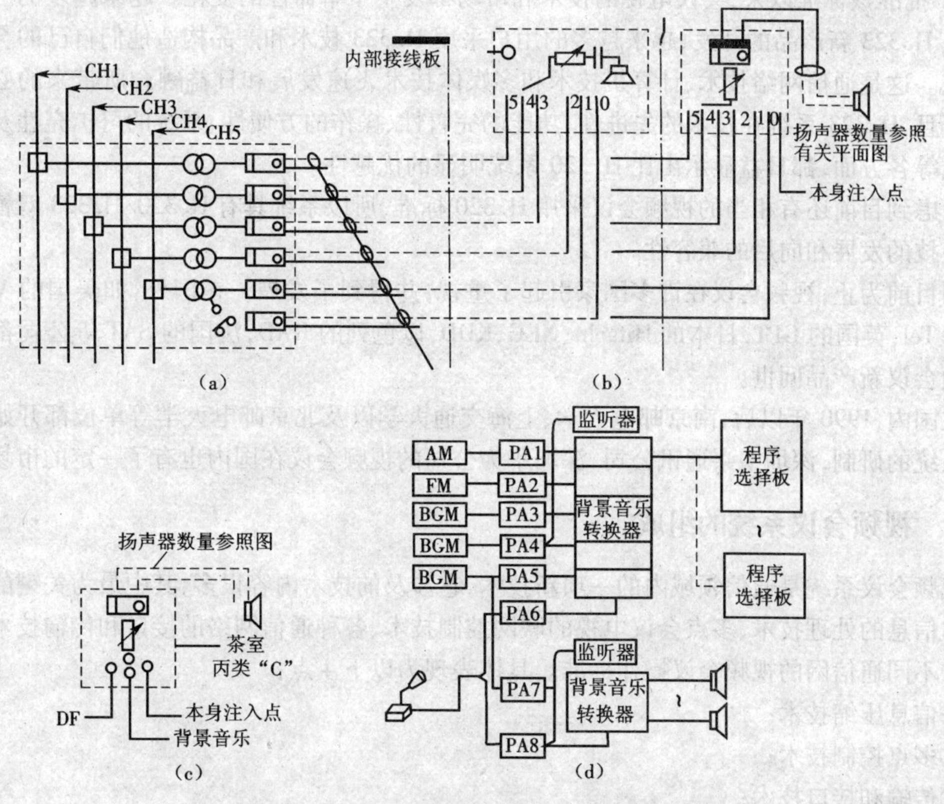

图 3-12 某高级宾馆音响和紧急广播系统示意图

(a)音响系统引出线详图;(b)客房、会议室和多功能厅;
(c)顶楼茶座控制板;(d)五路音响系统和紧急广播框图

3.3 视频会议系统

3.3.1 视频会议系统的发展及现状

视频会议系统是指一种典型的多媒体通信应用。早期的视频会议系统是会议电视系统。20 世纪 70 年代,发达国家就开始进行会议电视系统的研究。早期的会议电话系统以模拟方式传输,占用很大的带宽,其代表有美国贝尔实验室研制的可视电话、英国 BT 公司的 1 MHz 带宽黑白会议电视系统。20 世纪 80 年代末 90 年代初,随着微电子、计算机、数字信号处理及图像处理技术的发展,会议电视系统的理论研究和实用系统研制方面也得到了迅速发展。总的来说,其发展经历了模拟会议电视系统、数字会议电视系统和国际统一标准的数字会议电视系统等几个阶段。

从会议电视技术发展的历史来看,目前,会议电视系统的建立可以依据 ITU—T 的两大框架建议 H. 323 和 H. 320 来进行,从而形成两种不同的建设方案。H. 320 是 ITU—T 较早期的会议电视标准,该标准完全建立在一系列会议电视专有的技术和标准之上;而 H. 323 标准建立在通用的、开放的计算机网络通信技术基础之上,具有广阔的发展前景。自从 1996 年

ITU—T 批准该标准以来,会议电视的技术和市场都发生了革命性的变化。越来越多的厂家竞相投入 H.323 新产品的开发,越来越多的用户采用 H.323 技术和产品构造他们自己的会议电视系统。这是通信网络技术、计算机技术和多媒体技术飞速发展和日益融合所带来的必然趋势。而且,H.323 系统在技术的先进性、功能的完善性、操作的方便性、系统的可扩充性及性能价格比等各方面,都日益显示出比 H.320 系统明显的优越性。

考虑到目前还有相当的视频会议采用 H.320 标准,所以系统具有 H.320/H.323 双模式以顺应科技的发展和向后的兼容性。

到目前为止,视频会议在许多国家引起了重视,并得到了发展。在国外,如美国的 VTEL、Picture Tel,英国的 GPT,日本的 Hitachi、NEC、KDD,以色列的 RAD,法国的 SAT 等公司都不断有视频会议新产品问世。

在国内,1990 年以后,南京邮电大学、上海交通大学以及北京邮电大学等单位都开始视频会议系统的研制,深圳中兴通讯公司、深圳华为公司的视频会议在国内也有了一定的市场。

3.3.2 视频会议系统的组成

视频会议系统是通信领域内的一项新技术,它涉及的技术内容很多,其中最为关键的有各种媒体信息的处理技术、多点会议电视的联网控制技术、各种通信网络的接口和传输技术以及适用于不同通信网的视频会议操作标准。具体表现为以下 4 点:

①信息压缩技术;

②多点控制技术;

③传输和接口技术;

④国际标准化。

视频会议系统主要由终端设备、通信线路网络(传输信道)及多点控制器(Multipoint Control Unit,MCU)三部分组成,如图 3-13 所示。

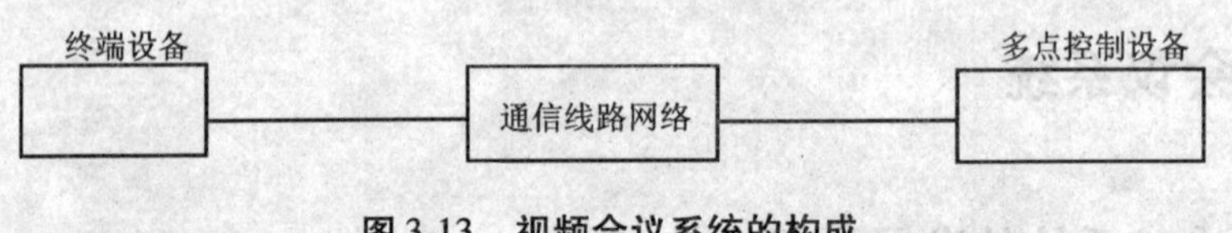

图 3-13 视频会议系统的构成

其中,终端设备和多点控制设备是视频会议系统所特有的部分,而通信网络则不是视频会议系统所特有的,它是已经存在的各类通信网。视频会议的设备在通信网上运行,需要如下设备和环境。

1. 终端设备

会议电视系统的终端设备包括视频输入/输出设备、音频输入/输出设备、视频编译码器、音频编译码器及信息通信设备。其基本功能是将本地摄像机拍摄的图像信号、麦克风拾取的声音信号进行压缩、编码,合成为 64 ~ 1 920 kbit/s 的数字信号,经过 ISDN、V35 或 E1 接口送入通信网,传至远方会场。同时,接收远方会场传来的数字信号,经译码后还原成模拟的图像和声音信号。

(1)视频输入设备 视频输入设备包括主摄像机、辅助摄像机、图文摄像机及录像机。工作人员通过控制器控制主摄像机上下左右转动及焦距的调节,主要用来摄取发言人的特写镜头。辅助摄像机主要用来摄取会场全景图像,或不同角度的部分场面镜头及电子白板上的内容。图文摄像机一般固定在某一位置,用来摄取文件、图表等。录像机可播放事先已录制好的活动和静止的图像。

(2)视频输出设备 视频输出设备包括监视器、投影机、电视墙、分画面处理器。监视器用于显示接收的图像,通过画中画(PIP)的方式可在监视器上既显示接收的图像,同时又显示本会场的画面。会场人数较多时,宜采用投影机或电视墙。

(3)音频输入/输出设备 音频输入/输出设备主要包括麦克风、扬声器、调音设备和回声抑制等。

(4)视频编译码器 视频编译码器是会议电视终端设备的核心,它将模拟视频信号数字化后进行压缩编码处理,以适应窄带数字信道的传送,同时对不同电视制式的视频信号进行处理,以使不同电视制式的会议电视系统直接互通。在多点会议电视通信的环境下,它支持多点控制设备进行多点切换控制。

(5)音频编译码器 音频编译码器的主要作用是对模拟音频信号数字化后进行编码。在音频编译码器中必须对编码的音频信号增加适当的时延,以保证音频信号与译码器中的视频信号同步,否则会因为视频编译码器的时延造成发言人的语言与口形动作不协调。

(6)信息通信设备 信息通信设备包括白板、书写电话、传真机等。白板供本会场发言者与对方会场人员讨论问题时书写图文使用,并通过辅助摄像机将书写的图文输入编码器传送到对方会场的监视器上显示。书写电话为书本大小的电子写字板,发言者写在此板上的发言信息变换成电信号后输入到视频编译码器,再传送到对方会场,并显示在监视器上。

2. 通信线路网络

视频会议的传输介质可采用光缆、电缆、微波及卫星等数字信道,或者其他类型的传输信道。在用户接入网的范围内,可以采用 HDSL、ADSL 等设备进行传输。视频会议业务可以在现有的多种通信网络中展开,如 SHD 数字通信网、DDN、ISDN、ATM 或帧中继网络及在各种计算机网络中传输,如 LAN、WAN、Internet 等。无论是电信网还是计算机网,视频会议系统主要是利用它们来传送动态或静态图像信号、语音信号、数据信号及系统控制信号。

3. 多点控制器(MCU)

在目前的各种网络本身的通信控制机制中,还不能完全满足视频会议系统所要求的多点对多点通信控制功能。因此,除了终端设备、通信线路外,视频会议系统要进行多点视听信息传输与切换,还必须增设多点控制器设备。MCU 根据一定准则处理视听信号,并将它们分配给应连接的信道。在某种意义上说,MCU 的作用就像电话网的交换机,但其功能和要求比电话交换机复杂,必须按用户的要求将所传输的信息传到对方设备上。

3.3.3 视频会议系统设计

利用基于 IP 网络传输的 H.320 视频会议系统网络,可以实现视频、语音、数据三网合一的功能,视频会议系统的传输所需的最小带宽为 128 kbit/s,为确保在包括视音频、数据等多种业务并存、大业务量的 IP 网络上传输的可靠性,使用户的使用能够达到良好的状态,建议视频业务的传输速率为 768 kbit/s 带宽,这样可以达到业内的 60 场/s 的广播级标准。

1. 总体方案

在中心设计一个主会场,其他下属单位设立分会场,并且提供用户桌面终端。

在每个会场配置视频会议终端,为使整个系统能够组成一个统一的会议,需要配置 MCU,全部设备通过现有宽带线路接入,组成多点会议系统。设立网控中心,控制整个网络的运转。网控中心负责全网多点会议的设置、召开、管理和会议控制。网控中心配置终端网管,通过标准 Web 浏览器,对全网所有会议电视终端的工作状态实时监控、管理。网管中心实现集中管理,全网运行更安全、可靠。这样的系统有以下优点。

①扩网简单方便。网络扩展时只需新会场通过宽带线路接入全网,即可加入多点会议。

②维护简单。线路维护由电信部门负责,会场工作人员只负责终端维护,责任单一,易于实现。

③所有设备可以为常待机状态。所有设备均为 24 小时常开机状态 ,将日常操作减少到最少。

④终端支持 Web 远程管理功能。网管中心可用标准 Web 浏览器对终端进行远程管理,无须另配专用软件或专用设备。

会议方式有以下三种。

①全网讨论式会议。各地终端通过多点视频会议控制器召开会议,多点视频会议控制器实现会议中的视频切换广播和声音混合广播,可以同时听到所有与会者的声音。各个分会场通过 IP 宽带网络与多点视频会议控制器相连。这种会议模式可以使整个单位内部同处于一个会议之中讨论一个话题,主要用于案例学习和事件讨论。

②演讲方式会议。主席可成为演讲者,让下面的每点都能看到、听到。演讲者能选取下面的任意一个会场作为面对面的与会者。这种模式适用于传达中央精神、学习单位内部文件的行政会议。

③连续显示方式。在主会场同时观看多个分会场的活动画面及声音(可选)。

2. 组网具体步骤

1)配置

①主会场的配置。配置 1 台视频会议终端、1 台多点视频会议控制器(MCU);配置 1 台网管计算机,通过标准 Web 浏览器实现会议电视网络管理功能。

②分会场的配置。每个会场配置 1 台视频会议终端、领导用视频终端、2 台领导专用终端;配置 PC 机,通过局域网接收电视会议广播。

2)控制

会议有三种控制方式。

①主席控制。利用 MCU 组成的多点会议电视系统的每个会议点,经过申请都能成为该会议的主席,同时具有广播选择权和整个会议的控制权。

②声音控制。在多点会议电视系统中,每个与会者的声音经 MCU 后成为混合方式,即每个点能同时听到其他各点的声音。这样,在声控方式下,MCU 自动根据与会者发言音量的大小,将图像自动从一个会场切换到声音较大的会场并广播出去。对于案情讨论或是案情分析比较适合。

③导演控制。每个与会者的状态(包括图像、声音和数据)都很形象地显示在与 MCU 相连的工作站(Workstation)的监视器上。管理者通过鼠标操作,配合管理软件,可直接地选取想要看到的会场成为广播者。

3)系统功能

①系统同时支持 H. 320/H. 331 多种传输协议,同时具有6种网络接口,在不同传输网络间可随心所欲地切换,无须更换任何软硬件或重启动。

②编码速率可调范围最宽,在 IP 网络上从 64 kbit/s 可至 3 Mbit/s,H. 320 网络上从 64 kbit/s 可至 2 Mbit/s。

③动态高清晰度(4CIF)视频图像接收。

④自动降速在 H. 320/H. 323 协议下皆可应用。

⑤IP 网络上完善的 QOS 保障技术使在 IP 网络上视音频包更实时可靠地传输。

⑥内置128位加密技术可以使用户在公共线路上通信时的保密性得到保障,地址转换(NAT)令视音频顺利通过专网防火墙。

⑦多级密码保护使系统维护安全无忧,内置 Web 服务器方便远程管理。

⑧智能呼叫管理(ICM)及智能视音频管理(IVAM)使用户使用系统如同普通电话一样简单。

⑨可传送本端及远端图像的流广播功能极大地扩大了与会范围。

4)摄像机

(1)彩色1/4 in CCD 摄像机,10倍变焦。

(2)最大视角:垂直96°,水平267°。

(3)云台转角:+5°/-15°垂直,+/-95°水平。

(4)广角镜头:视角垂直56°,水平80°。

(5)自动/手动,聚焦/亮度/白平衡。

(6)声音自动定位功能。

(7)远端镜头遥控。

(8)支持无线、镜头机位/视频源、定位器。

(9)支持 VISCA 控制指令方式。

3.3.4 视频会议系统的线路及设备的安装

1. 隐蔽工程

视频会议系统线路的安装即隐蔽工程的施工应注意下列事项。

1)金属线槽安装要求

①支、吊架安装要求:支、吊架所用钢材应平直、无显著扭曲;下料后长短偏差应在5 mm内,切口处应无卷边、毛刺。

②支、吊架应安装牢固,保证横平竖直。

③固定支点间距一般不应大于1.5 ~2.0 mm,在进出接线箱、盒、柜、转弯、转角及丁字接头的三端500 mm以内应设固定支持点,支、吊架的规格尺寸一般不应小于扁铁30 mm×3 mm,角钢25 mm×25 mm×3 mm。

④线槽安装:线槽应平整,无扭曲变形,内壁无毛刺,各种附件齐全;线槽接口应平整,接缝处紧密平直,槽盖装上后应平整、无翘脚,出线口的位置准确;线槽的所有非导电部分的铁件均应相互连接和跨接,使之成为一连续导体并做好整体接地;线槽安装应符合 GB 50045—1995《高层民用建筑设计防火规范》的有关规定。

⑤线槽内配线要求如下。

a)线槽配线前应消除槽内的污物和积水。

b)在同一线槽内包括绝缘在内的导线截面积总和应该不超过内部截面积的40%。

c)缆线的布放应平直,不得产生扭绞、打圈等现象,不应受到外力的挤压和损伤。

d)缆线在布放前两端应贴有标签,以表明起始和终端位置,标签书写应清晰、端正和正确。

e)电源线、信号电缆、对绞电缆、光缆及建筑物内其他弱电系统的缆线应分离布放。各缆线间的最小净距应符合设计要求。

f)缆线布放时应有冗余。

g)缆线布放,在牵引过程中,吊挂缆线的支点相隔间距不应大于1.5 m。

h)布放缆线的牵引力,应小于缆线允许张力的80%,对光缆瞬间最大牵引力不应超过光缆允许的张力。在以牵引方式敷设光缆时,主要牵引力应加在光缆的加强芯上。

i)电缆桥架内缆线垂直敷设时,缆线的上端和每间隔1.5 m处,应固定在桥架的支架上;水平敷设时,直接部分间隔距离3~5 m处设固定点。在缆线的距离首端、尾端、转弯中心点处300~500 mm处设置固定点。

j)槽内缆线应顺直,尽量不交叉,缆线不应溢出线槽,在缆线进出线槽部位,转弯处应绑扎固定。垂直线槽布放缆线时应将每间隔1.5 m处固定在缆线支架上。

k)在水平、垂直桥架和垂直线槽中敷设缆线时,应对缆线进行绑扎。4对对绞电缆以24根为束,25对或以上主干对绞电缆、光缆及其他信用电缆应根据缆线的类型、缆径、缆线芯数为束绑扎。绑扎间距不宜大于1.5 m,扣间距应均匀、松紧适宜。

l)在井内采用明配、桥架、金属线槽等方式敷设缆线,也应符合以上有关条款要求。

2)管道安装要求

①钢管煨弯时可采用冷煨弯法。管径20 mm及以下可采用手扳煨弯器,管径25 mm及其以上采用液压煨管器。

②管道明敷时必须弹线,管路横平竖直。

③管道支架间距必须按规范执行,不得有下垂情况。

④过线盒、箱处必须用支架或管卡加固。

⑤盒箱安装应牢固平整,开孔整齐并与管径吻合,要求一管一孔不得开长孔,铁制盒、箱严禁用电气焊开孔。

⑥盒箱稳定要求灰浆饱满、平整固定、坐标正确。

⑦管路敷设前应检查其是否畅通,内侧有无毛刺,若有则进行毛刺吹洗。明敷管路连接时应采用丝扣连接或压扣式管连接;暗埋管应采用焊接;管路敷设应牢固畅通,禁止做拦腰管或拌管;管子进入箱盒处顺直,在箱盒内露出长度小于5 mm。

⑧管路应做整体接地连接,采用跨接方法连接。

3)管内穿线要求

①穿在管内绝缘导线的额定电压不应低于500 V。

②管内穿线宜在建筑物的抹灰、装修及地面工程结束后进行,在穿入导线之前,应将管子中的积水及杂物清除干净。

③不同系统、不同电压、不同电流类别的线路不应穿同一钢管内或线槽的同一孔槽内。

④管内导线的总截面积(包括外护层)不应超过管子截面积的40%。

⑤在弱电系统工程中使用的传输线路宜选择不同颜色的绝缘导线以区分功能和正负极。同一工程中相同线别的绝缘导线颜色应一致,线端应有各自独立的标号。

⑥导线穿入钢管前,在导线入出口处,应装护线套保护导线;在不进入盒(箱)内的垂直管口,穿导线后,应将管口做密封处理。

⑦线管进入箱体,宜采用下进线或设置防水弯以防箱体进水。

⑧在垂直管路中,为减少管内导线的下垂力,保证导线不因自重而折断,应在下列情况下装设接线盒:电话电缆管路大于15 m;控制电缆和其他截面积(铜芯)在2.5 mm^2以下的绝缘线,当管路长度超过20 m时,导线应在接线盒内固定一次,以减缓导线的自重拉力。

2. 设备安装

设备安装应注意下列事项。

①机架、设备的排列位置和设备朝向都应按设计安装,并符合实际测定后的机房平面布置图的要求。

②机架、设备安装完工后,其水平度和垂直度都应符合厂家规定,若无规定时,其前后左右的垂直度偏差均不应大于3 mm。要求机架和设备安装牢固可靠,如有抗震要求时,必须按抗震标推要求加固。各种螺钉必须拧紧,无松动、缺少和损坏,机架没有晃动现象。

③为便于施工和维护,机架和设备前应预留1.5 m的过道,其背面距墙面应大于0.8 m。相邻机架和设备应互相靠近,机面排列平齐。

④机架设备、金属钢管和槽道的接地装置应符合设计施工及验收标准规定,要求有良好的电气连接,所有与地线连接处应使用接地垫圈,垫圈尖角应对向铁件,刺破其除层,必须一次装好,不得将已装过的垫圈取下重复使用。

⑤接续模块等接续或插接部件的型号、规格和数量,都必须与机架和设备配套使用,并根据用户需要配置,做到连接部件安装正确、牢固稳定、美观整齐、对号入座、完整无缺;缆线连接区域划界分明,标志完整、清晰,以利于维护和日常管理。

⑥缆线与接续模块等接插部件连接时,应按工艺要求标准长度剥除缆线护套,并按线对顺序正确连接。如采用屏蔽结构的缆线时,必须注意将屏蔽层连接妥当,不应中断,并按设计要求做好接地。

⑦室内电缆理直后从地槽或墙槽引入机柜、控制台底部,再引到各设备处。所有电缆应成捆绑扎,在电缆两端留适当余量,并标示明显的永久性标记。

⑧监视器可安装在固定的机架和柜上,也可装在控制操作柜上,当装在柜内时,应采取通风散热措施。

⑨监视器安装位置应使屏幕不受外来光直射。当有不可避免的光时,应加遮光罩遮挡。

⑩根据设备的大小,正确选用固定螺钉或膨胀钉。

⑪固定螺钉须拧紧,不应产生松动现象。

⑫Q9头制作平整牢固,与BNC头接触必须正确有效。

⑬接线头必须进行焊锡处理,保证接线端接触良好,不易氧化。

⑭会议室布局:对摄像背景(被摄人物背后的墙)不宜挂有山水画等景物;从效果来看,监视器常放置在相对于与会者中心的位置,距地高度大约为1 m,人与监视器的距离大约为屏幕的6倍高度。小型会议室(约10人)或者大会议室的某一局部区域只需采用29 in至34 in的

监视器即可；大型会议室应以投影电视机（背投式）为主，可在 60 in 至 100 in 之间酌情选择，最好置于会议室最前面正对人的地方。

3.3.5 视频会议系统的工程实例

图 3-14 所示是小型国际会议的典型配置情况。因有多国代表参加会议，没有通用的语种，会议参加人数很多，必须增设同声转译和个人资料显示等功能才能达到会议的要求。全部功能仍能由 LBB3500/05 型标准 CCTJ 配合红外发射机箱控制，且不必用系统机务员。需增加的中央控制设备包括 LBB3508/00 音频媒体接口机，有了它就可以把外部的模拟设备（如广播和录音用的设备）接到 DCN 系统。还需增加一个放大器，向会议代表提供公共广播。

特邀发言人用的演讲台装备了嵌入台面的话筒、扬声器、通道选择器和耳机。所有与会代表都配备一台 LBB3531/00 型的台面式讨论机。代表通过该机可以发言、选择收听语种。会议的进程由主席掌握，为主席配备的是 LBB3536/00 主席机。辅助设备有会议厅扬声器、两个手执话筒和落地话筒架（分别是 LBB3536/00 和 LBC1221/01），它们通过双音频接口器 LBB3535/00 接入 DCN 系统。

译员在译员工作间内工作，为译员配备的是带有 LCD 显示和译员耳机的译员机 LBB3520/00（耳机型号 LBB9095/30）。代表可以用代表机上通道选择开关选择要听的语种，声音由耳机传给代表。不具有代表资格的列席员可以用红外接收机或装在椅子扶手上的通道选择器 LBB3524/XX 选择语种，用耳机听声。LBB3524 电子通道选择器仅以收听为限，不具有发言和表决功能。

抗静电干扰措施如下。

①DCN 系统本身具有的抗静电措施。针对 DCN 系统特殊的抗静电要求，席位设备在电路、结构上进行了专门设计，主要措施有表决器外壳喷涂防静电涂层，加大电路板与外壳距离，在无法拉开距离的地方如指示灯、话筒等处电路上进行专门的抗过压、过流、静电泄放电路设计，消除静电对表决器的干扰。

②安装过程中该再采取如下抗静电措施：

a）机房敷设专门的静电接地线，与机房内所有有关设备外壳相连，接地电阻小于 2 Ω，防止静电对机房设备的干扰；

b）会场内所有线缆均穿于钢管内（钢管接地），防止静电从线缆上窜入系统，并可防电磁干扰；

c）对桌面上的表决器采用静电接地，减小静电对表决器的冲击。

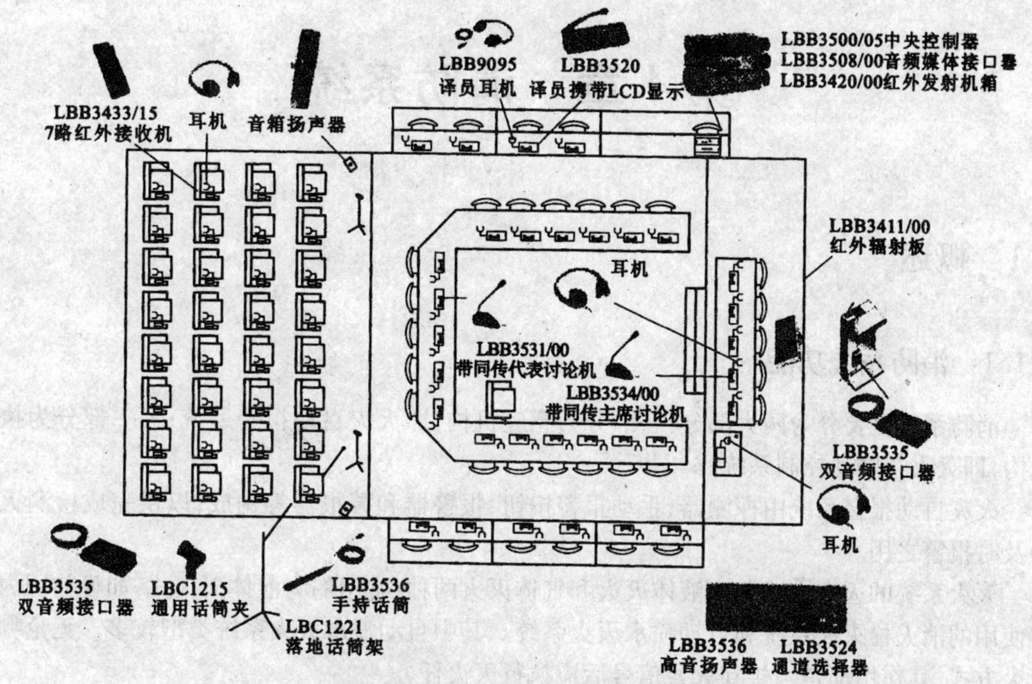

图3-14 小型国际会议的典型配置

思考题与习题

1. 电话系统主要由哪几部分组成？简述每个组成部分的主要设备及功能。
2. 广播音响系统有哪几个主要组成部分？其系统设置如何与建筑物的功能相结合？
3. 简述视频会议系统设计及组网的技术要点。

第4章 消防系统

4.1 概述

4.1.1 消防系统功能

消防系统主要分为两大部分:一部分为感应机构,即火灾自动报警系统;另一部分为执行机构,即灭火与联动控制系统。

火灾自动报警系统由探测器、手动报警按钮、报警器和警报器等构成,以供完成检测火情并及时报警之用。

灭火系统的灭火方式分为液体灭火和气体灭火两种,常用的为液体灭火式,如目前国内经常使用的消火栓灭火系统和自动喷水灭火系统。其中自动喷水灭火系统类型较多。无论哪种灭火方式,其作用都是当接到火警信号后应执行灭火任务。

联动控制系统包括火灾事故照明及疏散指示标志、消防专用通信系统及防排烟设施等,均是为火灾发生时人员较好地疏散、减少伤亡所设。

综上所述,消防系统的主要功能是:自动捕捉火灾探测区域内火灾发生时的烟雾或热气,从而发出声光报警并控制自动灭火系统,同时联动其他设备的输出接点,控制事故照明及疏散标记、事故广播及通信、消防给水和防排烟设施,以实现监测、报警灭火的自动化。

图4-1所示为火灾自动报警控制系统原理图。

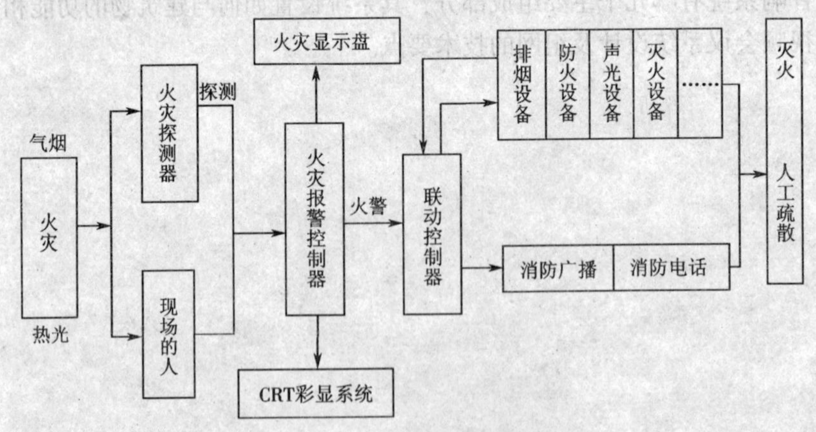

图4-1 火灾自动报警控制系统原理图

4.1.2 消防系统分类

本书仅从工程设计的角度出发,按警戒区域大小介绍消防系统分类。

1. 区域报警系统

区域报警系统一般由火灾探测器、手动报警按钮、区域火灾报警控制器和报警装置等组成。这种系统比较简单,应用广泛,可在某一区域范围内单独使用,也应用在集中报警控制系统中,它将各种报警信号输送至集中报警控制器。图 4-2 所示为区域报警系统示意图。

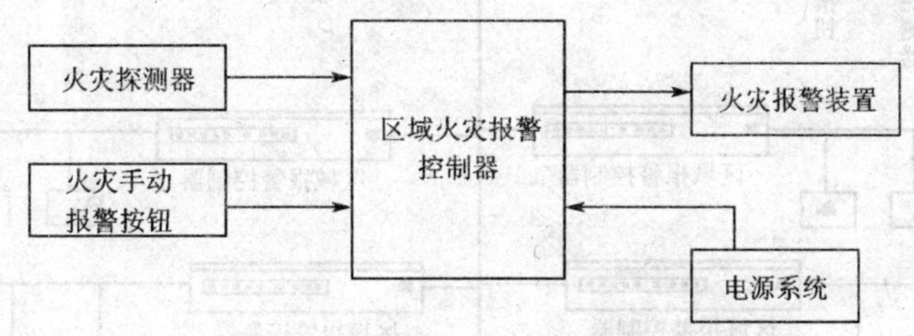

图 4-2　区域报警系统示意图

单独使用的区域报警系统,一个报警系统应设置一台报警控制器,必要时可用两台,最多不能超过三台。多于三台时,应采用集中报警系统。一台区域报警控制器监控多个楼层时,每个楼层楼梯口明显的地方应设置识别报警楼层的灯光显示装置,以便于火灾发生时迅速扑救。区域报警控制器应设在有人值班的地方,确有困难时,也应装设在经常有值班管理人员巡逻的地方。

2. 集中报警系统

集中报警系统由集中报警控制器、区域报警控制器和火灾探测器等组成,一般有一台集中报警控制器和两台以上的区域报警控制器。

集中报警系统中的集中报警控制器接收来自区域报警系统中报警信号,用声、光及数字显示火灾发生的区域和地址,它是整个报警系统的"指挥中心",同时控制消防联动设备。

集中报警控制器应装设在有人值班的房间或消防控制室。值班人员应经过当地公安消防部门的培训后,持证上岗。

图 4-3 所示为集中报警系统组成示意图。图 4-4 所示为大型火灾报警系统示意图。

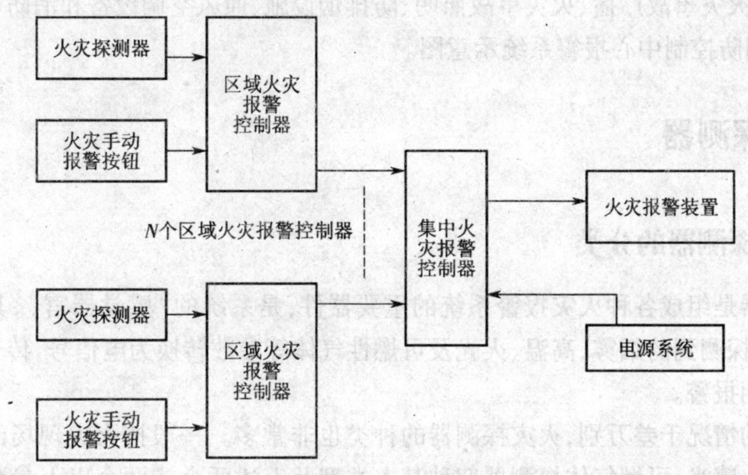

图 4-3　集中报警控制系统组成示意图

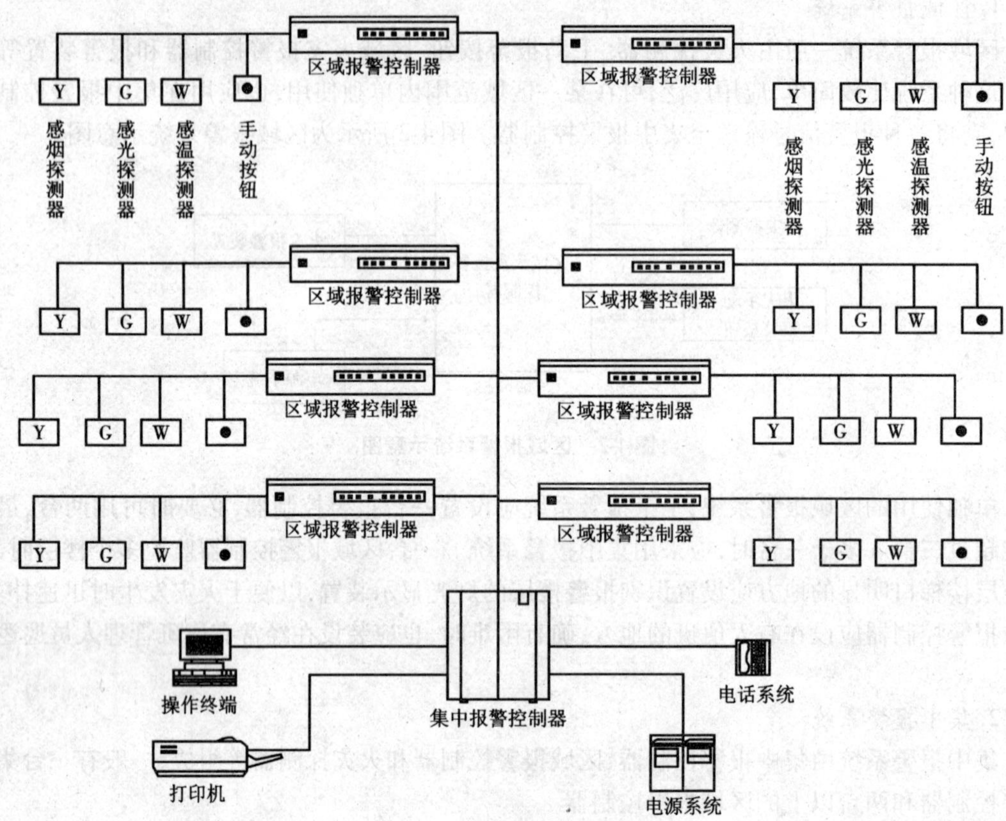

图 4-4 大型火灾报警系统示意图

3. 消防中心报警系统

消防控制中心报警系统由设置在消防控制室的消防控制设备、集中报警控制器、区域报警控制器和火灾探测器等组成，也就是集中报警控制系统再加上联动消防设备如火灾报警装置、火灾报警电话、火灾事故广播、火灾事故照明、防排烟设施、通风空调设备和消防电梯等。

图 4-5 为消防控制中心报警系统示意图。

4.2 火灾探测器

4.2.1 火灾探测器的分类

火灾探测器是组成各种火灾报警系统的重要器件，是系统的"感觉器官"，其作用是在火灾初期阶段，将探测到的烟雾、高温、火光及可燃性气体等参数转换为电信号，传送到火灾报警控制器进行早期报警。

火灾现场的情况千差万别，火灾探测器的种类也非常多。一般按火灾现场的探测参数可分为感烟、感温、感光、可燃气体探测器四种基本类型及上述两个或两个以上参数的复合探测器。其中，感烟控测器应用最为广泛。按感应元件的结构可分点型和线型探测器；按操作后是否能复位可分为可复位探测器和不可复位探测器。

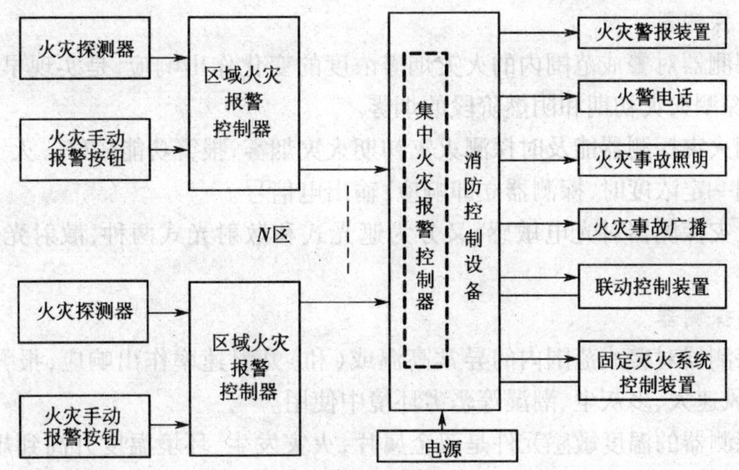

图 4-5　消防控制中心报警系统示意图

常用的火灾探测器的分类如图 4-6 所示。

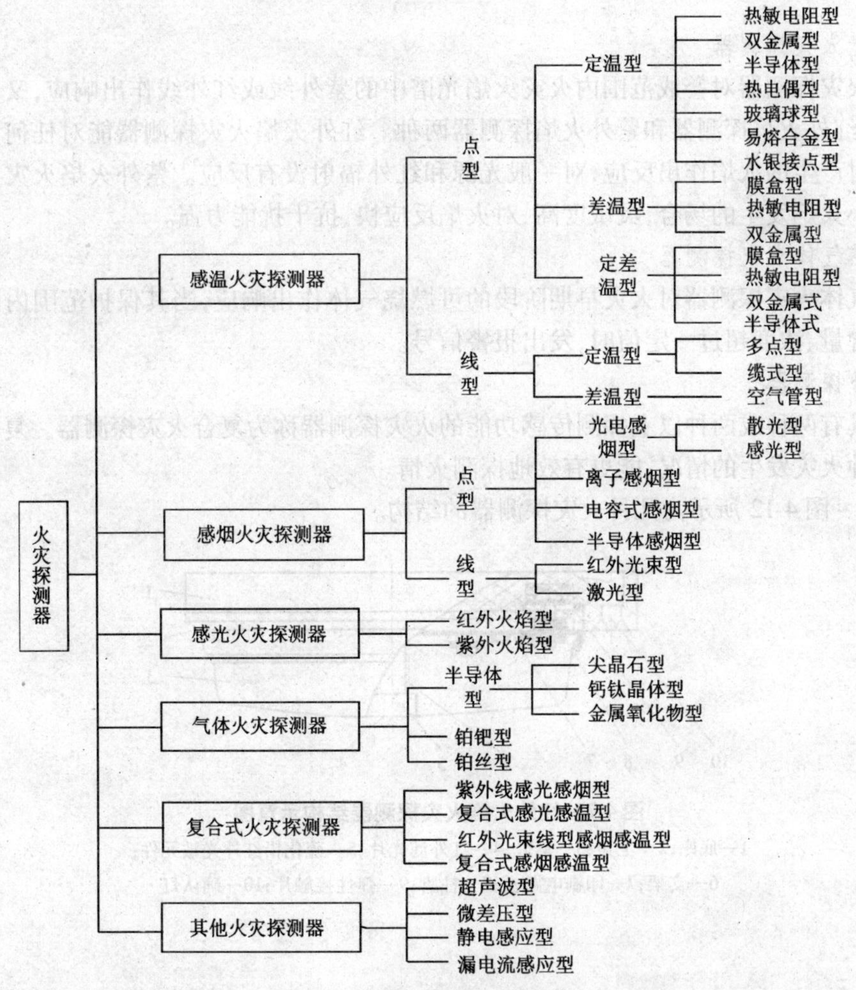

图 4-6　常用的火灾探测器分类

1. 感烟火灾探测器

感烟火灾探测器对警戒范围内的火灾烟雾浓度的变化作出响应,是实现早期报警的主要手段,主要用于探测火灾初期和阴燃阶段的烟雾。

离子式感烟火灾探测器能及时探测火灾初期火灾烟雾,报警功能较好。火灾初期,当燃烧产生的烟雾达到一定浓度时,探测器立即响应,输出电信号。

光电感烟火灾探测器对光电敏感,又分为遮光式和散射光式两种,散射光式应用较为广泛。

2. 感温火灾探测器

感温火灾探测器对警戒范围内的异常高温或(和)升温速率作出响应,报警灵敏度低,报警时间迟,可在风速大、多灰尘、潮湿等恶劣环境中使用。

定温火灾探测器的温度敏感元件是双金属片,火灾发生、环境温度升高到规定值时,双金属片发生变形,接通电极,输出电信号。定温火灾探测器适用于温度上升缓慢的场合。

差温火灾探测器分为电子式和机械式,火灾发生时,温度升高,当温差达到规定值时,发出报警信号。与定温感烟火灾探测器相比较,差温火灾探测器灵敏度高、可靠性高、受环境变化影响小。

3. 感光火灾探测器

感光火灾探测器对警戒范围内火灾火焰光谱中的紫外线或红外线作出响应,又称为火焰探测器,有红外火焰探测器和紫外火焰探测器两种。红外火焰火灾探测器能对任何一种含碳物质燃烧时产生的火焰作出反应,对一般光源和红外辐射没有反应。紫外火焰火灾探测器能适用于微小火焰发生的场合,灵敏度高、对火焰反应快、抗干扰能力强。

4. 可燃气体火灾探测器

可燃气体火灾探测器对火灾早期阶段的可燃烧气体作出响应,当其保护范围内的空气中可燃气体含量、浓度超过一定值时,发出报警信号。

5. 复合探测器

同时具有两种或两种以上探测传感功能的火灾探测器称为复合火灾探测器。复合探测器能适用多种火灾发生的情况,能更有效地探测火情。

图 4-7 ~ 图 4-12 所示为几种火灾探测器的结构。

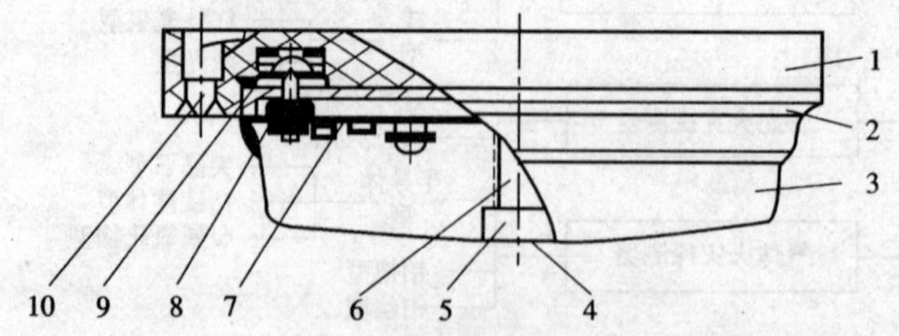

图 4-7　红外火焰火灾探测器结构示意图

1—底座;2—上盖;3—罩壳;4—红外滤光片;5—硫化铅红外光敏元件;
6—支架;7—印刷电路板;8—柱脚;9—弹性接触片;10—确认灯

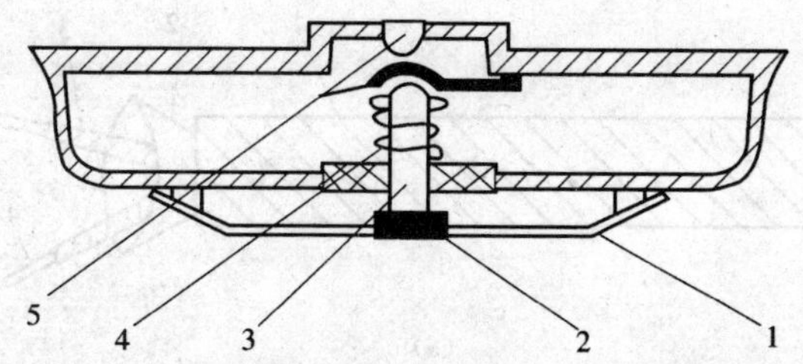

图 4-8　易熔金属定温火灾探测器

1—集热片;2—易熔金属;3—顶杆;4—弹簧;5—电触点

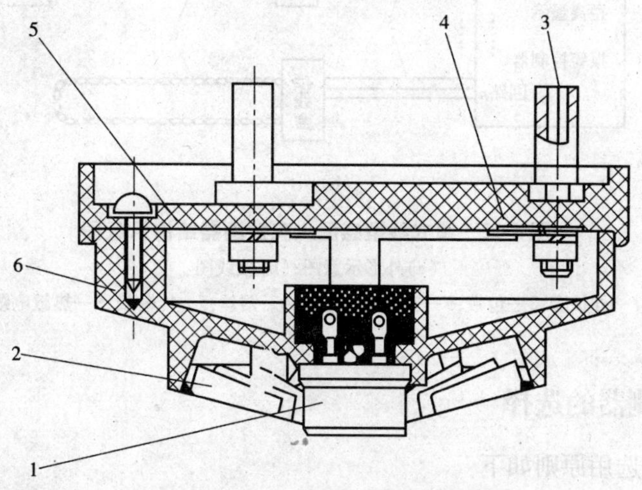

图 4-9　点型定温火灾探测器示意图

1—超小型密封温度继电器;2—集热片;

3—接线柱;4—连接片;5—基座;6—支架

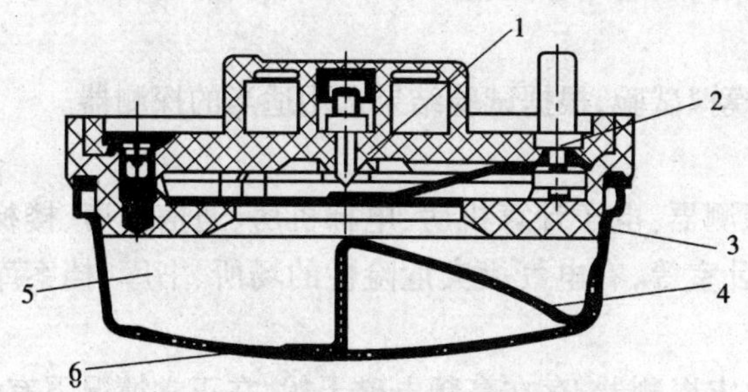

图 4-10　差温探头结构示意图

1—电气触点;2—呼吸机构;3—膜片;

4—弹簧片;5—气室;6—易熔合金

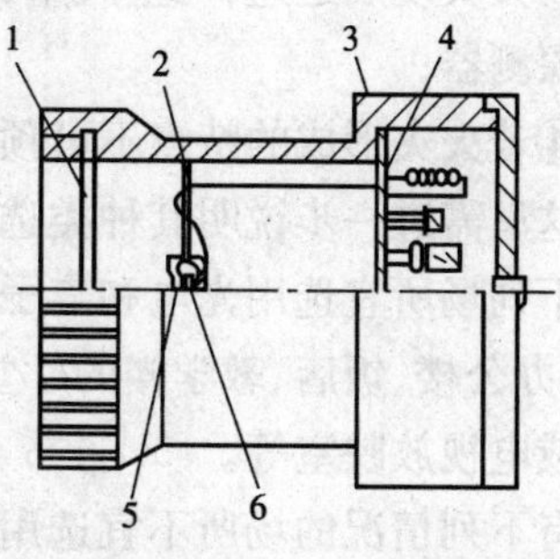

图 4-11　红外感光火灾探测器结构示意图

1—红玻璃片;2—绝缘支撑架;3—外壳;

4—印刷电路板;5—锗片;6—硫化铅红外光敏元件

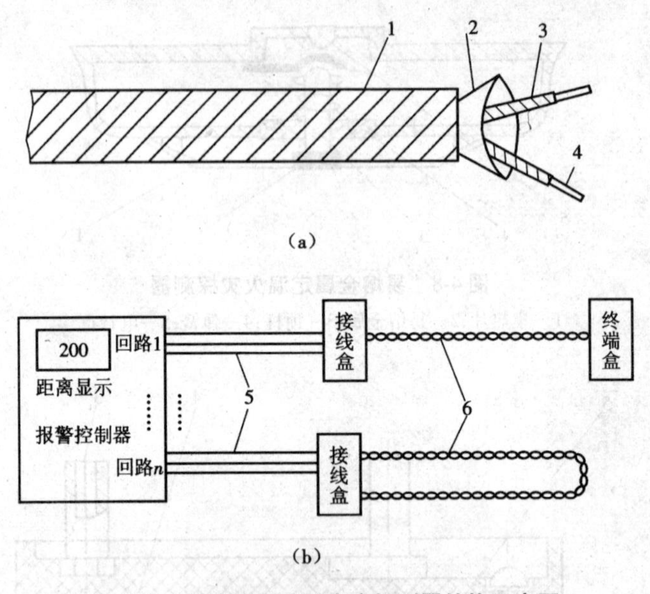

图4-12 缆式线型感温火灾探测器结构示意图

(a)外形示意图;(b)接线图

1—外护套;2—包带;3—热敏绝缘材料;4—钢丝;5—传输线;6—热敏电缆

4.2.2 火灾探测器的选择

火灾探测器的选用原则如下:

①火灾初期有阴燃阶段,产生大量的烟和少量的热,很少或没有火焰辐射,应选用感烟火灾探测器;

②火灾发展迅速,有强烈的火焰辐射和少量的热、烟,应选用感光火灾探测器;

③火灾发展迅速,产生大量的热、烟和辐射,应选用感温、感烟及火焰探测器的组合即复合火灾探测器;

④若火灾形成的特点不可预料,应进行模拟试验,根据试验结果选用适当的探测器。

这里需进一步说明其种类选择范围。

下列场所宜选用光电和离子感烟火灾探测器:电子计算机房、电梯机房、通信机房、楼梯、走道,办公楼、饭店、教学楼的厅堂、办公室、卧室等,有电气火灾危险性的场所、书库、档案库、电影或电视放映室等。

有下列情况的场所不宜选用光电感烟火灾探测器:存在高频电磁干扰、在正常情况下有烟滞流、可能产生黑烟、可能产生蒸气和油雾、大量积聚粉尘。

有下列情况的场所不宜选用离子感烟火灾探测器:产生醇类、醚类、酮类等有机物质,可能产生腐蚀性气体,有大量粉尘、水雾滞留,相对湿度长期大于95%,在正常情况下有烟滞留,气流速度大于5 m/s。

有下列情况的场所宜选用感光火灾探测器:需要对火焰作出快速反应、无阴燃阶段的火灾、火灾时有强烈的火焰辐射。

下列情况的场所不宜选用感光火灾探测器:在正常情况下有明火作业以及X射线、弧光等影响，探测器的“视线”易被遮挡，在火焰出现前有浓烟扩散，可能发生无焰火灾，探测器的镜头易被污染，探测器易受阳光或其他光源直接或间接照射。

下列情况的场所宜选用感温火灾探测器：可能发生无烟火灾，在正常情况下有烟和蒸气滞留，吸烟室、小会议室、烘干车间、茶炉房、发电机房、锅炉房、厨房、汽车库等，其他不宜安装感烟探测器的厅堂和公共场所，相对湿度经常高于 95%，有大量粉尘等。

另外，在散发可燃气体和可燃蒸气的场所（如高压聚乙烯、合成甲醇装置等的泵房、阀门间法兰盘、合成酒精装置、裂解汽油装置、乙烯装置），宜选用可燃气体火灾探测器。

4.2.3 火灾探测器的工程应用

1. 火灾探测器的安装高度

火灾探测器的安装高度 H_0 是指探测器安装位置（点）距该保护区域（层）地面的高度。火灾探测器的安装高度与火灾探测器的类型有一定的关系（见表 4-1）。若安装面（房间顶面）不是水平的（即为斜面或曲面顶），则安装高度 H_0 取中值计算，如图 4-13 所示。

$$H_0 = \frac{H + h}{2} \tag{4-1}$$

式中：H——安装面最高部位高度；

h——安装面最低部位高度。

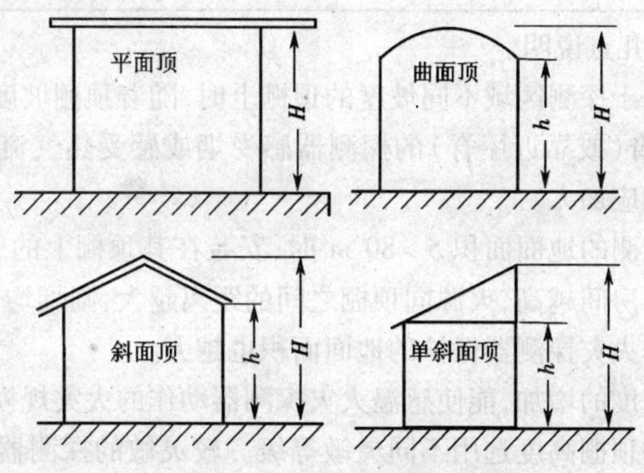

图 4-13 安装高度的计算图

表 4-1 房间高度与火灾探测器选用的关系

房间高度 h/m	感烟探测器（离子式或光电式）	感温探测器（Ⅰ级灵敏度）	感温探测器（Ⅱ级灵敏度）	感温探测器（Ⅲ级灵敏度）	火焰探测器（紫外）
$12 < h \leq 20$	不适合	不适合	不适合	不适合	适合
$8 < h \leq 12$	适合	不适合	不适合	不适合	适合
$6 < h \leq 8$	适合	适合	不适合	不适合	适合
$4 < h \leq 6$	适合	适合	适合	不适合	适合
$h \leq 4$	适合	适合	适合	适合	适合

2. 火灾探测器的保护面积和保护半径

火灾探测器的保护面积 A，定义为一只火灾探测器能够有效地探测到火灾信息的地面面积，亦称为探测面积，单位为 m^2。火灾探测器的保护半径 R，定义为一只火灾探测器能够有效探测的单向最大水平距离。

火灾探测器的保护面积主要受火灾类型(燃烧材料的燃烧率、烟粒子直径及其组成成分、热释放产生的热对流)、建筑结构特点(房间探测区域地面大小、火灾探测器的安装高度、顶棚或屋顶形状以及房间中设备的摆设方式)和环境条件(周围环境的温度和湿度、自然气流的存在、空调系统或加热系统产生的空气运动)等因素的影响。

将火灾探测器在特定的试验条件下经过五种典型的试验火试验验证之后,可得出火灾探测器保护面积 A 和保护半径 R 与建筑结构特点的关系,如表 4-2 所示。

表 4-2 感烟、感温火灾探测器保护面积 A 和保护半径 R 与建筑结构特点的关系

火灾探测器种类	地面面积 S/m^2	安装高度 H/m	探测器的保护面积 A 和保护半径 R					
			屋顶坡度 θ					
			$\theta \leqslant 15°$		$15° < \theta \leqslant 30°$		$\theta > 30°$	
			A/m^2	R/m	A/m^2	R/m	A/m^2	R/m
感烟探测器	$S \leqslant 80$	$H \leqslant 12$	80	6.7	80	7.2	80	8.0
	$S > 80$	$6 < H \leqslant 12$	80	6.7	100	8.0	120	9.9
		$H \leqslant 6$	60	5.8	80	7.0	100	9.0
感温探测器	$S \leqslant 30$	$H \leqslant 8$	30	4.4	30	4.9	30	5.5
	$S > 30$	$H \leqslant 8$	20	3.6	30	4.9	40	6.3

关于表 4-2 有如下几点说明。

①当火灾探测器装于探测区域不同坡度的顶棚上时,随着顶棚坡度的增大,烟雾沿斜顶和屋脊聚集,使安装在屋脊(或靠近屋脊)的探测器感受烟或感受热气流的机会增加。因此,火灾探测器保护半径也相应加大。

②当火灾探测器监测的地面面积 $S > 80\ \mathrm{m}^2$ 时,安装在其顶棚上的感烟火灾探测器受其他环境条件的影响较小。房间越高,火源同顶棚之间的距离越大,则烟均匀扩散的区域越大。因此,随着房间高度增加,火灾探测器保护的地面面积也越大。

③随着房间顶棚高度的增加,能使感温火灾探测器动作的火灾规模明显增大。因此,感温火灾探测器需按不同的顶棚高度选用不同灵敏等级。较灵敏的探测器(Ⅰ级或Ⅱ级),宜用于较大的顶棚高度上。

3. 火灾探测器的设置数量

一个探测区域内应设置的探测器数量 N,可由下式计算决定:

$$N \geqslant \frac{S}{K \cdot A} \tag{4-2}$$

式中:N——应设置的探测器数量(只),取整数;

S——探测区域面积,m^2;

A——探测器的保护面积,m^2;

K——安全修正系数,一般 $K = 0.7 \sim 1.0$。

安全修正系数 K 的选取,主要根据工程设计人员的实践经验,并考虑到一旦发生火灾,对人身和财产的损失程度、危险程度、疏散与扑救的难易程度以及火灾对社会的影响面大小等多种因素。一般情况下,建议重点保护建筑物 K 取 0.7 ~ 0.9,非重点保护建筑物 K 取 1.0。

4. 火灾探测器的安装间距

火灾探测器的安装间距定义为两只相邻的火灾探测器中心连线的长度。当探测区域(面积)为矩形时,则 a 为横向安装间距,b 为纵向安装间距,如图4-14所示。

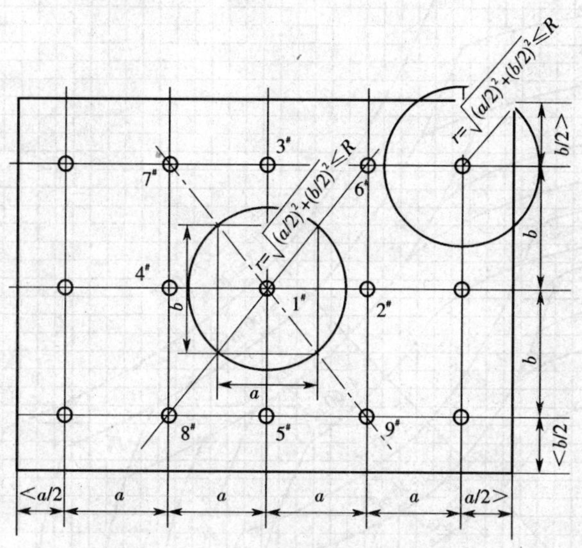

图4-14 安装间距的说明图例

从图4-14可以看出安装间距 a,b 的实际意义。以图中1#探测器为例,安装间距是指1#探测器与2#,3#,4#和5#相邻探测器之间的距离,而不是1#探测器与6#,7#,8#,9#探测器之间的距离。显然,只有当探测区域内探测器按正方形布置时,才有 $a=b$。

从图4-14还可以看出,探测器保护面积 A,保护半径 R 与安装间距 a,b 具有下列近似关系:

$$R\geqslant\sqrt{\left(\frac{a}{2}\right)^2+\left(\frac{b}{2}\right)^2}=r \tag{4-3}$$

$$A\geqslant a\cdot b \tag{4-4}$$

$$D=2R \tag{4-5}$$

应当指出,工程设计中,为了尽快地确定某个探测区域内火灾探测器的安装间距 a 和 b,经常利用"安装间距 a,b 的极限曲线"(如图4-15)。事实上,a,b 的极限曲线就是按照式(4-3)~(4-5)绘出的。应用这一曲线,可以按照选定的火灾探测器的保护面积 A 和保护半径 R 立即确定出安装间距 a 和 b。

有时也简称"安装间距 a,b 的极限曲线"为"D_i-极限曲线",D_i 有时也称为保护直径。应当说明,在图4-15所示的 D_i-极限曲线中:

①极限曲线 D_1 ~ D_4 和 D_6 适宜于保护面积 $A=20\ m^2$,$30\ m^2$,$40\ m^2$ 及其保护半径 $R=3.6$ m,4.4 m,4.9 m,5.5 m和6.3 m的感温火灾探测器;

②极限曲线 D_5 和 D_7 ~ D_{11}(含 D'_9)适宜于保护面积 $A=60\ m^2$,$80\ m^2$,$100\ m^2$,$120\ m^2$ 及其保护半径 $R=5.8$ m,6.7 m,7.2 m,8.0 m,9.0 m和9.9 m的感烟火灾探测器。

③各条 D_i-极限曲线端点 Y_i 和 Z_i 的坐标值(a_i,b_i),即安装间距 a,b 的极限值,可由式(4-3)和式(4-4)算得,如表4-2所示。

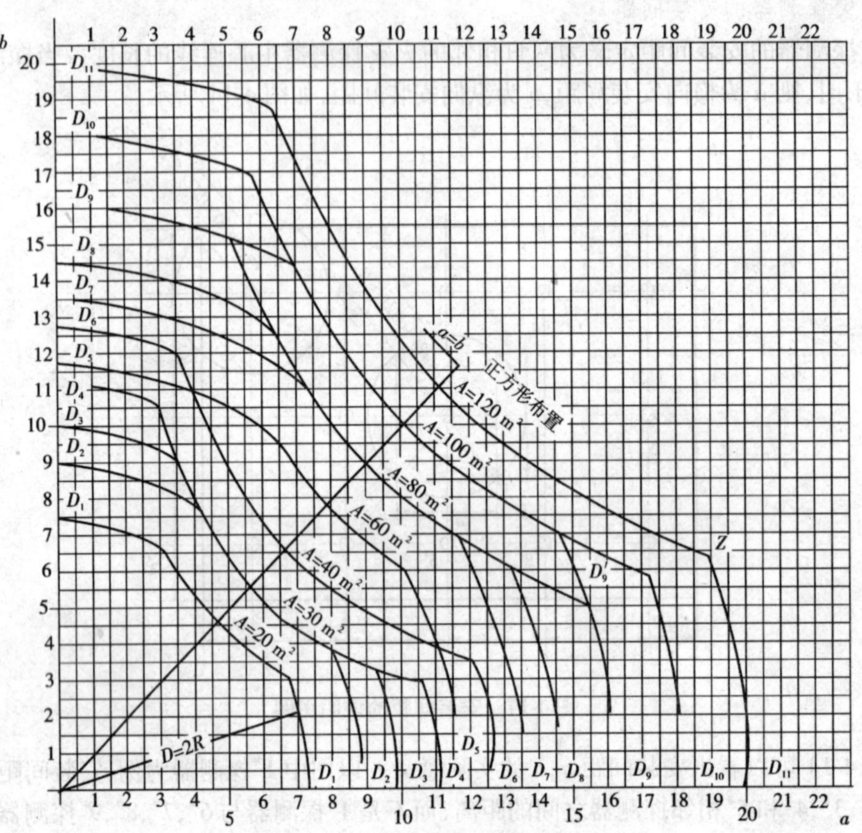

图 4-15 安装间距 a,b 的极限曲线

A—探测器的保护面积，m^2；a,b—探测器的安装间距，m；在 Y 和 Z 两点间的曲线范围内，保护面积可得到充分利用

表 4-2 D_i-极限曲线端点坐标值

极限曲线 D_i	$Y_i(a_i,b_i)$点	$Z_i(a_i,b_i)$点	极限曲线 D_i	$Y_i(a_i,b_i)$点	$Z_i(a_i,b_i)$点
D_1	$Y_1(3.1,6.5)$	$Z_1(6.5,3.1)$	D_7	$Y_7(7.0,11.4)$	$Z_7(11.4,7.0)$
D_2	$Y_2(3.3,7.9)$	$Z_2(7.9,3.3)$	D_8	$Y_8(6.1,13.0)$	$Z_8(13.0,6.1)$
D_3	$Y_3(3.2,9.2)$	$Z_3(9.2,3.2)$	D_9	$Y_9(5.3,15.1)$	$Z_9(15.1,5.3)$
D_4	$Y_4(2.8,10.6)$	$Z_4(10.6,2.3)$	D'_9	$Y'_9(6.9,14.4)$	$Z'_9(14.4,6.9)$
D_5	$Y_5(6.1,9.9)$	$Z_5(9.9,6.1)$	D_{10}	$Y_{10}(5.9,17.0)$	$Z_{10}(17.0,5.9)$
D_6	$Y_6(3.3,12.2)$	$Z_6(12.2,3.3)$	D_{11}	$Y_{11}(6.4,18.7)$	$Z_{11}(18.7,6.4)$

以下例说明探测器平面布置的做法。

例 4.1 某玩具装配车间，长 30 m，宽 40 m，高 7 m，平顶，用感烟探测器保护，试问需多少探测器？平面图上如何布置？

解 (1)确定感烟探测器的保护面积 A 和保护半径 R。

因保护区域面积 $S = 30 \times 40 = 1\ 200\ m^2$，

房间高度 $h = 7$ m，即 $6\ m < h \leq 12$ m，

顶棚坡度 $\theta = 0°$，即 $\theta \leq 15°$，

查表 4-1 可得，感烟探测器：

保护面积　$A = 80\ m^2$，

保护半径　$R = 6.7\ m$。

(2)计算所需探测器数 N。

根据建筑设计防火规范，该装配车间属非重点保护建筑，取 $K = 1.0$，由式(4-1)有

$$N \geqslant \frac{S}{K \cdot A} = \frac{1200}{1.0 \times 80} = 15\ (只)$$

(3)确定探测器安装间距 a,b。

①查 D-极限曲线。由式(4-5)，$D = 2R = 2 \times 6.7 = 13.4\ m$，$A = 80\ m^2$，查图 4-15 得极限曲线为 D_7。

②确定 a,b。认定 $a = 8\ m$，对应 D_7 查得 $b = 10\ m$。

(4)平面图上按 a,b 值布置 15 只探测器，如图 4-16 所示。

(5)校核。由式(4-3)算得

$$r = \sqrt{\left(\frac{a}{2}\right)^2 + \left(\frac{b}{2}\right)^2} = \sqrt{\left(\frac{8}{2}\right)^2 + \left(\frac{10}{2}\right)^2} = 6.4\ m$$

即　　$6.7\ m = R > r = 6.4\ m$　满足保护半径 R 的要求。

综上所述，将探测器平面布置的步骤归纳如下。

①根据探测器保护区域的地面面积 S、房间高度 h、屋顶坡度 θ 及选用的火灾探测器种类，并查表 4-2，得出使用该种探测器的保护面积 A 和保护半径 R。然后按式(4-1)计算所需设置的探测器数量 N，计算结果取整数，所得 N 值是该保护区域所需设置的最小数量。其中式(4-1)的修正系数 K 值要根据建筑物的性质、有关规范来选取。

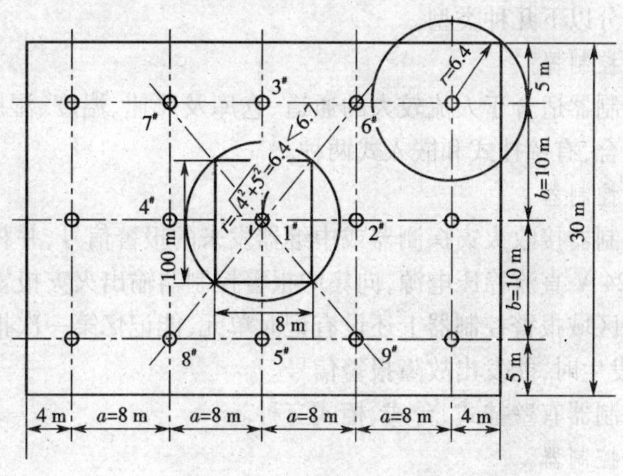

图 4-16　探测器布置图

②根据上述查得的保护面积 A 和保护半径 R 值，由图 4-15 查得对应的极限曲线 D 上选取安装间距 a,b，并根据给定的平面图对探测器进行布置。

③对已绘出的探测器布置平面图，校核探测器到最远点的水平距离 r 是否超过探测器的保护半径 R，若超过则应重新选定安装间距 a,b，若仍然不能满足校核条件，则应增加探测器的设置数量 N，并重新布置，直到满足 $R > r$ 为止。a,b 值差别不大的布置中，按上述方法得出的结果，一般都能满足要求。a,b 值差别较大的布置中，往往会出现由式(4-1)算出的 N 值不能

满足保护半径 R 的要求,需通过增大 N 值才能满足校核条件。

4.3 火灾报警控制器

4.3.1 火灾报警控制器的作用

火灾报警控制器是建筑消防系统的核心部分,其作用如下。

①火灾报警。火灾报警接受和处理从火灾探测器传来的报警信号,确认是火灾时,立即发出声、光报警信号并指示报警部位、时间等;经过适当的延时,启动自动灭火设备。

②故障报警。火灾报警控制器能对火灾探测器及系统的重要线路和器件的工作状态进行自动监测,以保障系统能安全可靠地长期连续运行。出现故障时,控制器能及时发出故障报警的声、光信号,并指示故障部位。故障报警信号能区别于火灾报警信号,以便采取不同的措施,如火灾报警信号采用红色信号灯,故障报警信号采用黄色信号灯。在有故障报警时,若接收到火灾报警信号,系统能自动切换到火灾报警状态,即火灾报警优先于故障报警。

③火灾报警记忆。当火灾报警控制器接收到火灾报警的故障报警信号时,能记忆报警地址与时间,为日后分析火灾事故原因时提供准确资料。火灾或事故信号消失后,记忆也不会消失。

④为火灾探测器提供稳定的工作电源。

4.3.2 火灾报警控制器的类型

火灾报警控制器分以下几种类型。

1. 手动火灾报警控制器

手动火灾报警控制器适合于人流较大的通道、仓库及风速、温度、湿度变化很大而自动报警控制器不适合的场合,有壁挂式和嵌入式两种。

2. 区域火灾报警控制器

区域火灾报警控制器接收火灾探测器或中继器发来的报警信号,并将其转换为声、光报警信号;为探测器提供 24 V 直流稳压电源,向集中报警控制器输出火灾报警信号,并备有操作其他设备的输出接点。区域报警控制器上还设有记时单元,能记忆第一次报警时间;设有故障自动监测电路,有故障发生时,能发出故障报警信号。

区域火灾报警控制器有壁挂式、台式、柜式三种。

3. 集中火灾报警控制器

集中火灾报警控制器接收区域火灾报警控制器发来的报警信号,并将其转换成声、光信号由荧光数码管以数字形式显示火灾发生区域。火灾区域的确定由巡检单元完成。

4. 通用火灾报警控制器

通用火灾报警控制器可与探测器组成小范围的独立系统,也可作为大型集中报警区的一个区域报警控制器,适合于各种小型建筑工程。

4.4 消防灭火系统

4.4.1 灭火的基本方法

灭火的基本方法有三种。

1. 化学抑制法

将灭火剂二氧化碳、卤代烷等施放到燃烧区上,就可以起到中断燃烧的化学连锁反应,达到灭火的目的。

2. 冷却法

将水喷到燃烧物上,通过吸热使温度降低到燃点以下,火随之熄灭。

3. 窒息法

窒息法是阻止空气流入燃烧区域,即将泡沫喷射到燃烧液体上,将火窒息;或用不燃物质进行隔离,如用石棉布、浸水棉被覆盖在燃烧物上。

4.4.2 室内消火栓灭火系统

1. 系统简介

采用消火栓灭火是最常用的灭火方式,它由蓄水池、加压送水装置(水泵)及室内消火栓等主要设备构成,如图4-17所示。这些设备的电气控制包括水池的水位控制、消防用水和加压水泵的启动。水位控制应能显示出水位的变化情况和高、低水位报警及控制水泵的开停。室内消火栓系统由水枪、水龙带、消火栓、消防管道等组成。为保证喷水枪在灭火时具有足够的水压,需要采用加压设备。常用的加压设备有两种:消防水泵和气压给水装置。采用消防水泵时,在每个消火栓内设置消防按钮,灭火时用小锤击碎按钮上的玻璃小窗,按钮不受压而复位,从而通过控制电路启动消防水泵,水压增高后,灭火水管有水,用水枪喷水灭火。采用气压给水装置时,由于采用了气压水罐,并以气水分离器来保证供水压力,所以水泵功率较小,可采用电接点压力表,通过测量供水压力来控制水泵的启动。

2. 室内消防水泵的控制方法

室内消防水泵的控制方法如下:

①由消防按钮控制消防水泵的启停;

②水流报警启动器控制消防水泵启停;

③中心发出主令信号控制消防泵启停。

3. 消火栓灭火系统的控制要求

消火栓灭火系统的控制要求如下:

①选用打碎玻璃启动的按钮;

②消防按钮启动后,消火栓泵应自动投入运行;

③为防止消防泵误启使水压过高而导致管网爆裂,需加设管网压力监视保护;

④消火栓工作泵发生自动投入故障需要强投时,备用泵自动投入运行,也可以手动强投;

⑤泵房应设有检修用开关和启动/停止按钮,检修时将检修开关接通,切断消火栓泵的控制回路以确保维修安全,并设有开关信号灯。

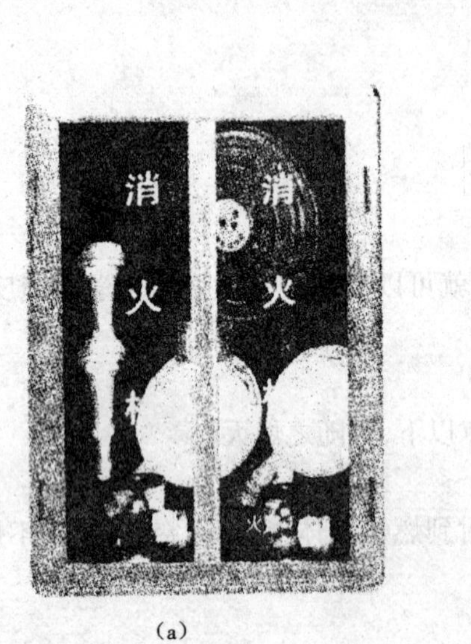

（a）

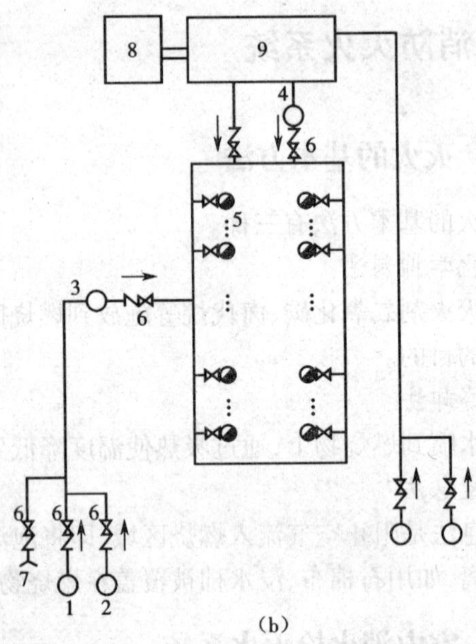

（b）

图 4-17 室内消火栓灭火系统

（a）消火栓实物图；（b）消火栓灭火过程简图

1—1 号消火栓泵；2—2 号消火栓泵；3—中途泵；4—顶层消防泵；5—消火栓；6—单向阀；7—消防接合器；8—生活水道；9—消防水箱

4.4.3 自动喷水灭火系统

1. 基本功能

自动喷水灭火系统有如下基本功能：

①火灾发生后，自动地进行喷水灭火；

②能在喷水灭火的同时发出警报。

2. 湿式自动喷水灭火系统

湿式自动喷水灭火系统属于固定式灭火系统，是最安全可靠的灭火装置，适用于温度不低于4 ℃（低于4 ℃时受冻）和不高于70 ℃的场所。

湿式自动喷水灭火系统由喷头、报警止回阀、延迟器、水力警铃、压力开关（安在干管上）、水流指示器、管道系统、供水设施、报警装置及控制盘等组成。

其动作程序如图 4-18 所示。

当发生火灾时，温度达到动作值时，喷头内玻璃球式温敏元件炸裂，密封垫脱开，喷头喷水，报警阀自动开启后，流动的消防水使水流指示器桨片摆动，带动其电接点动作，火灾报警器接到该信号后，发出指令启动报警系统或启动消防水泵等电气设备，并可显示火灾发生区域。通过消防控制室启动水泵供水灭火，保证喷头有水喷出。

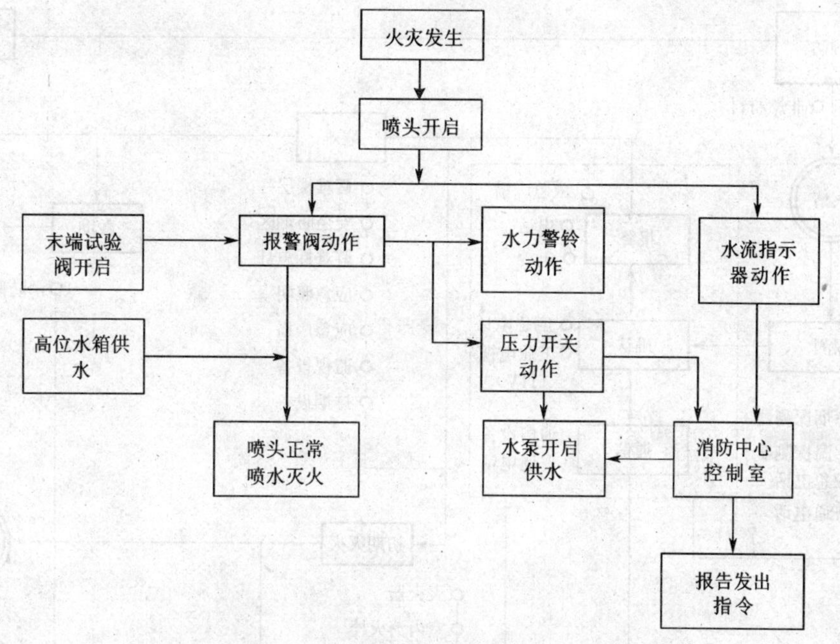

图 4-18　湿式自动喷水灭火系统动作程序图

4.5　联动控制设备

据报警位置、自动喷水灭火系统以及防排烟设备的设置情况，联动控制设备应具有如下几项功能。

①控制消火栓水泵的启、停，显示工作或故障状态的，指示消火栓水泵启动按钮的位置。

②控制自动喷水灭火系统的，显示工作或故障状态的，显示发出报警信号的水流指示器和报阀的位置。

③接收到火灾报警信号后，停止相关部位的空调机、送风机，关闭管道上的防火阀，接受被控制设备动作的反馈信号。

④启动防排烟系统，接受被控制设备动作的反馈信号。

⑤火灾确认后，关闭相关部位的电动防火门和防火卷帘门，并接受反馈信号。防火卷帘门通常采用两段控制，接到报警信号后，卷帘门先下降到距地面 1.8 m 处，经一段延时后，再下降到底。防火卷帘门两侧应安装手动控制按钮，以便于现场控制。

⑥向电梯控制屏发出信号并强制全部的电梯降至底层，除消防电梯处于待命状态外，其余电梯停止使用，同时接受反馈信号。

⑦切断相关部位的非消防电源，接通火灾事故照明和疏散指示灯。

⑧按疏散顺序接通火灾事故广播系统，以便及时指挥和组织人员疏散。

主要消防控制设备有手动报警器，水流指示器，声、光报警器和消防通信系统等。

图 4-19 所示为火灾自动报警及消防联动控制系统相互联系示意图。

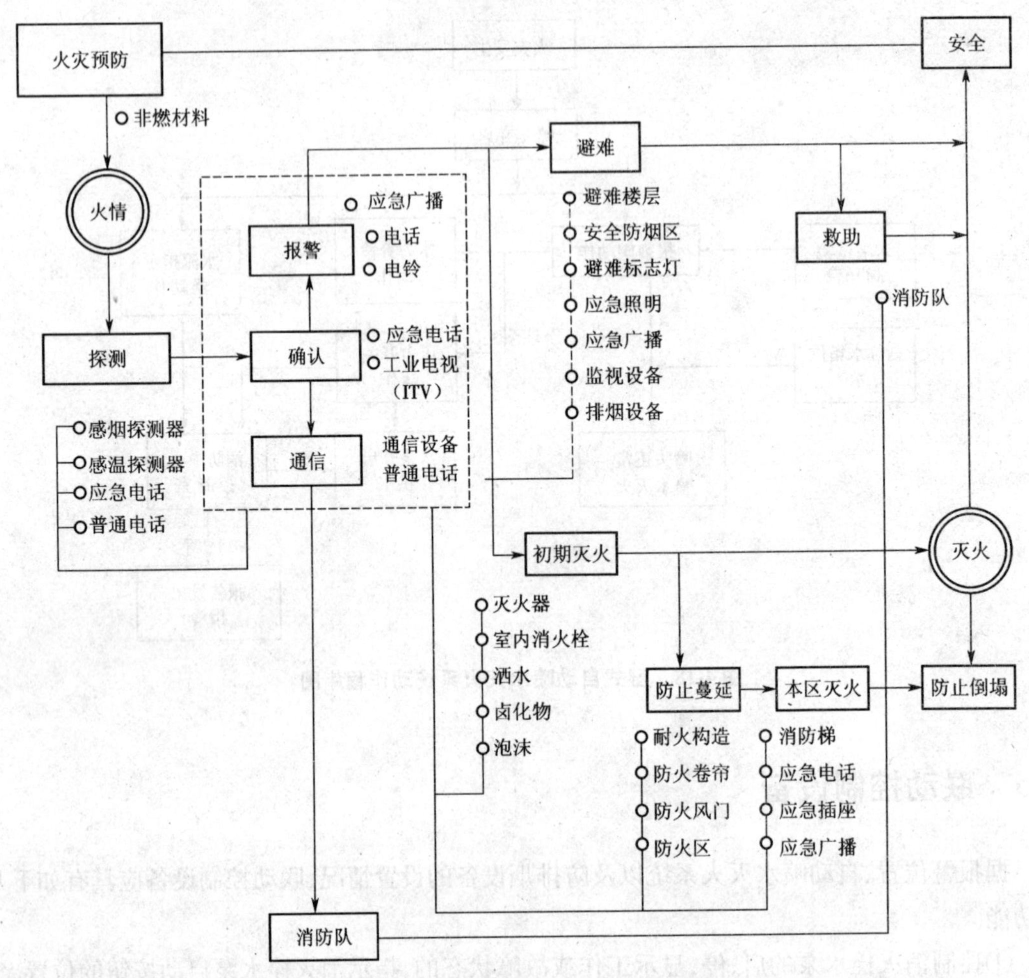

图 4-19 火灾自动报警及消防联动控制系统相互联系示意图

4.6 其他器件

1. 手动报警按钮

火灾自动报警系统应有自动和手动两种触发装置。各种类型的火灾探测器是自动触发装置，而手动火灾报警按钮是手动触发装置。它具有在应急情况下人工手动通报火警或确认火警的功能。

手动报警按钮的紧急程度比探测器报警紧急，一般不需要确认。所以手动按钮要求更可靠、更确切，处理火灾要求更快。

随着火灾自动报警系统的不断更新，手动报警按钮也在不断发展，不同厂家生产的不同型号的报警按钮各有特色，但其主要作用基本是一致的。

规范要求报警区域内每个防火分区应至少设置一只手动报警按钮。从一个防火分区内的任何位置到最邻近的一个手动报警按钮的步行距离不应大于 30 m。应设置在明显和便于操作的部位，即设置在建筑物的大厅、过厅、主要公共活动场所出入口，餐厅、多功能厅等处的主要出入口，值班人员工作场所，主要通道门厅等经常有人通过的地方，安装在墙上距地(楼)面高度1.5 m处明显和便于操作的部位。手动火灾报警按钮应在火灾报警控制器或消防控制室的控制盘上显示部位号，但以不同显示方式或不同的编码区段与其他触发装置信号区别开。

2. 编制模块

(1)编址输入模块 输入模块可将各种消防输入设备的开关信号(报警信号或动作信号)接入探测总线，实现信号向火灾报警控制器的传输，从而实现报警或控制的目的。输入模块适用于水流指示器、报警阀、压力开关、非编址手动火灾报警按钮、普通型感烟和感温火灾探测器等。

(2)编址输入/输出模块 输入/输出模块能将报警器发出的动作指令通过继电器触点来控制现场设备以完成规定的动作；同时将动作完成信息反馈给报警器。它是联动控制柜与被控设备之间的桥梁，适用于排烟阀、送风阀、风机、喷淋泵、消防广播、警铃(笛)等。

3. 底座与编码底座

底座与感烟、感温火灾探测器配套使用。

在二总线制火灾报警系统中，一般由地址编码器为探测器确定地址。地址编码器有的设在探测器内，有的设在底座上，设有地址编码器的底座称为编码底座。

4. 短路隔离器

短路隔离器用在传输总线上，对各分支线作短路时的隔离作用。它能自动使短路部分两端呈高阻态或开路状态，使之不损坏控制器，也不影响总线上其他部件的正常工作，当短路故障消除时，能自动恢复这部分回路的正常工作，这种装置又称总线隔离器。其应用实例如图4-20所示。

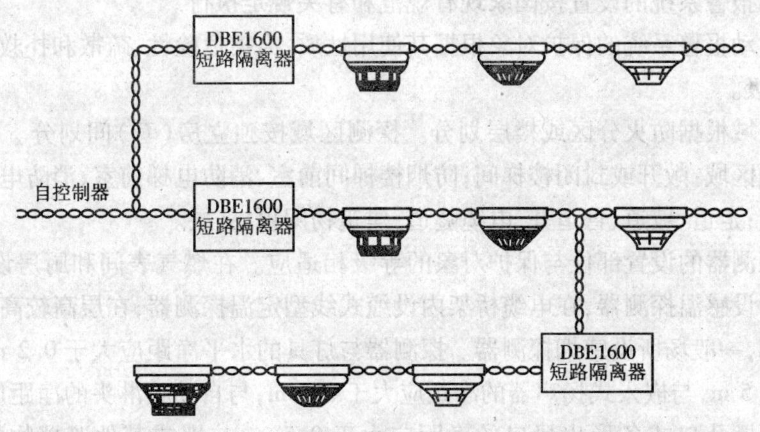

图4-20 短路隔离器的应用实例

5. 总线中继器

中继器可作为总线信号输入与输出间的电气隔离，完成探测器总线的信号隔离传输，可增强整个系统的抗干扰能力，并且具有扩展探测器总线通信距离的功能。其外形如图4-21所示。

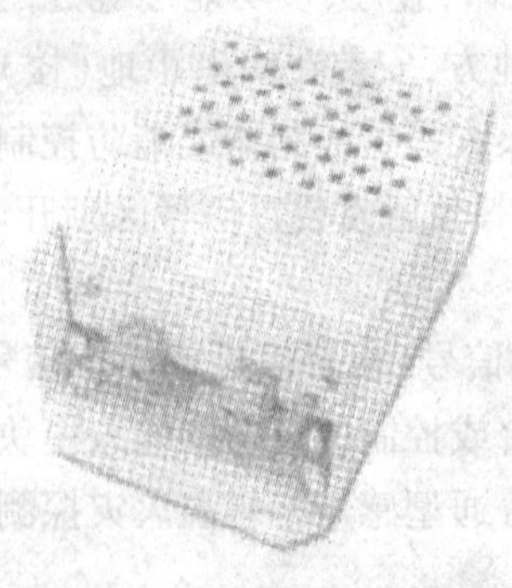

图 4-21 LD—8321 总线中继器外形

6. 总线驱动器

总线驱动器能增强线路的驱动能力。其使用场所为：

①当一台报警控制器监控的部件超过 200 件以上，每 200 件左右用一只；

②所监控设备电流超过 200 mA，每 200 mA 左右用一只；

③当总线传输距离太长、太密，超长（500 m）时安装一只（也有厂家超过 1 000 m 安装一只，应结合厂家产品而定）。

7. 区域显示器

区域显示器显示来自报警器的火警及故障信息，运用于各种防火监视分区或楼层。区域显示器具有以下功能。

①具有声音报警功能。当火警或故障送入时，将发出两种不同的声音报警（火警为变调音响，故障为长音响）。

②具有控制输出功能。具备一对无源触点，其在火警信号存在时吸合，可用来控制一些报警器类的设备。

③具有计时钟功能。在正常监视状态下，显示当前时间。

④采用壁式结构，体积小，安装方便。

4.7 消防系统设计工程案例

4.7.1 设计要点

火灾自动报警系统的设置按国家现有规范和有关规定执行。

①火灾自动报警系统的保护对象根据其使用性质、火灾危险性、疏散和扑救难度等分为特级、一级和二级。

②报警区域根据防火分区或楼层划分。探测区域按独立房（套）间划分。下列场所分别单独划分探测区域：敞开或封闭楼梯间；防烟楼梯间前室、消防电梯前室、消防电梯与防烟楼梯间合用的前室；走道、坡道、管道井、电缆隧道；建筑物闷顶、夹层。

③火灾探测器的设置部位与保护对象的等级相适应。在燃气表间和厨房设燃气探头，在烟尘较大场所设感温探测器，在电缆桥架内设缆式线型定温探测器，在层高较高的场所采用红外对射探测器，一般场所设感烟探测器。探测器与灯具的水平净距应大于 0.2 m，与出风口的净距应大于 1.5 m，与嵌入式扬声器的净距应大于 0.1 m，与自动喷淋头的净距应大于 0.3 m，与多孔送风顶棚孔口或条形出风口的净距应大于 0.5 m，与墙或其他遮挡物的距离应大于 0.5 m。探测器的具体定位以建筑吊顶综合图样为准。

④火灾自动报警系统设有自动和手动两种触发装置。

⑤消防专用电话。消防控制室设置消防专用电话总机。下列部位设置消防专用电话分机：消防水泵房、备用发电机房、配变电室、主要通风和空调机房、排烟机房、消防电梯机房及其他与消防联动控制有关的且经常有人值班的机房，以及灭火控制系统操作装置所在控制室、消防站、消防值班室、总调度室等。

设有手动火灾报警按钮、消火栓按钮等处宜设置电话塞孔。电话塞孔在墙上安装时，其底边距地面高度宜为 1.3 ~ 1.5 m。

⑥设置两台及两台以上区域火灾报警控制器或显示器，如在各层消防电梯前室设置火灾报警显示器。它可显示本层建筑平面及报警火灾部位，并进行声、光报警，显示器设置向消防控制室报警的确认按钮、报警灯及自身的自检按钮、声光报警复位灯。

⑦火灾自动报警系统的成套设备包括报警控制器、联动控制台、显示器、打印机、应急广播、消防专用电话总机、对讲录音电话及电源设备等。消防控制室可接收感烟、感温、煤气等探测器的火灾报警信号，接收水流指示器、检修阀、压力报警阀、手动报警按钮、消火栓按钮的动作信号，显示消防水池、消防水箱水位、消防水泵的电源状况。

⑧消防联动控制。前已详述。

4.7.2　工程案例

工程概况如下。

某综合楼，建筑总面积 7 000 m^2，总高度 30 m；地下 1 层、地上 8 层。图 4-22 为该工程系统图，图 4-23 ~ 图 4-26 所示分别为地下层和 1 ~ 3 层施工平面图，其余各层在此不再给出。有关设计说明如下。

①保护等级：本建筑火灾自动报警系统保护对象为二级。

②消防控制室与广播音响控制室合用，位于一层，并有直通室外的门。

③设备选择：地下层的汽车库、泵房和顶楼冷冻机房选用感温探测器，其他场所选用感烟探测器。

④联动控制要求：消防泵、喷淋泵和消防电梯为多线联动，其余设备为总线联动。

⑤火灾应急广播与消防电话：火灾应急广播与背景音乐系统共用，火灾时强迫切换至消防广播状态，平面图中竖井内 1825 即为扬声器切换模块。

消防控制室设消防专用电话，消防泵房、配电室、电梯机房设固定消防对讲电话，手动报警按钮带电话塞孔。

⑥设备安装：火灾报警控制器为柜式结构。火灾显示盘底边距地 1.5 m 挂墙安装，探测器吸顶安装，消防电话和手动报警按钮中心距地 1.4 m 安装，消火栓按钮设置在消火栓箱内，控制模块安装在被控设备控制柜内或与其上边平行的近旁。火灾应急扬声器与背景音乐系统共用，火灾时强切。

⑦线路选择与敷设：消防用电设备的供电线路采用阻燃电线电缆沿阻燃桥架敷设，火灾自动报警系统与线路，联动控制线路、通信线路和应急照明线路为 BV 线穿钢管沿墙、地和楼板暗敷。

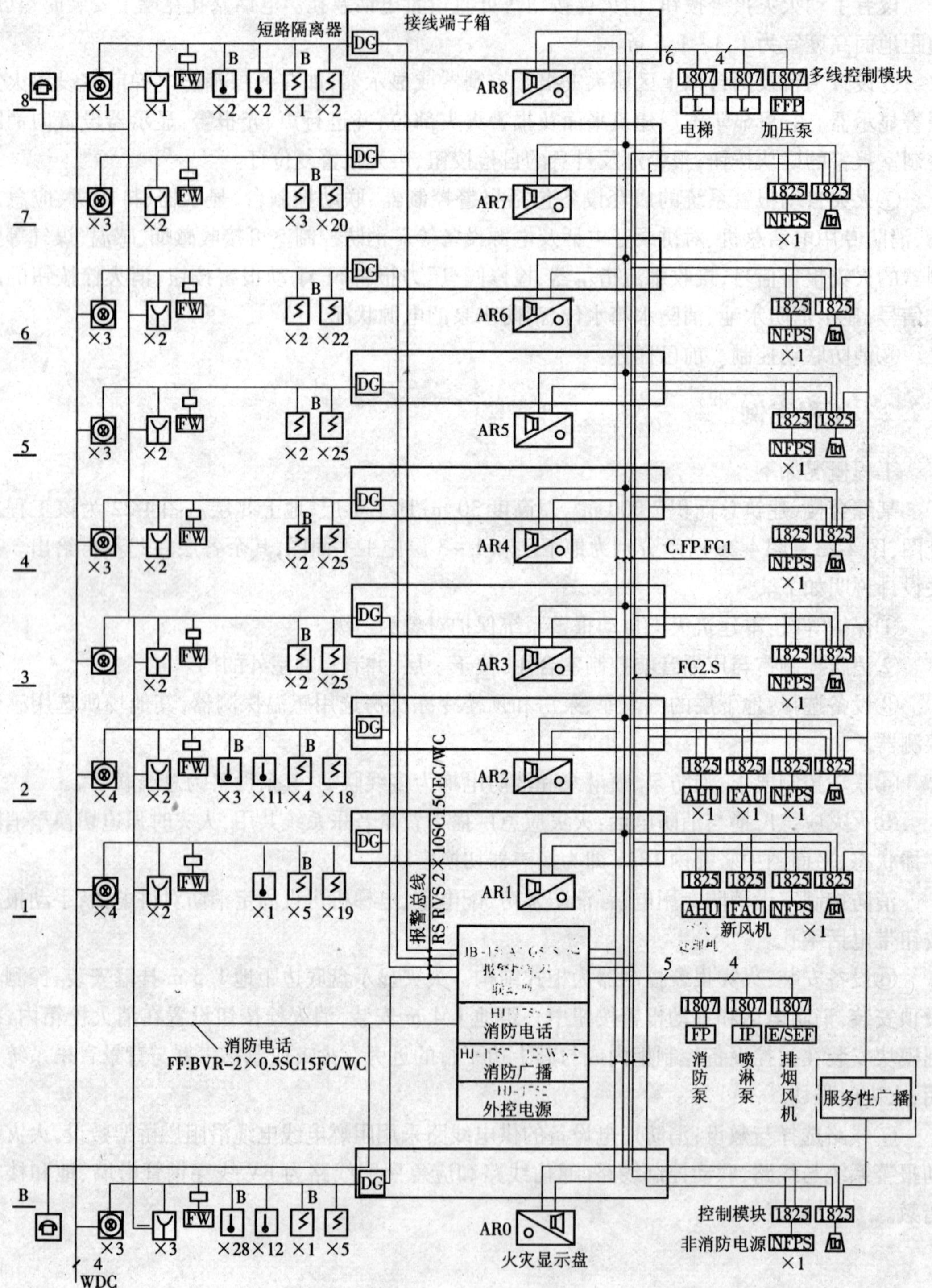

图 4-22 工程系统图

WDC—去直接启动泵；FC1—联动控制总线 BV－2×1.0SC15WC/FC/CEC；

C—RS－485 通信总线 RVS－2×1.0SC15WC/FC/CEC；FC2—多线联动控制线 BV－1.5SC20WC/FC/CEC；

FP—24VDC 主机电源总线 BV－2×4SC15WC/FC/CEC；S—消防广播线 BV－2×1.5SC15WC/CEC

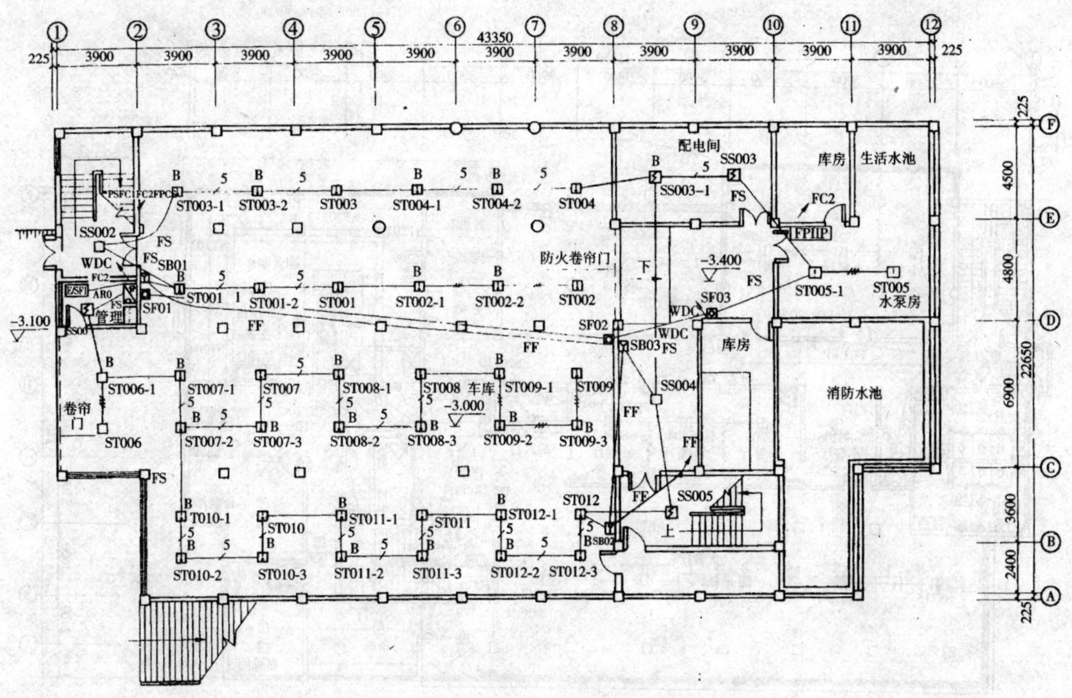

图 4-23　地下层火灾报警与联动控制平面图

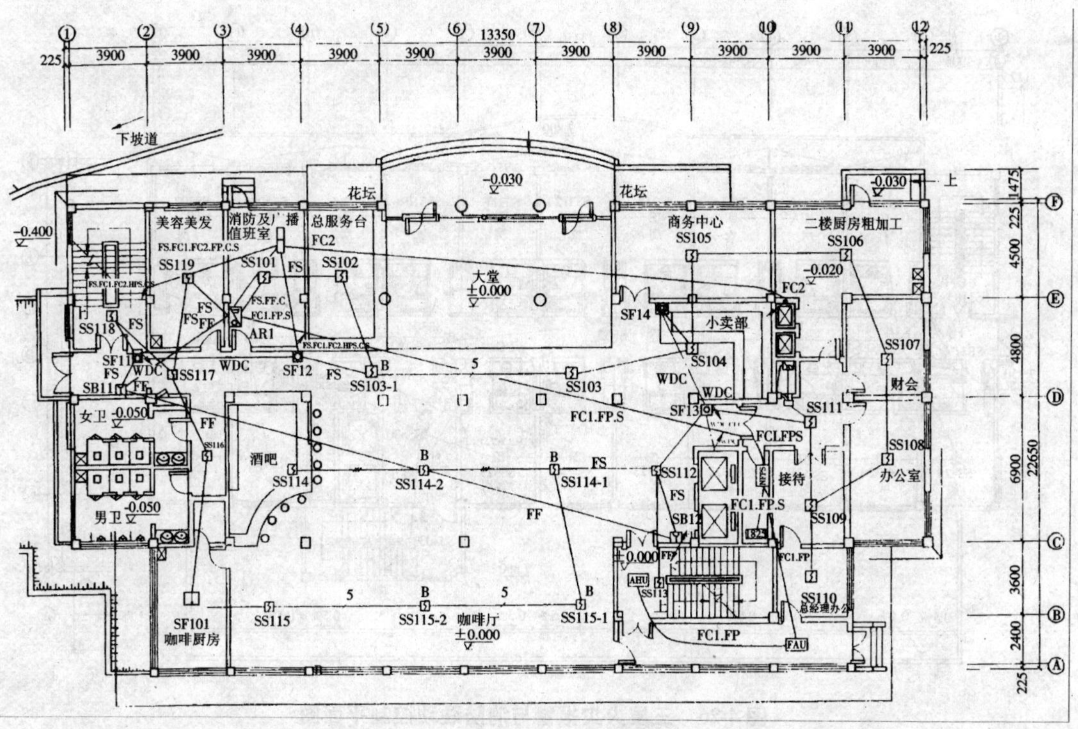

图 4-24　一层火灾报警与联动控制平面图

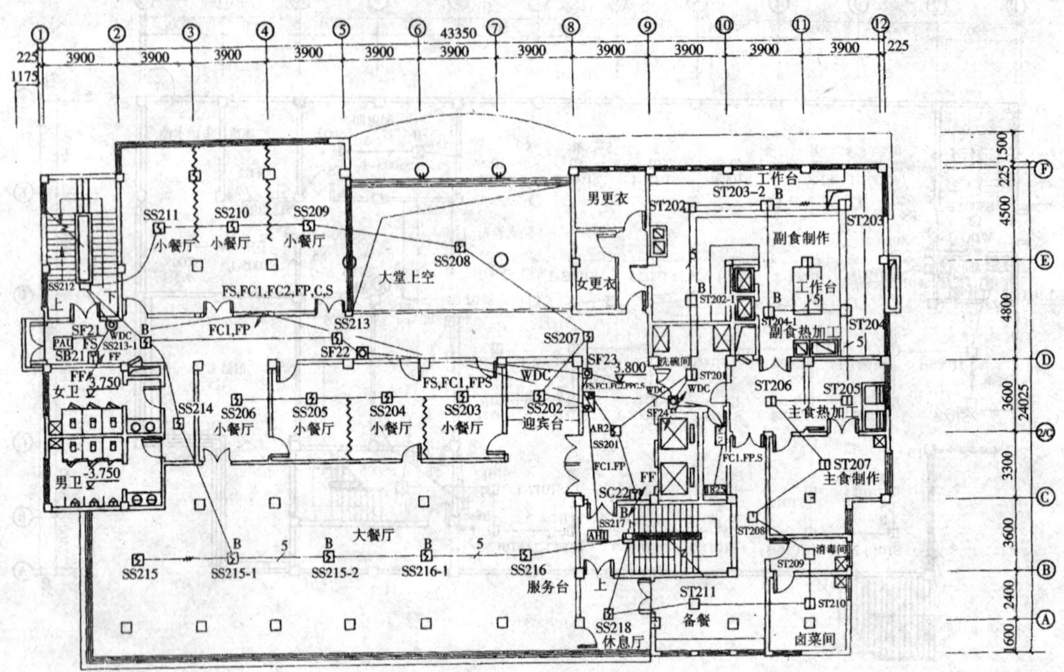

图4-25 二层火灾报警与联动控制平面图

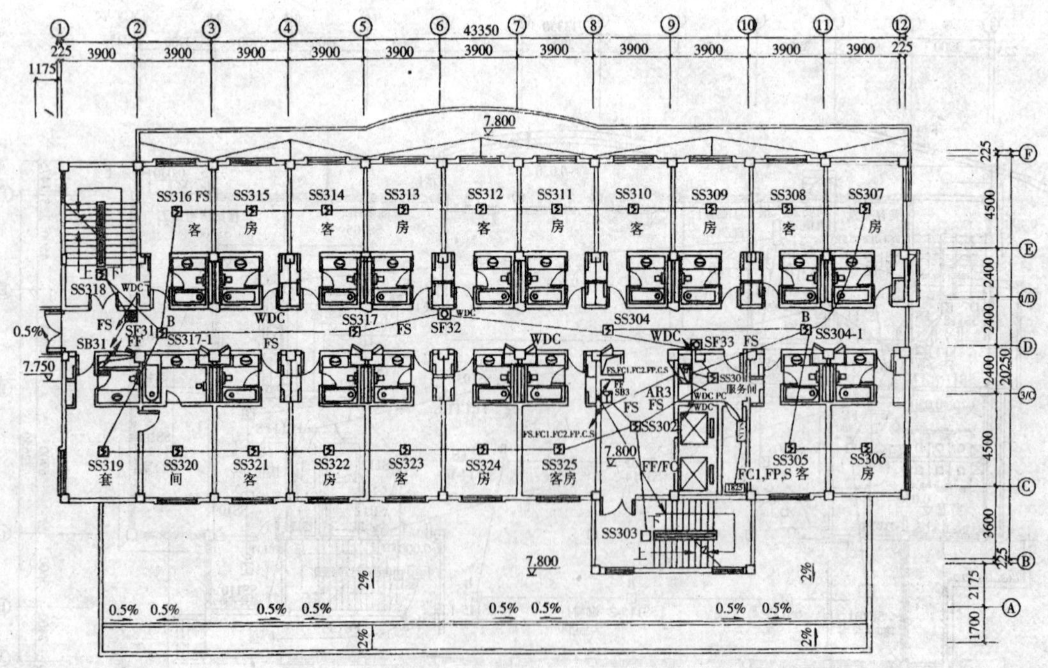

图4-26 三层火灾报警与消防联动控制平面图

思考题与习题

1. 消防系统由什么组成？消防系统有几种类型？

2. 感烟、温、光探测器有什么区别？

3. 选择探测器主要考虑哪些方面？

4. 布置探测器时应考虑哪些方面的问题？

5. 已知某计算机房，房间高度为8 m，地面面积为15 m×20 m，房顶坡度为14°，属于非重点保护建筑。试：①确定探测器种类；②确定探测器数量；③布置探测器。

6. 输入模块、输出模块、总线驱动器、总线隔离器的作用是什么？

7. 消防设计的内容有哪些？

8. 消防系统的设计原则是什么？

9. 系统图、平面图应表示哪些内容？

第5章 安全防范系统

随着现代科学技术的不断发展,不法分子的犯罪手段与手法也在不断提高。为了适应犯罪手段的发展,安全保卫措施也逐步由人力防范、物理防范相结合向人力防范、物理防范与技术防范相结合的方向转变,采用高科技预防违法犯罪和治安灾害等事故的发生已是大势所趋。

安全技术防范是综合应用电子技术、视频与多媒体技术、计算机技术、计算机网络技术、现代通信技术、控制自动化技术、生物工程技术等学科的一门新型学科。安全技术防范系统是根据建筑物的使用功能、性质、安全防范管理要求及建设标准,构成技术先进、安全可靠、经济适用、灵活有效的安全技术防范体系。本章所要学习的内容是适用于办公楼、宾馆、商业建筑、文化建筑(文体、会展、娱乐)、住宅(小区)等通用型建筑物及建筑物群的安全防范报警系统——视频监控系统、入侵报警系统、出入口控制系统、楼宇对讲系统、电子巡更系统、停车场管理系统等。

5.1 视频监控系统

5.1.1 视频监控系统的组成及分类

视频安防监控系统是应综合应用视频探测、图像处理/控制/显示/记录、多媒体、有线/无线通信、计算机网络、系统集成等先进而成熟的技术,并配置可靠而适用的设备,所构成的先进、可靠、经济、适用、配套的视频监控应用系统。视频安防监控系统包括前端设备、传输设备、处理/控制设备和记录/显示设备四部分。前端设备负责信号的采集,主要设备有摄像机、镜头、防护罩、球形一体化机、解码器、支架等;传输设备传输的视频信号一般以基带频率的形式传输,最常用的传输介质是同轴电缆;处理/控制设备为矩阵控制主机;显示设备是专业监视器或收监两用机,记录设备是长时间时滞录像机,它们的作用是对前端已采集到的信号进行处理,设备主要包括控制键盘、电视墙、矩阵控制主机、控制台、多画面处理器和录像机等。

根据对视频图像信号处理/控制方式的不同,视频安防监控系统结构分为以下模式。

1. 简单对应模式

简单对应模式即监视器和摄像机简单对应,其结构如图5-1所示。

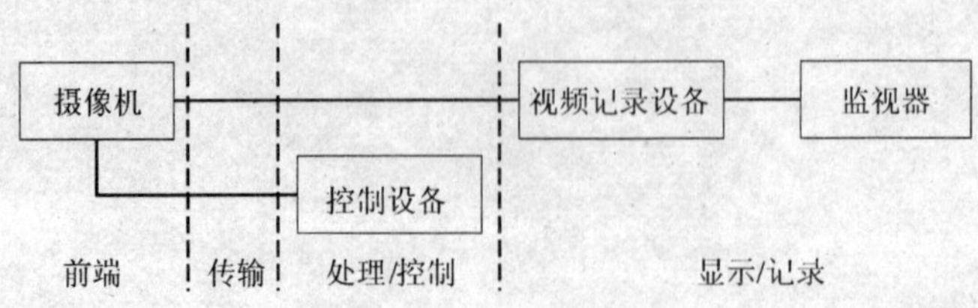

图5-1 简单对应模式

2. 时序切换模式

时序切换模式是指视频输出中至少有一路可进行视频图像的时序切换，如图 5-2 所示。

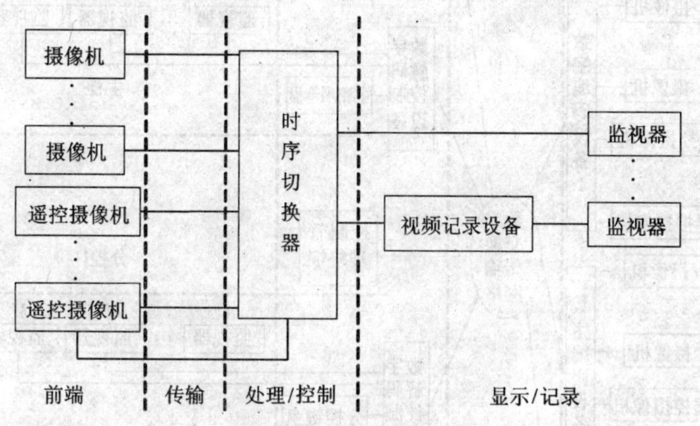

图 5-2　时序切换模式

3. 矩阵切换模式

矩阵切换模式是指可以通过任一控制键盘，将任意一路前端视频输入信号切换到任意一路输出的监视器上，并可编制各种时序切换程序，如图 5-3 所示。

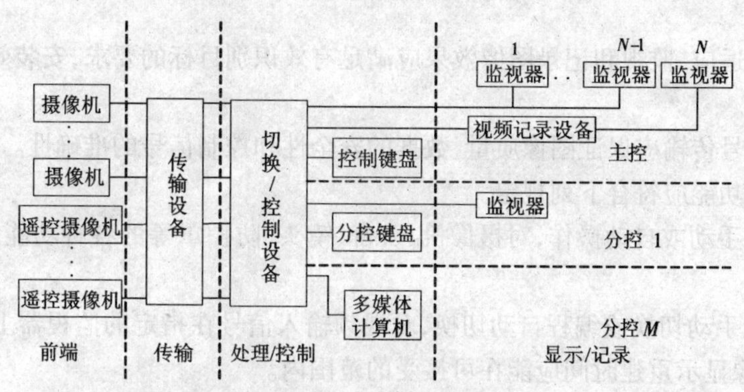

图 5-3　矩阵切换模式

4. 数字视频网络虚拟交换/切换模式

模拟摄像机增加数字编码功能，被称为网络摄像机，数字视频前端也可以是别的数字摄像机。数字交换传输网络可以是以太网和 DDN、SDH 等传输网络。数字编码设备可采用具有记录功能的 DVR 或视频服务器，数字视频的处理、控制和记录措施可以在前端、传输和显示的任何环节实施，其结构如图 5-4 所示。

5.1.2　视频监控系统的功能、设置及安装要求

1. 视频监控系统的主要功能

视频安防监控系统应对需要进行监控的建筑物内（外）的主要公共活动场所、通道、电梯（厅）、重要部位和区域等进行有效的视频探测与监视，图像显示、记录与回放。

①前端设备的最大视频（音频）探测范围应满足现场监视覆盖范围的要求，摄像机灵敏度

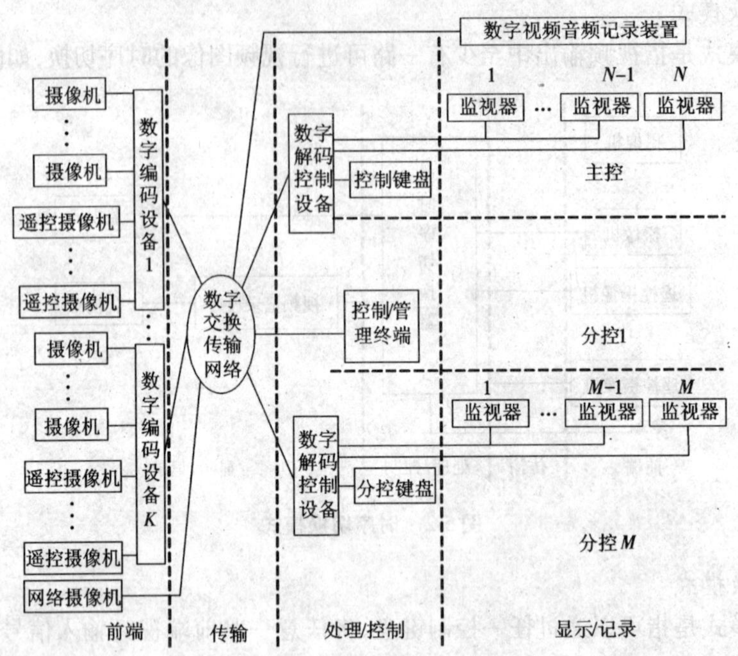

图 5-4 数字视频网络虚拟交换/切换模式

应与环境照度相适应，监视和记录图像效果应满足有效识别目标的要求，安装效果宜与环境相协调。

②系统的信号传输应保证图像质量、数据的安全性和控制信号的准确性。

③系统控制功能应符合下列规定。

a）系统应能手动或自动操作，对摄像机、云台、镜头、防护罩等的各种功能进行遥控，控制效果平稳、可靠。

b）系统应能手动切换或编程自动切换，对视频输入信号在指定的监视器上进行固定或时序显示，切换图像显示重建时间应能在可接受的范围内。

c）矩阵切换和数字视频网络虚拟交换/切换模式的系统应具有系统信息存储功能，在供电中断或关机后，对所有编程信息和时间信息均应保持。

d）应具有与其他系统联动的接口。当其他系统向视频系统给出联动信号时，本系统能按照预定工作模式，切换出相应部位的图像至指定监视器上，并能启动视频记录设备，其联动响应时间不大于 4 s。

e）辅助照明联动应与相应联动摄像机的图像显示协调同步。

f）同时具有音频监控能力的系统宜具有视频音频同步切换的能力。

g）需要多级或异地控制的系统应支持分控的功能。

h）前端设备对控制终端的控制响应和图像传输的实时性应满足安全管理要求。

④图像记录功能应符合下列规定。

a）记录图像的回放效果应满足资料的原始完整性，视频存储容量和记录/回放带宽与检索能力应满足管理要求。

b）系统应能记录下列图像信息：一是发生事件的现场及其全过程的图像信息；二是预定

地点发生报警时的图像信息；三是用户需要掌握的其他现场动态图像信息。

c)系统记录的图像信息应包含图像编号/地址、记录时的时间和日期。

d)对于重要的固定区域的报警录像宜提供报警前的图像记录。

e)根据安全管理需要，系统应能记录现场声音信息。

2. 视频监控系统的设置及安装

①摄像机的设置与安装应遵循下列原则。

a)重要建筑物周界宜设置监控摄像机。

b)地面层出入口、电梯轿厢宜设置监控摄像机，停车库(场)出入口和停车库(场)内宜设置监控摄像机。

c)重要通道应设置监控摄像机，各楼层通道宜设置监控摄像机，电梯厅和自动扶梯口宜设置监控摄像机。

d)集中收款处、重要物品库房、重要设备机房应设置监控摄像机。

e)摄像机镜头安装宜顺光源方向对准监视目标，并避免逆光安装；当必须逆光安装时，宜降低监视区域的光照对比度或选用具有帘栅作用等具有逆光补偿的摄像机。

f)摄像机的工作温度、湿度应适应现场气候条件的变化，必要时可采用适应环境条件的防护罩。

g)摄像机应有稳定牢固的支架；摄像机应设置在监视目标区域附近不易受外界损伤的位置，设置位置不应影响现场设备运行和人员正常活动，同时保证摄像机的视野范围满足监视的要求。设置的高度，室内距地面不宜低于2.5 m；室外距地面不宜低于3.5 m。室外如采用立杆安装，立杆的强度和稳定度应满足摄像机的使用要求。

h)电梯轿厢内的摄像机应设置在电梯轿厢门侧顶部左或右上角，并能有效监视乘员的体貌特征。

②传输线缆及传输设备的选型与设置应遵循下列原则。

a)模拟视频信号宜采用同轴电缆，根据视频信号的传输距离、端接设备的信号适应范围和电缆本身的衰耗指标等确定同轴电缆的型号、规格；信号经差分处理，也可采用不劣于五类线性能的双绞线传输。

b)数字视频信号的传输按照数字系统的要求选择线缆。

c)根据线缆的敷设方式和途经环境的条件确定线缆型号、规格。

d)传输设备应确保传输带宽、载噪比和传输时延满足系统整体指标的要求，接口应适应前后端设备的连接要求。

e)传输设备应有自身的安全防护措施，并宜具有防拆报警功能；对于需要保密传输的信号，设备应支持加/解密功能。

f)传输设备应设置在易于检修和保护的区域，并宜靠近前/后端的视频设备。

③视频切换控制设备的选型应符合以下规定。

a)视频切换控制设备的功能配置应满足使用和冗余要求。

b)视频输入接口的最低路数应留有一定的冗余量。

c)视频输出接口的最低路数应根据安全管理需求和显示/记录设备的配置数量确定。

d)视频切换控制设备应能手动或自动操作，对镜头、电动云台等的各种动作(如转向、变焦、聚焦、光圈等动作)进行遥控。

e)视频切换控制设备应能手动或自动编程切换,对所有输入视频信号在指定的监视器上进行固定或时序显示。

f)视频切换控制设备应具有配置信息存储功能,在供电中断或关机后,对所有编程设置、摄像机号、地址、时间等均可记忆,在开机或电源恢复供电后,系统应恢复正常工作。

g)视频切换控制设备应具有与外部其他系统联动的接口。当与报警控制设备联动时应能切换出相应部位摄像机的图像,并显示记录。

h)具有系统操作密码权限设置和中文菜单显示。

i)具有视频信号丢失报警功能。

j)当系统有分控要求时,应根据实际情况分配控制终端,如控制键盘及视频输出接口等,并根据需要确定操作权限功能。

k)大型综合安防系统宜采用多媒体技术,做到文字、动态报警信息、图表、图像、系统操作在同一套计算机上完成。

④记录及显示设备的选型与设置应遵循下列原则。

a)宜选用数字录像设备,并宜具备防篡改功能;其存储容量和回放的图像(和声音)质量应满足相关标准和管理使用要求。

b)在同一系统中,对于磁带录像机和记录介质的规格应一致。

c)录像设备应具有联动接口。

d)在录像的同时需要记录声音时,记录设备应能同步记录图像和声音,并可同步回放。

e)图像记录与查询检索设备宜设置在易于操作的位置。

f)选用满足现场条件和使用要求的显示设备。

g)显示设备的清晰度不应低于摄像机的清晰度,且宜高出100TVL。

h)操作者与显示设备屏幕之间的距离宜为屏幕对角线的4~6倍,显示设备的屏幕尺寸宜为230 mm到635 mm。根据使用要求可选用大屏幕显示设备等。

i)显示设备的数量,由实际配置的摄像机数量和管理要求来确定。

j)在满足管理需要和保证图像质量的情况下,可进行多画面显示。多台显示设备同时显示时,宜安装在显示设备柜或电视墙内,以获取较好的观察效果。

k)显示设备的设置位置应使屏幕不受外界强光直射。当有不可避免的强光入射时,应采取相应避光措施。

l)显示设备的外部调节旋钮/按键应方便操作。

m)显示设备的设置应与监控中心的设计统一考虑,合理布局,方便操作,易于维修。

5.2 入侵报警系统

5.2.1 入侵报警系统的组成

入侵报警系统是用物理方法及电子技术,自动探测发生在设防区域内的入侵行为,产生报警信号,并辅助提示值班人员发生报警的区域部位,显示可能采取的对策。入侵报警系统由前端探测设备、传输部件、控制设备及显示记录设备等四个主要部分组成。

系统的前端设备一般为各类型的报警探测器及传感器,前端设备应根据安防管理需要、安装环境要求,选择不同探测原理、不同防护范围的入侵探测设备,构成点、线、面、空间或其组合的综合防护体系。系统的传输方式应因地制宜,推荐以有线方式为主,无线方式为辅,有线传输又可采用专线传输和公共网络传输等方式实现。根据信号传输方式的不同,入侵报警系统组建模式宜分为以下模式。

1. 分线制

分线制是探测器和紧急报警装置通过多芯电缆与报警控制主机之间采用一对一专线相连,如图5-5所示。

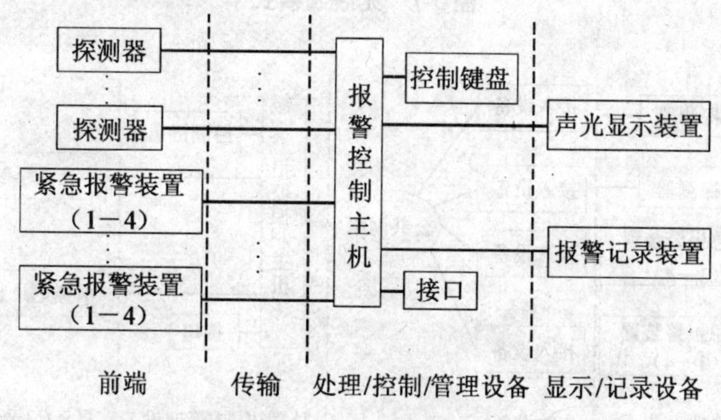

图5-5　分线制模式

2. 总线制

总线制是探测器和紧急报警装置通过其相应的编址模块与报警控制主机之间采用报警总线(专线)相连,如图5-6所示。

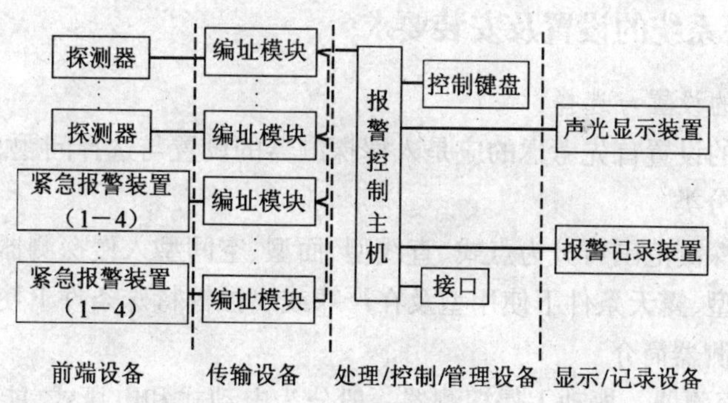

图5-6　总线制模式

3. 无线制

无线制是探测器和紧急报警装置通过其相应的无线设备与报警控制主机通信,其中一个防区内的紧急报警装置不得大于4个,如图5-7所示。

4. 公共网络

公共网络是探测器和紧急报警装置通过现场报警控制设备或网络传输接入设备与报警控制主机之间采用公共网络相连。公共网络可以是有线网络,也可以是有线—无线—有线网络,如图5-8所示。

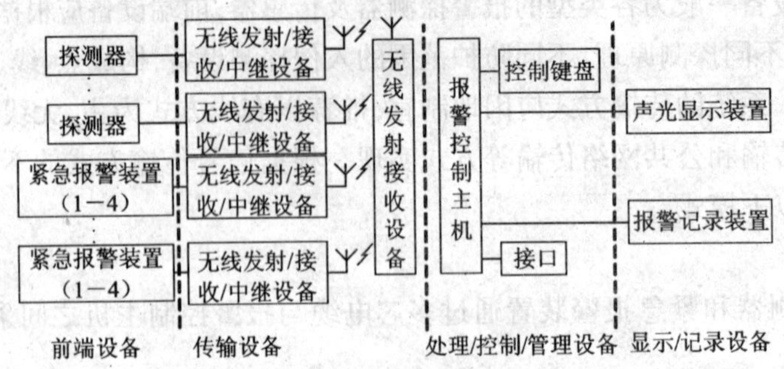

图 5-7　无线制模式

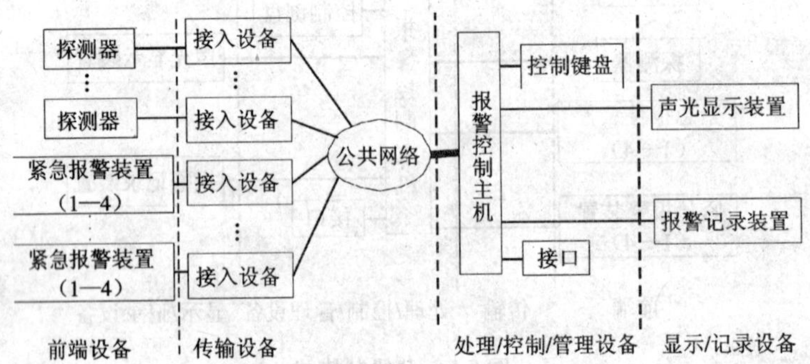

图 5-8　公共网络模式

系统的终端是显示设备、控制设备及通信设备，可采用独立的报警控制主机，也可采用与其他系统主机合用而构成的中心控制台。

5.2.2　入侵报警系统的设置及安装要求

1. 入侵探测器的设置与选择

入侵报警系统的设置首先考虑的应是入侵探测器的设置与选择问题。

1）入侵探测器分类

入侵探测器按探测范围可分为点式、直线型、面型、空间型入侵探测器；按其使用条件可分为室内条件下使用型、露天条件下使用型及在严寒或腐蚀等特殊条件下使用型。

2）部分入侵探测器简介

（1）振动入侵探测器　振动入侵探测器一般分为电动式和电压式，能探测出人的走动、门窗移动及撬动发出的振动频率，可用在背景噪声较大的场所，通常用于门、窗、柜台、展柜、保险柜等地的防护。

（2）红外入侵探测器　红外入侵探测器一般分为被动红外探测器和主动红外探测器。被动红外探测器可作为直线型探测器，也可作为空间探测器，一般用于室内和空间的主体防护。被动红外探测器不发射能量，体积小、功耗低、寿命长。设置时应避开热源、遮挡物、振动体。主动红外探测器发射红外光，常用在室外作直线型入侵探测器用，但探测范围内必须无遮挡物。由于室外环境会影响探测器的灵敏度，故探测器的最远警戒距离不应大于其最大射束的2/3。

(3)微波入侵探测器 微波多普勒探测器用于空间防护,对非金属有一定的穿透力,可隐蔽安装,工作环境容易满足,但探头不能对准可能活动的背景,其弥漫的探测边界易受非防护目标的影响。微波入侵探测器也可用于室外,成对组成周界防范报警器。

(4)多技术报警器 将几种不同的探测技术进行复合,就形成了双技术、三技术等报警器。如:微波-被动红外双技术报警器,它将微波和被动红外探测技术集中运用于一体,并将两个探测器的输出信号一起送到"与门"电路去触发报警。它既保持了微波探测器的高灵敏度、与热源无关的优点,又具有被动红外探测器无需照明和发射源、可昼夜运行的特点,大大降低了探测器的误报率,同时也避免了因一种探测功能的损坏而造成的漏报。类似的还有利用声音和振动技术复合而成的声控-振动型双技术玻璃破碎报警器、超声波-被动红外双技术报警器等。

(5)视频报警器 视频报警器利用摄像机作为探测器,通过检测目标视频信号亮度色度等信息以及移动目标的灰度层次、形状、大小、连续性等信息的变化来触发报警。特别是采用数字化智能识别技术后,其准确性和抗干扰性更强,而误报和漏报率更低。对于设置了视频安防监控系统的地方,这是一种直观、可靠、准确、有效的报警装置。

(6)玻璃破碎报警器 玻璃破碎报警器利用电压式微音器,装于面对玻璃的位置,由于只对10~15 kHz的高频玻璃破碎声进行有效的检测,因此不会因玻璃本身的振动而引起反应,故被普遍应用于玻璃门窗的防护。玻璃破碎报警器应设置在所要保护的玻璃附近,要求玻璃与墙壁或顶棚之间的夹角不能大于90°,以免降低其探测率。

(7)开关式报警器 开关式报警器是一种结构简单、使用方便的报警器,它通过开关的闭合或断开来控制电路通、断,触发报警。常用的有磁控开关、微动开关、压力垫等。开关式报警器通常属于点控制性探测器,常设置于门窗上。普通门窗上设置的磁控开关其控制距离为10~15 mm,而卷帘门上使用的磁控开关控制距离应大于30 mm。

(8)声控报警探测器 声控报警探测器常用于空间防范及报警复核,通常将探测说话、行走等声响的装置称为声控探测器;将探测物体被破坏时发出固有声响的装置称为声发射探测器。声控报警探测器对环境要求较高,应尽可能将其安装在靠近保护目标,可适当降低探测器的灵敏度以防误报。

(9)泄露同轴电缆报警器 泄露同轴电缆一般埋于地下,也可嵌墙安装,不受地形限制。泄露同轴电缆报警器全线探测,灵敏度均匀,探测率高,不存在探测盲区。一对收发电缆可保护100 m左右的周界。探测宽度根据辐射环境、发射机功率、电缆埋深及电缆间隔而不同,一般埋深为20 mm、间隔1 m时,探测宽度可达2 m。埋设泄露同轴电缆的地表面上不能堆放金属物体,以免影响电磁场探测区的形成。

3)入侵探测器的设置与选择

①各类入侵探测器的设置原则是防范区内不得有盲区,探测器之间应有至少20%以上的交叉覆盖面,探测器的作用距离应有30%裕量。在交叉覆盖时,应避免相互干扰。

②探测器的设置应远离影响其工作的电磁辐射、热辐射、光辐射、噪声、气象条件等环境,或采取防护措施。

③探测器的灵敏度应满足设防要求,并可进行调节。

④复合入侵探测器应视为一种探测技术的探测装置。

⑤入侵探测器盲区边缘与防护目标间的距离不得小于5 m。

⑥玻璃破碎探测器应安装在被保护对象附近的墙壁或天花板上。

⑦被动红外探测器的防护区内不应有障碍物。

⑧采用室外双束或四束主动红外探测器时，探测器最远警戒距离不应大于其最大射束距离的2/3。

2. 入侵报警系统的信号传输方式及传输线缆的选择

①入侵报警系统的传输方式取决于报警系统中警戒点的分布、传输距离、环境条件、系统性能要求及信息容量等因素，对于可靠性要求高或布线便利的系统，应优先选用专用线传输方式，布线困难的情况下可考虑采用无线传输方式。所选择的传输方式必须满足快捷、准确地传输探测信号的要求，而且要性能稳定，受环境影响小，并具有防破坏能力。

②因为信号电流太小，入侵报警系统的信号传输电缆，不需要计算导线截面积，只需考虑机械强度即可。

③入侵报警系统的信号传输方式及传输线缆的选择应遵循以下原则。

a)传输方式的选择应根据系统规模、系统功能、现场环境和管理方式综合考虑。一般采用专用有线传输为主、无线信道传输为辅的传输方式。

b)控制信号电缆耐压不应低于AC250V，铜芯绝缘导线、电缆芯线的截面积应不小于0. 50 mm^2；穿管敷设的绝缘导线，芯线的截面积应不小于0. 75 mm^2；多芯电缆的芯线截面积应不小于0. 30 mm^2。

c)电源线耐压不应低于AC500V，铜芯绝缘导线、电缆芯线的截面积应不小于1. 0 mm^2。

d)要求较高的项目，缆线应敷设在接地良好的金属管或金属桥架内。

3. 入侵报警系统的控制、显示及记录

①报警控制器是入侵报警的主控部分，主要功能为向与该机连接的全部探测器提供直流工作电源，接收来自入侵探测器发出的报警信号，发出声光报警并指示出发生报警的部位。声光报警信号应能保持到手动复位，复位后如果再有入侵报警信号输入时，应能进行再次处理。在出现警情或非正常情况时，即刻启动报警处置预案。

②报警控制器应由较宽的电源电压适应范围，当主电源电压变化±15%时，仍能正常工作。报警控制器应有可连续工作24小时的备用电源，当主备电源转换时，控制器仍能正常工作，不产生误报。

③入侵报警系统的显示、记录及控制应遵循以下原则。

a)现场报警控制器宜安装在具有自身防护设施的弱电间内，应配备可靠电源，断电时应能保存以往的运行数据。

b)系统应能显示和记录发生的入侵事件、时间和地点。重要部位报警时，系统应能对报警现场进行声音和(或)图像的复核，复核手段不宜少于两种。

c)系统应能按时间、区域、部位任意编程设防和撤防。

d)系统设计要有业主认可的冗余量。

e)在探测器防范区内，发生入侵事件时，系统不应产生漏报警，平时宜避免误报警。

f)系统应具有设备防拆功能、系统自检功能及故障报警功能。

5.3　出入口控制系统

5.3.1　出入口控制系统的组成及分类

出入口控制系统属于公共安全管理系统范畴,主要由识读部分、传输部分、管理/控制部分和执行部分以及相应的系统软件组成。各类出入口的目标识别装置(识读部分)及门锁启闭装置(执行部分)为前端设备,传输部件常规采用专线传输或网络传输,系统的终端为显示、编程、管理、控制设备,终端设备可采用独立的控制器,也可以通过网络对各控制器实施集中监视控制。系统有多种构建模式,可根据系统规模、现场情况、安全管理要求等合理选择。

1. 按硬件构成模式分

出入口控制系统按其硬件构成模式可分为以下型式。

(1)一体型　出入口控制系统的各个组成部分通过内部连接、组合或集成在一起,实现出入口控制的所有功能,如图5-9所示。

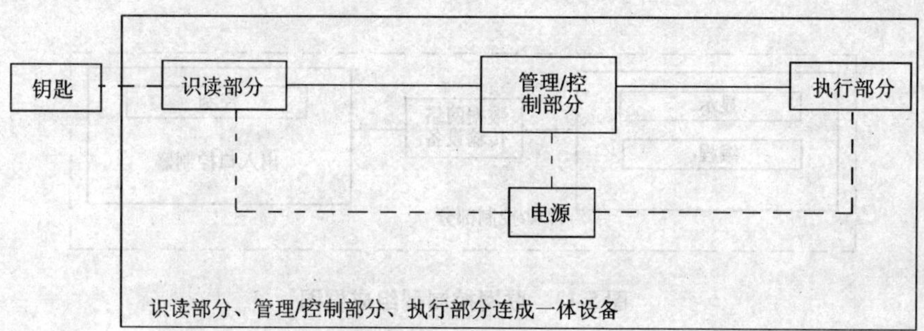

图5-9　一体型产品组成框图

(2)分体型　出入口控制系统的各个组成部分,在结构上有分开的部分,也有通过不同方式组合的部分。分开部分与组合部分之间通过电子、机电等手段连成为一个系统,实现出入口控制的所有功能,如图5-10和图5-11所示。

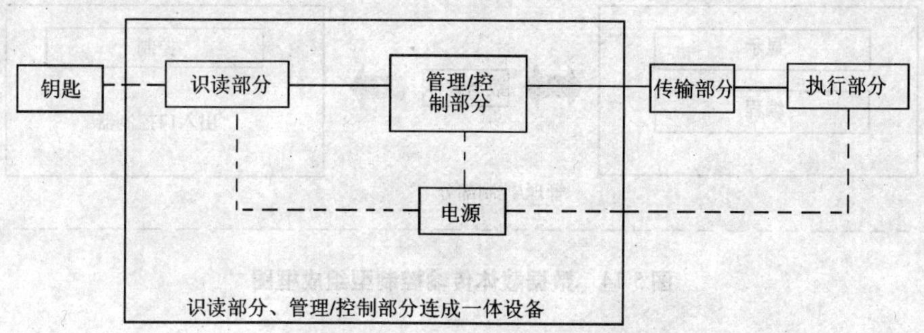

图5-10　分体型结构组成框图之一

2. 按管理/控制方式分

出入口控制系统按其管理/控制方式可分为以下型式。

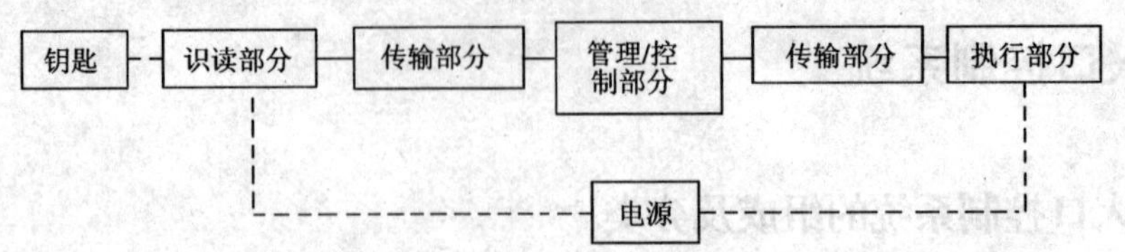

图 5-11　分体型结构组成框图之二

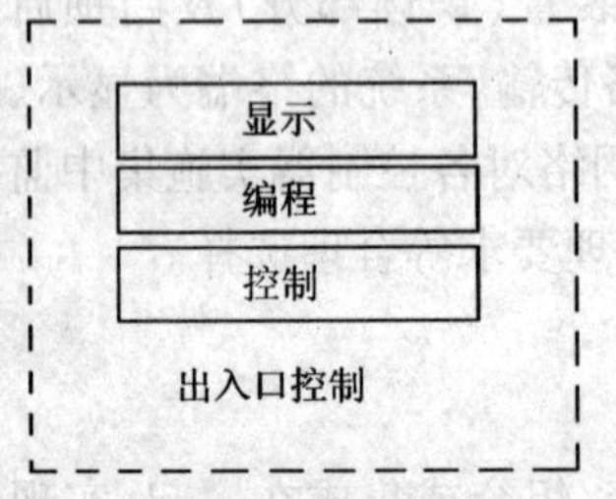

图 5-12　独立控制型组成框图

(1)独立控制型　独立控制型出入口控制系统,其管理与控制部分的全部显示、编程、管理、控制等功能均在一个设备(出入口控制器)内完成,如图 5-12 所示。

(2)联网控制型　联网控制型出入口控制系统,其管理与控制部分的全部显示、编程、管理、控制功能不在一个设备(出入口控制器)内完成,其中,显示、编程功能由另外的设备完成,设备之间的数据传输通过有线和(或)无线数据通道及网络设备实现。

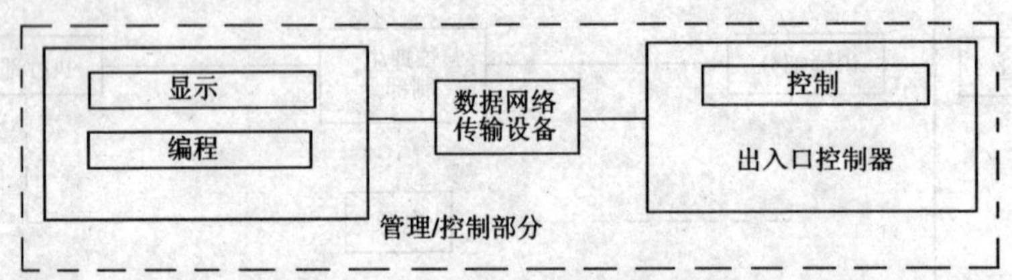

图 5-13　联网控制型组成框图

(3)数据载体传输控制型　此出入口控制系统与联网型出入口控制系统区别仅在于数据传输的方式不同,其管理与控制部分的全部显示、编程、管理、控制等功能不是在一个设备(出入口控制器)内完成。其中显示、编程工作由另外的设备完成,设备之间的数据传输通过对可移动的、可读写的数据载体的输入、导出操作完成,如图 5-14 所示。

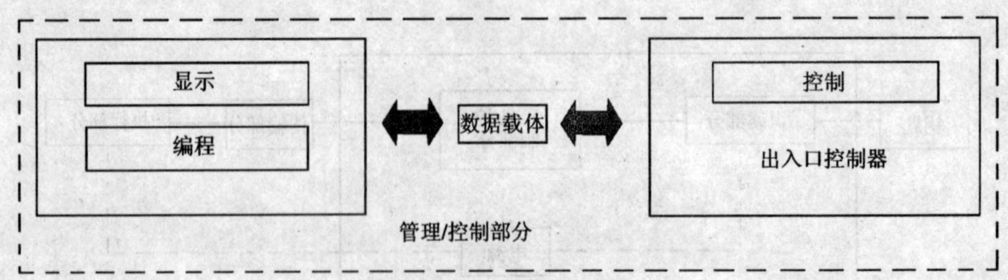

图 5-14　数据载体传输控制型组成框图

3. 按现场连接方式分

出入口控制系统按现场设备连接方式可分为以下型式。

(1)单出入口控制设备　仅能对单个出入口实施控制的单个出入口控制器所构成的控制设备称为单出入口控制设备,如图 5-15 所示。

(2)多出入口控制设备　能同时对两个以上出入口实施控制的单个出入口控制器所构成的控制设备称为多出入口控制设备,如图 5-16 所示。

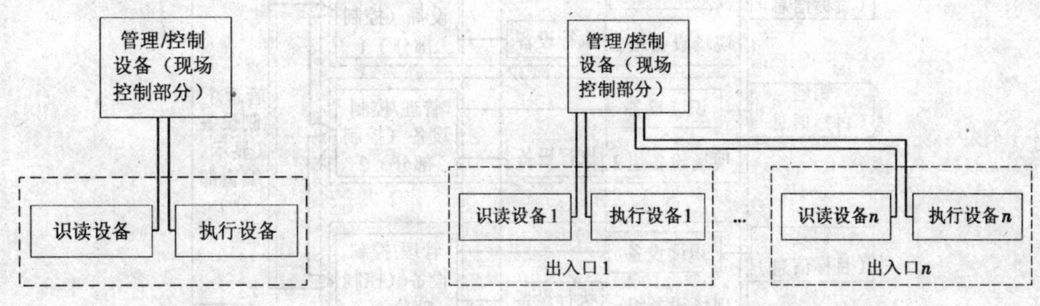

图 5-15　单出入口控制设备组成　　**图 5-16　多出入口控制设备组成**

4. 按联网模式分

出入口控制系统按联网模式可分为以下型式。

(1)总线制　出入口控制系统的现场控制设备通过联网数据总线与出入口管理中心的显示、编程设备相连,每条总线在出入口管理中心只有一个网络接口,如图 5-17 所示。

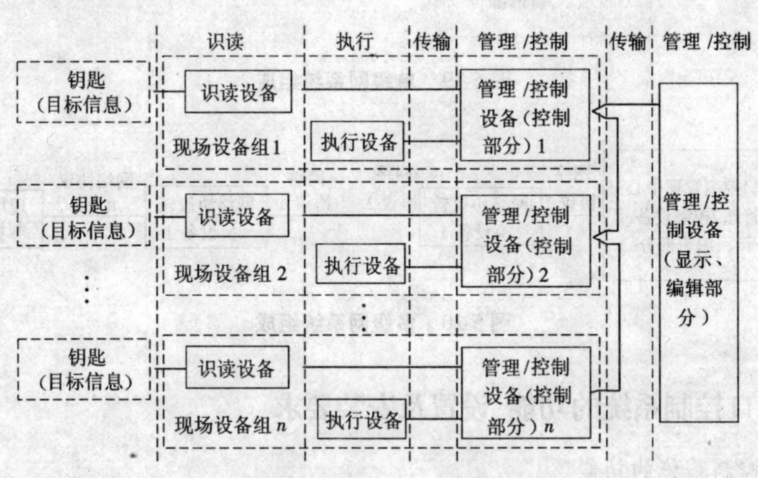

图 5-17　总线制系统组成

(2)环线制　出入口控制系统的现场控制设备通过联网数据总线与出入口管理中心的显示、编程设备相连,每条总线在出入口管理中心有两个网络接口,当总线有一处发生断线故障时,系统仍能正常工作,并可探测到故障的地点,如图 5-18 所示。

(3)单级网　单级网指出入口控制系统的现场控制设备与出入口管理中心的显示、编程设备的连接采用单一联网结构,如图 5-19 所示。

(4)多级网　多极网指出入口控制系统的现场控制设备与出入口管理中心的显示、编程设备的连接采用两级以上串联的联网结构,且相邻两级网络采用不同的网络协议,如图 5-20 所示。

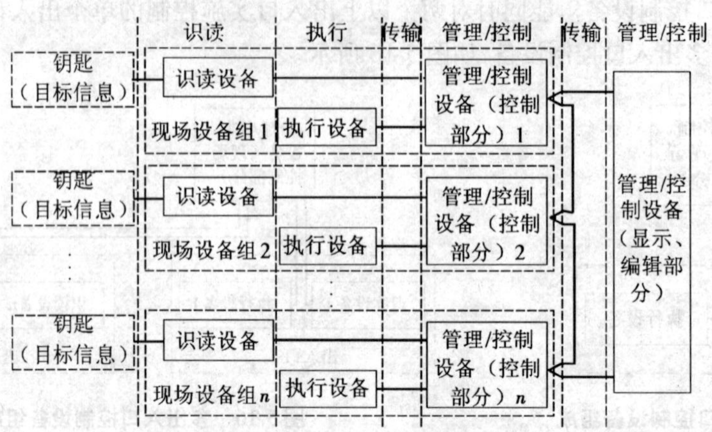

图 5-18 环线制系统组成

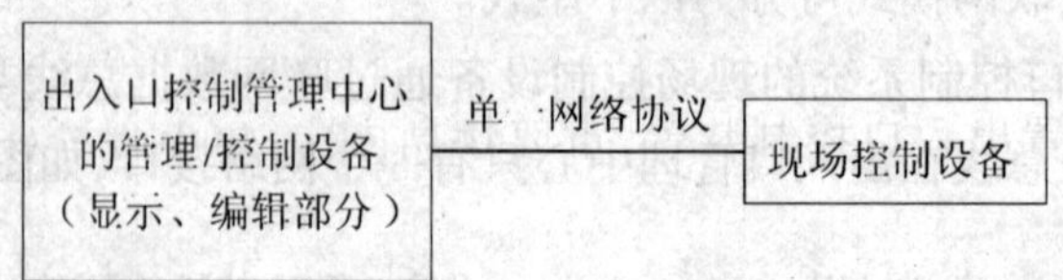

图 5-19 单级网系统组成

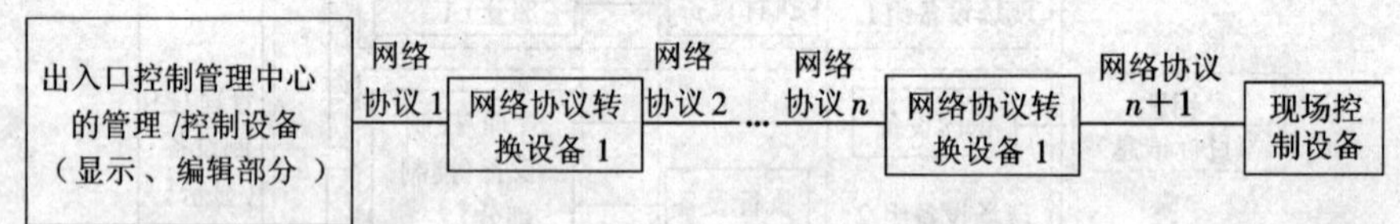

图 5-20 多级网系统组成

5.3.2 出入口控制系统的功能、设置及安装要求

1. 出入口控制系统的功能

出入口控制系统的受控制方式一般分为单向控制、双向控制、多重多级控制等；系统的识别技术包括密码输入式、卡片式、人体生物特征识别式、多种识别技术组合式；系统的设备装置有普通设备装置、无线设备装置及对安防有特殊要求的特殊设备装置。

出入口控制系统的选择应根据实际控制需要、管理方式及投资情况等灵活地加以应用，但所选择的系统应满足以下功能。

①不同的出入口，应设置不同的出入权限，系统应能对设防区域的位置、通行对象及通行时间等进行实时控制和多级程序控制。

②系统的识别装置和执行机构应保证操作的有效性和可靠性，宜有防尾随、防潜入及防胁迫措施。

③系统管理主机（上位机）应能对系统中的有关信息自动记录、打印、存储，并有防篡改和防销毁等措施。

④系统管理主机（上位机）发生故障、检修或通信线路故障时，各出入口现场控制器应能

脱机正常工作。

⑤现场控制器应具有后备电源,当正常供电电源失效时,应能可靠工作 24 小时左右,并保证信息数据长时间不丢失。

⑥出入口控制系统应能独立组网运行,并应具有与入侵报警系统、火灾自动报警系统、视频监控系统、巡更管理系统等集成功能或联动功能。

⑦出入口控制系统应具有非常情况(如强行开门、长时间门不关、通信中断、设备故障等)实时报警功能。

2. 出入口控制系统的设置

出入口控制系统应根据安全技术防范管理的需要,在建筑物、建筑群出入口、通道门、重要房间门等处设置,并应遵循以下原则:

①主要出入口宜设置出入口控制装置,出入口控制系统中宜有非法进入报警装置;

②重要通道宜设置出入口控制装置,系统应具有非法进入报警装置;

③设置在安全疏散口的出入口控制装置,应与火灾自动报警系统联动,在紧急情况下应自动释放出入口控制系统,安全疏散门在出入口控制系统释放后应能随时开启;

④重要工作室应设置出入口控制装置,重要物品库房、集中收款处宜设置出入口控制装置。

3. 出入口控制系统的安装及布线

出入口控制系统的安装及布线应满足以下要求:

①系统现场控制器宜安装在读卡机附近房间里、弱电间等隐蔽处,读卡机应安装在出入口、通道(门)旁,安装高度距地宜为 1.4 m;

②识读设备与控制器之间的通信用信号线宜采用多芯屏蔽双绞线;

③门磁开关及出门按钮与控制器之间的通信用信号线,线芯最小截面积不宜小于 0.50 mm^2;

④控制器与执行设备之间的绝缘导线,线芯最小截面积不宜小于 0.75 mm^2;

⑤控制器与管理主机之间的通信用信号线宜采用双绞铜芯绝缘导线,其线径根据传输距离而定,线芯最小截面积不宜小于 0.50 mm^2;

⑥执行部分的输入电缆在该出入口的对应受控区、同级别受控区或高级别受控区外的部分,应封闭保护,其保护结构的抗拉伸、抗弯折强度应不低于镀锌钢管。

5.4　楼宇对讲系统

5.4.1　楼宇对讲系统的分类

住宅小区楼宇对讲系统是智能小区最基本的防范措施。对讲系统分为普通对讲系统、可视对讲系统、小区(楼群)联网对讲系统。按对讲系统的功能不同,对讲系统又可分为别墅(可视)对讲系统、直按型(可视)对讲系统、编码型(可视)对讲系统、户户通(可视)对讲系统和智能联网型(可视)对讲系统等。

1. 普通对讲系统

普通对讲系统只能传送语音信号,来访者呼叫住户并与其交谈,它适用于一般民用住宅。

普通对讲系统是在一栋大楼的门口或者每个单元门口安装一个楼宇电控防盗门,附设电控门锁、闭门器、编码盘、对讲门口机和电源;每个住户家里安装一台普通对讲室内机,通过电缆和普通设备连接起来,构成一个独立、完整的系统。

平时电控防盗门处于关闭状态,客人来访时,通过单元门口上的操作键选择被访人的房号,并与主人对话;当确认来访者身份决定开门时,按动室内机的开门键,防盗门上的电控锁打开;客人进门后,闭门器立即关闭楼门的电控锁,以防非授权者进入。系统应预留接口,便于小区发展的需要。

2. 可视对讲系统

可视对讲系统既能传递声音信息又能传送动态图像信号,向住户提供实时的动态画面,适用于高档住宅区的安全防范系统。别墅式可视安防对讲系统适合个别要求较高的家庭或者居住在别墅的家庭使用。单户(别墅)使用的系统,其特点是每户一个室外主机,可连带一个或多个室内分机。独立(单元)住宅楼使用的系统(也称单元楼对讲系统),其特点是单元楼有一个门口控制主机,可根据单元楼层的多少、每层有多少单元住户来决定选用直按式、数码式两种操作方式。

(1)直按式的容量较小,一般为2~16户,适用于一梯两户七层高的住宅,也可根据实际户型特别设计,其特点是一按就应,操作简单。

(2)数码按号式的容量较大,可从2~8 999户不等,适用于高层住宅,其特点是界面豪华,键盘操作方式如同拨电话一样。

这两种操作方式的系统均采用总线制布线,通过楼层隔离短路保护器解码或是室内分机解码,均能实现对讲、传呼、开锁等功能。

可视对讲系统是在普通对讲系统的基础上增加了摄像传输通道、广角针孔摄像头和红外发光二极管,以监视来客。摄像头采用0.5 lx照度CCD器件,配合红外发光二极管,使夜间也能清晰地观察客人。

信号的传输有两种:一种是视频信号直接通过专线分配,送入户内装有4 in(或5 in)扁平显像管的住户对讲机;另一种是视频信号经调制后送入CATV前端,住户打开电视机在专用频道上观察访客。图5-21是多层住宅的可视对讲系统。最好是留有接口,便于以后组建一个完善的小区(楼群)联网安防对讲系统。

3. 小区(楼群)联网安防对讲系统

在封闭的小区中,可以对每个单元住宅楼使用单元系统并通过小区内专用(联网)总线与管理中心连接,形成小区各单元住宅楼对讲网络。

住宅小区都是由若干栋住宅楼组成,在每栋住宅楼宇对讲系统的基础上,在值班室安装一套楼宇对讲管理员机,并将各楼宇对讲系统与设在值班室的管理员机相连接,便可组成一个比较完善的小区(楼群)联网对讲系统。图5-22是小区联网型对讲系统的结构图。

若在值班室安装一套能与当地公安部门指挥中心联网的报警控制/通信机,并连接紧急手动按钮和脚踏开关,一旦发生重要警情,按下紧急按钮,立即自动拨通报警指挥中心的电话,其微机平台发出声、光报警,显示单位(小区)名称、地址、联系人姓名和电话等资料,记录发案的准确时间,打印警情报告;中心经过分析、判断作出响应,值勤人员据此迅速到达案发现场。

住宅小区物业管理的安全保卫部门通过小区可视对讲管理主机,可以对小区内各住宅楼可视对讲系统的工作情况进行监视。如有住宅楼入口门被非法打开、可视对讲主机或线路出

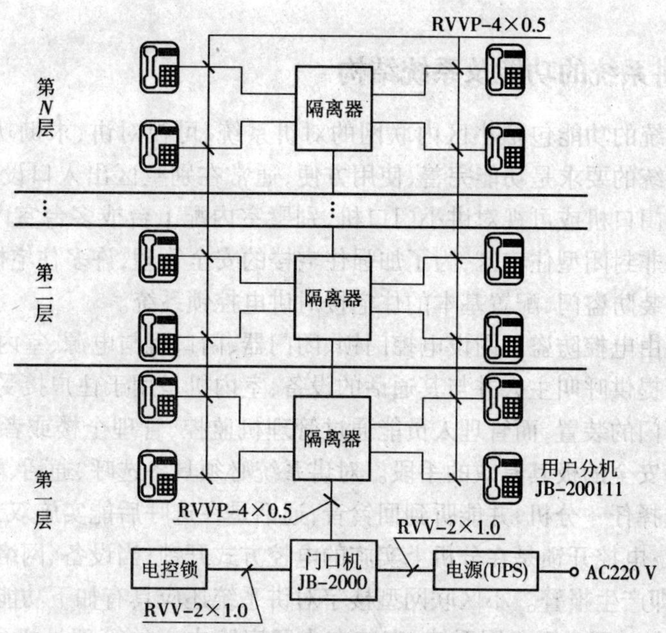

图 5-21　多层住宅单元对讲系统

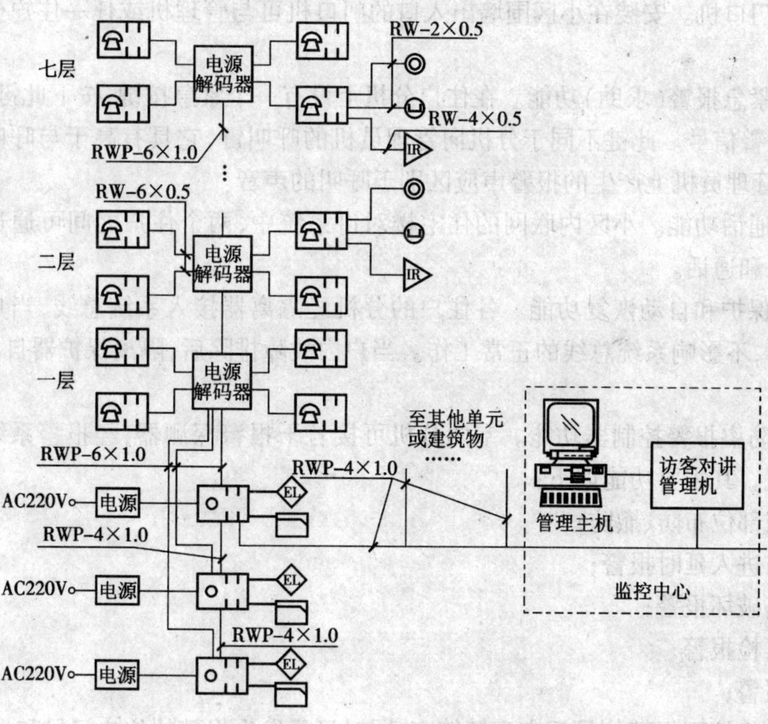

图 5-22　小区联网型对讲系统

现故障,小区可视对讲管理主机会发出报警信号,显示出报警的内容和地点。小区物业管理部门与住户之间以及住户与住户之间可以用该系统相互进行通话,如物业部门通知住户交各种费用、住户通知物业管理部门对住宅设施进行维修、住户在紧急情况下向小区的管理人员或邻里报警求救等。

5.4.2 楼宇对讲系统的功能及系统结构

住宅楼对讲系统的功能包括小区内联网的对讲系统、可视对讲、求助功能、防盗报警等。别墅型住宅对讲系统的要求是功能完善、使用方便,通常在别墅区出入口设置可视门口主机。每门口机配对讲小门口机或可视对讲小门口机,别墅室内配1台或多台室内可视分机。对于已投入使用多年的非封闭型住宅区,为了加强住宅楼的安全管理,许多住宅楼的居民可自行集资在楼栋出入口安装防盗门,配置基本的住宅楼对讲电控锁系统。

对讲系统大多由电控防盗门附设电控门锁、闭门器、门口机与电源、室内机和管理及组成。门口机是为来访者提供呼叫主人并与其通话的设备,室内机是用于住户接受呼叫、确认来访者身份并决定是否开门的装置,而管理人员能通过管理机监控、管理全楼或者整个辖区的安全,是确保小区和家庭安全的极其有效的手段。对讲系统必须具备选呼、通话、电控开锁功能。选呼是用主机正确选择任一分机,并能听到回铃音;通话是在选呼后能实施双工通话,声音清晰,不应出现振鸣现象;电控开锁是在分机上实施的电控方式开锁;当设备、网络、传输主机遇到非正常拆卸时,会立即产生报警。小区联网型楼宇对讲系统还应具有如下功能。

(1)管理员机。对于小区联网系统,安装在小区安防中心的管理员机可与小区任一住户内的分机之间实现双向呼叫通话。

(2)小区门口机。安装在小区围墙出入口的门口机可与管理机或任一住户分机之间实现呼叫和通话。

(3)住户紧急报警(求助)功能。在住户分机上设有一个紧急按键,按下此键,可立即向管理员机发出报警信号。此键不同于分机向管理员机的呼叫键,它具有高于与呼叫键的优先传输级,而且在管理员机上产生的报警声应区别于呼叫的声音。

(4)户间通话功能。小区内联网的住宅楼对讲系统中,两个住户之间可通过管理员机的转接实现呼叫和通话。

(5)隔离保护和自动恢复功能。各住户的分机经隔离器接入系统总线,当户内发生线路或其他故障时,不影响系统总线的正常工作。当户内故障排除后,隔离保护器自动恢复室内机的正常接入。

(6)家庭防盗报警控制器功能。室内分机可接若干报警探测器,经报警系统把报警信号送到管理员机。其主要功能如下:

①按区域部位布防、撤防;

②外出与进入延时报警;

③防线路破坏报警;

④设备自检报警;

⑤声光报警;

⑥管理员机接到报警信号后产生警笛声,同时显示发生报警的住户门号和报警类型。

从系统形式上安防对讲系统分为开放式系统和封闭式系统,在系统结构上大致可分为多线制、总线多线制和总线制三种。

(1)多线制。多线制系统中通话线、开门线、电源线共用,每户再增加一条门铃线,系统的总线数为$4 \times N$,系统的容量受门口机按键面板和管线数量限制。一般多线制大多采用单一按键的直通式。

(2)总线多线制。总线多线制采用数字编码技术,一般每层有一个解码器(4 用户或 8 用户),解码器与解码器之间以总线连接,解码器与用户室内机呈星型连接。

(3)总线制。总线制将数字编码移至用户室内机中,从而省去解码器,构成完全总线连接,故系统连接更灵活,适应性更强。但若某用户发生短路,会造成整个系统不正常。

5.4.3　楼宇对讲系统的传输线路及设备安装

1. 楼宇对讲系统的传输线路

可视对讲系统主干部分基于同轴网络的传输模式,图像、数据和语音的信号处理采用射频调制解调和锁相环(PLL)技术。单元主机到住户信号分配器间的信号传输采用与上述相同的技术。此技术的优点在于布线简单(从管理中心到各单元门口为一条单芯的同轴电缆),网络维护方便,信号的抗干扰能力强,图像、数据和语音的信号质量不受传输距离和终端数量的影响。系统除完成传统对讲功能外,住户还可以与管理中心和小区大门对讲。管理中心可随时与住户、单元门主机或大门值班员通话,并可向单个或多个住户发布图像或文字信息。

住宅楼内线路采用暗管配线。对普通住宅,一般采用楼内墙和楼板内敷设电线管或 PVC 管,在墙上留有配、出线箱;对高级公寓住宅,采用内墙暗配管,吊顶内敷设线槽和明设金属软管,在墙上设置箱。

住宅小区的外部线路将单元楼的门口主机管理中心主机连接,实现住户与物业管理中心保安值班人员之间的通信。单元楼门口主机的连接是以总线形式来实现的(有的加一条视频同轴电缆)。一般规模不大的住宅小区配线均较简单,因此,在已设有地下电话通信管道的小区可利用管道;在没有电话通信管道的小区内,可在人行道上建设适当孔数的管道和手孔,以便布放电缆。

①传输视频信号的视频同轴电缆可采用 SYV－75－5 型。

②楼内垂直干线各单元楼由低层门口机处往高层走线到短路保护器接线处,所使用的线材可以采用 8 芯屏蔽对绞线、6 芯屏蔽对绞线及 SYV－75－5 型同轴电缆。

③楼内水平分户线所有线材种类、数量和功能与垂直干线相同,用短路保护器与室内分机相连。

④楼外总线可以选用 4 芯屏蔽对绞线将小区内各单元住宅楼设备与管理员机相连接,形成小区内的住宅楼对讲网络。

⑤楼外总线可以选用加粗 6 芯屏蔽对绞线将小区内各单元住宅楼设备(信息发布、巡检)与管理员机相连接,形成小区内的住宅楼对讲系统网络。

⑥联网线的连接方式:从某单元门口主机的电源箱引出,接到相邻单元的门口机电源箱,依次相连接,最后接到管理中心室,接入管理员机的电源箱。

当小区大、单元楼栋较多、距离较远(最大线长为 5 km)时,为扩大管理员机的功能,可把小区内的住宅楼分成几个区域,每个区域有一根总线介入管理中心,形成小区内的星型网络。

2. 楼宇对讲系统的设备安装

(1)住户对讲分机。室内住户对讲分机用于住户与来访者或管理中心人员的通话联系。分机由座机和手机组成,基座内装有电路板和电子铃,座上设有功能键;手机与普通电话机一样。分机采用直流电,由系统的电源供电,分机具有双工对讲通话功能,呼叫为电子振铃,分机安装在住户起居室的墙壁上,安装高度一般为底边距地面 1.4 ~1.6 m。

(2)室内住户可视对讲分机。各住户分机同时收到编码信号,并进行解码。被选中的室内机向门口主机送一个反馈信号,主机收到反馈信号后,“控制电路”把“通话电路”与总线中的声音线接通。被选中的分机控制电路产生振铃,并把本机和分机的通话电路与总线声信线接通。此时,主机和分机之间的通话电路经声信线连通,可进行双方通话。按下分机上的开锁键,控制电路发出控制信息,经信号线送到主机控制电路,产生开锁信号。室内住户可视对讲分机用于住户与来访者或管理中心人员的通话并观看来访者的影像,它由装有黑白影像管、电子铃、电路板的机座及座上功能键及手机组成。分机采用直流电,由系统的电源设备供电。分机具有双工对讲通话功能,影像管显像清晰,呼叫为电子铃声。用户机应安装在走廊或客厅等醒目的位置,其安装高度一般为底边距地 1.4 ~1.6 m。

(3)可视对讲门口主机。在门口机中键入住户门号,控制电路把门号送入地址编/解码器对输入的住户门号进行编码,并送入总线中的信号线。对讲门口主机用于来访者通过机上功能键与住户对讲通话,并通过机上的摄像机提供来访者的影像。该机内装有 CCD 摄像机(对讲门口机没有)、扬声器、话筒和电路板、机面设有多个功能键。摄像机为广角镜头,自动光圈,并能自动调节强度,分辨率高。可视对讲门口主机由系统电源供电,安装在单元楼门外的左侧墙上或特制的防护门上。

门禁式门口主机可采用感应读卡控制技术,住户用感应卡开启电控(磁)门锁,并可在小区内实现“一卡通”。更新的技术是采用指纹识别技术开启电控(磁)门锁,但由于成本较高,应用还有一定困难。运用小区住宅楼对讲系统网络管理,物业管理中心可向门口主机的显示屏发布有关信息。今后还将出现超薄液晶显示屏的室内分机,以实现物业管理部门与住户之间的信息交互。

(4)译码分配器。译码分配器在系统中串行连接使用。它采用直流电,由系统电源设备供电,安装在楼内的弱电竖井内。

(5)电源。系统的供电设备采用 220 V 交流供电,直流输出,安装在楼内的弱电竖井内。

(6)电锁。电锁受控于住户和物业管理保安值班人员。它平时锁闭,当确认来访者可进入后,通过对设定键的操作,打开电锁,来访者便可进入,之后门上的电源自动锁闭。电锁安装在单元楼门上。

(7)管理中心主机。它是住宅小区安防系统的核心设备,可协调、监督该系统的工作。主机装有电路板、电铃、功能键和手机,并可外接摄像机和监视器。

物业管理中心的保安人员可同住户及来访者进行通话,并可观察到来访者的影像;可接受用户分机的报警,识别报警区域及记忆用户号码,监视来访者情况,并具有呼叫和开锁功能。

主机采用 220V 交流电源供电。管理中心主机安装在住宅小区物业管理保安人员值班室内的工作台上。

5.5 电子巡更系统

5.5.1 电子巡更系统的分类

电子巡更系统按结构形式可分为在线式电子巡更系统和离线式电子巡更系统。

(1)在线式电子巡更系统。在线式电子巡更系统是将巡更者不同时间到达不同地点的信息通过线路实时传到管理主机并存储记录。系统不但具有异常情况自诊断功能,还可以接受来自现场的巡更报警。管理者利用特定软件将巡更记录实时显示,并可打印列表,掌握巡更者是否尽职或现场是否出现异常情况,从而达到严格管理及实时掌握巡更现场情况的目的。这种电子巡更系统的管线安装虽有些不便,但其具有的实时效果和双工功能是离线式系统无法比拟的。

(2)离线式电子巡更系统。离线式电子巡更系统由巡更站点(信息按钮)、信息采集器(巡更棒)、信息传输器、计算机及专用软件等五部分组成。巡更者将巡更过程中的特定时间、地点信息采集并输入电脑,即可查阅或打印巡更报告。管理者用专业软件查阅或打印巡更记录,便于及时发现和解决问题,达到人防与技防的全效结合,为安全防范分析提供参考资料。

5.5.2 电子巡更系统的设置

电子巡更系统有两个重要作用:一个是作为技防的有力补充,用于警卫人员不同的巡更路线、巡更站点、巡更时间达到无规律、全面、有针对性的安全检查;另一个是监督巡更人员忠于职守、按计划行事作用。

巡更站点应设置在建筑物出入口、楼梯前室、电梯前室、停车库(场)、重点防范部位附近、主要通道及其他需要设置的地方。巡更站点设置的数量应根据现场情况确定。巡更线路的设置应根据建筑性质、规模、层数及巡更站点设置特点,结合巡查人员的配备、行走的科学性来确定。也可以把各巡更站点的要害程度、实际路线、距离、每两处巡更站点所需时间间隔等情况输入计算机,经过计算机优化组合成多条巡更路线,保存在巡更管理计算机数据库内。每天具体的巡查路线由计算机随机确定,防止被人掌握规律或内外勾结犯罪。

在线式电子巡更系统宜独立设置,可作为出入口控制系统或入侵报警系统的内置功能模块与其联合设置,配合识读器或钥匙开关,达到实时巡更的目的。独立设置的在线式电子巡更系统,应与安全管理系统联网,并接受安全管理系统的管理与控制。离线式电子巡更系统应采取信息识读器或其他方式,对巡更行动、状态进行监督和记录。巡更人员应配备可靠的通信工具或紧急报警装置。

5.6 停车场管理系统

5.6.1 停车场管理系统的功能配置及流程

有车辆进出控制及收费管理要求的停车场(库)应设置停车场管理系统。根据安全技术防范管理的需要及用户的实际需求,停车场管理系统有如下功能子系统:

①入口处车位信息显示、出口收费显示;

②自动控制出入挡车器;

③读卡识别;

④车牌和车型自动识别;

⑤出入口及场内通道行车指示;

⑥泊位显示与调度控制;

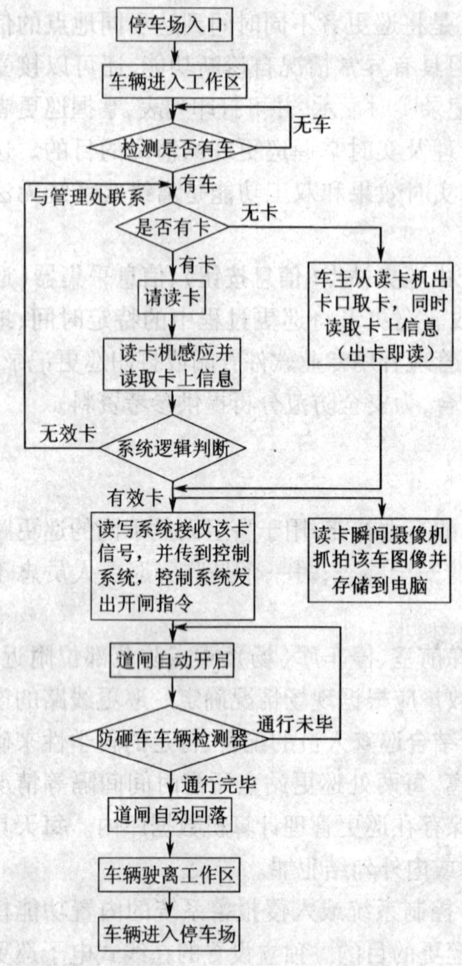

图 5-23　车辆进入车场流程图

⑦保安对讲、报警；

⑧视频监控；

⑨自动计费与收费管理；

⑩多出入口的联网与综合管理；

⑪分层（区）停车场（库）的车辆统计与车位显示。

在停车场（库）的入口区应设置出票读卡机，出口区应设置验票读卡机。在停车场（库）的出口区宜设置收费管理室。出、验票机或读卡器的选配应根据停车场（库）的使用性质确定，短期或临时用户宜采用出、验票机管理方式；长期或固定用户宜采用读卡器管理方式；功能暂不明确或兼有的项目宜采用综合管理方式。停车场（库）内所设置的视频监控或报警系统，除可在收费管理室控制外，还应能在安防控制中心（机房）进行集中管理、联网监控。停车场（库）管理系统应能独立运行，亦可与安全技术防范系统联网，当联网运行时，应满足安防系统对该系统管理的相关要求。

停车场管理系统的流程分为两部分：一部分为车辆进入车场流程，另一部分为车辆驶出车场流程。如图 5-23 和图 5-24 所示。

5.6.2　停车场管理系统的设备安装要求

1. 读卡机与挡车机的安装

读卡机有 IC 卡机、磁卡机、出票（卡）机、验票（卡）机等，要求安装平整、牢固，保持与水平面垂直，不得倾斜。读卡机宜与出票（卡）机和验票（卡）机合放在一起，安装在车辆出入口安全岛上，距挡车器距离不小于 2.2 m，距地面高度宜为 1.2 ~ 1.4 m。读卡机与挡车机宜在室内安装，当需安装在室外时应采取好防水、防尘和防撞措施。

2. 摄像机的安装

摄像机宜安装在车辆行驶的正前方偏左的地方，摄像机距地面高度宜为 2.0 ~ 2.5 m，距读卡机的距离宜为 3 ~ 5 m。

3. 感应线圈的安装

车辆感应器线圈宜为防水密封感应线圈，感应线圈的埋设位置与埋设深度应符合产品安装使用要求，感应线圈至控制箱间线缆配管应采用金属管，设计与施工时所有线路不得与地感线圈相交，并应与其保持至少 0.5 m 的距离。

4. 信号指示器的安装

信号指示器用于车位状况显示，应安装在车道出入口的明显位置；它宜安装在室内，安装在室外时应做好防水、防尘措施；车位引导指示器宜安装在车位上方，便于识别引导。

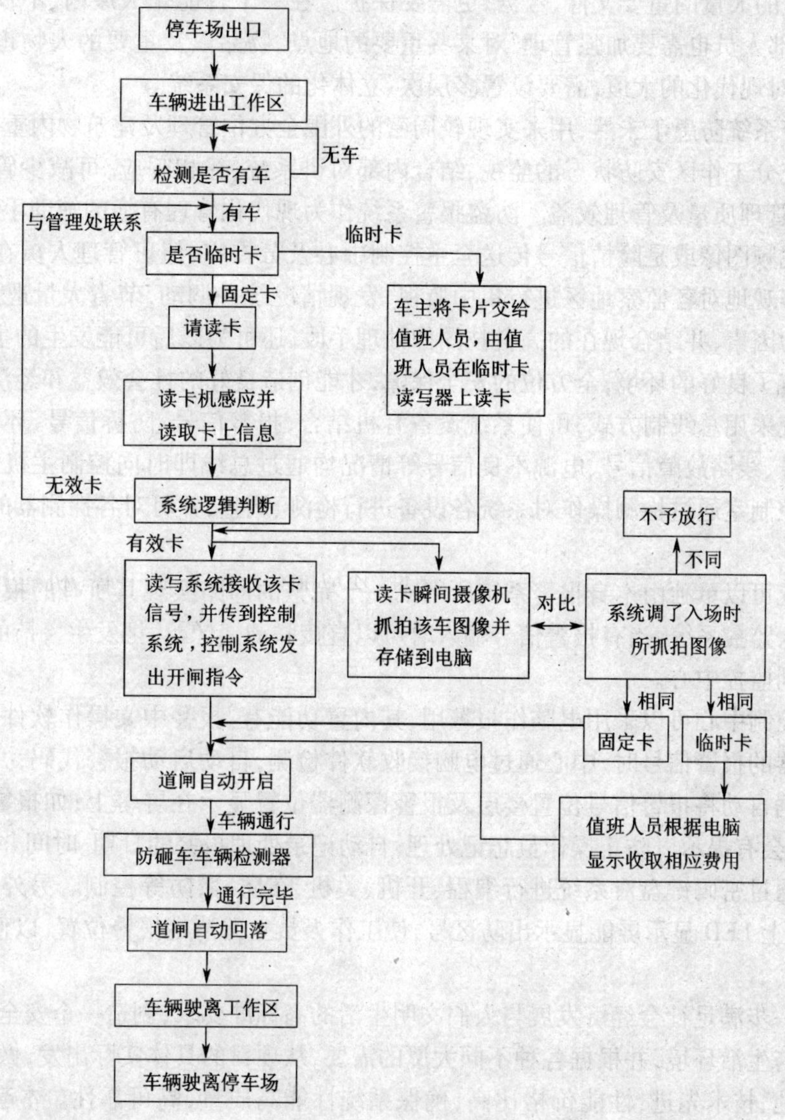

图5-24　车辆驶出车场流程

5.7　安防系统工程案例

5.7.1　某智能大厦防盗报警系统案例

1. 系统概述

随着我国改革开放的推进，一批适合信息社会需要并且具有安全、高效、舒适、便利和灵活特点的智能大厦拔地而起。为了防止各种偷盗和暴力事件的发生和危害，确保大厦的安全，生命和财产不受损害，智能保安系统的设置是必要的。随着科学技术的发展，新的犯罪手段对保安系统也提出了新的要求，在信息时代的今天，对钱、财物、人身安全的保护是一方面，而对储存在计算机里的大量的重要文件、数据,更需要保护。在一个智能化大厦内,不仅对外部人员要防范,对内部人员也需要加强管理,对某些重要的地点、物品以及重要的人物也需要特殊的保护。因此,对现代化的大厦,需要设置多层次、立体化的保安系统。

防盗报警系统防患于未然,用来实现较周密的外围全方位管理及建筑物内重要的管辖区,防盗报警系统分工作区安防状态的监视、结合内部对讲系统,遥相呼应,可减少管理人员的工作强度,提高管理质量及管理效益。防盗报警系统作为现代化管理有力的辅助手段,它将现场内各现场的视频图像或是险情信号传送至主控制中心及分控室,值班管理人员在不亲临现场的情况下可客观地对各监察地区进行集中监视,发现情况统一调动,节省大量巡逻人员,还可避免许多人为因素,并结合现在的高科技图像处理手段,还可为以后可能发生的事件提供强有力的证据。有了良好的环境,全方位的安全保障,才能创造良好的社会效益和经济效益。

①本系统采用总线制方式,可使系统设备有机结合,报警信号、防拆信号、环境监测信号、设备故障信号、线路故障信号、电源不良信号等情况均通过总线即时向控制主机进行通报,并且可由中心控制室通过检测操作对系统各设备进行检测、调整,并可对各探测器的灵敏度进行调节。

②本系统可以单独由本身报警系统所组成一个完整的回路实现其所有的报警功能,也可以把系统接入监控系统,当有报警信号输入时可以直接联动摄像机,把发生警情的区域画面第一时间传送到监控中心。

③系统控制中心可以采用电脑作报警用,其内置功能有:报警中文操作软件,当接收机收到前端探测器的报警信号时,中心通过电脑接收软件检测,自动启动报警代码,并调出数据库内的相关数据自动将报警信号位置楼层及报警探测器位置显示在屏幕上;如报警信号未被处理,屏幕上将会有提示以防止操作员忘记处理;自动记录处理报警的日期、时间并可打印出来。工作人员可通过密码键盘对系统进行编程、开机、关机、布防、撤防等控制。另外,当防区产生报警后,键盘上 LED 显示屏能显示出防区号,使工作人员立即清楚报警位置,以便及时处理警情。

为了进一步满足社会经济发展与人们文明生活的高标准要求,创造一个安全、舒适、温馨、高效的办公与生活环境,并根据各种不同大厦的需要,从项目的具体实际出发,做到配置合理,留有扩展余地,技术先进,性能价格比高,确保系统性能高质量,高可靠性。本套防盗报警系统,是在认真研究了项目的技术要求和低价高效率原则的基础上设计的,系统为一个功能完善、技术先进、质量稳定可靠的管理与安全保卫系统,为实现自动化管理发挥积极的作用。

本工程本着安全 、经济、实用、完善、兼容的方针,系统可采用分级控制,操作简单,可联网集成。防盗报警系统提供给管理者一个直观的声像警示,管理员能及时了解到区内各处的保卫安全情况,及时采取措施,红外报警能及时告诉何处有外人闯入,管理者能及时了解各设备目前的状态及运作情况及各区工作人员的工作情况。若此方案得到实施,将对自动化管理,安全技术防范,提高内部安全状况等方面都将起到积极的促进作用。

2. 设计原则

本项目设计遵循技术先进、功能齐全、性能稳定、节约成本的原则,并综合考虑施工、维护及操作因素,且将为今后的发展、扩建、改造等因素留有扩充的余地。本系统设计内容是系统的、完整的、全面的;设计方案具有科学性、合理性、可操作性。设计原则如下。

(1)先进性与适用性 采用目前最先进的软、硬件及网络技术,出错率低,兼容性强,升级容易，采用模块式结构，扩容方便，没有重复建设投资，系统的技术性能和质量指标应达到国际领先水平；同时，系统的安装调试、软件编程和操作使用又应简便易行，容易掌握，适合中国国情和本项目的特点。该系统集国际上众多先进技术于一身，体现了当前计算机控制技术与计算机网络技术的最新发展水平，适应时代发展的要求。同时系统是面向各种管理层次使用的系统，其功能的配置以能给用户提供舒适、安全、方便、快捷为准则，其操作应简便易学。

(2)经济性与实用性　管理员能对管理系统和防盗报警系统熟练使用，能利用防盗报警系统实时掌握警情，充分考虑用户实际需要和信息技术发展趋势，根据用户现场环境，设计选用功能和适合现场情况、符合用户要求的系统配置方案，通过严密、有机的组合，实现最佳的性能价格比，以便节约工程投资，同时保证系统功能实施的需求，经济实用。

(3)可靠性与安全性　硬件选用先进、成熟、可靠的产品，是已在类似工程中使用过、证明能适应室外环境的硬件，软件均是良好的中文界面。系统的设计应具有较高的可靠性，在系统故障或事故造成中断后，能确保数据的准确性、完整性和一致性，并具备迅速恢复的功能，同时系统具有一整套完整的系统管理策略，可以保证系统的运行安全。

(4)开放性　以现有成熟的产品为对象设计，同时还考虑到周边信息通信环境的现状和技术的发展趋势，可以消防、监控、聚光系统实现联动。

(5)可扩充性　系统设计中考虑到今后技术的发展和使用的需要，具有更新、扩充和升级的可能。并根据今后该项目工程的实际要求扩展系统功能，同时，本设计中留有冗余，以满足今后的发展要求。通过部件化、模块化和层次化的系统规划设计，为正常使用和故障检测带来极大的方便。

(6)追求最优化的系统设备配置　在满足用户对功能、质量、性能、价格和服务等各方面要求的前提下，追求最优化的系统设备配置，以尽量降低系统造价。

(7)保留足够的扩展容量　该项目设备的控制容量上保留一定的余地，以便在系统中改造新的控制点；系统中还保留与其他计算机或自动化系统连接的接口；也尽量考虑未来科学的发展和新技术的应用。

(8)提高监管力度与综合管理水平　本项目系统设备控制需要高效率、准确及可靠。本系统通过中央控制系统对各子系统运行情况进行综合监控，时时动态掌握监视及报警情况。防盗报警系统大大减少劳动强度，减少设备运行维护人员；另外，系统的综合统筹管理可使设备按最优组合运行，在最佳情况下运行，既可节能，又可大大减少设备损耗，减少设备维修费用，从而提高监管力度与综合管理水平。

3. 系统的功能和特点

本着系统既要先进、实用、成熟、可靠，又要做到系统开放性、可扩展性好，兼顾投资合理、效益最佳的目的，防盗报警系统对现场设备进行集中监视、控制和管理，使这些设备得以安全、可靠、高效地运行，最大限度地发挥智能管理的作用，创造安全、健康、舒适宜人和能提高工作效率的优良环境，节约能源，并减少维护人员。根据本项目的环境需要，并接合功能需求建立本项目防盗报警系统，其具有以下功能：对建筑物重要区域的出入口、财务及贵重物品库的周界等特殊区域及重要部位需要建立必要的入侵防范警戒措施；周界防范系统充分发挥其特有职能，能及时发现各种安全隐患和违章行为，便于有效处理及制止事态蔓延，并为日后提供查询资料，以保障正常运营秩序及完善各项管理。防盗报警系统主要是由一些探测设备组成，利用现代科技的声、光处理技术，在第一线感知各种破坏和犯罪行为，减少犯罪的几率，其主要的器材是红外对射器或探测器。

总之,本防盗报警系统是一个使本项目高度自动化、高效率的幽雅舒适、便利快捷、高度安全的环境空间。

4. 系统的构成及原理

防盗报警系统由探测器、区域控制器和报警控制中心三部分构成。其原理如图 5-25 所示。

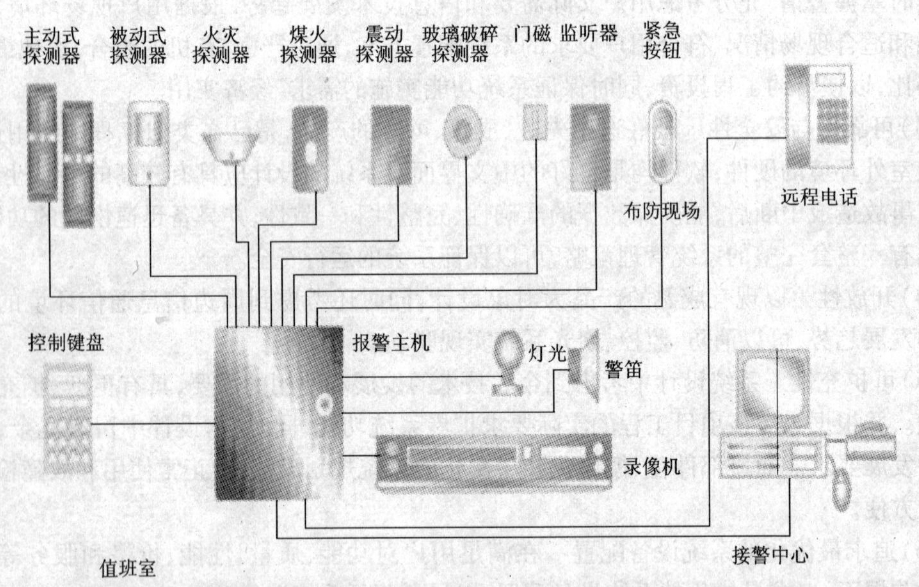

图 5-25 防盗报警系统原理示意图

防盗报警器的作用是,用探测器对建筑物内外重点区域、重要地点布防,在探测到非法入侵者时,信号传输到报警控制器,声光报警、显示地址,有关值班人员接到报警后,根据情况采取措施,以控制事态的发展。防盗报警系统除上述报警功能外,尚有联动功能,诸如开启报警现场灯光(含红外灯)、联动音视频矩阵控制器、开启报警现场摄像机进行监视。电视矩阵控制器进行一系列联控:使监视器显示图像、录像机录像、多媒体控制器自动或人工操作等等。这一切都可对报警现场声音、图像等进行复核,从而确定报警的性质(非法入侵、火灾、故障等),以采取有效措施。

系统通过键盘启动报警主机后,进入防范状态。如有人非法进入防区,会触发室内探测器,系统会检测并确认报警信号(即发出警报),并将信号送到控制主机,发出报警达到防范作用。工作人员进入时只需通过键盘解除防盗系统(即撤防),则防区内探测器暂时关闭。遇到不法之徒进行打劫时,按紧急按钮或相应的紧急装置,向保安监控中心求援,控制主机将原设定的地址代码及报警类别经电话线发到报警中心(即 110、派出所)。报警中心电脑检测到送来数据并进行识别,从数据库调出相关资料、显示警情信息和位置的相关资料。

另外控制中心的报警主机自动不定时检测前端各报警系统工作情况,如信号中断或控制系统有故障即可自动提示并打印出故障发生在某个区域的系统,系统可全天 24 小时无故障运行,确保安全。同时报警信息联动闭路监控系统,将报警现场附近摄像机图像切换到监视器,并联动录像机进行录像。

5. 系统的设备选型及配置

1) 探测器

(1) 门磁开关　门磁开关是探测器最基本、最简单有效的装置，常用的有微动开关、磁簧开关等，一般装在门窗上。开关可分为常开和常闭两种。常开式开关平常处于开路，当有情况时（如门、窗被推开），开关就闭合，使电路导通启动警报，这种方式优点是平时开关不耗电，缺点是如果电线被剪断或接触不良将使其失效。常闭式则相反，平常开关为闭合，异常时打开，使电路断路而报警。该方法优点是在线路被剪断或线路有故障时会启动报警，但当罪犯在断开回路之前选用导线将其短路，就会使其失效。一般在门磁探测器中，大多数采用磁簧开关。

(2) 光束遮断式探测器（又称为主动红外探器）　光束遮断式探测器能够探测光束是否被遮断的探测器，目前用得最多的是红外线对射式。由一个红外线发射器和一个接收器，以相对方式布置组成，当非法入侵者横跨门窗或其他防护区域时，挡住了不可见的红外光束，从而引发报警。为防止非法入侵者可能用另一个红外光束来瞒过探测器，所以探测器的红外线必须先调制到指定的频率再发送出去，而接收器也必须配有频率与相位鉴别电路来判别光束的真伪或防止日光等光源的干扰。这种探测器一般较多用于周界防护探测器。

(3) 被动式红外探测器（又称热感式红外探测器）　被动式红外探测器不需要附加红外辐射光源，本身不向外界发射任何能量，而是探测器直接探测来自移动目标的红外辐射，因此才有被动式之称。任何物体，包括生物和矿物体，因表面温度不同都会发出强弱不同的红外线，各种不同物体辐射的红外线波长也不同，人体辐射的红外线波长是在 10 μm 左右，而被动式红外探测器件的探测波范围在 8～14 μm，因此能较好地探测到活动的人体跨入禁区段，从而发出报警信号。被动式红外探测器按结构、警戒范围及探测距离的不同可分为单波束型和多波束型两种。单波束型采用反射聚焦式光学系统，其警戒视角较窄一般小于 50°，但作用距离较远（可达百米）。多波束型采用透镜聚集式光学系统，用于大视角警戒，可达 90°，作用距离只有几米到十几米，一般用于对重要出入口入侵警戒及区域防护。

(4) 玻璃破碎探测器　玻璃破碎探测器通常利用压电式拾音器，装在面对玻璃的位置。它只对高频的玻璃破碎声音进行有效的检测，不会受到玻璃本身震动的影响。目前普遍应用于玻璃门、窗的防护。

(5) 振动探测器　振动探测器用于铁门、窗户等通道和防止重要物品被人移动的场合，以机械惯性式和压电效应式两种为主。机械惯性式是利用软簧片终端的重锤受到振动产生惯性摆动，振幅足够大时，碰到旁边的另一金属片而引起报警；压电效应式是利用压电材料振动导致机械变形而产生电气特性变化的特性，检测电路根据其特性的变化来判断振动大小并报警。由于机械式容易锈蚀，且体积较大，已逐渐由压电式替代。

(6) 视频探测器（又称为景像探测器）　视频探测器多采用电荷耦合器件 CCD 作为遥测传感器，通过检测被检测区域的图像变化来报警的一种装置。由于是通过检测因移动目标闯入摄像机的监视视野而引起电视图像的变化，所以又称为视频运动探测器或动目标探测报警器。视频探测器利用模拟数字转换器，把图像的像素转换成数字信号存储在存储器中，然后与以后每一幅图像相比较，如果有很大的差异，说明有物体的移动。

(7) 超声波探测器　超声波探测器是利用人耳听不到的超声波段（频率高于 20 000 Hz）的机械振动波来作为探测源的报警器，又称为超声波报警器，用来探测空间移动物体。

(8) 双技术探测器（又称为双鉴探测器）　双技术探测器是将两种探测技术结合在一起，

由复合探测来触发报警,即只有当两种探测器同时或者相继在短暂时间内都探测到目标时,才可发出报警信号,从而进一步提高报警可靠性。目前使用较多的有微波-被动红外双鉴探测器和超声波-被动红外双鉴探测器。由于组件内有两个独立的探测技术作双重鉴证,所以避免了单技术探测器因受环境干扰而导致的误报警。

(9)泄漏电缆传感器　泄漏电缆传感器一般用来组成周界防护。该传感器由埋在地下的两根平行泄漏电缆组成,一根泄漏同轴电缆与发射机相连,向外发射能量,另一根泄漏同轴电缆与接收机相连,用来接收能量发射机发射的高频电磁能(频率为30~300 MHz)经发射电缆向外辐射。一部分能量耦合到接收电缆收发电缆之间的空间形成一个椭圆形的电磁场的探测区域。当非法入侵者进入探测区域时,改变了电磁场,使接收电缆接收的电磁场信号发生了变化,发出报警信息,起到了周界防护作用。

目前已不断开发出许多更高性能的新探测器产品,探测器选择得是否恰当、布置是否合理,将直接影响报警系统的质量。在设计防盗报警系统时,要对现场进行仔细分析,根据需要首先确定探测器,进而完成整体规划。

2)区域控制器

(1)布防与撤防　正常工作时,工作人员频繁进入探测器所在区域,探测器的报警信号不能起报警作用,这时报警控制器需要撤防;下班过后,人员减少需要布防,使报警系统投入正常工作。布防条件下探测器有报警信号时,控制器就要发出报警。

(2)布防后的延时　如果布防时,操作人员正好在探测区域之内,这就需要报警控制器能延时一段时间,待操作人员离开后再生效,这就是布防后的延时功能。

(3)防破坏　如果有人对线路和设备进行破坏,报警控制器应发生报警。常见的破坏是线路短路或断路,报警控制器在连接探测器的线路上加以一定的电流,如断线则线路上的电流为零;如短路则电流太大,超过正常值。上述任何一种情况发生,都会引起报警器报警,从而达到防破坏的目的。

(4)联网　作为智能系统设备,必须具有联网通信功能,以便把本区域的报警信息送到控制中心,由控制中心完成数据分析处理,以提高系统的可靠性等指标。特别是重点报警部位应与监视电视系统相联动,自动切换到该报警部位的图像画面,自动录像,并自动打开夜间照明,进行联动。防盗报警系统的控制中心与监视电视等系统的控制中心相似,由微型计算机、多媒体、打印机与UPS电源等组成,其任务是实施整个防盗系统的监控与管理。智能建筑的防盗报警系统应具备联动通信功能,以便与其他的安保系统或BA系统协调工作。

3)报警控制中心

防盗报警系统是预防抢劫、盗窃等意外事件的重要设施。一旦发生突发事件,就能立即通过声光报警信号在安保控制中心准确显示出事地点,便于迅速采取应急措施。

智能建筑的防盗报警系统负责对建筑内外各个点、线、面和区域实行巡查报警任务,它一般由探测器、区域控制器和报警控制中心三部分组成。最底层是探测器和执行设备,负责探测非法入侵人员,有异常情况时发出声光报警,同时向区域控制器发送信息。区域控制器负责对下层探测设备的管理,同时向控制中心传送区域报警情况。通常一个区域控制器、探测器加上声光报警设备就可以构成一个简单的报警系统,但对于智能建筑来说,必须设置安保控制中心,以起到对整个防盗报警系统的管理和安防系统集成管理的作用。

①对设防区域的非法入侵进行实时、可靠和正确无误的报警和复核。误报警应降低到可

以接受的极低限度。

②为预防抢劫或人员受到威胁,系统应设置紧急报警装置和留有与110公安报警中心联网的接口。

③系统应能按时间、按部位、区域任意编程、设防或撤防。

④系统能显示报警部位、区域、时间,能打印记录、存档备查,并能提供与报警联动的监控电视、灯光照明等控制接口信号,最好能通过多媒体实时显示现场报警及有关联动报警的位置图形与地图。防盗报警系统主要用于对重要出入口的入侵警戒、周界防护及建筑物内区域、空间防护和对贵重实物目标的防护。

4)信号传输

报警现场距控制中心总有一定距离,从报警现场到控制中心需要报警信号传输,同时从控制中心的控制信号要传送到现场。

(1)报警信号传输　报警信号常用编码控制,编码控制是将全部控制命令数字化(调制)后再传输,到控制设备后再解调,还原成直接控制量,这种传输方式可节约线缆。这种方式传输距离长,目前工程中采用较多,采用了较为可靠又廉价的线缆,即用非屏蔽护套软信号电缆传输。

(2)管槽敷设　为防止电磁干扰和外电源及变频电梯等干扰,电缆应敷设在接地良好的金属管或金属桥架以及PVC线管内,同时还起到保护线缆的作用。

5.7.2　某智能小区周界报警系统案例

1. 系统概述

随着智能化的蓬勃发展,人们对居住条件提出了越来越高的要求,作为安全防范系统的重要组成部分,周界报警系统正越来越受到人们的重视。

周界防范系统作为工作区安防状态的监视、信息手段之一,结合内部对讲系统,遥相呼应,可减少管理人员的工作强度,提高管理质量及管理效益。周界防范系统作为现代化有力的辅助手段,它将现场内各现场的险情信号传送至主控制中心或分控室,值班管理人员在不亲临现场的情况下可客观地对各监察地区进行集中监视,发现情况统一调动,节省大量巡逻人员,可避免许多人为因素。作为一种管理模式,周界防范系统是能担当此任的,它可使住户在紧张有序的氛围中做好自己的工作,有了良好的环境,全方位的安全保障,才能创造良好的社会效益和经济效益。

住宅小区利用4C(计算机、通信与网络、自控、IC卡)技术与建筑艺术、环境艺术有机地结合,通过有效的传输网络,将远程信息服务与管理、物业管理与安防、住宅智能化系统集成,为小区的服务与管理提供高技术的智能化手段。

2. 系统组成

小区周界防盗报警系统是智能小区实现安全管理的重要系统,主要包括入侵报警系统、巡更签到系统、门禁系统、闭路电视监控系统、电话报警系统、紧急求助系统。

1)入侵报警系统

入侵报警系统一般由探测器、报警控制器、联动控制器、模拟显示屏及探照灯等组成。对于一般的入侵报警系统,多采用线型探测器,也可以根据用户特殊要求采用面型探测器。线型探测器多采用户外型双路/四路主动红外探测器或激光探测器,组成不留死角的防非法跨越报警系统。系统应采用模糊控制理论技术,有效避免由于树叶、杂物、小鸟、小动物、暴风雪等原因对探测报警的影响,同时保证任何较大物体和人的非法翻越围墙或栅栏行为立即报警。当探测器检测到入侵信号时,向小区物业管理接警中心报警,接警中心联动控制器打开相关区域探照灯,发出报警警笛,启动录像机,模拟电子屏动态显示报警区域,接警中心监控用计算机弹出电子地图并作报警记录。图5-26为住宅小区红外周界报警系统示意图。

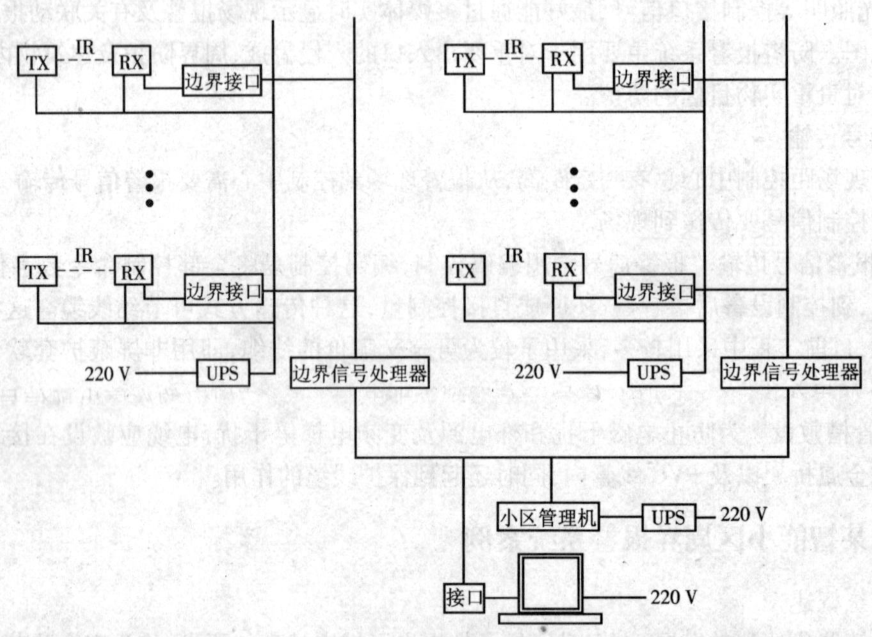

图5-26 总线制主动红外周界报警系统示意图

2)闭路电视监控系统

电视监控系统是现代管理、监测、控制的重要手段之一。它可以通过摄像机及其辅助设备(如镜头、云台等)直接观看被监视场所的实际情况,并可以把所拍摄的图像用录像、多媒体技术等记录下来。它获得的信息量大,一目了然,判断事件正确,是报警复核、动态监控、过程控制和信息记录的有效方法。智能小区要求闭路电视系统具有一定的联动控制功能,因此,在控制台上要设有入侵防越及其他紧急情况的联动接口。在接到连动控制报警信号时,启动录像机自动对有警情的被监视区域进行录像。同时物业管理中心工作人员根据警报来源能够控制云台进行跟踪监视并可采取相应处理措施。

3)门禁系统

门禁系统是对智能化住宅重要通道进行管理。门控系统可以控制人员的出入,还可以控制人员在楼内及其相关区域的行为。在大楼口、电梯等处安装出入控制装置,例如读卡器、指纹读取器、密码键盘等。住户要想进入,必须有卡或输入正确的密码,或两者兼有,或按专用手指才能获准通过。门禁系统可有效管理门的开启与关闭,保证授权出入门的人员自由出入,限制未授权人员进入。同时对出入人员代码、出入时间、出入门号码进行登记与储存。

4)巡更签到系统

巡更系统是管理者考察巡更者是否按巡更路线在指定时间到达指定地点的一种手段。巡更系统可帮助管理者分析巡更人员的表现,而且管理人员可通过软件随时更改巡逻路线,以配合不同场合的需要，并通过计算机和打印机打印出各种简明的报告。无线巡更系统由信息钮扣、巡更手持记录器、下载器、电脑及其管理软件等组成。信息钮扣安装在现场，如各住宅楼门口附近、食堂、地下停车场出入口、车库里、主要道路旁边等处；巡更手持记录器由巡更人员值勤时随身携带；下载器是连接手持记录器和电脑进行信息交流的部件，它设置在电脑所在房间。由于信息钮扣之间、信息钮扣和电脑、信息钮扣和巡更手持记录器之间不需要线路连接。所以，无线巡更系统具有安装简单，不需要专用电脑，扩容方便，修改巡更路线容易等特点，对于已建成的住宅小区设置巡更系统，宜选用无线巡更系统。有线巡更系统是巡更人员在规定的巡更路线上，按指定的时间和地点向管理电脑发回信号以表示正常，如果在指定的时间内，信号没有发到管理电脑，或不按规定的次序出现信号，系统将认为是异常。这样，巡更人员出现问题或危险会很快被发觉，从而增加了小区的安全性。图 5-27 和图 5-28 为住宅小区电子巡更系统示意图。

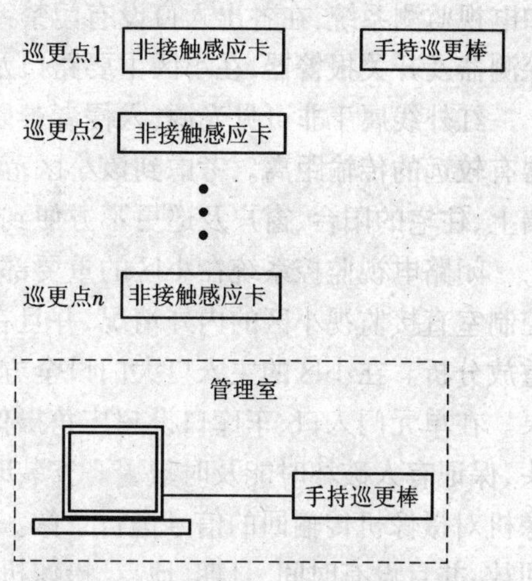

图 5-27　有线接触式电子巡更系统示意图

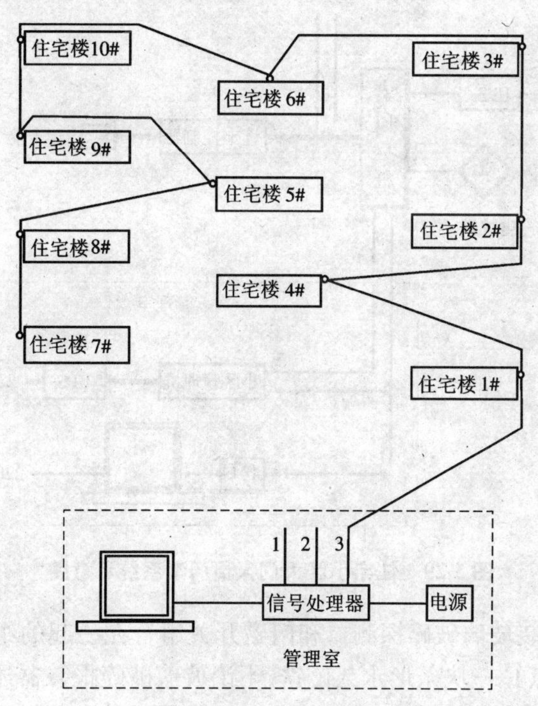

图 5-28　无线非接触式电子巡更系统示意图

3. 系统设计

该系统注重周界防范，将危险排除在小区之外，强调总体防范，以小区为中心，不是以住户为中心进行防范；强调立体防范，各种防范手段相结合。在小区的周界设红外线入侵探测系统和电视监测系统，在各出入口设有门禁系统和电视监控，在住宅设有紧急求助系统、玻璃破碎探测器及开关报警器，在小区主要路口及主要公共场所设电话报警系统。

红外线属于非可见光源，入侵者难以发觉或躲避，防御界限非常明显，且主动式红外报警器有较远的传输距离。考虑到该小区范围较大，故入侵探测系统采用主动式红外报警器，在围墙上、住宅的阳台、窗户及巡更不方便到达的区域均安设该系统。

闭路电视监控系统在小区的重要部位和场所安装摄像机，为保安人员提供用电子眼睛在控制室直接监视小区的内外情况，并且在接到报警信号后能实时录像，记录下现场情况供事后重放分析。在小区的主入口大门设全方位可调焦高清晰度摄像机，并能保证有良好的夜视效果。在单元门入口、车库口设超广角摄像机，覆盖整个入口区域，车库里的摄像机配置有监听头，保证有人破坏时能及时报警。安装时，力争做到无死角又不浪费摄像机，并且配备长时录像机对摄像机传输回的信号进行录像。对近期的资料可随意对任一摄像机所摄取的画面进行回放，并且设有时间、日期、地点、摄像机的编号提示，便于分析和处理。

门禁系统在出入口设读卡机。小区常住居民凭 IC 卡出入，IC 卡丢失立即报失并取消该卡资料，来访人员出入必须登记。车辆的出入和收费也采用 IC 卡管理，对长期用户可用月卡，对来访车辆可用临时 IC 卡，所有 IC 卡均经读卡机收费，并和闭路电视监控系统联动，对所有出入的人员和车辆进行自动监控。图 5-29 和图 5-30 为住宅小区门禁系统示意图。

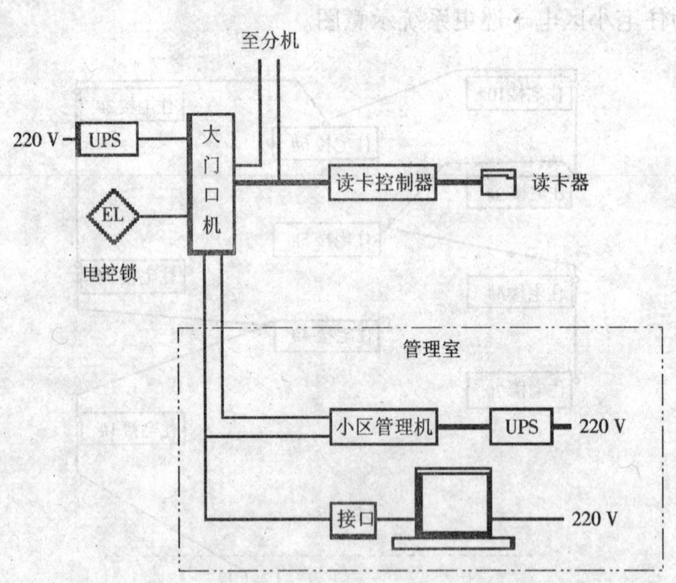

图 5-29 住宅小区大门人员门禁系统示意图

在住户的住宅内安装玻璃破碎探测器和门磁开关组合在一起的组合探测器，该产品内有一报警继电器（常闭触点）、一块条形永久磁铁，不论玻璃破碎报警器还是门磁开关，只要有一方探测到入侵行为就触发报警。在住宅内还设有紧急求助系统，利用局域网将住户和控制中心连接起来，当发生紧急情况时，只要按一下就可保证接通控制中心，控制中心就会发出声光提示，同时计算机调出电子地图，且显示该住户的一些基本情况，值班人员可在最短的时间内赶到。

巡更签到系统采用动态实时在线巡查技术进行小区巡更计算机管理。小区巡逻线路是根

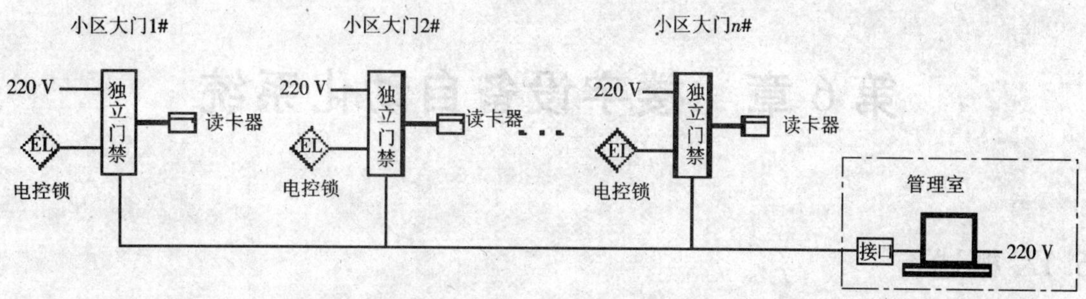

图5-30　电脑组网门禁系统示意图

据小区各个巡更点的重要程度、实际路线、距离等情况，经过计算机优化组合成数十条巡更路线，保存在巡更管理计算机数据库内，具体的当班巡更路线，由计算机随机确定，避免内外勾结犯罪。

在小区的主要路口及主要公共场所设置报警电话。当居民发现情况时，拿起电话即可与控制中心通话，控制中心电子地图上就可立即显示该电话位置，并与闭路电视监控系统联动，调整摄像机的位置，显示该区域的图像，且使记录装置记录下该区域的情况。

随着科学技术水平的迅速发展，周界报警技术也得到迅速发展，智能小区防盗报警系统正朝着多功能方向发展，把现代探测技术、通信技术、计算机网络技术结合在一起，将更加有效地保证居民的生命和财产安全，尽可能地将危险排除在小区之外。

思考题与习题

1. 简述安全防范系统的组成及适用范围。
2. 视频监控系统主要包括哪些设备？哪些部位应设置视频监控摄像机？
3. 常用的入侵报警探测器有哪些？它们各适用于哪种场合？
4. 出入口控制系统由哪些主要设备组成？系统分为哪些主要形式？
5. 楼宇对讲系统设备安装时应注意哪些问题？
6. 停车场管理系统主要由哪些设备组成？简述车辆进入及驶出停车场流程。
7. 安全防范系统工程设计、施工、检测时需要遵循哪些国家及地方规范？

第6章 楼宇设备自动化系统

6.1 概述

6.1.1 楼宇设备自动化系统的组成

楼宇设备自动化系统(BAS)通常包括暖通空调、给排水、供配电、照明、电梯、消防、安全防范等子系统。根据我国的行业标准,该系统又可分为设备运行管理与监控子系统及消防与安全防范子系统,如图6-1所示。一般情况下,这两个子系统宜一同纳入BAS考虑,如将消防与安全防范系统独立设置,应与监控中心建立通信联系,以便灾情发生时能够按照约定实现操作转移,进行一体化的协调控制。

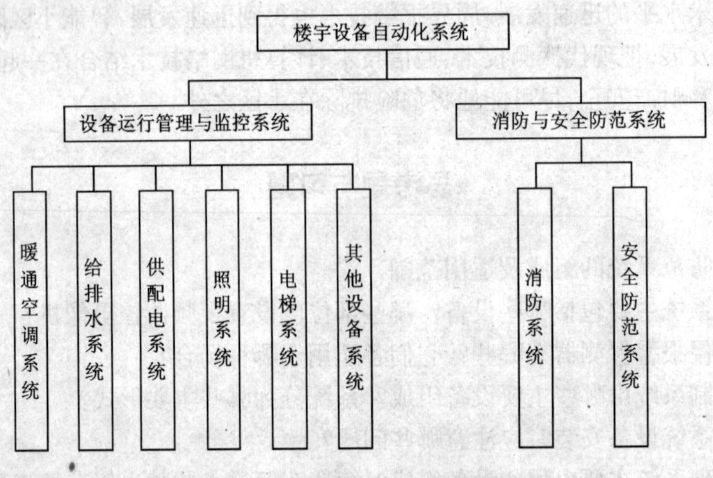

图6-1 楼宇设备自动化系统的组成

6.1.2 楼宇设备自动化系统的监控功能

楼宇设备自动化系统的监控功能如下。

①自动监视并控制各种机电设备的启/停,显示或打印当前运行状态。如冷水机组正在运行时,冷却水泵出现故障,备用泵自动投入运行等。

②自动检测、显示、打印各种设备的运行参数及其变化趋势或历史数据,如温度、湿度、压差、流量、电压、电流、用电量等;当参数超过正常范围时,自动实现越限报警。

③根据外界条件、环境因素、负载变化情况自动调节各种设备,使之始终运行在最佳状态。如空调设备可根据气候变化和室内人员多少自动调节,自动优化到既节约能源又感觉舒适的最佳状态。

④监测并及时处理各种意外、突发事件。如检测到停电、煤气泄漏等偶然事件时,可按照

预先编制的程序迅速进行处理，避免事态扩大。

⑤实现对大楼内各种机电设备的统一管理、协调控制。例如火灾发生时，不仅仅是消防系统立即启动，投入运行，而且整个大楼内所有有关系统都将自动转换方式、协同工作：供配电系统立即切断普通电源，确保消防电源；空调系统自动停止通风，启动排烟风机；电梯系统自动停止使用普通电梯并将其降至底层，自动启动消防电梯；照明系统自动接通事故照明、避难诱导灯；有线广播系统自动转入紧急广播，指挥安全疏散等。整个建筑设备自动化系统将自动实现一体化的协调运转，以使火灾的损失减到最小。

⑥能源管理。对水、电、燃气等自动进行计量与收费，实现能源管理自动化。自动提供最佳能源控制方案，如白天使用燃气、夜晚使用电能，以错开用电高峰，达到合理、经济地使用能源。自动监测、控制设备用电量，以实现节能，如下班后及节假日室内无人时自动关闭空调及照明等。

⑦设备管理。包括设备档案管理、设备运行报表和设备维修管理等。

6.2 楼宇设备自动化系统体系

6.2.1 系统分类

1. 集中式控制系统(CCS)

采用计算机、键盘和CRT组成中央站，分设于建筑物各处的信息采集站DGP与传感器和执行器等现场设备连接，又通过总线与中央站连接在一起，组成中央监控楼宇设备自动化系统。一台中央计算机控制着整个系统的工作，收集所有的信息和设备的状态，发布所有的控制命令，易于管理，但系统工作可靠性差。集中式控制系统(体系结构)如图6-2所示。

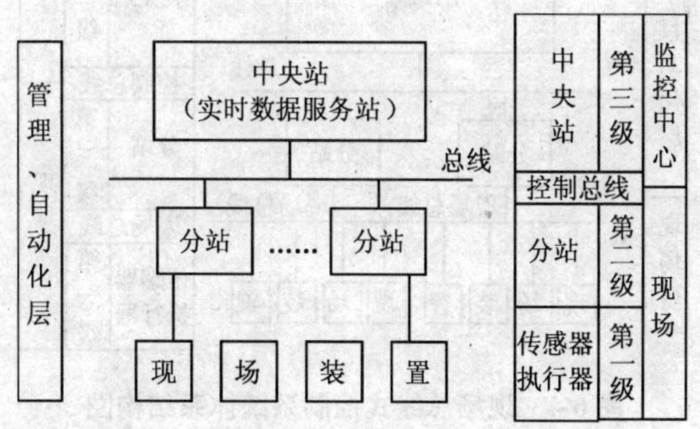

图6-2 集中式控制系统体系结构图

2. 集散式控制系统(DCS)

集散式控制系统是一种多机组成，逻辑上具有分级管理和控制功能的分级分布式系统，由一个中央站和多个分站组成。配有微处理机芯片的DDC(直接数字控制器)分站可以独立完成所有控制工作。

集散式控制系统只有中央站和分站两类节点，中央站完成监视，分站完成控制，分站工作完全独立，与中央站无关，分站与中央站连接在一条共同的总线上，保证了数据的一致性，系统的工作可靠性更高。集散式控制系统体系结构如图6-3所示。

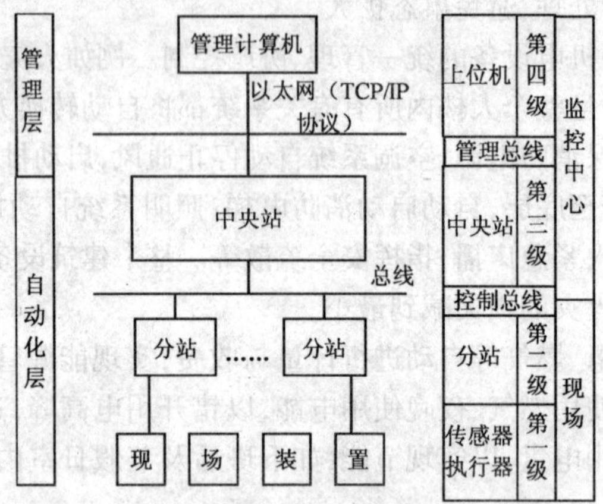

图 6-3 集散式控制系统体系结构图

3. 现场总线式控制系统(FCS)

DDC 分站连接传感器、执行器,应用现场总线,从分站至现场装置,形成分布式输入、输出现场网络层,使系统的配置更加灵活。控制网络形成了三层结构:管理层(中央站)、自动化层(DDC 分站)和现场网络层(LION)。现场总线式控制系统是一种全数字式系统,信号传输采用全数字化。现场总线式控制系统体系结构如图 6-4 所示。

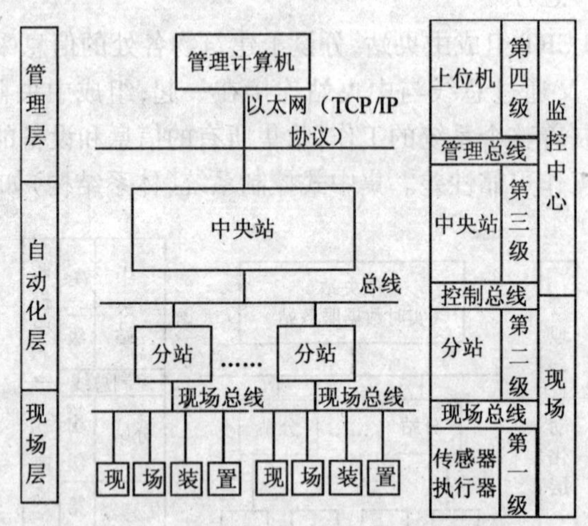

图 6-4 现场总线式控制系统体系结构图

4. 网络结构系统

网络结构系统的 BAS 中央站嵌入网络服务器,融合互联网功能,使 BAS 与互联网成为一体化系统,如图 6-5 所示。

6.2.2 集散式楼宇设备自动化系统

图 6-6 为常用的集散式楼宇设备自动化系统体系结构。楼宇设备自动化系统的体系结构一般采用集散型,并按功能层次化。

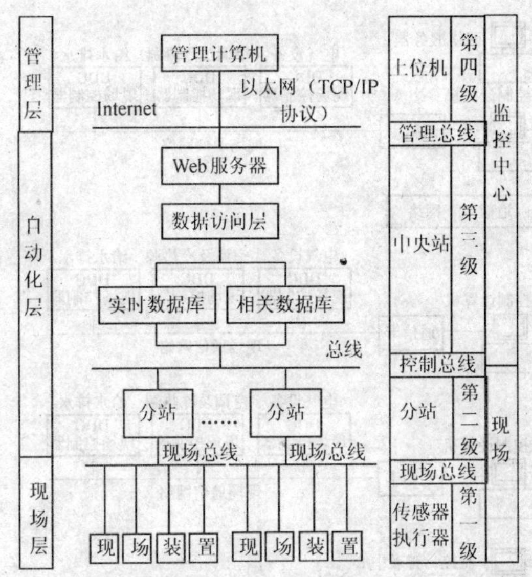

图 6-5　网络结构系统体系结构图

1. 中央管理计算机

第一层中央管理计算机，是由多台分散的微型计算机和区域智能分站经互联网连接而成的计算机系统，它是整个系统的最高端，具有很强大的处理能力，对整个系统进行监测、协调和管理，实现全局优化控制和管理，达到综合自动的目的。

中央管理计算机的功能是：监控功能、显示功能、操作功能、控制功能、数据管理辅助功能、安全保障管理功能、记录功能、自诊断功能、内部互通电话及其与其他系统之间通信的功能。

2. 监督控制层

监督控制层可分为监控站和操作站。监控站直接与现场控制器通信，监视其工作状况，完成数据、控制信号及其他信息的传递。操作站为管理人员提供操作界面，将操作请求传递给监控站，由监控站实现具体操作。

监督控制层要求硬件可靠，并具有功能完善的软件。一般选用冗余方式配置的工业控制计算机，若主控制计算机出现故障，备用机自动投入使用，保障系统继续运行。

3. 现场控制层(DDC)

现场控制层直接与现场的传感器、变送器和执行机构相连，对现场设备的运行状态、参数进行监测和控制，并通过通信网络实现与上层计算机之间的信息交换。

现场控制器采用了计算机技术，安装在控制现场，又称为直接数字控制器，也称为下位机，可接收上一层操作站或监控站(又称为上位机)传送来的指令，在上位机不干预情况下，可单独对设备执行控制功能，完成对被控量的调节，实现远程控制。所有测量值和报警值经通信网络传递到中央管理计算机，供实时显示、优化计算、报警打印等。现场控制器的结构如图 6-7 所示。

根据信号的不同，DDC 的输入、输出有以下四种。

(1)模拟量输入(AI)　模拟量输入的物理量有温度、湿度、压力、流量等。相应的传感器感应测得这些物理量之后，经过变送器转变为电信号送到模拟量输入口(AI)。电信号可以是

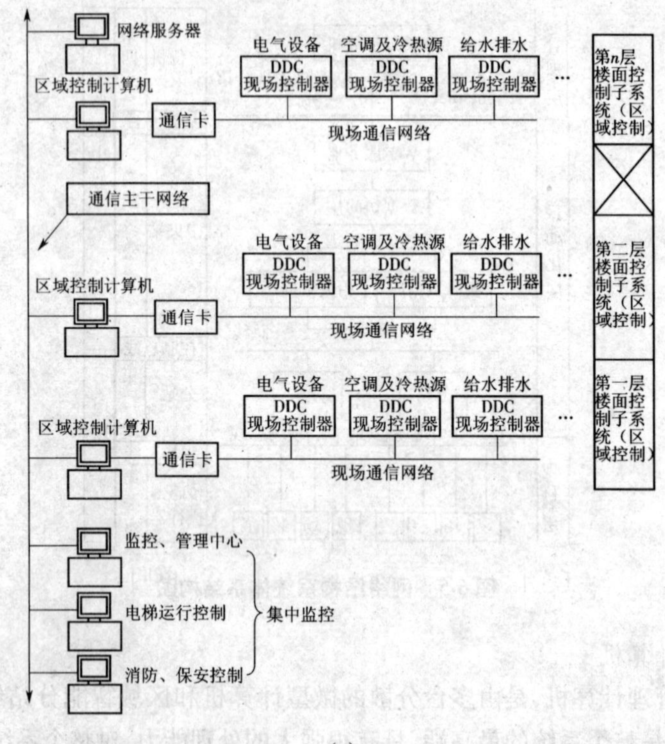

（a）

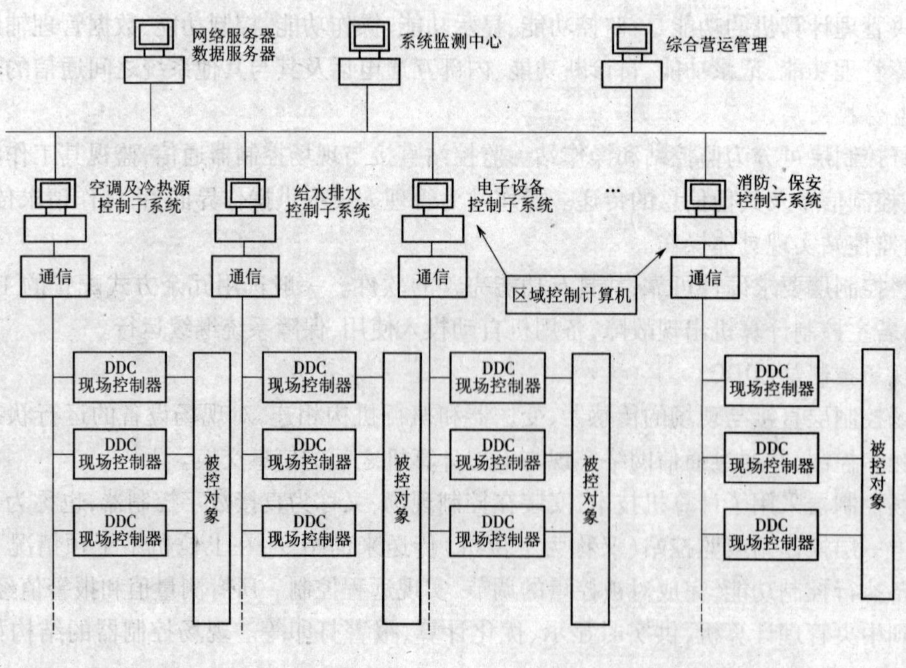

（b）

图 6-6 常用的集散式楼宇设备自动化系统体系结构

（a）按建筑层面组织的集散式控制系统 （b）按被控设备功能组织的集散式控制系统

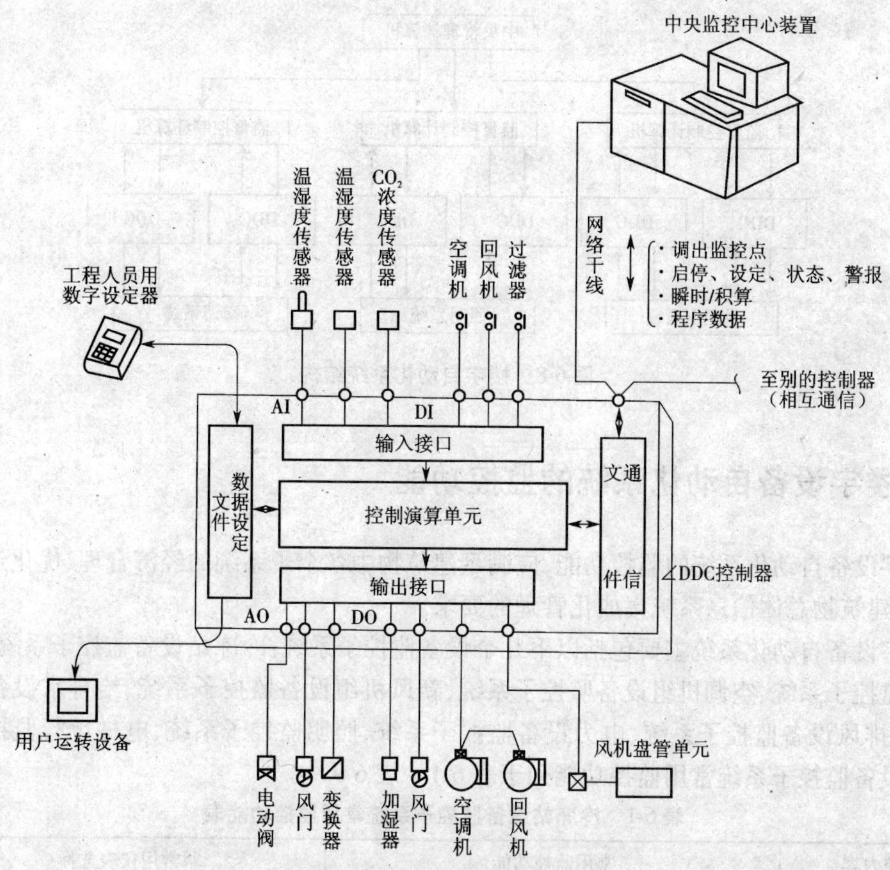

图6-7 DDC控制器的构成

电流信号，也可以是电压信号，一个DDC可以有多个模拟量输入口。模拟量输入后，经内部模拟/数字转换器转换为数字量，再由计算机进行分析和处理。

(2)开关量输入(DI) 以开关状态为输出信号的各种限位开关如水流开关、风速开关、压差开关等，可直接接到DDC的DI通道上。

(3)模拟量输出(AO) DDC的模拟量输出(AO)信号是0～5 V、0～10 V电压和0～10 mA、4～20 mA电流(此为自动测量仪表标准电信号)，其输出电压或输出电流的大小由控制软件决定，因DDC计算机内部处理的都是数字信号，所以计算机的数字信号还要通过其内部的数字/模拟转化器转换为连续变化的模拟量信号。模拟量输出一般用于控制风机阀、水泵阀等执行器的动作。

(4)开关量输出(DO) 开关量输出又称数字输出，它可由控制软件将输出信号变成高、低电平，通过驱动电路带动继电器或其他开关元件动作，也可驱动指示灯显示状态。

开关量输出可用来控制开关、交流接触器、变频器和可控硅等执行元件。

图6-8所示为楼宇设备自动化系统结构。

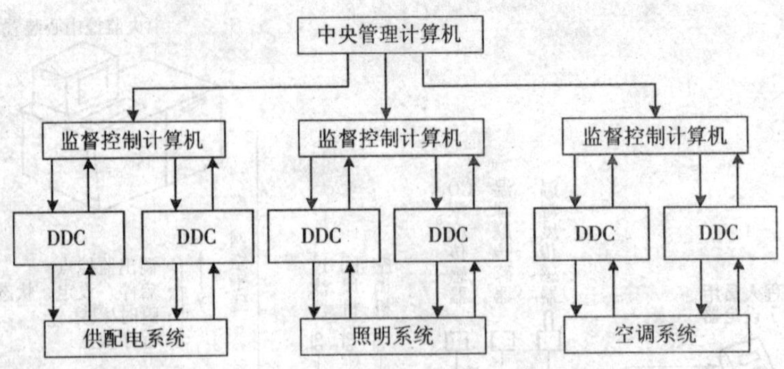

图 6-8 楼宇自动化系统结构

6.3 楼宇设备自动化系统的监控功能

楼宇设备自动化系统的监控功能,应满足建筑物中各个子系统的经济合理、优化运行的要求,满足建筑物总体信息系统集成化管理的要求。

楼宇设备自动化系统主要包括以下几个设备监控子系统:冷冻站设备监控子系统、热交换站设备监控子系统、空调机组设备监控子系统、新风机组设备监控子系统、给排水设备监控子系统、送排风设备监控子系统、电力设备监控子系统、照明监控子系统、电梯运行监控子系统等。各设备监控子系统常用监控功能列于表 6-1 ~ 表 6-9 中。

表 6-1 冷冻站设备监控子系统常用监控功能表

监控内容	常用监控功能	常用仪表选择
冷冻水供、回水温度	参数测量及自动显示,历史数据记录及定时打印、故障报警	水管式温度传感器,插入长度使敏感元件位于管道中心位置;保护管应符合耐压等级
冷冻水供水流量	瞬时与累计值的自动显示、历史数据记录及定时打印、故障报警	电磁流量计,注明工作温度、压力、管径、流量范围、介质重度、黏度和导电率
冷负荷计算	根据冷冻水供、回水温度和供水流量测量值,自动计算建筑物实际消耗冷负荷量	
冷水机组台数控制	根据建筑物所需冷负荷和实际冷负荷量自动确定冷水机组运行台数,达到最佳节能目的	每台冷水机组的电控柜内应为建筑设备监控系统设置控制和状态信号接点
供回水压差自动调节	根据供、回水压差测量值,自动调节冷冻水旁通水阀,以维持供、回水压差为设定值	差压变送器、双座或其他差压允许值大的电动调节阀,调节阀口径和特性应满足调节系统的动态要求,耐压等级能满足工作条件
冷却水供、回水温度	参数测量及自动显示、历史数据记录及定时打印,故障报警	水管式温度传感器,插入长度使敏感元件位于管道中心位置;保护管应符合耐压等级
膨胀水箱水位自动控制	自动控制进水电磁阀的开启与闭合,使膨胀水箱水位维持在允许范围内,水位超限时进行故障自动报警和记录	浮球式水位控制器,设置上、下限水位控制和高、低报警四个控制点;常闭式电磁阀
冷却水温度自动控制	自动控制冷却塔风扇启停,使冷却水供水温度低于设定值	每台冷却塔风扇的电气控制回路内,应为建筑设备监控系统设置控制和状态信号接点
冷水机组保护控制	机组运行状态下,冷冻水与冷却水的水流开关自动检测水流状态,如异常则自动停机,并报警和进行事故记录	在每台冷水机组的冷冻水和冷却水管内安装水流开关

续表

监控内容	常用监控功能	常用仪表选择
冷水机组定时启停控制	根据事先排定的工作及节假日作息时间表,定时启、停机组	机组电控柜内,应设置状态信号和控制信号
冷水机组联锁控制	启动顺序:开启冷却塔蝶阀,开启冷却水蝶阀,启动冷却水泵,开启冷冻水蝶阀,启动冷冻水泵,水流开关检测到水流信号后启动冷水机组。停止顺序:停冷水机组,关冷冻水泵,关冷冻水蝶阀,关冷却水泵,关冷却水蝶阀,关冷却塔风机、蝶阀	电动控制蝶阀,蝶阀直径与管径相同,除现场控制器外,电动蝶阀宜单独设置电动控制装置
自动统计与管理	自动统计系统内水泵、风机的累计工作时间,进行启停的顺序控制,提示定期维修	
	可选监控功能	
	根据系统需要增设其他测量控制点	
机组通信	与机组控制器进行数据通信	专用通信接口及软件

表6-2 热交换站设备监控子系统常用监控功能表

监控内容	常用监控功能	常用仪表选择
一次水供、回水温度	参数测量及自动显示、历史数据记录及定时打印,故障报警	水管式温度传感器,插入长度使敏感元件位于管道中心位置;保护管应符合耐压等级
一次水供水压力		压力变送器,性能应稳定可靠,安装和取压方式应能满足规范要求
一次水供水流量	瞬时与累计值的自动显示、历史数据记录及定时打印、故障报警	电磁流量计,注明工作温度、压力、管径、流量范围、介质重度、黏度和导电率;如导电率无法满足要求,可采用标准节流装置和差压变送器,需经过计算选取参数
自动计算消耗热量	根据供、回水温度和供水流量测量值,自动计算建筑物实际消耗热负荷量	
二次水供、回水温度	参数测量及自动显示、历史数据记录及定时打印、故障报警	水管式温度传感器,插入长度使敏感元件位于管道中心位置;保护管应符合耐压等级
二次水温度自动调节	自动调节热交换器一次热水/蒸汽阀开度,维持二次出水温度为设定值	电动调节阀,调节阀口径和特性应满足调节系统的动态要求,耐压等级能满足工作条件
自动联锁控制	当循环泵停止运行时,一次水调节阀应迅速关闭	
设备定时启、停控制	根据事先排定的工作及节假日作息时间表,定时启、停设备,自动统计设备工作时间,提示定期维修	水泵电控柜内,应设置状态信号和控制信号
	可选监控功能	
	根据系统需要增设其他测量控制点	

表 6-3 空调机组设备监控子系统常用监控功能表

监控内容	常用监控功能	常用仪表选择
新风门控制	参数测量及自动显示、历史数据记录及定时打印、故障报警	电动风门执行机构,要求与风阀联结装置匹配并符合风阀的转矩要求。控制信号和位置反馈信号与现场控制器的信号相匹配
过滤器堵塞报警	空气过滤器两端压差大于设定值时报警,提示清扫	压差控制器,量程可调
防冻保护	加热器盘管处设温控开关,当温度过低时开启热水阀,防止将加热器冻坏	温度控制器,量程可调,一般设置在 4 ℃左右
回风温度自动检测	参数测量及自动显示、历史数据记录及定时打印、故障报警	风管式温度传感器,风管内插入长度 >25 mm
回风温度自动调节	冬季自动调节热水调节阀开度,夏季自动调节冷水调节阀开度,保持回风温度为设定值。过渡季根据新风的温湿度自动计算焓值,进行焓值调节	电动调节阀,调节阀口径和特性应满足调节系统的动态要求,耐压等级能满足工作条件
回风湿度自动检测	测量参数及自动显示、历史数据记录及定时打印、故障报警	风管式湿度传感器
回风湿度自动控制	自动控制加湿阀开断,保持回风湿度为设定值	常闭式电磁阀,调节阀口径与管径相同,耐温符合工作温度要求,控制电压等级与现场控制器输出相匹配
风机两端压差	风机启动后两端压差应大于设定值,否则及时报警与停机保护	压差控制器,量程可调
机组定时启、停控制(或根据需要进行变频控制)	根据事先排定的工作及节假日作息时间表,定时启、停机组	机组电控柜内,应设置状态信号和控制信号
工作时间统计	自动统计机组工作时间,定时维修	
联锁控制	风机停止后,新、回风风门、电动调节阀、电磁阀自动关闭	
重要场所的环境控制	在重要场所设温、湿度测点,根据其温、湿度直接调节空调机组的冷、热水阀,确保重要场所的温、湿度为设定值	重要场所的温、湿度测点,可分别采用室内式温、湿度传感器,也可采用一体式温、湿度传感器
最小新风量控制	在回风管内设置二氧化碳检测传感器,根据二氧化碳浓度自动调节新风阀,在满足二氧化碳浓度标准下,使新风阀开度最小,可节能	二氧化碳浓度检测传感器,采用回风管安装方式,量程符合工作条件要求
新风温、湿度自动检测	参数测量及自动显示、历史数据记录及定时打印、故障报警	温、湿度测点可分别采用风管式温、湿度传感器,也可采用一体式温、湿度传感器
送风温、湿度自动检测		

表 6-4 新风机组设备监控子系统常用监控功能表

监控内容	常用监控功能	常用仪表选择
新风门控制	参数测量及自动显示、历史数据记录及定时打印、故障报警	电动风门执行机构,要求与风阀联结装置匹配并符合风阀的转矩要求。控制信号和位置反馈信号与现场控制器的信号相匹配
过滤器堵塞报警	空气过滤器两端压差大于设定值时报警,提示清扫	压差控制器,量程可调
防冻保护	加热器盘管处设温控开关,当温度过低时开启热水阀,防止将加热器冻坏	温度控制器,量程可调,一般设置在 4 ℃左右

续表

监控内容	常用监控功能	常用仪表选择
送风温度自动检测	参数测量及自动显示、历史数据记录及定时打印、故障报警	风管式温度传感器，风管内插入长度 > 25 mm
送风温度自动调节	冬季自动调节热水调节阀开度，夏季自动调节冷水调节阀开度，保持送风温度为设定值，过渡季根据新风的温、湿度自动计算焓值，进行焓值调节	电动调节阀，调节阀口径和特性应满足调节系统的动态要求，耐压等级能满足工作条件
送风湿度自动检测	参数测量及自动显示、历史数据记录及定时打印、故障报警	风管式湿度传感器
送风湿度自动控制	自动控制加湿阀开断，保持送风湿度为设定值	常闭式电磁阀，调节阀口径与管径相同，耐温符合工作温度要求，控制电压等级与现场控制器输出相匹配
风机两端压差	风机启动后两端压差应大于设定值，否则及时报警与停机保护	压差控制器，量程可调
机组定时启、停控制（或根据需要进行变频控制）	根据事先排定的工作及节假日作息时间表，定时启、停机组	机组电控柜内，应设置状态信号和控制信号
工作时间统计	自动统计机组工作时间，定时维修	
联锁控制	风机停止后，新风风门、电动调节阀、电磁阀自动关闭	
最小新风量控制	在回风管内设置二氧化碳检测传感器，根据二氧化碳浓度自动调节新风阀，在满足二氧化碳浓度标准下，使新风阀开度最小，可节能	二氧化碳浓度检测传感器，采用回风管安装方式，量程符合工作条件要求
新风温、湿度自动检测	测量参数及自动显示、历史数据记录及定时打印、故障报警	温、湿度测点可分别采用风管式温、湿度传感器，也可采用一体式温、湿度传感器

表6-5　给排水设备监控子系统常用监控功能表

给水设备监控子系统常用监控功能		
监控内容	常用监控功能	常用仪表选择
水箱水位自动控制	自动控制给水泵启、停，使水箱水位维持在设定范围内	浮球水位计，将浮球固定在控制水位的上、下限处
水箱水位自动报警	水位超过设定报警线时发出报警信号，同时进行事故记录及打印	在浮球水位计上增加上、下限报警浮球
工作时间统计	自动统计水泵工作时间，定时维修	
排水设备监控子系统常用监控功能		
监控内容	常用监控功能	常用仪表选择
水池水位自动控制	自动控制排水泵启、停，使水池水位不超过设定线	浮球水位计，将浮球固定在控制水位的上、下限处
水池水位自动报警	水位超过设定报警线时发出报警信号，同时进行事故记录及打印	在浮球水位计上增加上、下限报警浮球
工作时间统计	自动统计水泵工作时间，定时维修	

表6-6 送排风设备监控子系统常用监控功能表

监控内容	常用监控功能	常用仪表选择
风机自动控制	自动控制风机启、停	风机电控柜内,应设置状态信号和控制信号
一氧化碳自动报警	车库中一氧化碳浓度超过设定报警线时,发出报警信号,同时自动启动风机工作	一氧化碳浓度传感器,车库内挂墙安装
工作时间统计	自动统计风机工作时间,定时维修	

表6-7 电力设备监控子系统常用监控功能表

监控内容	常用监控功能	常用仪表选择
变压器线圈温度过热保护	当变压器过负荷时,线圈温度升高,温度控制器发出信号,自动报警记录故障,并采取相应措施	温度控制器由制造厂家预埋在变压器线圈里,现场控制器可直接获取开关量信号
电流检测	自动检测回路电流,越限自动报警记录故障,并采取相应措施	通过电控柜中安装的电流互感器,将被测回路的电流转换为0~5 A,再通过电流变送器将其变为标准信号送至现场控制器
电压检测	自动检测回路电压,故障自动报警、记录,并采取相应措施	通过电控柜中安装的电压互感器,将被测回路的电压转换为0~110 V,再通过电压变送器将其变为标准信号送至现场控制器
开关状态检测	自动检测各重要回路开关状态,跳闸时自动报警、记录,并采取相应措施	从断路器或自动开关的辅助接点上获取信号
有功功率检测	自动检测回路有功功率	通过电流与电压互感器,将被测回路的电流与电压信号送至有功功率变送器,将其变为标准信号送至现场控制器
无功功率检测	自动检测回路无功功率	通过电流与电压互感器,将被测回路的电流与电压信号送至无功功率变送器,将其变为标准信号送至现场控制器
电量检测	自动检测回路用电量及建筑物总用电量	通过电流与电压互感器,将被测回路的电流与电压信号送至电量变送器,将其变为标准信号送至现场控制器
频率检测	自动检测回路频率	通过频率变送器,将其变为标准信号送至现场控制器

表6-8 照明监控子系统常用监控功能表

监控内容	常用监控功能	常用仪表选择
建筑内部照明分区控制	可按照建筑内部功能,划分照明的分区及分组控制方案,自动或遥控各个照明区域的电源通断	照明配电柜内,应设置状态信号和控制信号
建筑外部道路照明分区控制	可按照时间或室外照度,自动控制室外各个照明区域的电源通断	安装在室外的照度传感器,将照度转变为标准信号送至现场控制器
建筑外部轮廓与效果照明控制	可按照建筑外部照明方案,自动或遥控各分组照明灯光的电源通断,达到外部照明要求的效果	照明配电柜内,应设置状态信号和控制信号

表 6-9　电梯运行监控子系统常用监控功能表

监控内容	常用监控功能	常用仪表选择
电梯运行状态监视	自动监测各电梯运行状态，紧急情况或故障自动报警和记录	电梯控制柜内，应设置状态信号和控制信号
扶梯运行状态监视	自动监测各扶梯运行状态，紧急情况或故障自动报警和记录	扶梯控制柜内，应设置状态信号和控制信号
工作时间统计	自动统计电梯工作时间，定时检修	

6.4　楼宇设备监控系统工程案例

6.4.1　设计要点

1. 楼宇设备自动化系统

楼宇设备自动化系统对建筑物各种设备进行监视、控制，如对空调、制冷、供暖、通风、给排水、变配电、发电、公共区域照明等设备进行状态监视、启停控制、状态显示、故障报警、温度监测、湿度监测等。消防类水泵、风机可不纳入楼宇设备自动化控制系统控制。

楼宇设备自动化系统设计要与水、电、暖等设备专业密切配合。其主要内容有：设计原则；建筑机电设备设置情况，如空调机组设置情况；冷热源设备（制冷机、锅炉、热水器）、燃料油系统、通风设备、变配电设备、给排水设备、照明设备（公共照明、室外照明、泛光照明等）、电梯、自动扶梯等机电设备的控制要求；各机电设备监控点表；有关设备的性能介绍。

2. 设备控制监测

(1)冷热源系统　包括：设备启停、运行状态、故障报警；制冷系统的程序启停；冷冻机、冷却泵、冷冻泵、冷却塔及相应的进出水阀等的顺序启停程序控制、状态显示、故障报警；压差调节阀、新风阀、水路电动两通阀、进风机电动阀、空调机、新风机、温度调节阀的开启、关闭或开度控制；热力站的监视。

(2)空调设备　包括：设备启停、运行状态、故障报警；温、湿度等参数的测量记录；一氧化碳浓度报警。

(3)送、排风机　包括：启停控制、状态显示、故障报警。

(4)供配电设备　包括：高压开关柜进线、出线及联络开关的状态，进、出线的电流、电压、有功功率、无功功率及计量；低压开关柜进线及联络开关状态、电流、电压、电量、功率因数等参数的测量记录；变压器运行温度显示、超温报警。

(5)照明设备　包括：门厅、楼梯、走廊等公共场所照明，室外照明，建筑物外形照明，停车场照明等，可以时间程序控制或光敏元器件控制。航空障碍灯的控制及状态显示、故障报警等。

(6)给排水系统　包括：给水泵运行状态，水箱水位显示及液位报警，污水坑水位显示及溢流报警。

(7)发电机　包括：状态显示，如电压、电流、频率显示以及蓄电池电压显示、日用油箱液位显示；所有故障报警；储油装置油位显示、低位报警。

(8)自动扶梯、电梯　包括：设备运行状态、故障报警。

3. 楼宇设备自动化控制系统监控中心

楼宇设备自动化控制系统监控中心设于地下1层或1层。控制分站设置在设备附近。监控中心配置主计算机、显示器、打印机。传感器、变送器及自动控制器等安装在现场。自动控制器之间的通信线预留管线采用热镀锌钢管,全部串在一起引至控制室。控制器至传感器、变送器、阀门等的控制线,控制器的电源,均进行深化设计确定。

6.4.2 工程案例

某综合楼建筑面积为34 000 m^2,是集餐饮、宾馆和写字楼于一体的多功能的现代化建筑。其被控设备清单如表6-10所示。

表6-10 被控设备清单

系统	设备名称	数量	单位	备注
空调制冷系统	冷水机组	3	台	
	冷冻水泵	3	台	
	冷却水泵	3	台	
	冷却水塔	3	台	
	空调机组	1	台	池塘专用
	新风机组	15	台	各楼专用
热交换系统	换热器	5	台	生活热水换热2台,空调换热3台
	热水循环泵	4	台	两主两备
送排风系统	排风机	3	组	顶楼、池塘和厨房各一组
变配电系统	配电室	2	台	配电室
	变压器	2	台	
照明系统	照明配电箱	8	个	每层公共空间和室外照明
给排水系统	给水泵	3	台	生活冷水
	给水箱	2	个	
	排水泵	4	台	
	污水池	2	个	
	水池	1	个	
电梯系统	电梯	2	部	

1. 系统控制功能的确定及方案设计

根据建设单位的实际需求和经济承受能力,经过充分沟通,确定设计原则如下:

①对空调系统、制冷系统及送风系统的监控尽可能全面细致;

②对建筑物所有公共照明系统能进行分区控制,局部特殊要求部位能实现照度分级控制;

③监视配电系统主要运行参数,提供故障报警信号;

④对给排水系统重点监控泵房设备的运行情况,提供较完备的维护和故障报警功能;

⑤实时监控电梯的运行情况。

2. 系统的控制功能及设计方案

(1)冷冻站系统　本工程冷冻站系统由冷冻机、冷却塔、冷冻泵和冷却泵组成。系统通过控制应达到节约能源、安全运转的目的。具体监控功能如下：

①冷水机组、冷冻水泵、冷却水泵、冷却塔风扇的运行状态监测及故障报警；

②按冷冻机启停工艺要求顺序启停相应的冷冻水泵、冷却水泵、冷却塔及有关阀门；

③用水流开关监视水流状态；

④监测冷冻水的供回水温度、压力和供水流量，监测冷却水供回水温度；

⑤根据冷冻水的供水流量和供回水温差计算建筑物的实际冷负荷，据此控制冷水机运行台数，尽量节约能源，提高设备使用效率；

⑥根据冷冻水供回总管压差，控制冷冻水旁通阀的开度，调节管网压差，保证供水压力稳定；

⑦根据冷却水供回水温度，控制冷却水旁通阀的开度及冷却塔风扇的启停，保证冷却水温度满足工艺要求和最大限度地节约能源。

根据制冷设备厂家提供的通信协议，通过设计特殊的接口和网关(Gateway)，将冷却机组控制系统本身的各种监控点纳入楼宇自控系统。

(2)换热站系统　本工程中，换热站系统通过换热器完成城市供热与楼内生活和供暖系统之间的热交换，提供生活用热水和空调取暖用水。换热站系统控制最终达到节能、舒适和安全的目的，具体监控功能如下：

①在换热器一、二次管路上通过安装温度传感器测量水温；

②在换热器一次水进口设置调节阀，调节阀门开度使二次出水温度保持在设定值；

③在每台循环水泵处安装水流开关，监视水泵运行情况；

④根据系统时间表和使用情况控制水泵的启停，并监视水泵状态，自动进行主备泵的切换；

⑤记录设备运行参数和统计设备累计运行时间，平衡设备使用率，提醒管理人员定期检修；

⑥加装流量计，满足用户计量和统计方面的要求。

(3)空调新风系统　空调机和新风系统都是用来调节空气温、湿度的设备，对其监控的内容基本相同。本工程共有全空气调节机组1台，新风机组15台。具体监控功能如下：

①监视送风和新风温度，计算空气焓值；

②通过设置在过滤网和风扇两侧的压差开关，监视过滤网和风扇状态；

③通过盘管处的防冻开关监视空气温度，防止气温过低损坏盘管；

④通过调节冷水管道上的阀门，调节送风温度；

⑤根据要求控制风扇的启停；

⑥根据新风、回风焓值调节风门开度和新回风比例，以降低能耗。

实现空调系统的监控需要在设备上加装一些采样和控制装置。此类工作应尽可能在空调设备安装之前进行，以保证仪表安装位置的工艺要求。

(4)照明系统　照明系统主要解决公共区域照明控制问题，其基本功能如下：

①监视接触器触点的状态及配电盘手动、自动状态；

②通过时间设定控制接触器的分合；

③通过系统提供的控制信号控制接触器的分合。

照明设计应尽可能以简单地完成控制功能为前提，根据容量划分回路，在开始设计时与用户详细讨论照明方案,选用适量照明智能节点控制箱,完成照明自动控制和节能的要求。

(5)变配电系统　变配电系统自身一般有相对完善的监控和保护方案,但管理中心要求能够实时了解和控制变配电室的情况,因此基本上是个遥测和遥控的问题。对变配电系统监控的内容可以根据用户的要求增减,一般监控功能包括:

①监视低压断路器、母联开关、配电开关的开关状态及事故跳闸报警;

②测量电压、电流、功率因数、有功功率及有功电度脉冲量,对总用电量进行记录和统计,对高峰负荷、日用电量、平均用电量等指标进行分析和管理。

(6)给排水系统　该系统控制方案是:

①监视水池水位,超限报警;

②监视和控制各水泵的启停、故障信号;

③累计各设备运行时间,提示管理人员定时维修;

④根据各泵运行时间,自动切换主、备泵,平衡各设备运行时间。

(7)电梯系统　电梯系统不但是楼宇内最频繁使用的设备,也是关系人身安全的重要设备,对电梯系统的监控内容主要是位置监视、故障报警、紧急控制。现代电梯是一个高度自动化的完整系统,能输出必要的运行参数和故障信息,且能进行自动保护。楼宇自控系统对电梯的遥测、遥控必须得到电梯厂家的全力支持,如提供数据接口和协议或加装输出端子,以保证电梯安全、可靠运行。限于篇幅,这里仅给出该工程楼宇自控系统原理图和变配电监控原理图,见图6-9和图6-10。

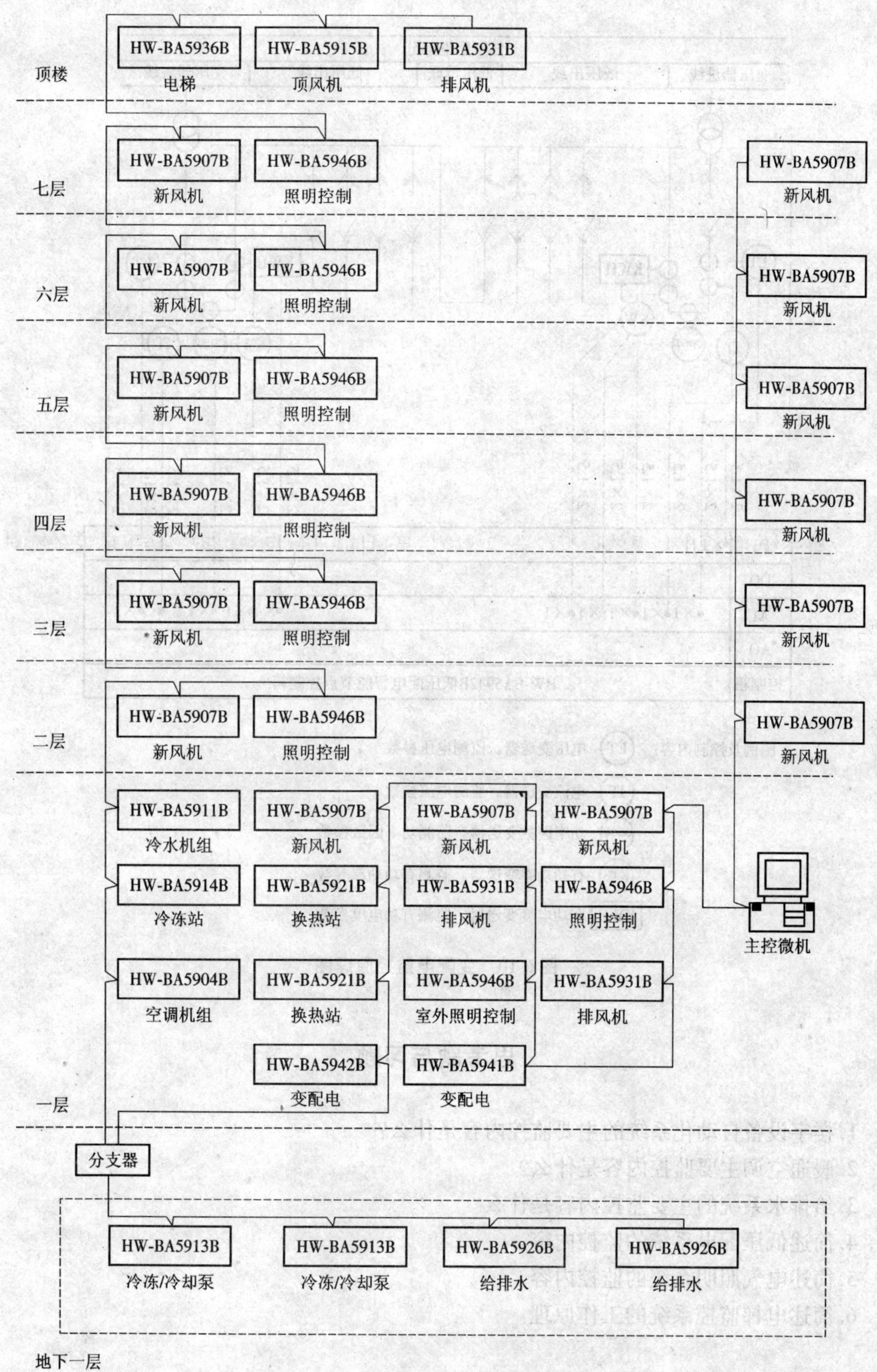

图6-9　楼宇自控系统原理图

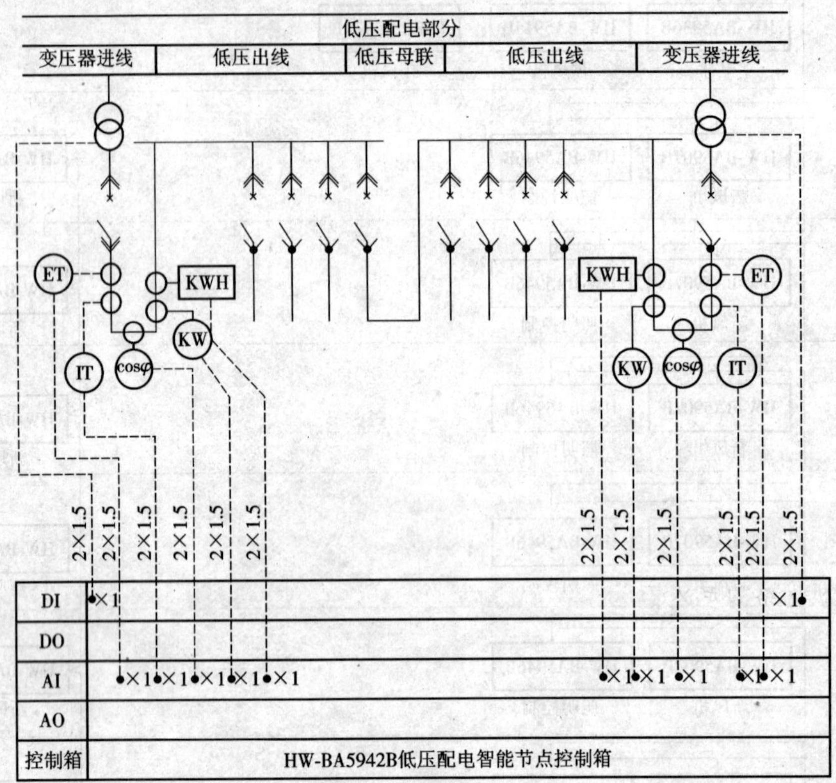

图 6-10　变配电监控原理图

思考题与习题

1. 楼宇设备自动化系统的主要监控内容是什么?
2. 暖通空调主要监控内容是什么?
3. 给排水系统的主要监控内容是什么?
4. 简述低压配电系统的监控内容。
5. 简述电气照明系统的监控内容。
6. 简述电梯监控系统的工作原理。

第7章 计算机网络与综合布线系统

7.1 计算机网络

计算机网络是现代计算机技术与通信技术密切结合的产物,是随着社会对信息共享和信息传递日益增强的需求而发展起来的。计算机网络就是利用通信设备和线路将地理位置不同、功能独立的多个计算机系统互联起来,以功能完善的网络软件(即网络通信协议、信息交换方式和网络操作系统等)实现网络中资源共享和信息传递的系统。

7.1.1 计算机网络功能与分类

1. 计算机网络的定义

计算机网络从不同的角度出发,可以给出不同的定义。简单地说,计算机网络就是由通信线路互相连接的许多独立工作的计算机构成的集合体。构成网络的计算机是独立工作的,这是为了和多终端分时系统相区别。

从应用的角度来讲,只要将具有独立功能的多台计算机连接起来,能够实现各计算机之间信息的互相交换,并可以共享计算机资源的系统就是计算机网络。

从资源共享的角度来讲,计算机网络就是一组具有独立功能的计算机和其他设备,以允许用户相互通信和共享计算资源的方式互联在一起的系统。

从技术角度来讲,计算机网络就是由特定类型的传输介质(如双绞线、同轴电缆和光纤等)和网络适配器互联在一起的计算机,并受网络操作系统监控的网络系统。

综上所述,可以将计算机网络这一概念系统地定义为:计算机网络就是将分布在不同地理位置上的具有独立工作能力的多台计算机、终端及其附属设备用通信设备和通信线路连接起来,并配置网络软件,以实现计算机资源共享的系统。

2. 计算机网络的功能

计算机网络技术的应用对当今社会的经济、文化和生活等都产生着重要影响,当前,计算机网络的功能主要有以下几个方面。

(1)资源共享　计算机网络最具吸引力的功能是进入计算机网络的用户可以共享网络中各种硬件和软件资源,使网络中各部分的资源互通有无、分工协作,从而提高系统资源的利用率。

(2)数据传输　数据传输是计算机网络的基本功能之一,用以实现计算机与终端,或计算机与计算机之间传送各种信息,从而提高了计算机系统的整体性能,也大大方便了人们的工作和生活。

(3)集中管理　计算机网络技术的发展和应用,已使得现代办公、经营管理等发生了很大的变化。目前,已经有许多单位部署了管理信息系统(MIS)、OA系统等,通过这些系统可以将地理位置分散的生产单位或业务部门连接起来进行集中的控制和管理,提高工作效率,增加经济效益。

(4)分布处理 对于综合性的大型问题可以采用合适的算法,将任务分散到网络中不同的计算机上进行分布式处理,以达到均衡使用网络资源,实现分布处理的目的。

(5)负载平衡 负载平衡是指任务被均匀地分配给网络上的各台计算机。网络控制中心负责分配和检测,当某台计算机负载过重时,系统会自动转移部分工作到负载较轻的计算机中去处理。

(6)提高安全与可靠性 建立计算机网络后,还可减少计算机系统出现故障的概率,提高系统的可靠性。另外对于重要的资源可将它们分布在不同地方的计算机上。这样,即使某台计算机出现故障,用户在网络上可通过其他路径来访问这些资源,不影响用户对同类资源的访问。

3. 计算机网络的分类

计算机网络的分类标准有很多,可以从覆盖范围、拓扑结构、交换方式、传输介质、通信方式等方面进行分类。

1)根据网络的覆盖范围分类

根据网络的覆盖范围进行分类,计算机网络可以分为三种基本类型:局域网(Local Area Network,LAN)、城域网(Metropolitan Area Network,MAN)和广域网(Wide Area Network,WAN)。这种分类方法也是目前比较流行的一种方法。

(1)局域网 局域网也称为局部网,是指在有限的地理范围内构成的规模相对较小的计算机网络。它具有很高的传输速率,其覆盖范围一般为几十千米,通常将一座大楼或一个校园内分散的计算机连接起来构成局域网。它的特点是分布距离近(通常在 1 000 ~2 000 m 范围内),传输速度高,连接费用低,数据传输可靠,误码率低。

(2)城域网 城域网也称为市域网,它是在一个城市内部组建的计算机网络,提供全市的信息服务。城域网是介于广域网与局域网之间的一种高速网络,其覆盖范围可达数百千米,传输速率从 1Mbit/s 到几 Gbit/s,通常是将一个地区或一座城市内的局域网连接起来构成城域网。城域网一般具有以下几个特点:采用的传输介质相对复杂;数据传输速率次于局域网;数据传输距离相对局域网要长,信号容易受到干扰;组网比较复杂,成本较高。

(3)广域网 广域网也称为远程网,它的联网设备分布范围很广,一般从几十千米到几千千米。它所涉及的地理范围可以是市、地区、省、国家乃至世界范围。广域网是通过卫星、微波、无线电、电话线、光纤等传输介质连接的国家网络和国际网络,它是全球计算机网络的主干网络。广域网一般具有以下几个特点:地理范围没有限制;传输介质复杂;由于长距离的传输,数据的传输速率较低,且容易出现错误,采用的技术比较复杂;是一个公共的网络,不属于任何一个机构或国家。

2)根据网络的交换方式分类

根据计算机网络的交换方式,可以将计算机网络分为电路交换网、报文交换网和分组交换网三种类型。

(1)电路交换网 电路交换方式是在用户开始通信前,先申请建立一条从发送端到接收端的物理信道,并且在双方通信期间始终占用该信道。

(2)报文交换网 报文交换方式是把要发送的数据及目的地址包含在一个完整的报文内,报文的长度不受限制。报文交换采用存储-转发原理,每个中间节点要为途经的报文选择适当的路径，使其能最终到达目的端。

(3)分组交换网　分组交换方式是在通信前，发送端先把要发送的数据划分为一个个等长的单位(即分组)，这些分组逐个由各中间节点采用存储 - 转发方式进行传输，最终到达目的端。由于分组长度有限，可以比报文更加方便地在中间节点机的内存中进行存储处理，其转发速度大大提高。

3)根据网络的传输介质分类

根据网络的传输介质，可以将计算机网络分为有线网、光纤网和无线网三种类型。

(1)有线网　有线网是采用同轴电缆或双绞线连接的计算机网络。用同轴电缆连接的网络成本低，安装较为便利，但传输率和抗干扰能力一般，传输距离较短。用双绞线连接的网络价格便宜，安装方便，但其易受干扰。

(2)光纤网　光纤网也是有线网的一种，但由于它的特殊性而单独列出。光纤网是采用光导纤维作为传输介质的，光纤传输距离长，传输率高；抗干扰性强，不会受到电子监听设备的监听，是高安全性网络的理想选择。但其成本较高。

(3)无线网　无线网是用电磁波作为载体来传输数据，其安装便捷、使用灵活、易于扩展，目前作为有线网的补充，应用得到了迅速的发展。

除了以上几种分类方法外，还可按网络信道的带宽分为窄带网和宽带网；按网络不同的用途分为科研网、教育网、商业网、企业网等。

4. 计算机网络的拓扑结构

计算机网络的拓扑结构是指网络中的通信线路和各种设备间的连接形式，它反映网络的物理布局，表示设备之间的结构关系。计算机网络的拓扑结构影响着网络的设计、功能、可靠性、数据传输方式、传输控制、通信费用等。计算机网络的拓扑结构主要有星型、环型、总线型、混合型等，如图 7-1 所示。

5. 资源子网和通信子网

计算机网络是一个通信网络，各计算机之间通过通信媒体、通信设备进行数字通信，在此基础上各计算机可以通过网络软件共享其他计算机上的硬件资源、软件资源和数据资源。从计算机网络各组成部件的功能来看，各部件主要完成两种功能，即网络通信和资源共享。一个计算机网络由资源子网和通信子网构成，如图 7-2 所示。

通信子网一般由网卡、线缆、集线器、中继器、网桥、路由器、交换机等设备和相关软件组成。资源子网由联网的服务器、工作站、共享的打印机和其他设备及相关软件组成。

在广域网中，通信子网由一些专用的通信处理机(即节点交换机)及其运行的软件、集中器等设备和连接这些节点的通信链路组成。资源子网由通信子网的所有主机及其外部设备组成。

随着微型计算机的广泛应用，大量的微型计算机是通过局域网联入广域网，而局域网与广域网、广域网与广域网的互联是通过路由器实现的；在 Internet 中，用户计算机需要通过校园网、企业网或 Internet 服务提供商(Internet Service Provider，ISP)连入地区主干网，地区主干网通过国家主干网连入国家间的高速主干网，这样就形成一种由路由器互联的大型、层次结构的互联网络。

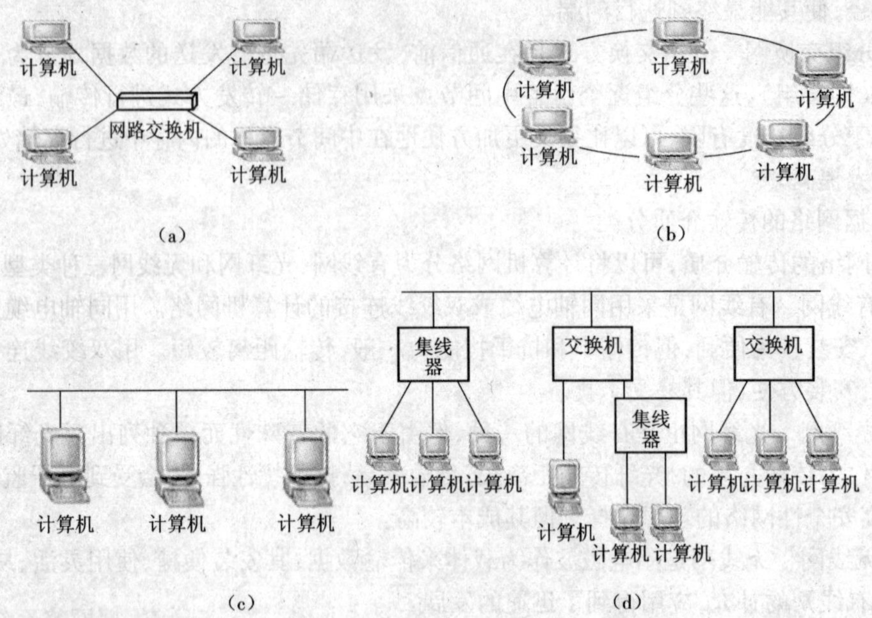

图 7-1　网络拓扑图

(a)星型;(b)环型;(c)总线型;(d)混合型

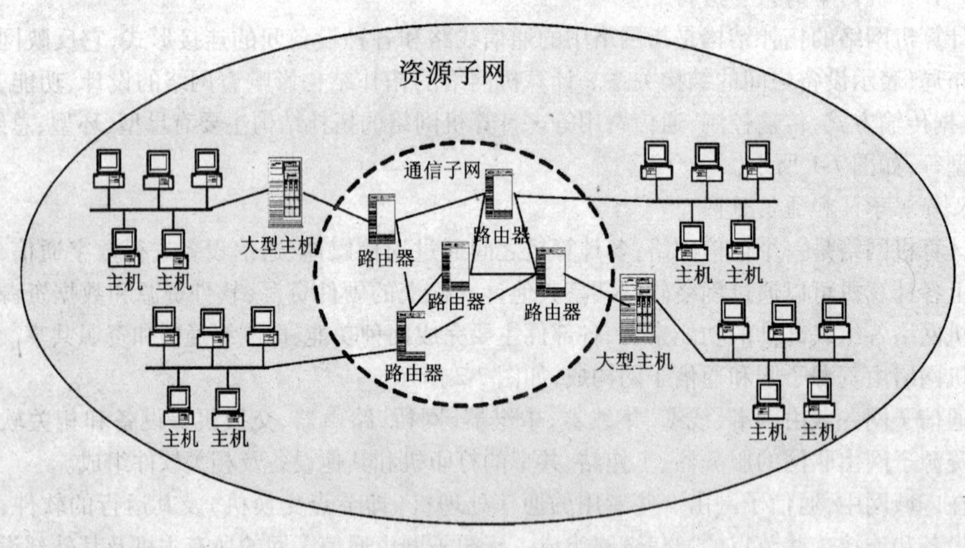

图 7-2　通信子网与资源子网

7.1.2　网络体系结构

1. 网络体系结构的基本概念

体系结构是研究系统中各组成部分及其相互关系的一门学科。计算机网络体系结构实质上是定义和描述一组用于计算机及其通信设施之间互联的标准和规范的集合，遵循这组规范可以很方便地实现计算机设备之间的通信。

2. 网络体系结构的层次结构

计算机网络系统是独立的计算机通过已有通信系统连接形成的,其功能是实现计算机的远程访问和资源共享。因此,计算机网络的主要功能是使异地独立工作的计算机之间实现正确、可靠的通信。计算机网络分层体系结构模型正是为解决计算机网络中这一关键问题而设计的。

1)分层的原则

计算机网络体系结构的分层思想主要遵循以下几个原则。

①功能分工的原则,即每一层的划分都应有它自己明确的、与其他层不同的基本功能。

②隔离稳定的原则,即层与层之间结构要相对独立且相互隔离,从而使任意一层在内容或结构上的变化对其他层的影响小,各层的功能、结构相对稳定。

③分支扩张的原则,即公共部分与可分支部分划分在不同层,这样有利于分支部分的灵活扩充和公共部分的相对稳定,减少结构上的重复。

④方便实现的原则,即方便标准化的技术实现。

2)层次的划分

计算机网络是计算机的互联,它的基本功能是网络通信。网络通信根据网络系统不同的拓扑结构可归纳为两种基本方式:第一种是相邻结点之间通过直达通路的通信,称为点到点通信;第二种是不相邻结点之间通过中间结点连接起来形成间接可达通路的通信,称为端到端通信。很显然,点到点通信是端到端通信的基础,端到端通信是点到点通信的延伸。

3. ISO/OSI 网络参考模型

为了促进互联网络的研究和发展,20 世纪 70 年代后期,国际标准化组织(ISO)制定了一个参考模型,为协调标准的研究提供了一个共同的基础,允许现存的和正在演变中的标准化活动有一致的框架和前景。该模型称为开放系统互联参考模型(Open System Interconnection/Reference Model),简称 OSI/RM,又称为 OSI 模型。该模型不涉及具体计算机通信网络的应用。它所描述的是通信软件的结构,借助这种结构,提供可靠的数据透明通信服务,而与任何具体厂商的设备或规约无关,从而支持全球范围的应用。OSI/RM 定义的网络体系结构具有 7 个层次,也就是 7 层模型,如图 7-3 所示。

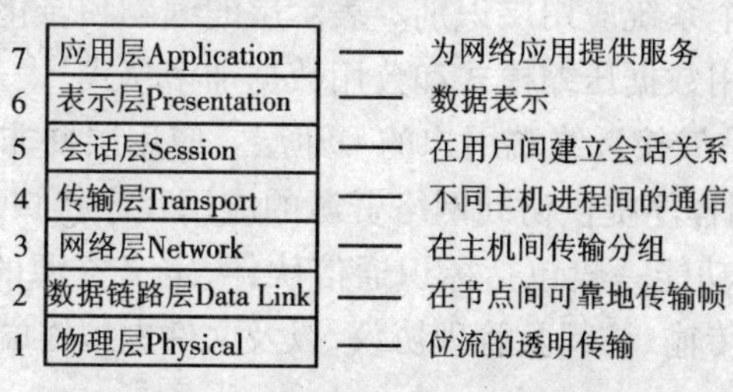

图 7-3 OSI/RM 网络体系结构的 7 层模型

为了使标准的提出能独立于实现的具体环境,OSI 模型的确立采用了三级抽象技术。

第一级抽象,提出 OSI/RM,建立计算机网络在概念和功能上的框架,包括确定 OSI 的层次模型以及公共术语、属性和子模块的功能等。

第二级抽象,提出 OSI 服务定义,在 OSI/RM 的基础上,定义各个子模块可提供的服务(即确定各个子模块的外观特性)。

第三级抽象,定义 OSI 协议规范,定义一组为确保各子模块提供服务而应遵循的规则(协议)。该协议主要包括以下三个方面的内容:一是语法,规定通信双方交换的数据格式、编码和电频信号等;二是语义,规定用于协调双方动作的信息及其含义等;三是时序,规定动作的时间、速度匹配和事件发生的顺序等。OSI 模型中各层的基本功能如下。

(1)物理层　物理层是 OSI 的最底层。其主要功能是负责最后将信息编码成电流脉冲或其他信号用于网上传输。它由计算机和网络介质之间的实际界面组成,可定义电气信号、符号、线的状态、时钟要求、数据编码和数据传输用的连接器。如最常用的 RS-232 规范、10Base-T 的曼彻斯特编码以及 RJ-45 就属于这一层。所有比物理层高的层都通过事先定义好的接口与它通话。

(2)数据链路层　数据链路层的主要功能是为物理网络链路提供可靠的数据传输。不同的数据链路层定义了不同的网络和协议特征,其中包括物理编址、网络拓扑结构、错误校验、帧序列以及流控。数据链路层实际上由两个独立的部分组成,即媒体存取控制子层(Media Access Control,MAC)和逻辑链路控制子层(Logical Link Control,LLC)。MAC 描述在共享介质环境中如何进行站的调度、发生和接收数据。MAC 确保信息跨链路传输的可能性,对数据传输进行同步、识别错误和控制数据的流向。一般情况下,MAC 只在共享介质环境中才是重要的,因为只有在共享介质环境中多个节点才能连接到同一传输介质上。

(3)网络层　网络层负责在信息源和终点之间建立连接。它一般包括网络寻径,还可能包括流量控制、错误检查等。相同 MAC 标准之间的数据传输一般只涉及到数据链路层,而不同的 MAC 标准之间的数据传输都要涉及到网络层。例如 IP 路由器工作在网络层,因而可以实现多种网络间的互联。

(4)传输层　传输层的主要功能是向高层提供可靠的端到端的网络数据流服务。它一般包括流控、多路传输、虚电路管理及差错校验和恢复。

(5)会话层　会话层的主要功能是建立、管理和终止表示层与实体之间的通信会话。通信会话包括发生在不同网络应用层之间的服务请求和服务应答。这些请求与应答通过会话层的协议实现。它还包括创建检查点,使通信在发生中断的时候可以返回到以前的某个状态。

(6)表示层　表示层提供多种功能用于应用层数据编码和转化,以确保以一个系统应用层发送的信息可以被另一个系统应用层识别。表示层的编码和转化模式包括公用数据表示格式、性能转化表示格式、公用数据压缩模式和公用数据加密模式。

(7)应用层　应用层是最接近终端用户的 OSI 层。应用层并非由计算机上运行的实际应用软件组成,而是由向应用程序提供访问网络资源的应用程序接口(Application Program Interface,API)组成。应用层的功能一般包括标识通信伙伴、定义资源的可用性和同步通信。OSI 的应用层协议包括文件的传输、访问及管理协议,以及文件虚拟终端协议和公用管理系统信息等。

4. TCP/IP 协议

TCP/IP 是用来互联计算机网络的协议,通常称为网络互联协议。TCP/IP 是 Internet 采用的协议标准,也是全世界使用最广泛的工业标准。TCP/IP 是一系列协议组成的协议集,目前包含了上百种的协议,其中有些协议是为应用需要而提供的低层功能,包括了 TCP、IP、用户数据报协议 UDP 及互联网络控制报文协议 ICMP;另一些是为完成特定的任务,包括文件传送、邮件发送等。TCP 和 IP 只是 TCP/IP 协议集中的两个极为重要的协议:TCP(Transmission Control Protocol)被称为传输控制协议,负责数据从端到端的传输,是面向连接的;IP(Internet Protocol)称为网络互联协议,负责网络之间的互联。相对于 ISO 的 OSI 参考模型,TCP/IP 协议系列分成四个层次的结构,包括网络接口层、互联层、传输层和应用层。TCP/IP 与 OSI 参考模型的对比如图 7-4 所示。

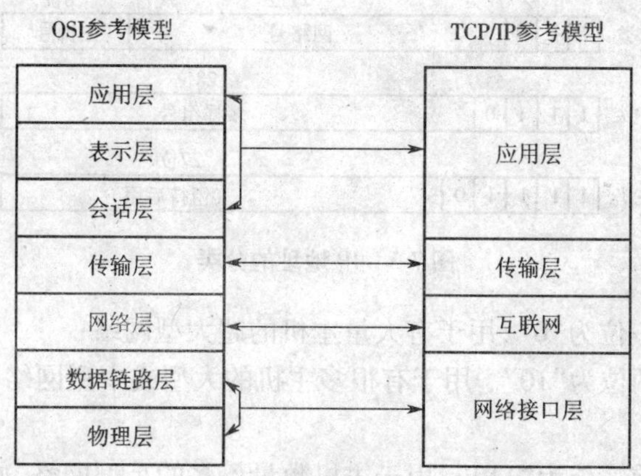

图 7-4　TCP/IP 参考模型与 OSI 模型对比

TCP/IP 每层包含的主要协议及各层的具体传输对象如表 7-1 所示。

表 7-1　TCP/IP 的层次结构

层的名称	主要内容	传递对象
应用层	SMTP、FTP、TELNET、DNS、HTTP、DNS 等	
传输层	TCP、UDP	报文
互联层	IP、其他协议	IP 数据报
网络接口层	网络接口协议、以太网、令牌环、FDDI、其他网络	帧

5. IP 地址

前面已经介绍,IP 是 TCP/IP 参考模型的主要协议,它的主要功能是将相互独立的多个网络互联起来;除此之外,IP 还要提供以标识网络及主机节点地址的功能,即通常所说的 IP 地址。IP 地址独立于网络硬件和网络配置,是一个逻辑地址。凡是连入 Internet 的计算机都要有一个 IP 地址,若要访问网络上的其他计算机,必须知道它的 IP 地址才能与其通信。

1)IP 地址的分类和表示

一个 IP 地址由 32 位二进制数组成。IP 地址按层次结构组织,分为前缀和后缀两部分。前缀是网络的标识,表示网络地址;后缀是网络中的主机标识,是主机地址。

IP 地址具有两个重要的特性:每台主机的 IP 地址在整个 Internet 范围内是唯一的,只有这样才能保证通信时的对象确定。网络地址在 Internet 范围内统一分配,而主机地址则由该网络本地分配。即当一个网络获得了一个网络地址后,它可自行对本网络中的每台主机分配主机地址,主机地址部分只需在本网络内是唯一的;由于网络地址的唯一性,也就确保了 IP 地址在互联网内的唯一性。

为满足不同网络的需要,IP 地址共分为五类,是根据每个 IP 地址中的网络地址和主机地址的位数不同来划分的。这五类 IP 地址以 A、B、C、D、E 来表示,如图 7-5 所示,其中的第 0 位为 IP 地址的最高位(即最左边的二进制数)。这五类 IP 地址的用途如下。

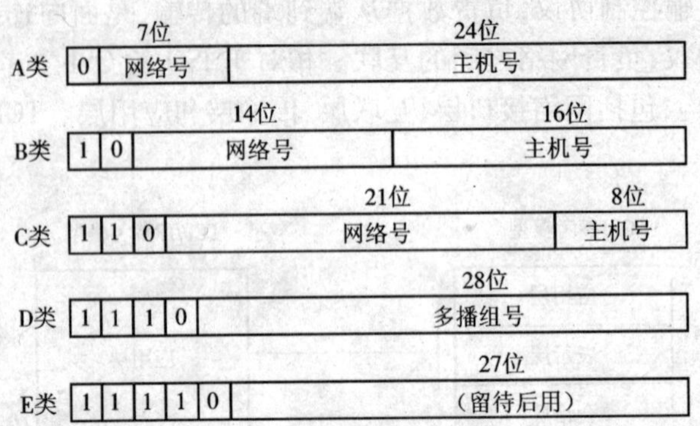

图 7-5 IP 地址的分类

①A 类 IP 地址第一位为“0”,用于有大量主机的超大型网络;

②B 类 IP 地址前两位为“10”,用于有很多主机的大型或中型网络,如国际性大公司或政府机构等;

③C 类 IP 地址的前三位为“110”,用于主机数量不多的小型网络,如一些小公司或普通的研究机构等;

④D 类 IP 地址的前四位为“1110”,用于多目的地广播地址传递;

⑤E 类 IP 地址的前五位为“11110”,为保留地址,主要用于研究和实验。

其中 A、B、C 类地址为基本的 IP 地址,这三类地址中有极少量的地址用于特殊用途,而不能够分配给主机。这些保留地址是:后缀全 0 的主机地址;后缀全 1 的主机地址;前缀、后缀全 0 的 IP 地址;前缀、后缀全 1 的 IP 地址;前缀全 1 的 A 类地址,即第 1 个十进制数为 127 的 IP 地址。

表 7-2 给出了这三个基本类 IP 地址所能容纳的最大网络数和每个网络所允许的最多主机数。

表 7-2 三个基本类地址所包含的网络数和网络主机数

地址类别	前缀位数	最大网络数	后缀位数	网络中最大主机数
A	7	$126(2^7-2)$	24	$16777214(2^{24}-2)$
B	14	$16384(2^{14})$	16	$65534(2^{16}-2)$
C	21	$2097152(2^{21})$	8	$254(2^8-2)$

可以想象,由 32 位二进制数组成的 IP 地址表示起来非常不方便,很容易出错,所以,通常采用“点分十进制表示法”,即把 32 位二进制数按 8 位一组分成 4 组,每组用一个小于 256 的十进制数表示,组与组之间用“.”隔开。例如:IP 地址 11000000. 00000111. 0011000. 00000101 可以表示为 192. 7. 48. 5,是一个 C 类 IP 地址。

由于在 IP 地址中表示不同类别的标志都集中在前四位,即处在“点分十进制表示法”中的第 1 个十进制数中,所以,可以根据第 1 个十进制数的大小,来判断该地址为何类 IP 地址。表 7-3 列出了各类 IP 地址所对应的第 1 个十进制数的范围。

表 7-3　IP 地址类别与对应的第 1 个十进制数的范围

地址类别	数字范围
A 类	1. 0. 0. 1 ~ 126. 255. 255. 254
B 类	128. 0. 0. 1 ~ 191. 255. 255. 254
C 类	192. 0. 0. 1 ~ 223. 255. 255. 254
D 类	224. 0. 0. 0 ~ 239. 255. 255. 255

2）子网地址

虽然 IP 地址总体上被分成了 A、B、C 三个基本类，以适应不同规模网络的需要，但是从表 7-2 可以看出，每种类别下的可容纳的主机数量都比较多（特别是对 A、B 两类），而很多实际网络的主机数量都与其相差甚远，这就造成了有限的 IP 地址资源的浪费。例如，一个网络拥有 280 台主机，则显然只能分配一个 B 类地址，而 16 位主机地址中的绝大部分都被浪费了。

为了避免这种情况，可把多余的主机地址拿出来作为子网的地址来分配，这样就可以充分利用 IP 地址资源，尽量把 IP 地址资源的浪费减少到最小程度。

例如，许多网络共用一个 A 类网络，每个网络作为一个子网，从 24 位的主机地址中拿出高几位作为子网地址分配给每个子网，而剩余的位作为每个子网的主机地址，子网之间由路由器连接。从整体上来说，它们是个单一的网络，共享一个 A 类 IP 地址且外边并不知道这个单一网络内部子网的划分情况；而对于内部来说，每个子网单独寻址和管理。如图 7-6 表示的是在 A 类地址中用主机地址的高 12 位作为子网地址，主机地址的低 12 位作为每个子网的主机地址的方案。设原来的网络地址为 122. 0. 0. 0，划分子网后：

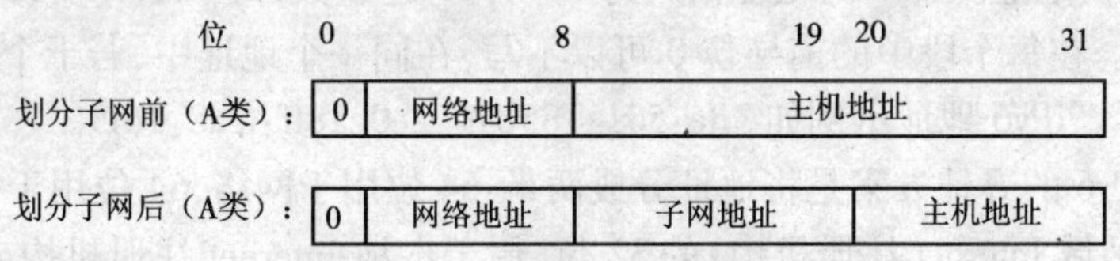

图 7-6　子网地址的表示

122. 1. 0. 0 表示第 1 个子网；

122. 2. 0. 0 表示第 2 个子网；

122. 3. 0. 0 表示第 3 个子网；

……

在这个方案中，最多可以有 $2^{12}-2=4\ 094$ 个子网（不含全 0 或全 1 的子网地址，因为早期路由协议不支持全 0 或全 1 的子网掩码），每个子网最多可以有 $2^{12}-2=4\ 094$ 台主机。

子网地址的位数并没有强行规定（但显然不能是 1 位，主机地址也不能只保留 1 位），可由网络管理人员根据子网的个数和子网中主机的数目来确定。

3）网络掩码

在数据报的传输过程中，路由器必须从 IP 数据报的目的 IP 地址中分离出网络地址，才能确定下一站的位置。为了分离网络地址，就要使用网络掩码。网络掩码的格式与 IP 地址的格式相同，只是数字不同。网络掩码的网络地址全为 1，而主机地址全为 0。例如：

A 类地址的网络掩码为 255. 0. 0. 0；

B 类地址的网络掩码为 255. 255. 0. 0；

C 类地址的网络掩码为 255. 255. 255. 0。

网络掩码的作用是在进行路由选择时,用网络掩码与目的 IP 地址按二进制位做"与"运算,这样,就可保留 IP 地址中的网络地址部分,而屏蔽主机地址部分。例如,若 B 类 IP 地址为 128. 12. 2. 21,它与 B 类地址的网络掩码"与"运算后的结果是:

IP 地址	128. 12. 2. 21		10000000 00001100 00000010 00010101
网络掩码	255. 255. 0. 0	"与"运算	11111111 11111111 00000000 00000000
网络地址	128. 12. 0. 0		10000000 00001100 00000000 00000000

在采用了子网方案后,只需在掩码中把相对于子网地址的位设为 1,就形成了子网掩码。

4)静态 IP 地址和动态 IP 地址

IP 地址可以分为静态 IP 地址和动态 IP 地址两大类。静态 IP 地址是分配给某个主机的固定的 IP 地址,由这个主机一直占用而不管这个主机是否与 Internet 进行通信,因此不能再分配给其他主机。动态 IP 地址在不同时间内可以分配给不同的计算机。例如普通 Internet 用户,当使用电话拨号方式通过 ISP 接入 Internet 时,由 ISP 为其计算机分配一个动态 IP 地址;当它结束上网,断开与 Internet 的连接后,这个动态 IP 地址被收回,可再分配给其他用户使用。

5)网际协议 IPv6

现有的互联网大部分是在 IPv4 协议的基础上运行。IPv6 是新一版本的互联网协议,它的提出最初是因为随着互联网的迅速发展,IPv4 定义的有限地址空间将被耗尽,地址空间的不足必将影响互联网的进一步发展。为了扩大地址空间,拟通过 IPv6 重新定义地址空间。

(1)IPv6 的编址方式　IPv6 地址的长度是 IPv4 地址长度的 4 倍:128 位对 32 位,几乎可以不受限制地提供地址。IPv6 的地址格式为 32 个 16 进制数,每 4 个一段,共有 8 段,段与段之间以":"分隔。在每个段中的前导位 0 可以不写,在同一个地址中,若干个连续的为 0 的段可以简写为"::"。IPv6 地址示例如 3ffe:501:185b:1:2e0:18ff:fea8:16f5。

最流行的 IPv6 的寻址方案是将地址分成两半:64 位用于网络,64 位用于每个设备。高 64 位由用于 RIR(区域 Internet 注册机构)的 32 位、用于本地 Internet 注册机构或 ISP 的 16 位以及用于地址所属站点的 16 位构成。每个站点提供最多 65 536(2^{16})台设备的地址。

(2)从 IPv4 到 IPv6 时的兼容问题　虽然从技术上讲,IPv6 优于当今的 IPv4,但在全球范围内实现 IPv6 还存在一些潜在的问题,不可能在某一天简单地从旧的 IP 版本切换到更新的版本。因此,必须考虑两个版本的兼容性。

从 IPv4 向 IPv6 过渡会出现的问题是:IPv4 已嵌入到 TCP/IP 组件的许多层和许多应用程序中,如果实现到 IPv6 的切换,那么使用 IP 的各个应用、驱动程序和 TCP 栈将不得不进行改变,这会涉及很大的改动。这么多的生产商,不可能在向一个特定的时间范围内改变他们的代码。

现有的网络设备(主机、路由器、网桥等)都使用 IPv4,当这些设备转向运行 IPv6 时,将会需要两组 IP 软件,一组用于旧的版本,一组用于新的版本。在某些情况下,其实现会由于存储或性能问题而变得很困难,所以一些设备将不得不只有一个 IP 版本。对于不能或不会更新到 IPv6 的应用,可以通过开发转换软件实现 IPv4 和 IPv6 之间的通信。虽然这会增加系统的开销,降低性能,但在过渡期也许是一种较好的解决方法。

7.1.3　局域网

1. 局域网的定义

局域网 LAN 是一个数据传输系统。它允许在有限地理范围的许多独立设备相互连接，直接进行通信并共享网络资源。它的基本特征是网络所覆盖的地理范围较小、数据传输距离短。这使得局域网在选择通信方式、通信控制方法、网络拓扑结构、网络协议等方面具有自己的特色。

由于局域网的通信距离较短，通信线路的成本在网络建设的总成本中所占的比例较小，因此可以使用价格较高的高速传输介质，由各个节点一起共享。所以，局域网一般不采用网状拓扑结构，而是使用总线型、环型以及星型结构，从而使网络的管理和控制变得简单很多。同时，由于传输距离较短，传输速率较高，也就大大地提高了可靠性。

综上所述，局域网具有以下主要特点。

①局域网覆盖范围是有限的，一般在一个建筑物或一个校园内，用于企业、机关、学校等某一组织有限范围内的计算机互联，从而实现内部的资源共享。

②局域网可以采用多种传输介质，主要有双绞线、同轴电缆、光纤及无线介质。使用不同的介质有不同的低层协议。

③局域网的传输速率较高，通常可以达到 10 ~ 10 000 Mbit/s，其传输可靠性也很高。

④传输控制比较简单。对于共享信道的局域网来说，网络没有中间节点，也就不需要转接和路由选择等控制功能。

⑤局域网拓扑结构简单，一般采用总线型、环型、星型结构，便于网络的控制与管理，因此低层协议也就比较简单。

局域网跟广域网的主要区别在于通信距离和传输速率，这两方面的不同也就决定了所要解决的问题不同，各自的拓扑结构、体系结构、低层协议也就不同。

2. 局域网的组成

一个典型的局域网由服务器、工作站、网络通信系统和网络操作系统组成，如图 7-7 所示。

(1)服务器(Server)　服务器是用来管理网络并为网络用户提供服务的计算机。与网络中的工作站相比，服务器通常具有更快的速率、更大的存储容量和更高的可靠性。另外，为了便于对网络进行管理，服务器中通常安装相应的网络操作系统，如 Windows 2000/2003 Server 和 UNIX 等系统。

(2)工作站(Workstation)　工作站是用户使用的计算机，又称用户机或客户机。从网络构成的角度看，任何一台计算机都可以作为工作站。当工作站登录到网络服务器后，可按规定权限访问服务器中的资源。另外，工作站通常还可以与网络中的其他用户进行通信或访问 Internet。

(3)网络通信系统(Network Communication System)　网络通信系统是连接工作站和服务器的硬件设备。这些设备包括专用的网络通信设备(如交换机、路由器和网卡等)和用于传输数据的通信介质(如同轴电缆、双绞线和光纤等)。通信设备通过通信介质相互连接。

(4)网络操作系统(Network Operating System)　对于稍大一点的网络来说，为了充分发挥网络的功能以及更好地管理网络，通常应在服务器中安装网络操作系统。例如，基于安全起见，企业的几乎所有重要数据(如财务、销售等)都被保存在服务器中，并非每个人都能访问这

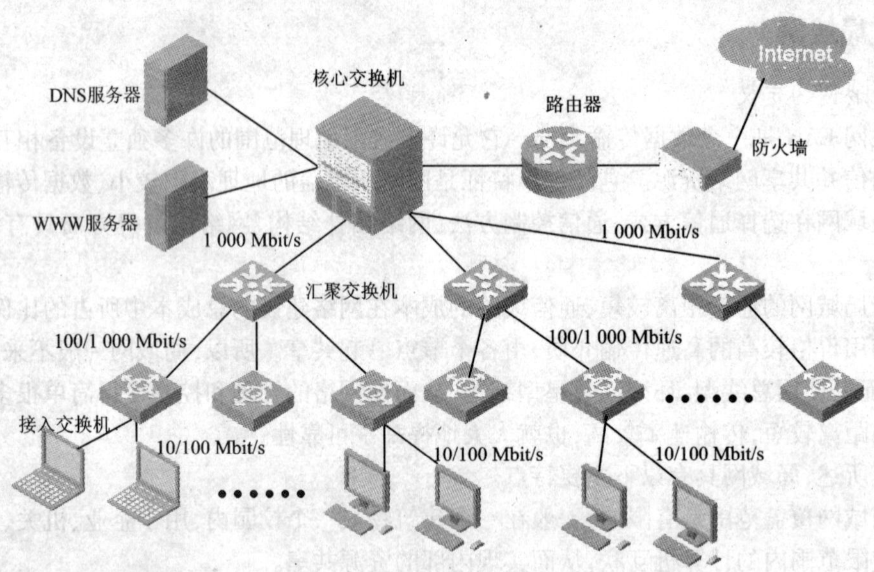

图 7-7 局域网组成图

些数据。通常情况下,只有企业负责人拥有最高权限,而其他人只能查看部分数据。所以,就必须借助网络操作系统来对网络中的资源和用户进行管理,它可以赋予用户一定的权限,并分配用户所能访问的网络资源。

3. IEEE 802 标准

随着局域网技术的迅速发展,局域网产品的种类和数量急剧增加,各种传输形式、局域网与设备的连接方式、介质访问控制方法以及其所支持的网络软件都各具特色,这使得生产厂家与用户难以适应。因而,迫切希望制定出一个标准化的计算机局域网协议。国际上研究局域网标准协议的机构主要有美国电气与电子工程师学会局域网计算机网络标准化 802 委员会(简称 IEEE 802 委员会)、欧洲计算机制造厂商协会(ECMA)和国际电工委员会(IEC),其中最有影响的是 IEEE 802 委员会。该委员会于 1980 年 2 月成立,专门从事局域网的标准化研究工作,并形成了 IEEE 802 标准系列。IEEE 802 委员会已经公布的 11 条标准如下。

IEEE 802.1:概述、体系结构和网络互联,以及网络管理和性能测量。

IEEE 802.2:逻辑链路控制 LLC。

IEEE 802.3:CSMA/CD 访问方法和物理层技术规范。

IEEE 802.4:令牌总线访问方法和物理层技术规范。

IEEE 802.5:令牌环网访问方法和物理层技术规范。

IEEE 802.6:城域网。

IEEE 802.7:宽带技术。

IEEE 802.8:光纤技术。

IEEE 802.9:综合语音数据局域网。

IEEE 802.10:可互操作的局域网的安全。

IEEE 802.11:无线局域网。

IEEE 802.12:高速局域网的介质访问方法和物理层技术规范。

4. 双绞线(Twisted pair，TP)

双绞线就是将一对绝缘的铜导线按一定密度互相绞在一起，其中一根导线在传输中辐射的电波会被另一根线上发出的电波抵消，以减少信号在电缆中传输的噪声和电磁干扰。双绞线分为屏蔽双绞线和非屏蔽双绞线两种。屏蔽双绞线带有网状或金属箔静电防护层，可以提高介质的抗噪声特性。非屏蔽双绞线因为价格较低，数据传输的可靠性较高，被广泛应用于计算机网络通信中。双绞线由于价格便宜和安装简便，是目前被广泛使用的网络通信传输介质。

1)双绞线的结构

双绞线是由两条相互绝缘的细芯铜导线缠绕在一起构成的，因此称为一对双绞线。一般情况下，一条电缆中包含8根线，也就是4对双绞线。在布线时也经常使用将25对双绞线合并在一起的大对数双绞线电缆。双绞线线皮的颜色通常为橙色、棕色、蓝色、绿色。因为两条导线缠绕在一起，所以能够消除电磁干扰和射频干扰。双绞线连接所需的RJ－45水晶头、信息模块如图7-8所示。

图7-8　RJ－45水晶头、信息模块

2)双绞线分类

目前应用的双绞线分为两种，即非屏蔽双绞线(Unshielded Twisted Pair，UTP)和屏蔽双绞线(Shielded Twisted Pair，STP)。UTP被广泛应用在电话和数据网之中。

(1)非屏蔽双绞线(UTP)　非屏蔽双绞线是局域网布线中最常见的一类电缆，如图7-8所示。它价格便宜，轻便柔韧，易于安装。UTP依靠成对的绞合导线，使电磁干扰和射频干扰最小化，所以没有外加屏蔽层。塑料防护层内部的每一根线都与另外一根线相缠绕，以减少数据信号的干扰。为了传输数字信号，在数据网络中禁止使用扁平电话线或未经绞合的电缆线。双绞线传输模拟信号带宽可以达到250 kHz，而传输数字信号的数据速率随距离而不同。

(2)屏蔽双绞线(STP)　屏蔽双绞线是两对或者多对铜绞线，外层包着柔韧的绝缘层，然后是金属箔屏蔽层，最外层是塑料防护层，如图7-10所示。在有些多线的STP类电缆中，每对双绞线会有自己单独的金属箔屏蔽层。金属箔屏蔽层有助于消除电磁干扰。

屏蔽双绞线常用于强电设备和强干扰源环境的布线，而且为了提高抗干扰的效果，与STP连接的插头和插座也要屏蔽。另外，STP在连接时要注意正确接地，以便获得可靠的信号传输。虽然屏蔽双绞线的抗干扰性比非屏蔽双绞线强，但是屏蔽双绞线以及插头的价格要比非屏蔽双绞线缆贵。

在8根4对的双绞线中，实际上只有4根两对线用于传输数据。其中1、2对线用于发送数据，3、6对线用于接收数据。按照TIA/EIA568A标准和TIA/EIA568B标准，连接头与电缆线对的连接和排列有两种不同的方法，其颜色标志及电缆线对的排列顺序如下。

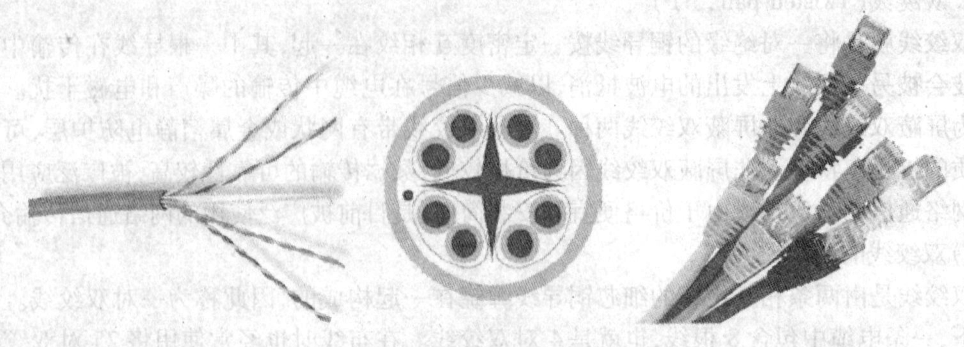

图 7-9 非屏蔽双绞线

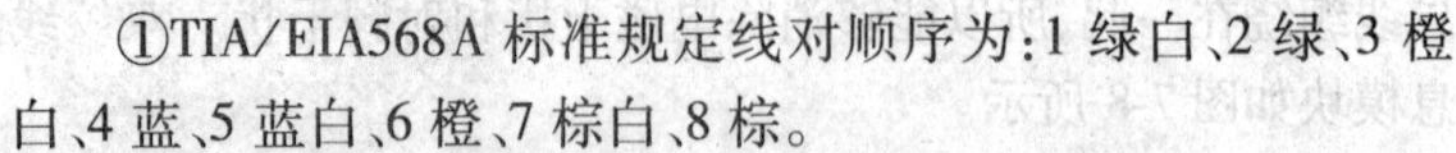

①TIA/EIA568A 标准规定线对顺序为:1 绿白、2 绿、3 橙白、4 蓝、5 蓝白、6 橙、7 棕白、8 棕。

②TIA/EIA568B 标准规定线对顺序为:1 橙白、2 橙、3 绿白、4 蓝、5 蓝白、6 绿、7 棕白、8 棕。

在实际的连接中,关键要保证"1、2"线对是一对,"3、6"线对是一对,"4、5"线对是一对。实际应用中使用较多的是 TIA/EIA568B 的连接方法。

图 7-10 屏蔽双绞线(STP)

双绞线的连接方法主要有直通方式和交叉方式。直通连接方法一般用于计算机与集线器或配线架与集线器之间的连接。这种连接方式的电缆两端的 RJ-45 连接头中的线序完全相同,线缆两端都是 TIA/EIA568A 或都是 TIA/EIA568B 的连接。交叉连接方法一般用于集线器与集线器或者网卡与网卡之间的连接。这种连接方式的电缆两端的 RJ-45 连接头中的线序一端是 TIA/EIA568A 的连接,而另一端是 TIA/EIA568B 的连接,具体见图 7-11 所示。

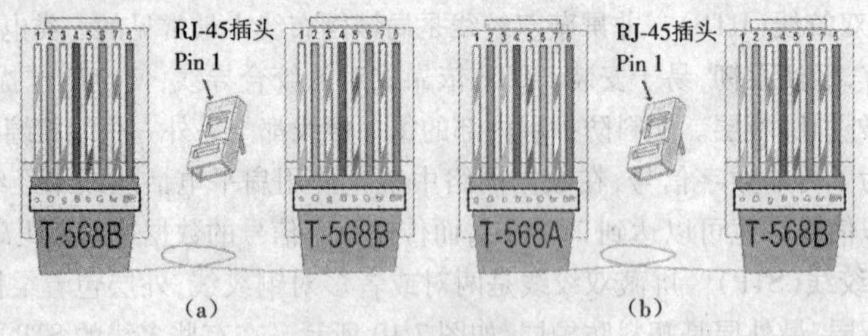

图 7-11 双绞线的连接方式

(a)直通方式;(b)交叉方式

3)双绞线的传输距离

在不用中继器的情况下,大多数网络通信中双绞线的最大安装长度为 100 m。但考虑到网络设备的连接以及其他的额外布线,双绞线的使用一般都限制在 90 m 内。在使用中继器的情况下,由于中继器起到信号放大作用,因此双绞线的传输距离可以更远,具体的传输距离要根据使用的中继器的个数和网络结构来决定。双绞线的简单组网连接示意图如图 7-12 所示。

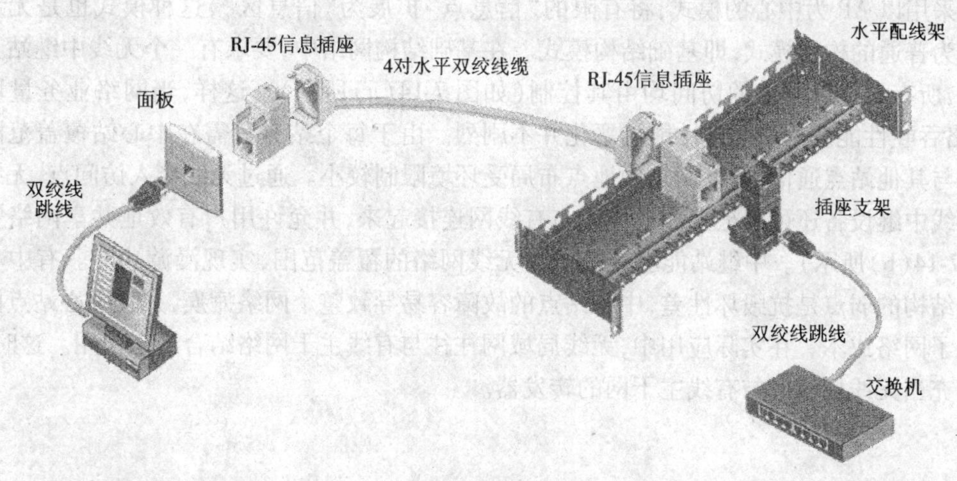

图 7-12　双绞线的简单组网连接示意图

5. 无线局域网

对于以移动笔记本电脑办公为主的用户而言,无线传输技术是其重要的组成部分。目前能用在笔记本电脑中的无线接入技术主要有 IEEE 802.11 无线局域网技术、红外端口技术和蓝牙技术 3 种。

无线局域网(Wireless LAN,WLAN)是计算机网络与无线通信技术相结合的产物。从专业角度讲,无线局域网利用了无线多址信道的一种有效方法来支持计算机之间的通信,并为通信提供移动化、个性化和多媒体应用。无线局域网就是在不采用传统缆线的同时,提供有线以太网的功能。

1)无线局域网的组建

将无线局域网设备结合在一起使用,就可以组建出多层次、无线与有线并存的计算机网络。一般来说,无线局域网有两种组网模式,即对等(Ad-Hoc)模式和基础结构(Infrastructure)模式。

(1)对等网络(Ad-Hoc)　对等网络是最简单的无线局域网结构。一个对等网络由一组有无线网络接口的计算机组成。这些计算机要有相同的工作组名、ESSID 和密码。任何时间,只要两个或更多的无线网络接口互相都在彼此的范围之内,它们就可以建立一个独立的网络。这些根据要求建立起来的典型的网络在管理和预先设置方面没有要求。对于对等网络,配置简单,可以实现点对点与点对多点连接。不过这种方式不能连接外部网络。因此适用于用户数相对较少的网络规模,如图 7-13 所示。

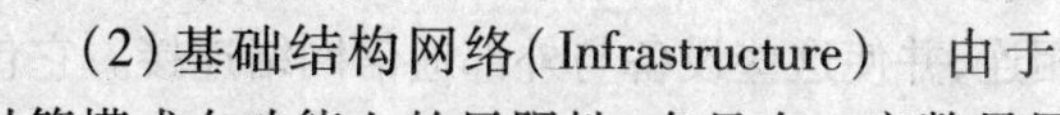

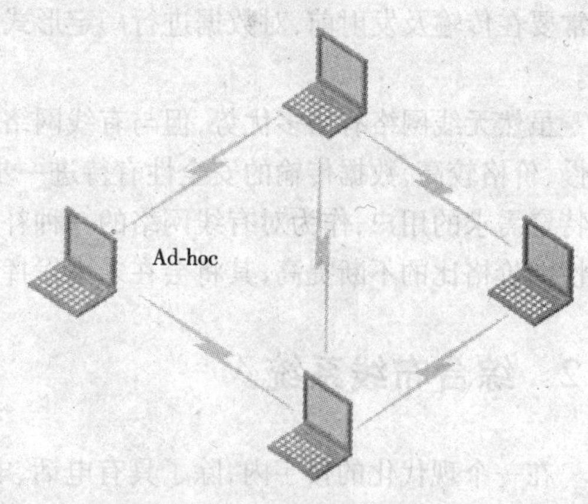

图 7-13　对等网络(Ad-Hoc)

(2)基础结构网络(Infrastructure)　由于对等模式在功能上的局限性,在具有一定数量用户或是需要建立一个稳定的无线网络平台时,一般会采用以AP为中心的模式,将有限的"信息点"扩展为"信息区",这种模式也是无线局域网最为普通的构建模式,即基础结构模式。在基础结构网络中,要求有一个无线中继站充当中心站,所有站点对网络的访问均由其控制(如图7-14(a)所示)。这样,当网络业务量增大时,网络吞吐性能及网络时延性能的恶化并不剧烈。由于每个站点只需在中心站覆盖范围之内就可与其他站点通信,所以网络中地点布局受环境限制较小。通过无线接入访问点、无线网桥等无线中继设备还可以把无线局域网与有线网连接起来,并允许用户有效地共享网络资源(如图7-14(b)所示)。中继站能够有效扩大无线网络的覆盖范围,实现漫游功能。有中心网络拓扑结构的弱点是抗毁坏性差,中心站点的故障容易导致整个网络瘫痪,并且中心站点的引入增加了网络成本。在实际应用中,无线局域网往往与有线主干网络结合起来使用。这时,中心站点充当无线局域网与有线主干网的转发器。

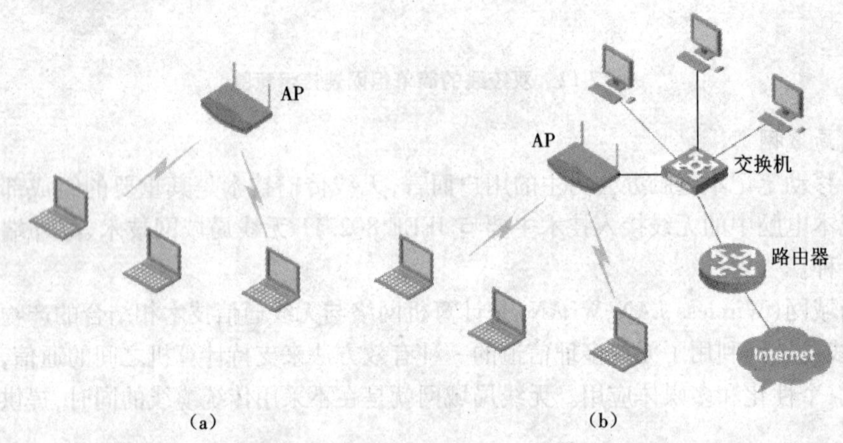

图7-14　基础结构网络(Infrastructure)

(a)以AP为中心的基础网络结构;(b)无线与有线的结合实例

无线局域网在近年得到了快速的发展和应用,通过无线局域网既可以进行数据的双向传送,也可以进行声音、图像等多媒体信息的双向传送。为了保证无线局域网数据传输安全性,通常要在传输及发射前,对数据进行一定形式的加密,这样在接收端必须要采用相应的解密措施。

虽然无线网络有诸多优势,但与有线网络相比,无线局域网也存在一些不足,如网络速率较慢、价格较高,数据传输的安全性有待进一步提高。因而无线局域网目前主要还是面向那些有特定需求的用户,作为对有线网络的一种补充。但也应该看到,随着适用于无线局域网的设备性能价格比的不断提高,其将会在未来发挥更加重要和广泛的作用。

7.2　综合布线系统

在一个现代化的楼宇内,除了具有电话、电视、传真、空调、消防、动力、照明线路外,同时还有计算机网络线路。而综合布线系统的对象是建筑物或楼宇内的传输网络,以使话音和数据通信设备、交换设备和其他信息管理系统彼此相连,并使这些设备与外部通信网络连接。它包含着建筑物内部和外部线路(网络线路、电话局线路)间的电缆及相关的设备连接措施。布线系统是由许多部件组成的,主要有传输介质、线路管理硬件、连接器、插座、插头、适配器、传输电子线路、电气保护设施等,并由这些部件来构造各种子系统。

综合布线系统是智能建筑传送信息的神经中枢,是建筑智能化大厦工程的重要组成部分,可以满足各种通信与计算机信息传输的要求,主要是通信和数据交换,即话音、数据、传真、图影像信号,综合布线系统是一套综合系统,它可以使用相同的线缆、配线端子板、相同的插头及模块,解决传统布线相互独立和存在不能兼容的问题。

7.2.1　综合布线系统结构

布线系统采用模块化的结构,灵活性高,目前被划分为七个部分,分别是工作区、配线子系统、干线子系统、建筑群子系统、设备间、进线间和管理。综合布线系统是将各种不同组成部分构成一个有机的整体,而不是像传统的布线那样自成体系,互不相干。综合布线系统结构如图 7-15 所示。

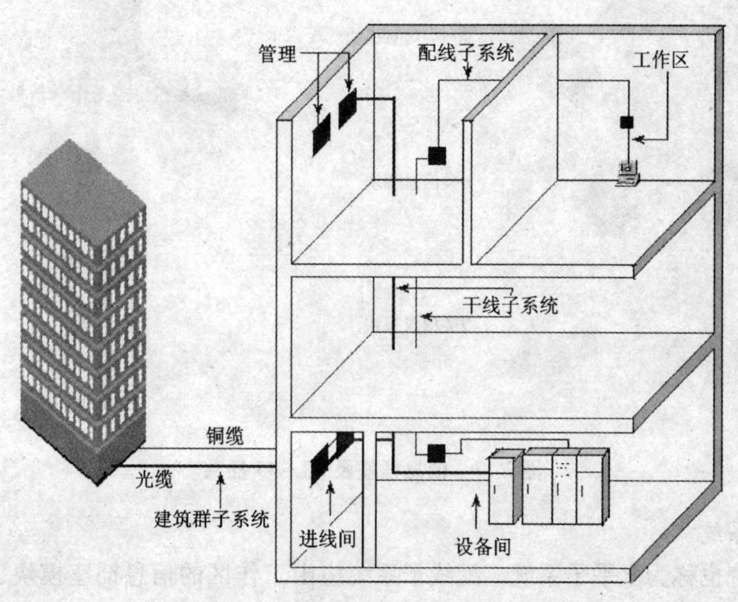

图 7-15　综合布线子系统结构图

1. 工作区

一个独立的需要设置终端设备(TE)的区域宜划分为一个工作区。工作区应由配线子系统的信息插座模块(TO)延伸到终端设备处的连接缆线及适配器组成,包括信息插座、插座盒、连接跳线和适配器。工作区布线要求相对简单, 容易移动、添加和变更设备即可。终端设备可以是电话、微机和数据终端,也可以是仪器仪表、传感器和探测器等。工作区可支持电话机、数据终端、微型计算机、电视机、监视及控制等终端设备的设置和安装。工作区如图 7-16 所示,信息插座及 RJ－45 插头见图 7-17。工作区设计时要注意如下要点:

①在设备连接器处采用不同信息插座的连接器时,可以用专用电缆或适配器;

②信息插座须安装在墙壁上或不易碰到的地方,插座距离地面 30 cm 以上;

③从 RJ－45 插座到设备间的连线用双绞线,一般不要超过 5 m。

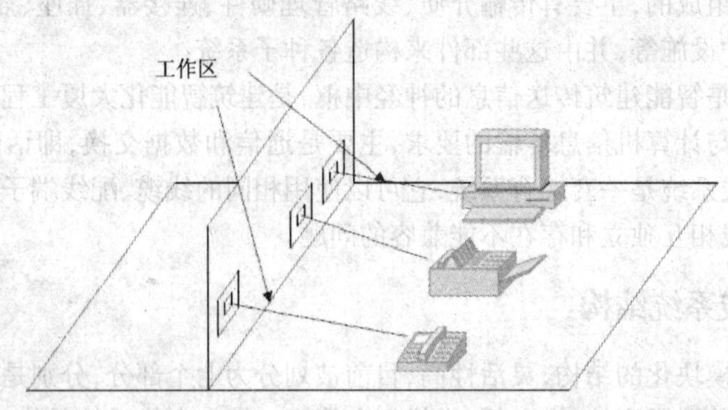

图 7-16 工作区

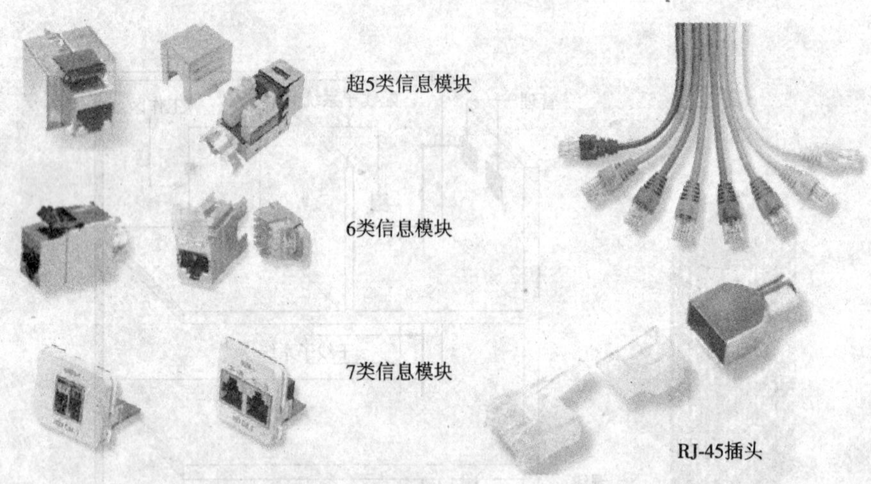

图 7-17 信息插座及 RJ－45 插头

2. 配线子系统

配线子系统也称为水平子系统。配线子系统应由工作区的信息插座模块、信息插座模块至电信间配线设备（FD）的配线电缆和光缆，电信间的配线设备及设备缆线和跳线等组成。配线子系统如图 7-18 所示。它一般为星型结构，与干线子系统的区别在于配线子系统总是在一个楼层上，仅与信息插座、管理间连接。一般情况，水平电缆应采用 4 对双绞线电缆。在水平子系统有高速率应用的场合，应采用光缆，即光纤到桌面。水平子系统根据整个综合布线系统的要求，应在电信间或设备间的配线设备上进行连接，以构成电话、数据、电视系统和监视系统等，并方便地进行管理。在配线子系统的设计时要注意如下几点：

①配线子系统用线一般为双绞线；

②长度一般不超过 90 m；

③配线必须在走线槽或在天花板吊顶内布线，尽量不走地面线槽；

④用 3 类双绞线可传输速率为 16 Mbit/s，用超 5 类双绞线可传输 100 Mbit/s；

⑤确定介质布线方法和线缆的走向；为适应语音、数据、多媒体及监控设备的发展，应选用较高类型的线缆。

⑥确定距接线间距离最近的 I/O 位置；

⑦计算水平区所需线缆长度。

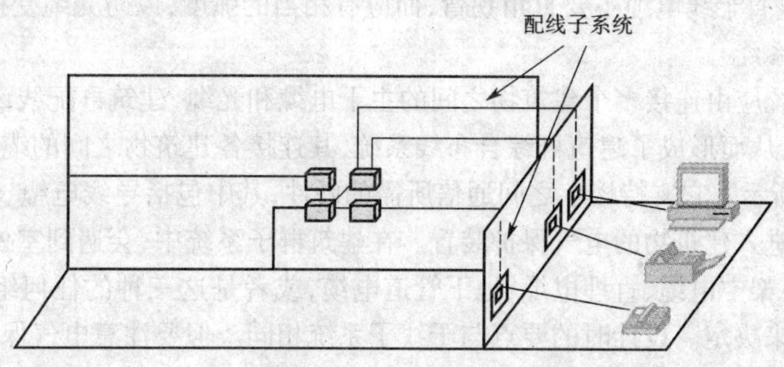

图 7-18　配线子系统

3. 干线子系统

干线子系统也称垂直子系统，应由设备间至电信间的干线电缆和光缆、安装在设备间的建筑物配线设备(BD)及设备缆线和跳线组成。它提供建筑物的干线电缆，负责连接管理到设备间的子系统，一般使用光缆或选用大对数的非屏蔽双绞线。它也提供了建筑物垂直干线电缆的路由。该子系统通常是在二个单元之间，特别是在位于中央节点的公共系统设备处提供多个线路设施。干线子系统见图 7-19。该子系统由所有的布线电缆组成，或由导线和光缆以及将此光缆连到其他地方的相关支撑硬件组合而成。传输介质可能包括一幢多层建筑物的楼层之间垂直布线的内部电缆或从主要单元如计算机房或设备间和其他干线接线间来的电缆。

为了与建筑群的其他建筑物进行通信，干线子系统将中继线交叉连接点和网络接口(由电话局提供的网络设施的一部分)连接起来。网络接口通常放在设备相邻的房间。干线子系统还包括：

①垂直干线或远程通信(卫星)接线间、设备间之间的竖向或横向的电缆走向用的通道；

②设备与网络接口之间的连接电缆或设备与建筑群子系统各设施间的电缆；

③垂直干线接线与各远程通信(卫星)接线间之间的连接电缆；

④主设备和计算机主机房之间的干线电缆。

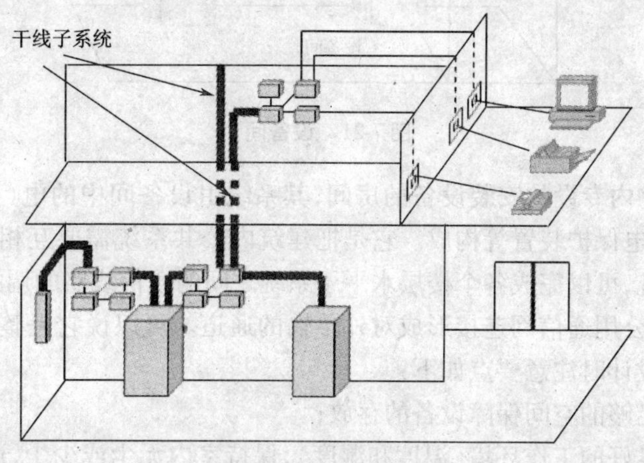

图 7-19　干线子系统

干线子系统设计一般选用光缆,以提高传输速率,光缆可选用多模(室外远距离),也可选用单模(室内);垂直干线电缆不要直角拐弯,而应有相当的弧度,以防光缆受损。

4. 建筑群子系统

建筑群子系统应由连接多个建筑物之间的主干电缆和光缆、建筑群配线设备(CD)及设备缆线和跳线组成,从而形成了建筑群综合布线系统,其连接各建筑物之间的缆线组成建筑群子系统,如图 7-20 所示。它支持楼宇之间通信所需的硬件,其中包括导线电缆、光缆以及防止电缆上的脉冲电压进入建筑物的电气保护装置。在建筑群子系统中,会遇到室外敷设电缆问题,一般有三种情况:架空电缆、直埋电缆、地下管道电缆,或者是这三种的任何组合,具体情况应根据现场的环境来决定。设计时的要点与干线子系统相同。但要注意电气保护,如雷击、电源碰地、感应电压、寄生电流等,都应使用各种保护器。

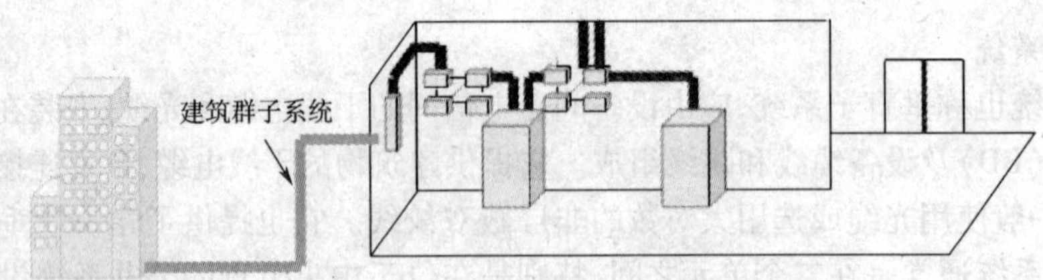

图 7-20 建筑群子系统

5. 设备间

设备间是在每幢建筑物的适当地点进行网络管理和信息交换的场地。对于综合布线系统工程设计,设备间主要安装建筑物配线设备。电话交换机、计算机主机设备及入口设施也可与配线设备安装在一起。设备间也称设备子系统。设备间如图 7-21 所示。

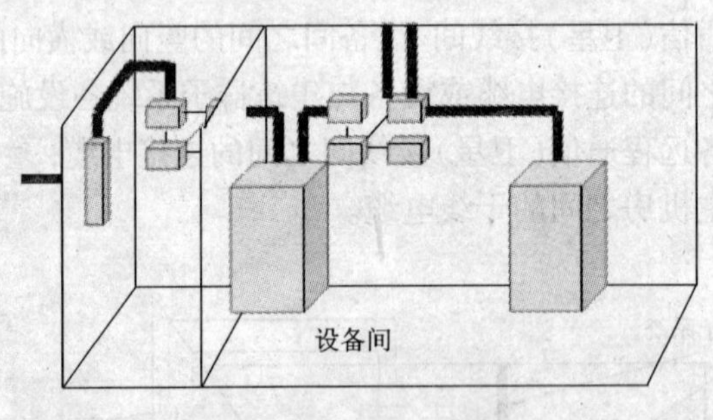

图 7-21 设备间

设备间指建筑物内专设的安装设备的房间,其系统由设备间中的电(光)缆、各种大型设备、总配线架及防雷电保护装置等构成。它是把建筑内公共系统需要互相连接的各种不同设备集中装设的子系统,可以完成各个楼层水平子系统之间的通信线路的调配、连接和测试等任务,还与建筑物外的公用通信网连接形成对外传输的通道。可以说它是整个综合布线系统的中心单元。设备间设计时注意要点如下:

①设备间要有足够的空间保障设备的存放;

②设备间要有良好的工作环境(温度和湿度),保持室内无尘或少尘,通风良好,安装良好的消防系统、UPS 等电源系统;

③设备间应按机房建设标准设计。

6. 进线间

进线间是建筑物外部通信和信息管线的入口部位,并可作为入口设施和建筑群配线设备的安装场地。建筑群主干电缆和光缆、公用网和专用网电缆、光缆及天线馈线等室外缆线进入建筑物时,应在进线间转换成室内电缆、光缆,并在缆线的终端处由多家电信业务经营者设置入口设施,入口设施中的配线设备应按引入的电、光缆容量配置。进线间如图7-22所示。

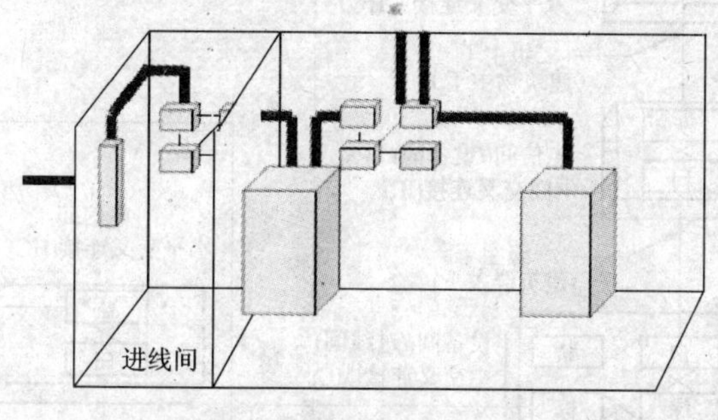

图7-22　进线间

在进线间设置安装的入口配线设备应与BD或CD之间敷设相应的连接电缆、光缆,实现路由互通。缆线类型和容量应与配线设备相一致。

7. 管理

管理应对设备间、电信间、进线间和工作区的配线设备、缆线、信息点、信息插座模块等设施按一定的模式进行标识和记录,并且符合综合布线的每一电缆、光缆、配线设备、端接点、接地装置、敷设管线等组成部分均应给定唯一的标识符,并设置标签。标识符应采用相同数量的字母和数字等标明;电缆和光缆的两端均应标明相同的标识符;设备间、电信间、进线间的配线设备宜采用统一的色标区别各类业务与用途的配线区。

1)布线系统的管理程度分级

根据布线系统的管理程度分为以下4级。

①一级管理,针对单一电信间或设备间的系统。

②二级管理,针对同一建筑物内多个电信间或设备间的系统。

③三级管理,针对同一建筑群内多栋建筑物的系统,包括建筑物内部及外部系统。

④四级管理,针对多个建筑群的系统。

管理系统的设计应使系统可在无需改变已有标识符和标签的情况下升级和扩充。

2)标签的选用要求

综合布线系统应在需要管理的各个部位设置标签,分配由不同长度的编码和数字组成的标识符,以表示相关的管理信息。标识符可由数字、英文字母、汉语拼音或其他字符组成,布线系统内各同类型的器件与缆线的标识符应具有同样特征(相同数量的字母和数字等)。标签的选用应符合以下要求。

①选用黏贴型标签时,缆线应采用环套型标签,标签在缆线上至少应缠绕一圈或一圈半,配线设备和其他设施应采用扁平型标签。

②标签衬底应耐用,可适应各种恶劣环境;不可将民用标签应用于综合布线工程;插入型标签应设置在明显位置、固定牢固。

③不同颜色的配线设备之间应采用相应的跳线进行连接。色标应用位置示意图如图7-23所示。色标的规定及应用场合宜符合下列要求。

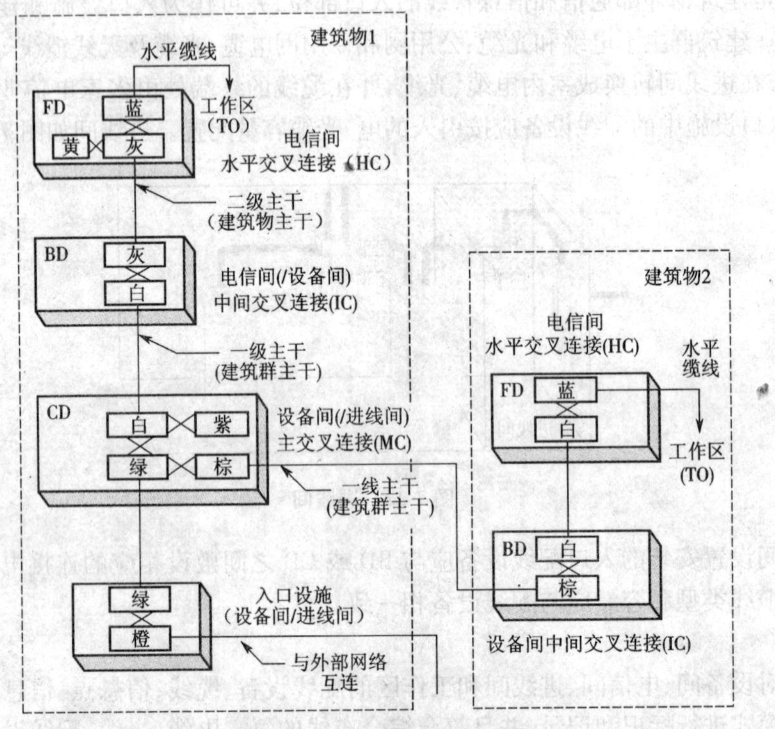

图7-23 色标应用位置示意图

a)橙色,用于分界点,连接入口设施与外部网络的配线设备。

b)绿色,用于建筑物分界点,连接入口设施与建筑群的配线设备。

c)紫色,用于与信息通信设施PBX、计算机网络、传输等设备连接的配线设备。

d)白色,用于连接建筑物内主干缆线的配线设备(一级)。

e)灰色,用于连接建筑物内主干缆线的配线设备(二级主干)。

f)棕色,用于连接建筑群主干缆线的配线设备。

g)蓝色,用于连接水平缆线的配线设备。

h)黄色,用于报警、安全等其他线路。

i)红色,预留备用。

管理为连接其他子系统提供手段,它是连接干线子系统和配线子系统的设备,其主要设备是配线架、交换机和机柜、电源。交连和互联允许将通信线路定位或重定位在建筑物的不同部分,以便能更容易地管理通信线路。I/O位于用户工作区和其他房间或办公室,使在移动终端设备时能够方便地进行插拔。在使用跨接线或插入线时,交叉连接允许将端接在单元一端的电缆上的通信线路连接到端接在单元另一端的电缆上的线路。跨接线是一根很短的单根导线,可将交叉连接处的二根导线端点连接起来;插入线包含几根导线,而且每根导线末端均有一个连接器。插入线为重新安排线路提供了一种简易的方法。互联与交叉连接的目的相同,但它不使用跨接线或插入线,只使用带插头的导线、插座、适配器。互联和交叉连接也适用于光纤。

3）布线管理设计注意要点

布线管理设计时要注意如下几点：

①配线架的配线对数可由管理的信息点数决定；

②利用配线架的跳线功能，可使布线系统实现灵活、多功能的作用；

③配线架一般由光配线盒和铜线配线架组成；

④管理应有足够的空间放置配线架和网络设备（HUB、交换机等）；

⑤有 HUB、交换机的地方要配有专用稳压电源。

8. 楼宇内综合布线系统的典型结构

综合布线系统的典型结构如图 7-24 所示。综合布线采用的主要布线部件有下列几种：

①建筑群配线架（Campus Distributor，CD）；

②建筑群干线电缆、建筑群干线光缆；

③建筑物配线架（Building Distributor，BD）；

④建筑物干线电缆、建筑物干线光缆；

⑤楼层配线架（Floor distributor，FD）

⑥集合点（Consolidation Point，CP）（选用）；

⑦信息插座（Telecommunications Outlet，TO）；

⑧终端设备（Terminal Equipment，TE）。

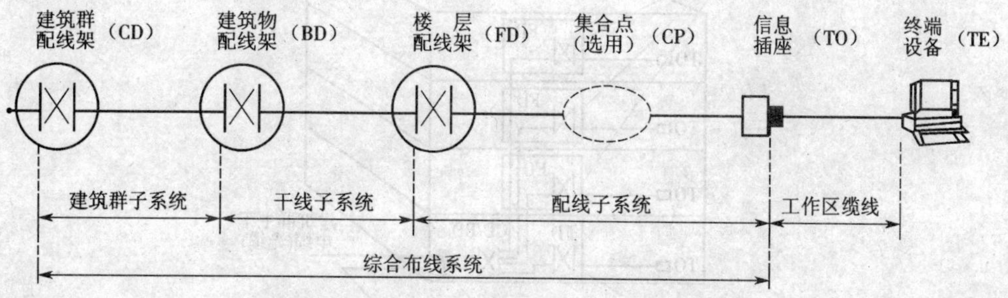

图 7-24　综合布线系统的典型结构

综合布线系统可以是一种分级星型拓扑结构，如图 7-25 所示。对一个具体的综合布线系统，其子系统的种类和数量由建筑群或建筑物的相对位置、区域大小及用户密度决定。综合布线系统中，电缆、光缆安装在两个相邻层次的配线架间。这样就构成分级星型拓扑，这种拓扑结构具有很高的灵活性，能适应多种应用系统的要求。有时，为了提高综合布线的可靠性和灵活性，可在几个楼层配线架（FD）或建筑物配线架（BD）间用建筑物主干电缆、建筑物主干光缆增加直通连接。如图 7-25 中的 L_1、L_2、L_3 和 L_4 虚线所示。如果一个综合布线区域只含一幢建筑物，其一次配线点就在建筑物配线架，这时就不需要建筑群主干布线子系统。反之，一幢大型建筑物就可能看作一个建筑群，可以具有一个建筑群主干子系统和几个建筑物主干子系统。

综合布线系统中配线架可以设置在设备间或电信间中，在楼宇内布线部件的典型设置示意图见图 7-26。

楼宇内允许将不同配线架的功能组合在一个配线架中，如图 7-27 所示，A 楼中的配线架是分开放置的，而 B 楼中的建筑物配线架（BD）和楼层配线架（FD）的功能就组合在一个配线架中，同时建筑物配线架和底层的楼层配线架的功能也合二为一，在一个配线架上实现。综合

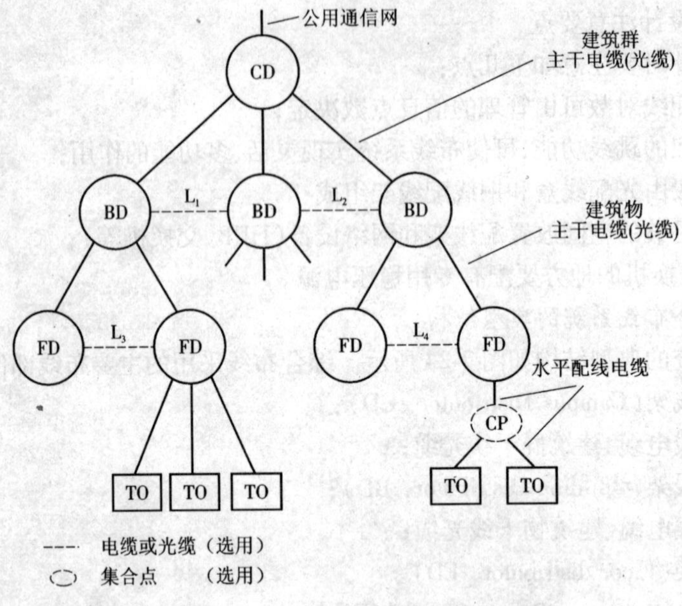

图 7-25 布线部件的相互关系

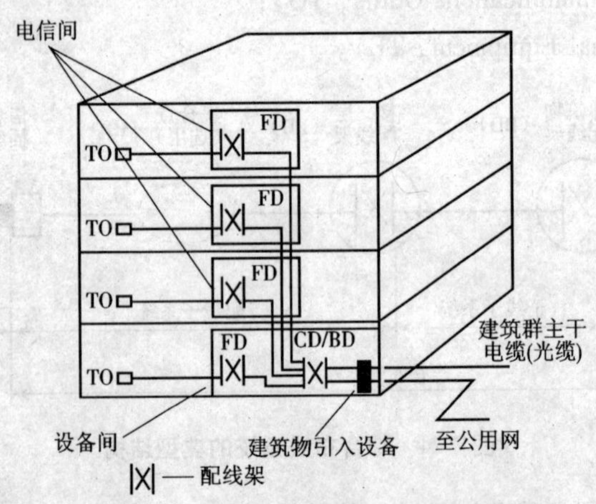

图 7-26 楼宇内布线部件的典型设置

布线系统中各布线子系统中推荐使用的传输介质见表 7-4。

表 7-4 推荐传输介质

子系统	传输媒介型式	建议用途
配线布线	对称电缆	音频和数据①
	光缆	数据①
干线布线	光缆	中高速数据
	对称电缆	主要用于音频和中低速数据
建筑群主干布线	光缆	多数情况下采用光缆，采用光缆还可以克服地电位差和其他干扰的影响②
	对称电缆	按用户要求

注：①在特定条件下（例如环境条件、保密等原因）在水平布线子系统中宜考虑使用光缆。

②不需要光纤的宽带特性时（如用户交换机线路）可用对称电缆。

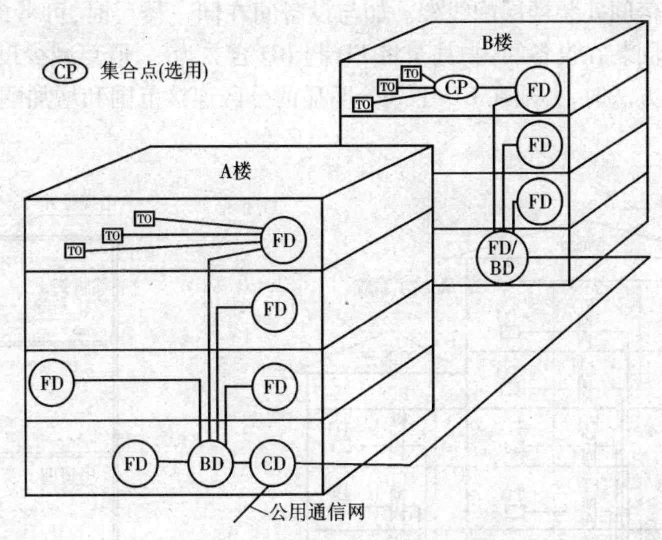

图 7-27 配线架功能的组合示意图

9. 布线部件配置要点

从综合布线系统的典型结构、布线部件的相互关系和典型设置等方面来分析,布线部件配置时应注意以下几点。

①楼层配线架的配备应根据楼层面积大小、用户信息点数量多少等因素来确定。一般情况下,每个楼层通常在电信间设置一个楼层配线架。如楼层面积较大(超过 1 000 m^2)或用户信息点数量较多时,可适当分区增设楼层配线架,以便缩短水平配线子系统的缆线长度。如某个楼层面积虽然较大,但用户信息点数量不多时,如在门厅、地下室或地下车库等场合,可不必单独设置楼层配线架,由邻近的楼层配线架越层布线供给使用,以节省设备数量。但应注意其水平布线最大长度不应超过 90 m。

②为了简化拓扑结构和减少配线架设备数量,允许将不同功能的配线架组合在一个配线架上。具体可见图 7-27。

③建筑物配线架至每个楼层配线架的建筑物主干布线子系统的主干电缆或光缆,一般采取分别独立供线给各个楼层的方式,在各个楼层之间无连接关系。这样当线路发生障碍时,影响范围较小,容易判断和检修。同时可以取消或减少电缆或光缆的接头数量,有利于安装施工。缺点是因分别单独供线,使线路长度和条数增多,工程造价提高,安装敷设和维护的工作量增加。

④综合布线系统总体方案中的主干线路连接方式应采用星型网络拓扑结构,其目的是为了简化布线系统结构和便于维护管理。因此,整个布线系统的主干电缆或光缆的交接次数在正常情况下不应超过两次(除已采用分级连接方式或分级星型网络结构的应急迂回路由等特殊连接方式外)。即从楼层配线架到建筑群配线架之间,只允许经过一次配线架,即建筑物配线架成为 FD-BD-CD 的结构形式(见图 7-28)。这是采用两级主干布线系统(建筑物主干布线子系统和建筑群主干布线子系统)进行布线的情况。如没有建筑群配线架,只有一次交接,成为 FD-BD 的结构形式(见图 7-29)和一级建筑物主干布线子系统进行布线。在有些智能化建筑中的底层(如地下一、二层或地上一、二层),因房屋平面布置限制或为减少占用建筑面积,

可以不单独设置电信间安装楼层配线架。如与设备间在同一楼层时,可考虑将该楼层配线架与建筑物配线架共同装在设备间内,甚至将 FD 与 BD 合二为一,既可减少设备,又便于维护管理。但是采用这一方法时,必须在 BD 上划分明显的分区连接范围和增加醒目的标志,以示区别和有利于维护。

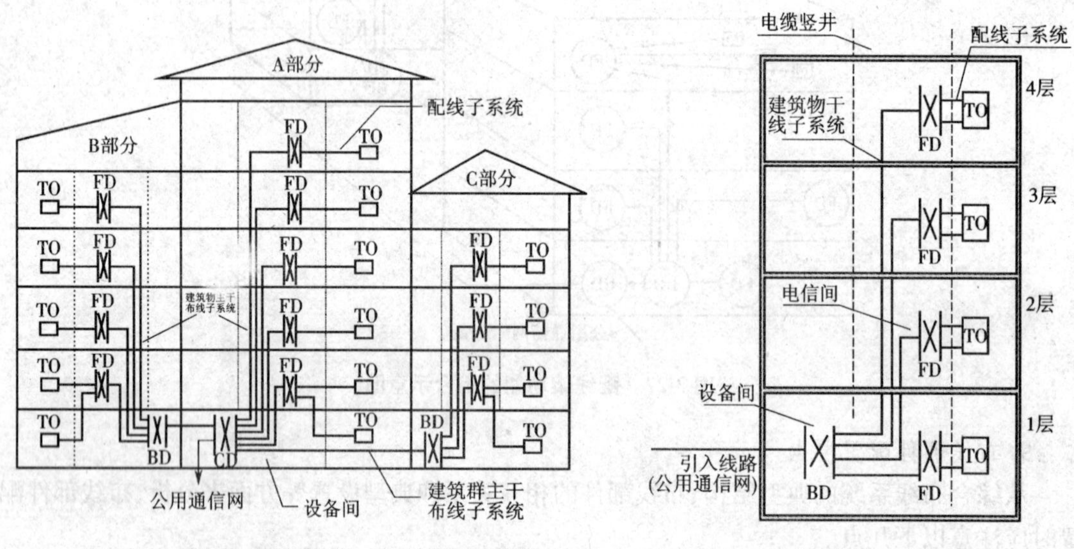

图 7-28 综合建筑物 FD-BD-CD 结构示意图

图 7-29 建筑物 FD-BD 结构

7.2.2 综合布线系统特点

综合布线有许多优越性,特点如下。

①可靠性高。布线系统要能够充分适应现代和未来技术发展,实现话音、高速数据通信、高显像度图片传输,支持各种网络设备、通信协议和包括管理信息系统、商务处理活动、多媒体系统在内的广泛应用。布线系统还要能够支持其他一些非数据的通信应用,如电话系统等。

②先进性。布线系统作为整个建筑的基础设施,要采用先进的科学技术,要着眼于未来,保证系统具有一定的超前性,使布线系统能够支持未来的网络技术和应用。

③灵活性强。布线系统对其服务的设备有一定的独立性,能够满足多种应用的要求,每个信息点可以连接不同的设备,如数据终端、模拟或数字式电话机、程控电话或分机、个人计算机、工作站、打印机、多媒体计算机和主机等。布线系统要可以连接成包括星型、环型、总线型等各种不同的逻辑结构。

④模块化。布线系统中除去固定于建筑物内的水平线缆外,其余所有的设备都应当是可任意更换插拔的标准组件,以方便使用、管理和扩充。

⑤可扩充性。布线系统应当是可扩充的,以便在系统需要发展时,可以有充分的余地将设备扩展进去。

⑥标准化。布线系统要采用和支持各种相关技术的国际标准、国家标准及行业标准,这样可以使得作为基础设施的布线系统不仅能支持现在的各种应用,还能适应未来的技术发展。

⑦兼容性、开放性好。综合布线是完全独立的而与应用系统相对无关,可以适用于多种应用系统。系统应采用开放式体系结构,符合多种国际上现行的标准,对多数著名厂商的产品都

是开放的，并支持所有通信协议。

⑧经济性。统一考虑闭路电视系统、网络系统、通信系统和视频点播系统，统一设计，统一施工，统一管理，避免重复劳动和设备占用。

传统布线与结构化布线的比较如表7-5所示。

表7-5　传统布线与结构化布线的比较

比较项目	结构化布线	传统布线
标准	所有材料符合国际标准	没有统一的标准
应用	最终用户的使用相对独立	依赖于不同的用户和不同的应用
搬迁	设备或人员变动无需重新布线	设备或人员变动时通常需要重新布线
发展	允许未来的发展和变化	不能轻易地实现扩充和变动
灵活	模块化设计，具有灵活性	非模块化的设计，是一个不灵活的系统
维护	计算机设备或缆线的故障易得到维护	管理和故障的维护受到极大的限制
开放性	支持多种厂商的系统应用	局限于某种特定的应用，很快就会过时
拓扑	定义了标准的距离和拓扑结构	不同的距离限制和多种拓扑结构
经济性	第一次投资相对较大，无需重复投资	需多次重复投资

7.2.3　综合布线系统工程设计

1. 综合布线系统设计基本内容

在综合布线系统设计时，应按照建筑物的特点和客观需要，结合工作实际，采取统筹兼顾、因地制宜的原则，从综合布线系统的标准、规范出发，在总体规划的基础上，进行综合布线系统工程的各项子系统的详细设计。综合布线设计基本内容如下。

(1)用户需求分析　包括如下内容：

①确定工程实施的范围；

②确定系统的类型；

③确定系统各类信息点接入要求；

④查看现场，了解建筑物布局。

(2)系统总体方案设计　系统总体方案设计主要包括系统的设计目标、系统设计原则、系统设计依据、系统各类设备的选型及配置、系统总体结构、各个布线子系统详细工程技术方案等内容。在进行总体方案设计时应根据工程具体情况，进行灵活设计。

(3)各部分方案详细设计　综合布线系统工程的各个子系统设计是系统设计的核心内容，它直接影响用户的使用效果。按照国内外综合布线的标准及规范，综合布线系统主要由七个部分构成，即工作区、配线子系统、干线子系统、建筑群子系统、设备间、进线间和管理。对各部分方案按要求详细设计。

(4)其他方面设计　综合布线系统其他方面的设计包括以下内容：

①交直流电源的设备选用和安装方法；

②综合布线系统在可能遭受各种外界干扰源的影响时，采取的防护和接地等技术措施；

③综合布线系统要求采用全屏蔽技术时，应选用屏蔽线缆以及相应的屏蔽配线设备，在设计中应详细说明系统屏蔽的要求和具体实施的标准；

④在综合布线系统中，对建筑物设备间和楼层电信间进行设计时，应对其面积、门窗、内部装修、防尘、防火、电气照明、空调等方面进行明确的规定。

(5)综合布线系统设计流程　综合布线系统流程如图7-30所示。综合布线系统工程设计实施的具体步骤如下：

①分析用户需求；

②尽可能全面地获取工程相关的建筑资料；

③系统结构设计；

④布线路由设计；

⑤可行性论证；

⑥绘制综合布线施工图；

⑦计算综合布线用料清单。

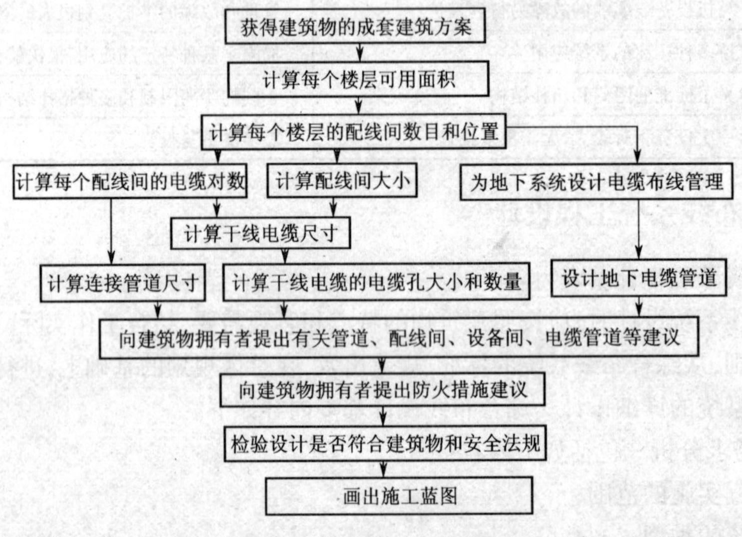

图7-30　综合布线系统流程图

2. 综合布线系统的设计标准

目前综合布线系统设计遵循的标准主要有如下几类。

1)国际标准和规范

①《信息技术·用户建筑群的通用布缆》(ISO/IEC 11801-2002)

②《商业建筑物通用布线标准》(EIA/TIA-568B)

③《商业建筑物通信布线线槽和空间标准》(EIA/TIA-569)

④《商业建筑物通信基础结构管理标准》(EIA/TIA-606)

⑤《非屏蔽双绞线传输性能现场测试规范》(TIA/EIA TSB-67)

⑥《100欧姆4对超5类非屏蔽双绞线附加传输性能规范》(TIA/EIA/EIA568-A)

⑦《100欧姆6类非屏蔽双绞线传输性能规范》(ANSI/TIA/EIA568-B.2-1)

⑧《集中式光纤布线系统标准》(EIA/TIA TSB-72)

⑨《开放办公室布线系统标准》(EIA/TIA TSB-75)

2)国内标准和规范：

①《综合布线系统工程设计规范》(GB/T 50311－2007)

②《综合布线系统工程验收规范》(GB/T 50312－2007)

③《智能建筑设计标准》(GB/T 50314－2006)

④《大楼通信综合布线系统 第1部分:总规范》(YD/T 926.1－2009)

⑤《大楼通信综合布线系统 第2部分:电缆、光缆技术要求》(YD/T 926.2－2009)

⑥《大楼通信综合布线系统 第3部分:连接硬件和接插软线技术要求》(YD/T 926.3－2009)

3.综合布线系统设计标准要点

国际电子工业协会(EIA)、国际电信工业协会(TIA)或国家标准与规范要点如下。

1)目的

①规范一个通用语音和数据传输的电信布线标准,以支持多设备、多用户的环境。

②为服务于商业的电信设备和布线产品的设计提供方向。

③能够对商用建筑中的结构化布线进行规划和安装,使之能够满足用户的多种电信要求。

④为各种类型的线缆、连接件以及布线系统的设计和安装建立性能和技术标准。

2)范围

①标准针对的主要是“商业办公”电信系统。

②布线系统的使用寿命要求在10年以上。

3)标准内容

标准内容为所用介质、拓扑结构、布线距离、用户接口、线缆规格、连接件性能、安装程序等。

4)光缆布线系统

在光缆布线中分配线子系统和干线子系统,它们分别使用不同类型的光缆。

①配线子系统,使用62.5/125 μm多模光缆(出入口有2条光缆),多数为室内型光缆。

②干线子系统,使用62.5/125 μm多模光缆或10/125 μm单模光缆。

综合布线系统中,水平布线子系统和主干布线子系统内的电缆、光缆最大长度应符合图7-31所示的规定。综合布线系统中的基本部件的示意图见图7-32。

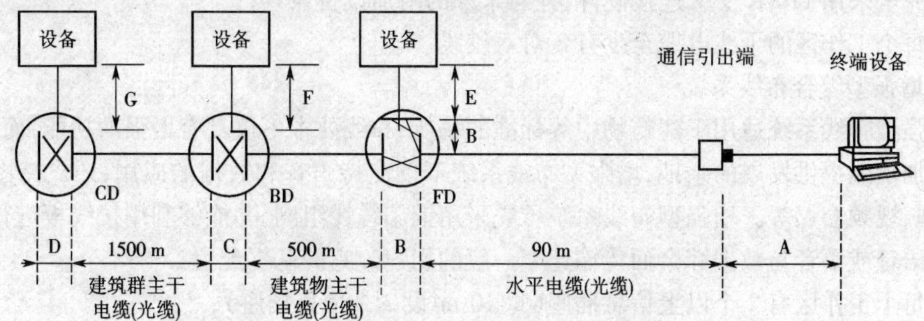

图7-31 综合布线中电缆、光缆最大长度

注:A+B+E≤10 m 水平子系统中工作区电缆、工作区光缆、设备电缆、设备光缆和接插软线或跳线的总长度。

C、D≤20 m 在建筑物配线架或建筑群配线架中的接插软线或跳线。

F、G≤30 m 在建筑物配线架或建筑群配线架中的设备电缆、设备光缆。

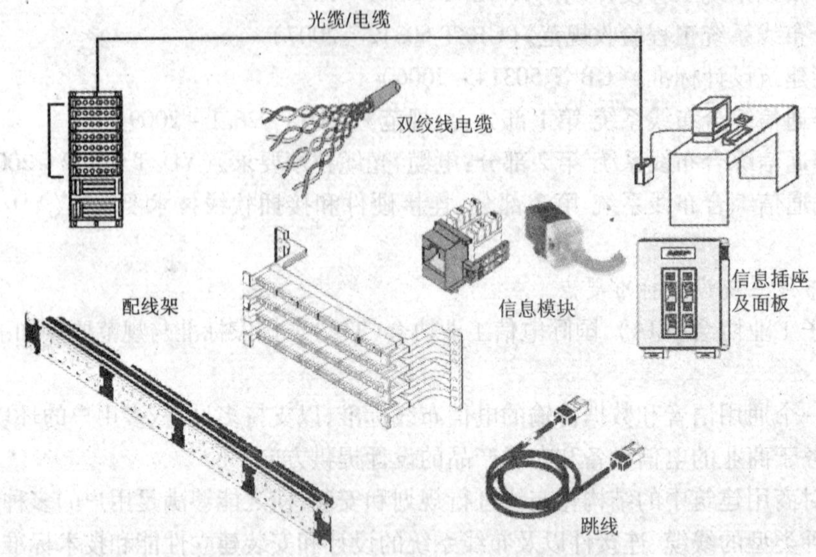

图 7-32 综合布线系统的基本部件示意图

4. 综合布线系统设计等级

对于建筑物与建筑群的工程设计,应根据实际需要,选择适当的综合布线系统。一般可根据非屏蔽对绞缆线、屏蔽对绞缆线和光纤缆线以及相关支撑的硬件设备材料的选择定为三种不同的布线系统等级。

1)基本型综合布线系统

基本型布线系统适用于配置建筑物标准较低的场所,通常可采用铜芯缆线组网,以满足语音或语音与数据综合而传输速率要求较低的用户,基本型布线系统要求能够全面过渡到数据的异步传输或综合型布线系统。它的基本配置:

①每一个工作区有 1 个信息插座(每 10 m^2设 1 个信息插座);

②每一个工作区有一条水平布线 4 对 UTP 系统;

③完全采用 110 A 交叉连接硬件,并与未来的附加设备兼容;

④每个工作区的干线电缆至少有 2 对双绞线。

2)增强型综合布线系统

增强型布线系统适用于建筑物中等标准的场所,布线要求不仅具有增强的功能,而且还具有为增加功能提供发展的余地,增强型布线系统不仅支持语音和数据的应用,还支持图像、影像、影视、视频会议等。增强型布线系统可先采用铜芯缆线组网,并能够利用接线板进行管理,以满足语音或语音与数据综合而传输速率一般的用户。它的基本配置:

①每个工作区有 2 个以上信息插座(每 10 m^2设 2 个信息插座);

②每个信息插座均有水平布线 4 对 UTP 系统;

③具有夹接式(110 A)或接插式(110 P)交接硬件;

④每个工作区的电缆至少有 3 对双绞线。

夹接式交接硬件系指夹接、绕接固定连接的交接。接插式交接硬件系指用插头、插座连接的交接。

3)综合型综合布线系统

综合型布线系统适用于建筑物配置较高的场所,布线系统不但采用了铜芯对绞电缆,而且为了满足高质量的高频宽带信号采用光纤缆线和双介质混合体缆线(铜芯缆线和光纤线混合成缆)组网。它的基本配置:

①在建筑物内、建筑群的干线或水平布线子系统中配置光缆;

②在每个工作区的电缆内配有 4 对双绞线;

③每个工作区的电缆中应有 2 条以上的双绞线。

5. 综合布线系统的防护设计

当通信线路(包括建筑群主干布线子系统的缆线)从建筑外面引进屋内,通信电缆有可能受到雷击、电源接地、电源感应电动势或地电动势升高等外界的影响,必须采取安全保护措施,防止发生各种损害和事故。综合布线系统采用防护措施的目的主要是防止外来电磁干扰和向外产生的电磁辐射。外来电磁干扰直接影响综合布线系统的正常运行,向外产生的电磁辐射则是综合布线系统传递信息时产生泄漏的主要原因。为此,在综合布线系统工程设计中必须根据智能化建筑和智能化小区所在环境的具体情况选用合适的防护措施。防护设计是综合布线系统工程设计的重要组成部分,主要包括各种缆线及布线部件及设备选用的电气防护、接地系统设计防护和防火安全保护等。

1)综合布线系统的电气保护

(1)综合布线系统采取防护措施的必要性和重要性　综合布线系统是否采取防护措施,主要是基于电磁兼容来考虑的。所谓电磁兼容(EMC)是指电子设备或网络系统能够在比较恶劣的电磁环境中工作,具有一定的抵抗电磁干扰的能力;同时不能辐射过量的电磁辐射,干扰周围其他设备及网络的正常工作。

随着通信技术的发展,外界电磁环境日趋恶劣,新的电磁干扰源不断产生,数据通信速率迅速增长,通信包括语音、数据及高质量的图像信号,但高频信号既易受到电磁干扰,又易产生电磁辐射。过量的电磁辐射除了干扰周围其他系统正常工作外,还存在一个信息失密问题,不能保证网络的安全运行。为此,在综合布线系统工程设计中,必须根据智能化建筑和智能化小区所在环境的具体情况和建设单位的要求,进行具体的调查研究,选用相应的防护措施。

非屏蔽系统(UTP)在较低的工作频带(30 MHz)内具有一定的 EMC 能力,能在一定的电磁环境中正常工作。借助于压缩编码技术,UTP 也可用于高速数据网络,如 ATM 155 Mbit/s 采用 CAP16 编码技术可将带宽压缩到 25.8 MHz。

屏蔽系统的缆线是在普通非屏蔽系统的缆线外面加上金属材料制成的屏蔽层,利用金属屏蔽层的反射、吸收及集肤效应来抵消电磁干扰和电磁辐射,频率越高,屏蔽层的效果越明显。对于低频(<5 MHz)电磁波,金属屏蔽层屏蔽作用比较弱,主要利用双绞线的平衡性来抵消。目前采取屏蔽结构的缆线都是利用了双绞线的平衡原理和屏蔽层的良好屏蔽作用,具有良好的电磁兼容性,保证系统能够在较为恶劣的电磁环境中正常传输信息。

屏蔽效果与接地系统有密切的关系。此外,线路间的间距大小也是极为重要的影响因素。各种缆线和配线设备的抗电磁干扰能力,采用屏蔽后的综合布线系统平均可减少噪声 20 dB。

(2)各种缆线与配线设备的选用原则　综合布线系统的周围环境中存在着严重的电磁干扰源,对布线系统的正常运行有极大的影响时,必须采用屏蔽系统等防护措施,以抑制外来的电磁干扰。在进行防护时,其中各种缆线和配线设备的选用是关键的,在防护中应注意以下几点。

①了解工程现场实际情况和调查周围的环境条件。当建筑物在建或虽已建成但尚未投入运行时，为确定综合布线的选型，应先测定建筑物周围环境的干扰场强度，了解建筑物内部和内部可能设有或已有的其他电磁干扰源，了解综合布线系统采用的等级类别。根据情况，对照标准中规定的各项指标来选用切实可行、经济合理的设备和器材以及采取有效的防护措施。

②若综合布线系统的周围环境干扰场强度较低，且综合布线系统与其他干扰源的间距符合规范的各项规定时，可以选用 UTP 非屏蔽缆线系统和非屏蔽配线设备。

③若综合布线系统的周围环境干扰场强度较强，在满足电气防护各项指标的前提下，首先应选用屏蔽缆线和屏蔽配线设备或采用必要的屏蔽措施进行布线，以抑制外来的电磁干扰。

④若综合布线系统的周围环境干扰场强度很高，采用屏蔽系统也无法满足各项标准的规定时，应采用光缆系统。光缆布线具有最佳的防电磁干扰性能，既能防电磁泄漏，也不受外界电磁干扰的影响。在电磁干扰较严重的情况下，是比较理想的防电磁干扰的布线系统。

⑤在选用缆线和配线设备等硬件时，应保证其一致性和统一性。例如选用 6 类，则各种缆线和配线设备（包括连接硬件）都应采用 6 类；若选用屏蔽系统，则各种缆线和连接硬件都应采用屏蔽的，且应做良好的系统接地，以保证其整体性和完整的系统性。

⑥若局部地段与电力缆线等平行敷设，或接近电动机、电力变压器等干扰源，且不能满足最小净距的要求时，可采用钢管或金属线槽等措施做局部屏蔽或 360°全程屏蔽处理。

(3) 电气防护的线缆间距　根据我国国家标准《智能建筑设计标准》GB/T 50314—2007 等相关规定，有关综合布线系统的防护标准要求，应基本按以下几点考虑。

①在系统的布线区域内，当存在场强大于 3 V/m 电磁干扰时，应采取防护措施。

②智能建筑应采用总等电位联结，各楼层的智能化系统设备机房、楼层弱电间、电信间、楼层配电间等的接地采用局部等电位联结。

③布线系统中应避免有线电视等线缆对非屏蔽布线线缆及配线设备的同频干扰。有同频干扰时，应对有线电视等线缆采取有效屏蔽措施或采用屏蔽布线线缆和屏蔽配线设备。

④综合布线系统与各相关的干扰源应保持一定的间隔距离。当要求的间距不能保证时，应采取防护措施。综合布线电缆与附近可能产生高电平电磁干扰的电动机、电力变压器等电气设备之间应保持必要的间距。综合布线电缆与电力电缆等干扰源的间距应符合表 7-6 的要求。墙上敷设的综合布线电缆、光缆或管线与其他管线的间距应符合表 7-7 的要求。

表 7-6　综合布线电缆与电力电缆的间距

其他干扰源	与综合布线接近状况	最小间距/cm
380 V 以下电力电源 <2 kVA	与缆线平行敷设	13
	有一方在接地的金属线槽或钢管中	7
	双方都在接地的金属线槽或钢管中[①]	10
380 V 以下电力电源 2 ~ 5 kVA	与缆线平行敷设	30
	有一方在接地的金属线槽或钢管中	15
	双方都在接地的金属线槽或钢管中[②]	8

续表

其他干扰源	与综合布线接近状况	最小间距/cm
380 V 以下电力电源 >5 kVA	与缆线平行敷设	60
	有一方在接地的金属线槽或钢管中	30
	双方都在接地的金属线槽或钢管中[③]	15
荧光灯、氩灯、电子启动器或交感性设备	与缆线接近	15~30
无线电发射设备（如天线、传输线、发射机等）、雷达设备、其他工业设备（开关电源、电磁感应炉、绝缘测试仪等）	与缆线接近	≥150
配电箱	与配线设备接近	≥100
电梯机房、变电室、空调机房	尽量远离	≥200

注：①当380V 电力电缆 <2 kVA，双方都在接地的线槽中，且平行长度≤10 m 时，最小间距可以是 10 mm。

②电话用户存在振铃电流时，不能与计算机网络在一根双绞电缆中一起运用。

③双方都在接地的线槽中，是指两个不同的线槽，也可在同一线槽中用金属板隔开。

表 7-7　墙上敷设的综合布线电缆、光缆及管线与其他管线的间距

其他管线	最小平行净距/mm	最小交叉净距/mm
避雷引下线	1 000	300
保护地线	50	20
给水管	150	20
压缩空气管	150	20
热力管（不包封）	500	500
热力管（包封）	300	300
煤气管	300	20

注：如墙壁电缆敷设高度超过 6 000 mm 时，与避雷引下线的交叉净距应按 $S \geqslant 0.05\ L$ 式计算。

式中 S—交叉净距（mm）；L—交叉处避雷引下线距地面的高度（mm）。

⑤综合布线系统采用屏蔽缆线时，全系统所有部件都应选用带屏蔽的硬件，所有屏蔽层应保持连续性，采取全程屏蔽。

⑥综合布线系统采用屏蔽系统时，须有良好的接地系统，且符合保护地线的接地电阻值，单独设置接地体时，不应大于 4 Ω；采用联合接地体时不应大于 1 Ω。

⑦综合布线系统采用屏蔽系统时，每一楼层的配线柜都应采用适当截面的导线单独布线至接地体，也可采用竖井内集中用铜排或粗铜线引到接地体。导线的截面应符合标准，接地电阻也应符合规定。屏蔽层应连续且宜两端接地，若存在两个接地体，其接地电位差不应大于 1Vr. m. s（有效值）。综合布线的接地系统采用竖井内集中用铜排或粗铜线引至接地体时，集中铜排或粗铜线应视为接地体的组成部分，按接地电阻限值计算其截面。

⑧综合布线的电缆采用金属槽道或钢管敷设时，槽道或钢管应保持连续的电气连接，在两端应有良好的接地。

⑨当电缆从外面进入建筑物时，电缆的金属护套或光缆的金属件均应有良好的接地。

⑩综合布线系统有源设备的正极或外壳，与配线设备的机架应绝缘，并用单独导线引至接地汇流排，与配线设备、电缆屏蔽层等接地宜采用联合接地方式。

2）综合布线系统的接地防雷保护

为保证电气设备可靠、安全地正常运行，在故障情况下有效地进行保护，将电路中的某点通过一定的手段与大地可靠地连接起来称为接地。与大地直接接触的金属导体叫做接地体或接地极,连接接地体或设备接地部分的导线叫做地线。综合布线系统作为智能建筑不可缺少的基础设施,其接地系统的好坏将直接影响到综合布线系统的运行质量。

(1)屏蔽保护接地　当智能化建筑和智能化小区内部或周围环境对综合布线系统产生电磁干扰时,除必须采用具有屏蔽性能的缆线和设备外,还应有良好的屏蔽保护接地系统,以抑制外界的电磁干扰,保证通信传输质量。在屏蔽保护接地系统设计中应注意以下几点。

①具有屏蔽性能的建筑群主干布线子系统的主干电缆(包括公用通信网等各种引入电缆)在进入房屋建筑后,应在电缆屏蔽层上(即接地点)焊好直径为 5 mm 的多股铜芯线,连接到临近入口处的接地线装置上,要求焊接牢靠稳固。接地线装置的位置距离电缆入口处不应大于 15 m(入口处是指电缆从管道的引出处),同时应尽量使电缆屏蔽层接地点接近入口处为好。接地(接零)线焊接长度规定和检验方法如表 7-8 所示。

表 7-8　接地(接零)线焊接长度规定和检验方法

项目		规定数值	检验方法
搭接长度	扁钢	≥2b	尺量检查
	圆钢	≥6d	
	圆钢和扁钢	≥6d	
扁钢搭接焊的棱边数		3	观察检查

注:b 为扁钢宽度;d 为圆钢直径。

②综合布线系统所有缆线均采用了具有屏蔽性能的结构,且利用其屏蔽层组成整体系统性接地网时,在设计中需明确规定,施工中对各段缆线的屏蔽层都必须保持 360°良好的连续性相互连接,并应注意导线相对位置不变。此外,应根据线路情况,在一定段落设有良好的接地措施,并要求屏蔽层接地线(即电缆接地线的接地点)应尽量邻近接地线装置,一般不应超过 6 m。钢接地体和接地线的最小规格如表 7-9 所示。

综合布线系统为屏蔽系统时,其配线设备端也应接地,用户终端设备处的接地视具体情况来定。两端的接地应尽量连接在同一接地体(即单点接地)。若接地系统中存在两个不同的接地体时,其接地电位差下应大于 1V(有效值)。这是采用屏蔽系统的整体综合性要求,每一个环节都有其重要的特定作用,不容忽视。

表 7-9　钢接地体和接地线的最小规格

种类、规格及单位		地上		地下	
		室内	室外	交流电流回路	直流电流回路
圆钢直径/mm		6	8	10	12
扁钢	截面/mm^2	60	100	100	100
	厚度/mm	3	4	4	6
角钢厚度/mm		2	2.5	4	6
钢管管壁厚度/mm		2.5	2.5	3.5	4.5

③每个楼层配线架应单独设置接地导线至接地体装置,成为并联连接,不得采用串联连接。通信引出端的接地可利用电缆屏蔽层连接到楼层配线架上。工作站的外壳接地应单独布线连接到接地体装置。在一个办公室内可以将邻近的几个工作站组合在一起,采用同一根接

地导线。为了保证接地系统正常工作,接地导线应选用截面积不小于 2.5 mm^2 的铜芯绝缘导线。

④由于采用屏蔽系统的工程建设投资较高,为了节约投资而采用非屏蔽缆线,或虽已用屏蔽缆线,但因屏蔽层的连续性和接地系统得不到保证时,应采取以下措施。

a)在每层非屏蔽缆线的路由附近敷设直径为 4 mm 的铜线作为接地干线,其作用与电缆屏蔽层完全相同。并要求像电缆屏蔽层一样采取接地措施。

b)在需要屏蔽缆线的场合,如采用非屏蔽缆线穿放在钢管或金属槽道(或桥架)内敷设时,要求各段钢管或金属槽道应保持连续的电气连接,并在其两端有良好的接地。

⑤综合布线系统中的干线电信间应有电气保护和接地。其要求如下。

a)干线电信间中的主干电缆如为屏蔽结构,且有线对分支到楼层时,除应按要求将电缆屏蔽层连接外,还应做好接地。接地线应采用直径为 4 mm 的铜线,一端在主干电缆屏蔽层焊接,另一端则连接到楼层的接地端。这些接地端包括建筑的钢结构、主管道或专供该楼层用的接地体装置等。

b)干线电信间中主干电缆的位置应尽量选择在邻近垂直的接地导体(如高层建筑中的钢结构),并尽可能位于建筑物内部的中心部位。如果房屋的顶层是平顶,其中心部位的附近遭受雷击的概率最小,因此,该部位雷电的电流最小。且由于主干电缆与垂直接地导体之间的互感作用,可最大限度地减少通信电缆上产生的电动势。在设计中应避免把主干线路设在邻近建筑的外墙处,尤其是墙角,因为这些地方遭受雷击的概率最大,对通信线路是极不安全的。

(2)安全保护接地和防雷保护接地　当有下述情况时应考虑采用安全保护接地和防雷保护接地。

①当通信线路处在下述的任何一种情况时,就认为该线路处于危险环境内,根据规定应对其采取过压、过流保护措施:

a)雷击引起的危险影响;

b)工作电压超过 250 V 的电源线路碰地;

c)地电位上升到 250 V 以上引起的电源故障;

d)交流 50 Hz 感应电压超过 250 V。

②当通信线路能满足和具有下述任何一个条件时,可认为通信线路基本不会遭受雷击,其危险性可以忽略不计:

a)该地区每年发生的雷暴日不大于 5 天,其土壤电阻率 ρ 小于或等于 100 Ω · m。

b)建筑物之间的通信线路采用直埋电缆,其长度小于 42 m,电缆的屏蔽层连续不断,电缆两端均采取了接地措施。

c)通信电缆全程完全处于已有良好接地的高层建筑,或其他高耸构筑物所提供的类似保护伞的范围内(有些智能化小区具有这样的特点),且电缆有良好的接地系统。

③综合布线系统中采取过压保护措施的元器件。目前有气体放电管保护器或固态保护器两种。宜选用气体放电管保护器。固态保护器因价格较高,所以不常采用。综合布线系统的缆线会遇到各种电压,有时过压保护器因故而动作。例如 220 V 电力线可能不足以使过压保护器放电,却有可能产生大电流进入设备,因此,必须同时采用过电流保护。为了便于维护检修,建议采用能自复的过流保护器。此外,还可选用熔断丝保护器,它便于维护管理和日常使用,价格也较适宜。

④当智能化建筑避雷接地采用外引式泄流引下线入地时，通信系统接地应与建筑避雷接地分开设置，并保持规定的间距。这时综合布线系统应采取单独设置接地体的方法，其接地电阻值不应大于4 Ω。如建筑避雷接地利用建筑物结构的钢筋作为泄流引下线，且与其基础和建筑物四周的接地体连成整个避雷接地装置时，由于综合布线系统的通信接地无法与它分开，或因场地受到限制不能保持规定的安全间距，因此，应采取互相连接在一起的方法。如在同一楼层有避雷带及均压网（高于30 m的高层建筑每层都设置）时，应将它们互相连通，使整幢建筑物的接地系统组成一个笼式的均压整体，这就是联合接地方式。其主要优点是：

a）当建筑物遭受雷击时，楼内各点电位的分布比较均匀，工作人员和所有设备的安全得到较好的保障；

b）较容易采取比较小的接地电阻值；

c）节省金属材料，占地少，不会发生矛盾。

当采用联合接地方式时，为了减少危险，要求总接线排的工频接地电阻不应大于1 Ω，以限制接地装置上的高电位值出现。如果智能化建筑中有些设备对此有更高的要求，或建筑物附近有强大的电磁场干扰，要求接地电阻更小时，应根据实际需要采用其中最小规定值作为设计依据。智能化建筑内综合布线系统的有源设备的正极和外壳、主干电缆的屏蔽层及其连通线均应接地，并应采用联合接地方式。采用单设接地装置与共用接地装置各系统接地电阻值比较如表7-10所示。

表7-10　采用单设接地装置与共用接地装置各系统接地电阻值比较

序号	名称	接地形式	规模和容量	接地电阻/Ω
1	调度电话站	单设接地装置	直流供电	<15
			交流供电：Pe①≥0.5 kW	<10
			＊Pe≥0.5 kW	<5
		共用接地装置		<1
2	程控式交换机	单设接地装置		<5
		共用接地装置		<1
3	综合布线（屏蔽）系统	单设接地装置		<4
		接地电位差		<1 Vr·m·s
		共用接地装置		<1
4	天线系统	单设接地装置		<4
		共用接地装置		<1
5	有线广播系统	单设接地装置		<4
		共用接地装置		<1
6	闭路电视系统、同声传译系统、扩声、对讲、计算机管理系统、保安监视、BAS系统	单设接地装置		<4
		共用接地装置		<1

注：①Pe为交流单相负荷。

（3）接地系统的设计　综合布线接地系统的结构可分六个层次进行设计，包括接地支线、接地母线（层接地端子）、接地干线、主接地母线（总接地端子）、接地引入线、接地体。

①接地支线。接地支线是指综合布线系统的各种设备与接地母线之间的连线，所有接地

支线均采用截面不小于4 mm^2的铜质绝缘导线。当综合布线系统采用屏蔽电缆布线时，信息插座的接地可利用电缆屏蔽层作为接地线连至每层的配线架。若综合布线的电缆穿钢管或金属线槽敷设时，钢管或金属线槽应保持连续的电气连接，并应在两端具有良好的接地。

②接地母线（层接地端子）。每层的电信间内设专用金属接线箱，内置铜排作为接地母线，以连接各设备接地线。接地母线是配线子系统接地线的公用中心连接点，同时也是电信间局部等电位联结端子板。每层的楼层配线架及其他金属机架应与本楼层接地母线相焊接。接地母线采用铜母线时，最小尺寸宜为6 mm（厚）×50 mm（宽），长度视工程实际需要而定。为减小接地电阻，在将导线固定到母线之前，对母线应做镀锡处理。保护线、等电位连接线的选择如表7-11和表7-12所示。

表7-11　保护线的最小截面　mm^2

装置的相线截面 S	接地线及保护线最小截面
$S \leq 16$	S
$16 < S \leq 35$	16
$S > 35$	$S/2$

表7-12　等电位连接导线的最小截面　mm^2

防雷类别	材料	流过大部分雷电流的连接导线的最小截面	流过小部分雷电流的连接导线的最小截面
一、二、三类	Cu（铜）	16	6
	Al（铝）	25	10
	Fe（铁）	50	16

③接地干线。接地干线是由主接地母线（总接地端子）引出，连接所有层接地母线的接地导线。接地干线应采用截面不小于16 mm^2的绝缘铜芯导线。当建筑物中用多个垂直接地干线时，垂直接地干线之间每隔三层及顶层需要与接地干线等截面的绝缘导线相焊接。当接地干线的接地电位差大于1 Vr·m·s（有效值）时，楼层电信间应单独用接地干线接至主接地母线。

④主接地母线（总接地端子）。每栋建筑物一般设一个主接地母线。主接地母线作为布线接地系统中接地干线及设备接地线的转接点，宜设于外线引入间或设备间内。此外，主接地母线同时又是智能建筑总等电位联结端子板。主接地母线应尽量布置在直线路径上，从保护器到主接地母线的焊接导线不宜过长。接地引入线、接地干线、直流配电屏接地线、外线引入间的所有接地线以及与主接地母线同一电信间的所有布线用的金属架均应与主接地母线良好焊接。当外线引入电缆配有屏蔽或穿金属保护管时，其屏蔽或金属管应焊接至主接地母线。主接地母线宜放置于专用金属接线箱内，应采用截面尺寸不小于6 mm（厚）×100 mm（宽）的铜排制作，长度可由实际需要而定。弱电系统工作接地线薄铜排（厚0.35～0.5 mm）宽度选择如表7-13所示。

表 7-13 弱电系统工作接地线薄铜排(厚 0.35～0.5 mm)宽度选择表

电子设备灵敏度/μV	接地线长度/m	电子设备工作频率/MHz	薄铜排宽度/mm
1	<2	0.5	120
	1～2		200
10～100	1～5		100
	5～10		240
100～1 000	1～5		80
	5～10		160

⑤接地引入线。接地引入线是指主接地母线与接地体之间的接地连接线,采用厚 40 mm ×4 mm 或 50 mm×5 mm 的镀锌扁钢。接地引入线做绝缘防腐处理,在其出土部位采用适当的防机械损伤措施。注意不宜与暖气管道同沟布放。

3)综合布线系统防火安全保护

为了防火防毒,在建筑中的易燃区域和电缆竖井内,综合布线系统所有的电缆或光缆应选用阻燃型或设有阻燃护套;在大型公共场所宜采用阻燃、低烟、低毒的电缆或光缆;相邻的设备间或电信间亦应采用阻燃型配线设备,相关连接硬件也应采用阻燃型。如果缆线穿放在不可燃的管道内,或在每个楼均应采用切实有效的防火措施(如用防火涂料或板材堵封严密)。不会发生蔓延火势时,可以采用非阻燃型的。

如果采用防火、防毒的缆线和连接件,则火灾发生时,不会或很少散发有害气体,对于救火人员和疏散都较为有利。但是目前上述性能的缆线价格较高,不宜大量推广,只在限定的易燃区域和电缆竖井中采用。目前,阻燃防毒的缆线有以下几种。

①低烟非燃型(LSNC),不易燃烧,释放 CO 少,低烟,但释放少量有害气体。

②低烟阻燃型(LSLC),比 LSNC 型稍差些,情况与 LSNC 类同。

③低烟无卤型(LSOH),有一定阻燃能力。在燃烧时释放 CO,但不释放卤素。

④低烟无卤阻燃型(LSHF-FR),不易燃烧,释放 CO 少,低烟,不释放卤素,危害性小。

此外,配套的接续设备也应采用阻燃型的材料和结构。若综合布线系统的电缆或光缆穿放在钢管等非燃烧的管材内时,且不是主要段落时,可考虑采用一般的普通外护。在重要布线段落且是主干缆线时,考虑到火灾发生后钢管受到烧烤,管材内部形成高温空间会使缆线护层发生变化或损伤,也应选用带有防火、阻燃护层的电缆或光缆,以保证通信线路安全。若缆线所在环境既有腐蚀性,又有雷击的可能时,选用的电缆或光缆除了要有外护套层外,还应有复式铠装层。这种外包铠装层具有较好的防腐蚀和防雷击性能。其缺点是价格高,且因其铠装层质量大,缆身单位质量过大,影响穿放施工进度,因此,不宜在管道中穿放或长距离安装敷设。

6. 住宅小区综合布线系统的设计

1)设计原则

①为了适应住宅现代化的需要,配合城市建设和信息通信网向数字化、综合化、智能化方向发展,促进城市住宅小区与住宅楼中电话、数据、图像等多媒体综合网络建设,和住宅建筑综合布线系统的设计。

新的住宅建筑应采用家居综合布线系统,住宅小区和住宅楼的多系统的通信暗管必须同步实施,避免今后开挖路面和破坏建筑,造成不必要的经济损失。对于分散的住宅建筑,或现有住宅楼应充分利用电话线开通各种话音、数据和多媒体业务。

在电话线上进行数字用户线(XDSL)的应用,目前的住宅智能技术要求主要为ADSL、VDSL等。具体传输特性详见表7-14所示。

表7-14 XDSL传输特性

XDSL	传输速率		市内电话线		传输距离	业务类型
类型	上行	下行	线径	线对		VOD、LAN、Internet接入
ADSL	640 kbit/s	8.192 Mbit/s	0.5 mm	1	3.7 km	Internet接入VOD、LAN交互式多媒体、HDTV
VDSL	2～20 Mbit/s	12.96 Mbit/s 25.92 Mbit/s 51.84 Mbit/s	0.5 mm	1	1.5 km 1.0 km 0.3 km	

②综合布线系统的设施及管线的建设,应纳入城市住宅小区或住宅楼相应的规划中。

③综合布线系统主要适用于组织通信网络,应与有线电视(CATV)、家庭自动化、安全防范信息等内容统筹规划,按照各种信息的传输要求,做到合理使用,并应符合相关的标准。

④工程设计时,应根据工程项目的性质、功能、环境条件和近、远期用户要求,进行综合布线系统设施和管线的设计。

⑤工程设计中必须选用现行有关标准的定型产品。未经国家认可的产品质量监督检验机构鉴定合格的设备及主要材料,不得在工程中使用。

⑥综合布线系统的工程设计,应符合《综合布线系统工程设计规范》(GB 50311—2007)等国家现行的有关标准。

2)管线设计

(1)建筑物管线设计　建筑物管线设计应采用暗配线方式,具体可采用以下几种方式。

①住宅楼,每层户数较多,采用分层配线方式。其中楼层配线架不一定每层都设置,只要楼层配线架至信息插座的长度不超过90 m,几层楼可以公用一个楼层配线架。这种方式适用于每户房间较多,且面积较大、有多个数据终端,在家庭配线箱处设置交换机的情况。如果每户仅1台计算机终端,交换机集中设置在楼层配线架时,则楼层配线架至每户信息插座的电缆总长度不应超过90 m。

②住宅楼,每层户数较少,采用按住宅单元垂直配线方式。这种方式不设楼层配线架。在底层分界点处集中设置交换机,分界点至每户信息插座的电缆总长度不应超过90 m;如果住宅楼规模较大,集中设置交换机有困难,也可在每一单元的底层设楼层配线架,在各楼层配线架处放置交换机,选择其中与电信网提供衔接的楼层配线架作为分界点(可选择住宅区的集中管理部门所在地),此时,每一个楼层配线架至每户信息插座的电缆总长度不应超过90 m,光缆长度不应超过500 m。

③多个独立式住宅组成的建筑群。这种方式可将每幢独立式或排列式住宅视为一个楼层,设楼层配线架,每住户设家居多媒体配线箱,在各处设置交换机,选择其中与电信网提供衔接的楼层配线架作为分界点(可选择住宅区的集中管理部门所在地)。此时,每一个楼层配线架至每户信息插座的电缆总长度不应超过90 m,楼层配线架之间以及楼层配线架至分界点之间的电缆长度不应超过90 m,光缆长度不应超过500 m。如果住宅小区规模较大,还可增加光缆长度,并应符合多模光缆不大于2 000 m,单模光缆不大于3 000 m的规定。

(2)住宅小区内综合布线管线设计　住宅小区内综合布线管线设计原则如下。

①住宅小区地下综合布线管道规划应与城市通信管道和其他地下管线的规划相适应，必须与道路、给排水管、热力管、煤气管、电力电缆等市政设施同步建设。

②住宅小区地下综合布线管道应与城市通信管道和各建筑物的同类引入管道或引上管相衔接。其位置应选在建筑物和用户引入线多的一侧。

③综合布线管道的管孔数应按终期电缆或光缆条数及备用孔数确定。

④综合布线管道管材的选用应符合相关设计标准。

⑤管道的埋深宜为0.8～1.2 m，在穿越人行道、车行道、电车轨道或铁道时，最小埋深不得小于表7-15所示的要求。地下综合布线管道与其他各种管线及建筑物的最小净距应符合表7-16所示的要求。

表7-15 管道的最小埋深

管种	管顶至路面或铁道路面的最小净距/m			
	人行道	车行道	电车轨道	铁道
混凝土管、硬塑料管	0.5	0.7	1.0	1.3
钢管	0.2	0.4	0.7	0.8

表7-16 地下综合布线管道与其他地下管线及建筑物间的最小净距

其他地下管线及建筑物名称		平行净距/m	交叉净距/m
给水管	300 mm以下	0.5	0.15
	300～500 mm	1.0	
	500 mm以上	1.5	
排水管		1.0①	0.1②
热力管		1.0	0.25
煤气管	压力≤300 kPa	1.0	0.3③
	300 kPa<压力≤800 kPa	2.0	
电力电缆④	35 kV以下	0.5	0.25
	35 kV以上	2.0	
	其他通信电缆、弱电电缆	0.75	
绿化	乔木	1.5	—
	灌木	1.0	—
地上杆柱		0.5～1.0	—
马路边石		1.0	—
房屋建筑红线（或基础）		1.5	—

注：①主干排水管后敷设时，其施工沟边与综合布线管道间的水平净距不宜小于1.5 m。

②综合布线管道在排水管下部穿越时，净距不宜小于0.4 m，综合布线管道应作包封，包封长度自排水管两侧各加长2 m。

③与煤气管交接处2 m范围内，煤气管不应有接合装置和附属设备，如不能避免时，综合布线管道应作包封2 m。

④如电力电缆加保护管时，净距可减至0.15 m。

(3)综合布线电缆或光缆设计 综合布线电缆或光缆设计原则如下。

①综合布线电缆或光缆布放在管孔中的位置，前后应保持一致。管孔的使用顺序宜先下后上，先两侧后中间。

②1 个管孔宜布放 1 条电缆或光缆。当采用 4 对对绞电缆时,1 个管孔不宜布放 5 条以上电缆,管孔截面利用率应 25% ~30% 的规定。

③地下管道内的综合布线电缆或光缆,应采用填充式电缆、光缆或干式阻水光缆,不得采用铠装电缆或光缆。

④在管孔内不得有电缆或光缆接头。

⑤住宅小区和住宅楼的配线设备应安装在设备间或电信间内,宜采用机柜式或墙挂式设备。

⑥综合布线电缆或光缆的容量,应根据终期用户数及适当的备用量确定。

⑦综合布线电缆进入建筑物时,应采用过压、过流保护措施,并符合国家现行有关标准。

⑧综合布线区域内存在电磁干扰场强时,宜按《综合布线系统工程设计规范》(GB 50311—2007)的有关标准执行。

7.2.4　建筑智能化与综合布线系统的关系

由于智能化建筑是集现代建筑技术、通信技术、计算机网络和自动控制技术等多种新技术的有机集成,所以智能化建筑工程项目的内容极为广泛,作为智能化建筑中的神经系统,综合布线系统是智能化建筑的关键部分和基础设施之一,因此,不应将智能化建筑和综合布线系统相互等同,否则容易错误理解。综合布线系统在建筑内和其他设施一样,都是附属于建筑物的基础设施,为智能化建筑的主人或用户服务。虽然综合布线系统和房屋建筑彼此结合形成不可分离的整体,但它们是不同类和工程性质的建设项目,它们从规划、设计直到施工及使用的全过程中,其关系是极为密切的。具体表现有以下几点。

①综合布线系统是评价建筑智能化程度的重要标志之一。在评价建筑智能化的过程时,既不完全看建筑物的体积是否高大巍峨和造型是否新型壮观,也不会看装修是否宏伟华丽和设备是否配备齐全,主要是看综合布线系统配线能力,如设备配置是否成套、技术功能是否完善、网络分布是否合理、工程质量是否优良,这些都是决定智能化建筑的智能化程度高低的重要因素,因为智能化建筑能否为用户更好地服务,综合布线系统具有决定性的作用。

②综合布线系统使建筑智能化得以充分发挥。综合布线系统把智能化建筑内的通信、计算机和各种设备及设施,在一定的条件下纳入综合布线系统,相互连接形成完整配套的整体,以实现高度智能化的要求。由于综合布线系统能适应各种设施的当前需要和今后发展,具有兼容性、可靠性、使用灵活性和管理科学性等特点,所以它是智能化建筑能够保证优质高效服务的基础设施之一。在智能化建筑中如没有综合布线系统,各种设施和设备因无信息传输媒质连接而无法相互联系、正常运行,智能化也难以实现,这时建筑是一幢只有空壳躯体的、实用价值不高的土木建筑,也就不能称为智能化建筑。在建筑物中只有配备了综合布线系统时,才有实现智能化的可能性,这是智能化建筑工程中的关键内容。

③综合布线系统适应建筑智能化和科学技术发展的需要。现代建筑的使用期较长,大都在几十年以上,因此,目前在规划和设计新的建筑时,应考虑如何适应今后发展的需要。由于综合布线系统具有很高的适应性和灵活性,能在今后相当长时期内满足客观发展需要。为此,在新建的高层或重要的智能化建筑中,应根据建筑物的使用性质和今后发展等各种因素,积极采用综合布线系统, 以更好地满足信息时代的要求。

思考题与习题

1. 计算机网络如何定义?
2. 简述计算机网络的功能。
3. 资源子网和通信子网有何区别?
4. 计算机网络分哪几类?
5. TCP/IP 协议与 OSI 七层模型相比,有哪些特点?
6. 192.168.10.2/25 的子网掩码用点分十进制来表示为多少?
7. 双绞线分哪几类,有何区别?
8 局域网常用的是哪几种拓扑结构? 无线局域网的组网模式是什么?
9. IEEE 802 局域网参考模型与 OSI 参考模型有何差异?
10. 综合布线系统划分为几个部分? 各部分的功能是什么?
11. 画出综合布线子系统结构图。
12. 简述综合布线系统工程设计流程。
13. 综合布线系统的设计标准有哪些?
14. 电气防护的线缆间距有何要求?
15. 综合布线系统的接地防雷保护如何设计?
16. 综合布线电缆、光缆及管线与其他管线的间距有何要求?
17. 简述综合布线系统的接地系统设计。
18. 简述综合布线系统防火安全保护。
19. 简述住宅小区综合布线系统的设计原则。

第 8 章　建筑智能化系统集成

8.1　建筑智能化系统集成概述

建筑智能化系统集成不是智能建筑的目的,而是实现智能建筑安全、高效、便捷、舒适的工作和生活环境的重要技术方法和技术手段,它服务于智能建筑的社会效益、经济效益和环境效益。建筑智能化系统集成实际是将建筑、结构、给排水、暖通空调、机械与电气等多专业结合,涉及工程、经济与社会学等多学科,关系到从设计、施工、管理的全过程的全面集成,即使仅针对电气领域而言,也关系到强电与弱电以及相关的被控对象。本书主要论述弱电系统的集成。

8.1.1　系统集成的概念

系统集成(System Integration,SI),指一个组织机构内的设备和信息的集成,并通过完整的系统来实现对应用的支持。

智能建筑涉及的专业范围较广,包括建筑、结构、设备、强电与弱电等众多子系统,各子系统又由很多小系统组成,小系统还可进一步细化,而各个系统之间又是相互关联的。解决此类复杂的系统工程问题,应将其看作多级耦合的系统,先解决各个子系统的控制与管理,再进一步通过各种集成技术实现各级子系统的解耦与协调。

建筑智能化系统集成,主要就是通过楼宇中结构化的综合布线系统和计算机网络技术,使构成智能建筑的各个主要子系统具有开放式的结构、协议和接口,具体就是在软硬件的连接方式、交换信息的内容和格式、子系统之间的互控和联动功能、各子系统的扩展方法等方面,都必须标准化和规范化,从而将智能建筑中分离的设备、功能、信息通过计算机网络集成为一个相互关联的统一协调的系统,实现信息、资源、任务的组合和共享,达成一个安全、舒适、高效、便利的工作环境和生活环境。

8.1.2　系统集成的分类

系统集成包括设备系统集成和应用系统集成。

1. 设备系统集成

设备系统集成,也可称为硬件系统集成,在大多数场合简称系统集成,或称为弱电系统集成,以区分于机电设备安装类的强电集成。它指以搭建组织机构内的信息化管理支持平台为目的,利用综合布线技术、楼宇自控技术、通信技术、网络互联技术、多媒体应用技术、安全防范技术、网络安全技术等将相关设备、软件进行集成设计、安装调试、界面定制开发和应用支持。设备系统集成也可分为智能建筑系统集成、计算机网络系统集成和安防系统集成。

智能建筑系统集成(Intelligent Building System Integration),指以搭建建筑主体内的建筑智能化管理系统为目的,利用综合布线技术、楼宇自控技术、通信技术、网络互联技术、多媒体应用技术、安全防范技术等将相关设备、软件进行集成设计、安装调试、界面定制开发和应用支持。智能建筑系统集成实施的子系统包括综合布线、楼宇自控、电话交换机、机房工程、监控系统、防盗报警、公共广播、门禁系统、楼宇对讲、一卡通、停车管理、消防系统、多媒体显示系统、远程会议系统。对于功能近似、统一管理的多幢住宅楼的智能建筑系统集成,又称为智能小区系统集成。

计算机网络系统集成(Computer Network System Integration),指通过结构化的综合布线系统和计算机网络技术,将各个分离的设备(如个人电脑)、功能和信息等集成到相互关联的、统一和协调的系统之中,使资源达到充分共享,实现集中、高效、便利的管理。系统集成应采用功能集成、网络集成、软件界面集成等多种集成技术。系统集成实现的关键在于解决系统之间的互连和互操作性问题,它是一个多厂商、多协议和面向各种应用的体系结构。这需要解决各类设备、子系统间的接口、协议、系统平台、应用软件等与子系统、建筑环境、施工配合、组织管理和人员配备相关的一切面向集成的问题。

安防系统集成(Security System Integration),指以搭建组织机构内的安全防范管理平台为目的,利用综合布线技术、通信技术、网络互联技术、多媒体应用技术、安全防范技术、网络安全技术等将相关设备、软件进行集成设计、安装调试、界面定制开发和应用支持。安防系统集成实施的子系统包括门禁系统、楼宇对讲系统、监控系统、防盗报警、一卡通、停车管理、消防系统、多媒体显示系统、远程会议系统。安防系统集成既可作为一个独立的系统集成项目,也可作为一个子系统包含在智能建筑系统集成中。

2. 应用系统集成

应用系统集成(Application System Integration),以系统的高度为客户需求提供应用的系统模式,以及实现该系统模式的具体技术解决方案和运作方案,即为用户提供一个全面的系统解决方案。应用系统集成已经深入到用户具体业务和应用层面,在大多数场合,应用系统集成又称为行业信息化解决方案集成。应用系统集成可以说是系统集成的高级阶段,独立的应用软件供应商将成为核心。

8.1.3 系统集成的意义

智能建筑中,各子系统的运行过程具有信息量大、信息在各子系统间交互作用多的特点。为了实现对智能建筑的全局信息进行综合管理,并协调各子系统运行状态的目的,对建筑智能化系统集成的要求如下。

①具有良好统一的监控和管理界面,提高建筑物的管理水平。

②通过综合设计集成系统,可以优化总体设计,减少各个子系统中的硬件和软件重复投资,须采用独立子系统节省投资。

③由于集成系统采用全面综合设计,子系统之间的有机组合可使整个智能化系统在功能上发挥出整体优势。这是一个个独立的子系统叠加在一起所不能实现的。

④通过采用统一的硬件和软件结构,使操作、管理人员能更加容易地掌握其操作和维护技能。

⑤为业主提供高效率高质量的物业管理服务。

8.1.4 系统集成的内容

建筑智能化系统集成的内容主要包括功能集成、网络集成、界面集成等。

①功能集成。将原来分离的各智能化子系统的功能进行集成,并形成原来子系统所没有的针对所有建筑设备的全局性监控和管理功能。功能集成主要分两个层次:中央管理层的功能集成和各智能化子系统的功能集成。

②网络集成。网络集成实质上是通信网络系统 CNS 在智能建筑中的具体实施,是通信设备与网络设备的结合,以及通信线路和网络线路的结合。由综合布线系统和计算机网络构成建筑智能化的信息高速公路,网络集成侧重在网络结构和网络技术设备这两个方面。

③界面集成。建筑智能化系统集成的最高目标是将 BAS、OAS、CNS 集成在一个计算机平台上,在统一界面环境下运行和操作。一般各智能化子系统的运行和操作界面是不同的,界面集成就是要实现在统一的平台和统一的界面上运行和操作系统。界面集成实现的关键是解决各子系统在网络协议和网络操作系统方面的衔接或统一。

8.1.5　系统集成的技术基础

系统集成的技术基础如下。

①以太网及 TCP / IP 协议已经成为建筑智能化系统集成的基础。

②浏览器/服务器集成模式将成为智能建筑集成系统主要的集成模式,基本结构见图 8-1。

③OPC(OLE for Process Control, 用于过程控制的 OLE)技术及 ODBC(Open Database Connectivity, 开放数据库互联)技术为系统集成开辟了新的途径,采用 OPC 技术及 ODBC 技术实现智能建筑系统集成成为建筑智能化的主要方式。

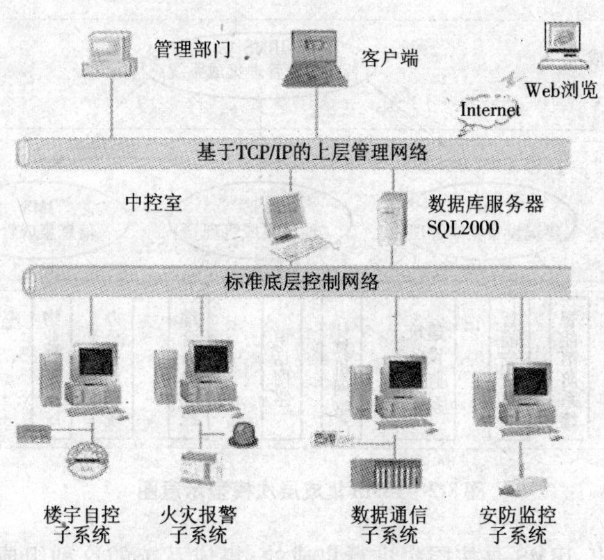

图 8-1　浏览器/服务器(B/S)集成模式

8.2　建筑智能化系统集成模式

智能建筑管理系统(Integrated Building Management System,IBMS)把 BAS、OAS、CNS 各个分离的设备功能和信息等集成到一个相互关联的统一协调的系统中,以便对各类信息进行综合管理。IBMS集成使整个楼宇内采用统一的计算机操作平台,运行和操作在同一界面环境下的软件,以实现集中监视、控制、管理功能。

8.2.1 IBMS集成模式

1.建筑智能化系统集成的层次结构

建筑智能化系统集成从集成层次上讲,可分为三个层次的集成。第一层次为子系统纵向集成,目的在于各子系统具体功能的实现。对于BAS子系统,如照明系统、中央空调控制系统、电梯控制系统、安防系统等,需进行部分网关开发。第二层次为横向集成,主要体现于各子系统的联动和优化组合。在确立各子系统重要性的基础上,实现几个关键的子系统的协调优化运行,报警联动控制等功能。第三层次为一体化集成,即在横向集成的基础上,建立智能建筑管理集成系统IBMS,即建立一个实现网络集成、功能集成、软件界面集成的高层监控管理系统。

综合上述可知,IBMS是一个一体化的集成监控和管理的实时系统,它综合采集各智能化子系统的信息,强化对各子系统的综合监控,构建跨子系统的一系列综合管理和应急处理的功能,在信息共享基础上实现信息的综合利用。

IBMS将各子系统在同一个支撑平台上进行一体化集成,即在各子系统横向集成的基础上,实现网络集成、功能集成、软件界面集成,建立起整个建筑物的中央监控和管理界面。通过一个可视化的、统一的图形窗口界面,系统管理员可以十分方便、快捷地对各功能子系统实施监督、控制和管理等功能。IBMS系统集成的层次模型如图8-2所示。

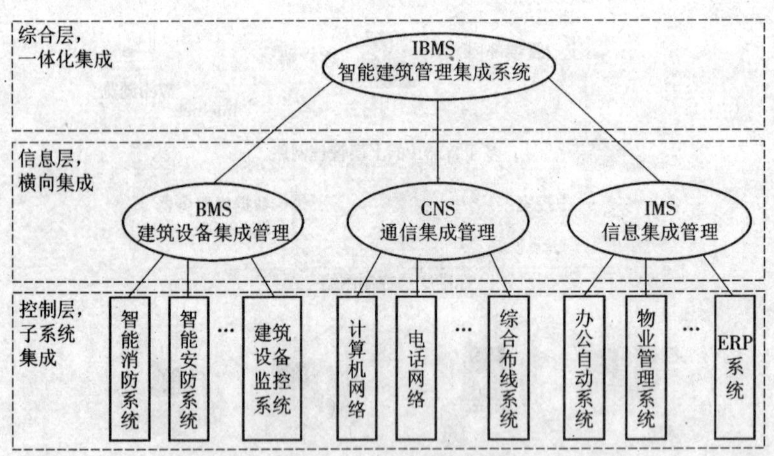

图8-2 IBMS集成层次模型示意图

从图8-2可以看出,IBMS是按层次进行集成的,集成系统的这种组成结构完全满足分布式系统的基本特征。IBMS基于子系统平等模式进行系统集成是一种先进的解决方案。这种系统集成方式的核心思想是:将各子系统视为下层现场控制网并以平等模式集成;系统集成管理网络运行系统集成高性能实时数据库(系统集成数据库),各子系统的实时数据通过开放的工业标准接口转换为统一的格式,存储在系统集成数据库中;系统集成管理网络通过IBMS核心调度程序对各子系统实现统一管理、监控及信息交换。图8-3所示为应用OPC和ODBC进行系统集成的结构图。

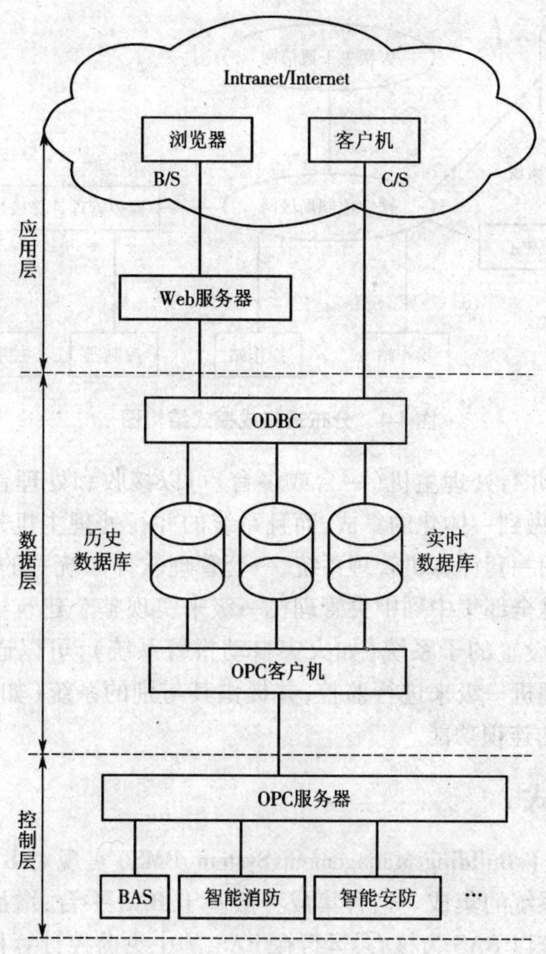

图 8-3 应用 OPC 和 ODBC 进行系统集成的结构图

2. 软件集成的两种模式

智能建筑的软件集成有两种模式。

1)子系统集成模式

在这种模式下的系统中,各子系统都有自己的管理级。各子系统的操作和管理软件可以不在一个计算机平台上,但由中央管理机进行集中管理。系统集成时,须与各子系统之间建立通信协议。这种模式在单类子系统的监控时具有结构简单、投资少、设计施工周期短的特点。但在集成整个楼宇各个子系统时,这种模式就会不可避免地暴露出在系统运行时所具有的高集成度难和高造价的缺点。

2)控制器集成模式(分布式集成模式)

该集成模式下的系统采用统一的操作系统,运行在同一个计算机平台上,各子系统与中央管理机系统之间没有明显的主从管理关系。它们之间的关系是并行处理、资源与任务共享(任务指各子系统的特定功能)。其基本结构见图 8-4 所示。

分布式集成模式是将各子系统所采集的和控制的信号都集成到现场控制器上,通过分布式操作系统软件来调度现场控制器所采集到的信息,并设置信息传送路径(目标结点)。中央

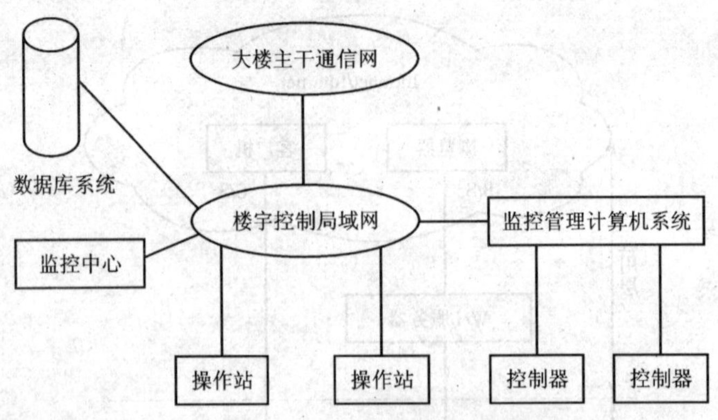

图 8-4 分布式集成模式结构图

管理机系统的任意一台并行处理主机(一台或多台)可以接收和处理智能管理系统的全部信息,因此,系统不但可以做到一体化的集成,而且系统的并行处理主机是互为热备份。简单地说,控制器集成模式采用一套计算机管理系统、一套管理软件和统一的操作系统,各系统没有自己独立的管理级,而是全部集中到中央管理机一级来实现整个建筑物内各子系统的综合管理。对于个别必须独立设置的子系统(如火灾自动报警系统),可以通过智能通信接口的方式,将其组合到中央管理机一级来进行监控,并提供其与别的系统(如建筑设备监控系统、安全技术防范系统)之间的连锁功能。

8.2.2 BMS 集成模式

建筑设备管理系统(Building Management System,BMS)实现对 BAS、火灾自动报警与消防联动系统、安全防范系统的集成。这种集成一般基于 BAS 平台,增加信息通信、协议转换、控制管理模块,各子系统以 BAS 为核心,运行在 BAS 的中央监控计算机上,满足基本功能,实现起来相对简单,造价较低,可以很好地实现联动功能。国内目前大部分智能建筑采用的是这种集成模式。

1. BMS 功能

建筑设备管理系统 BMS 的集成范围主要包括建筑设备监控系统、火灾自动报警系统、安全技术防范系统、广播系统等,如图 8-5 所示。BMS 的主要功能是对智能建筑设备监控系统中的冷冻站设备、空调机组、新风机组、通风设备、给排水系统及供配电设备的控制和监视,并且采集火灾自动报警及消防联动控制、安全防范、电梯、停车场、IC 卡、数字程控交换机等的信息,协调它们之间的联动。

BMS 集成系统应按层次分步进行,首先实现每个纵向子系统信息及功能的集成,再实现各子系统之间的信息共享与功能集成,最终实现功能集成的目标。

系统应配置数据库和应用服务程序,提供管理员操作界面,对各子系统的所有设施进行统一的监测和控制。为满足系统集成对各子系统的技术要求,需要合理选择各子系统,对集成管理系统进行整体优化设计,使得整个系统能够利用计算机网络和系统集成软件,把各个功能独立的智能化子系统集成到综合计算机网络系统中,使信息得到高效、合理的分配和共享。集成系统不仅能对建筑物所有建筑设备进行统一监视、测量、数据采集控制和管理,同时还通过网络系统向办公自动化系统提供相关的物业管理信息。

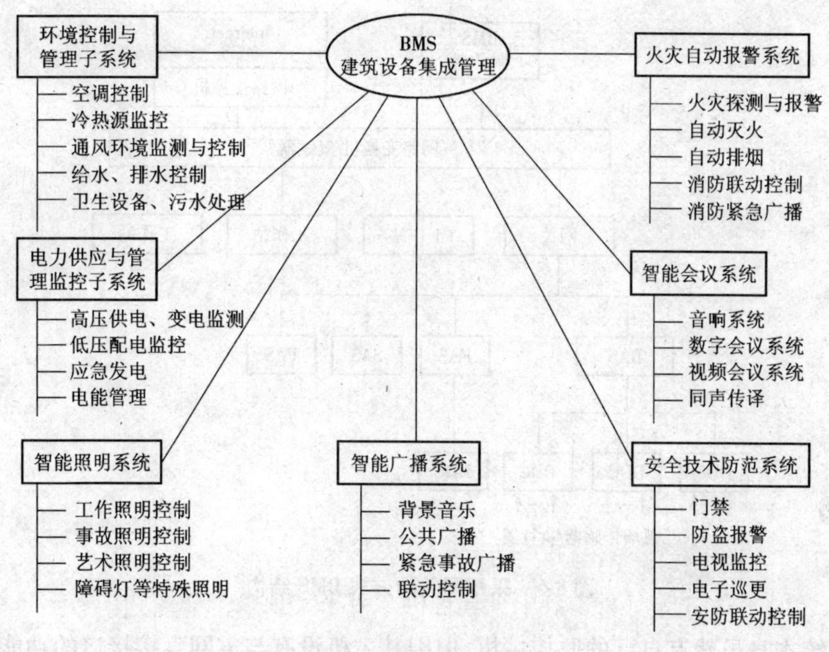

图 8-5　BMS 集成构架图

2. BMS 集成方法

一种是以建筑设备监控系统的设备为基础,应用厂商专用的通信规程与技术将安防系统(SAS)、火灾自动报警系统(FAS)、建筑设备监控系统(BAS)、停车管理系统(PAS)等集成在一起;另一种是采用通用网关(协议转换器)的方式,将 BAS、SAS、FAS、PAS 等系统的信息,通过通用多路通信控制器进行协议转换后,集成在 BMS 管理系统平台中,如图 8-6 所示。这些系统通过一个共用的(也可以是独立的)通信控制器把它们各自有关的状态信息、报警信息送到 BMS 的数据服务器,而有关的相互联动信息则通过通信控制器,由 BMS 发送到现场控制器,从而实现整个建筑物的信息综合管理和联动控制。

以上两种 BMS 集成方式在设计目标和可集成的产品上是不同的。从设计目标角度分析,以建筑设备监控系统为基础的 BMS 集成,主要偏重于实现 BAS 设备与第三方设备的联动控制和状态信息的集中管理,对于这些信息在整个智能建筑中共享和利用的考虑不多,缺乏方便的查询和调阅方法。而通用网关集成平台方式则对所有产品是开放的,各子系统是并行的,它们之间的集成是针对智能建筑信息共享、联动控制和集中管理而开发的软件应用系统,有利于整个建筑智能化系统的优化运行和高效的物业管理。

8.2.3　子系统集成模式

子系统集成是以功能实现为目标的基础集成;在完成 BAS、CAS、OAS 这三个独立的子系统集成之后,可以在此基础上再对各子系统作中央集成,这是以提高效率为目标的高层次集成。智能建筑管理系统本质上是一个复杂的计算机网络系统,各个子系统与该网络的接口方式,也就是两者之间的硬件连接,基本可分为如下四种情况。

①直接与主网接口方式,如 OA 子系统中的工作站等。

②子系统本身有自己的监控主机,而且其主机可与主网直接接口,如 BA 子系统等。

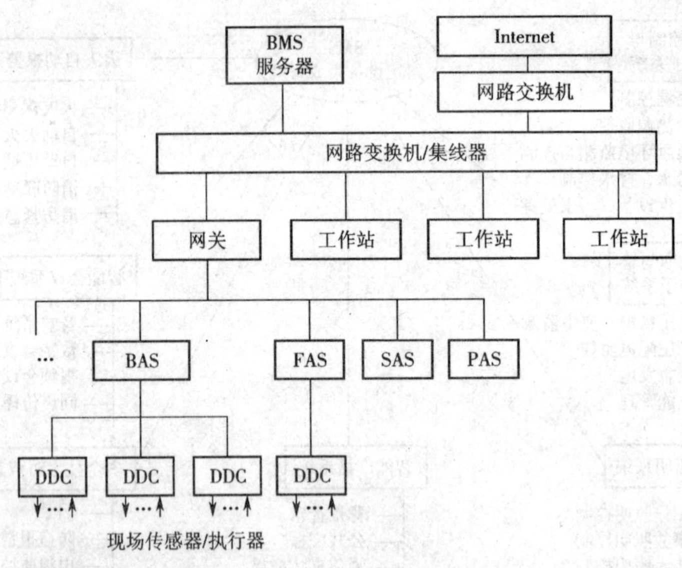

图 8-6 采用网关的方式 BMS 结构

③子系统本身虽然有自己的监控主机,但因其主机没有与主网直接接口的功能,需要通过网络接口设备与主网相连,如部分巡更系统、门禁系统等。

④子系统本身没有自己的监控主机,只能通过智能网络接口设备将其与主网相连,如有线电视系统等。

建筑智能化系统集成中心(SIC)利用综合布线系统(PDS)形成标准化强电与弱电接口,连接楼宇自动化系统(BAS)、通信自动化系统(CAS)和办公自动化系统(OAS),实现 3A 功能。如图 8-7 所示。

1. BAS 的系统集成

BAS 的系统集成要明确 BAS 的设计范围、内容、功能与经济性指标,进而体现在具体工程设计中。基本系统构成不能缺少。绝大多数工程的必须实现安保系统、消防系统、变配电系统、空调系统、冷/热源系统、给排水系统、照明系统、电梯系统与停车场管理系统等诸多子系统实时数据的集成,并完成各子系统之间的联动控制。

1)停车场系统集成

目前电子商贸已是大势所趋,需要实现停车场管理系统与中央收费管理系统的集成,完成停车场系统出入控制与计费管理功能。

2)冷/热源系统集成

冷/热源系统集成可采取多种通信手段。最常用的有两种方式:一种是集成控制系统提供与被集成冷水机组或锅炉等设备的 DDC 控制器实现直接数字通信的集成器,通过该集成器可迅速、全面获取被集成设备的各种状态参数与过程参数,并可直接指挥设备的启动、停车,以及修改设定值与运行工况等功能;另一种是不另外增加任何计算机控制装置,只要求被集成设备提供温度等主要参数以及运行、故障、停机等基本信号,再通过集成系统的计算机接口直接读取集成所必需的信息,也可由集成系统向被集成系统发送各种控制命令。

在冷/热源系统集成设计中,尤其是冷水机组的功率大、耗能多,应充分重视节约能耗。通常,在该系统中可通过冷冻机台数控制、级数(负荷)控制、冷冻机出水温度控制等多种手段来

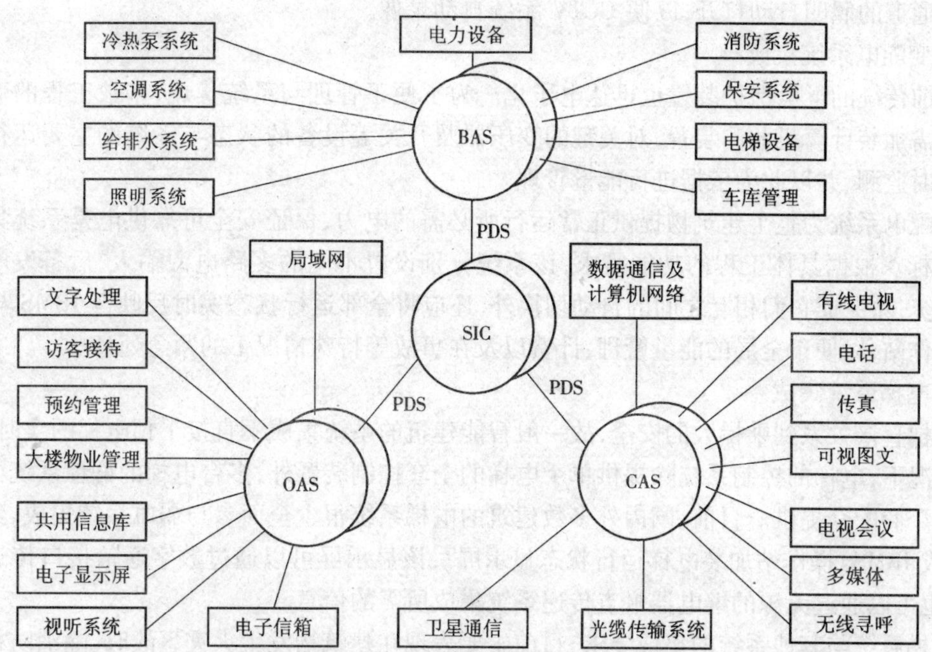

图 8-7 利用综合布线系统(PDS)实现建筑系统集成中心(SIC)示意图

节约用电。

3)空调系统的集成

在智能建筑中,空调系统数量多,地理位置分散,其监控很适于采用集散式控制系统。如前所述,系统集成设计的基础是被集成的子系统设计的合理性。因此,既不应提倡全部采取传感器与执行器均数字化的全分布式控制系统,使得投资过高;也不宜把两个或多个空调系统合并由一台 DDC 实行半集中控制,因为由此节省下的投资不足以补偿系统可靠性与可维护性的降低。采用标准型式的集散控制系统设计是空调系统集成的良好基础。

智能建筑中不同空调机组及其控制系统服务于不同的楼层、不同的企业(或部门)和不同的空调对象,各空调机组子系统之间的控制任务不存在关联特性,故缺乏控制关联方面集成的要求和必要性。大多数情况下,空调机组子系统之间并不需要具备点对点通信功能。但是,空调系统在建筑物中的能耗很大,故应将集成目标主要放在节能上。为此,除空调系统设计本身应避免空气处理过程中冷量与热量抵消并提供良好的可控性外,自动控制系统应采取节能工况分区与自动转换、焓值控制、变风量、变设定值与变新回风等多种节能控制手段,努力实现节能优化控制。在满足控制需求的前提下,将最佳节能作为最优化控制的主要目标函数。为实现上述目标,其系统集成设计的特点首先表现在通过集中监测与管理,向科学管理要效益;也表现在加强协调控制,力争全面节能。

4)照明系统集成

照明系统的耗电量较大,灯具发热又直接影响到智能建筑的其他功能,故在上述系统及其集成设计中,均应在确保工作照度要求的前提下,力争最大限度地节电。照明系统与安全保障系统的关系也十分密切。用于 CCTV 系统的摄像头正常工作的前提是必须保证足够的照度。因此,对照明系统的集成要求之一是当工作区内出现非法闯入等事件后,应将相应区域,尤其是公共通道的照明自动打开,以便 CCTV 系统自动录像。

5)变配电系统集成

目前传统的继电保护装置也迅速电子化。为了便于管理与系统集成,多数工程的变配电系统均需加装计算机监测装置,对关键的变压器及开关等设备的状态与系统的主要运行参数进行实时监测,并以此为依据进行能量管理。

变配电系统为整个建筑物提供正常运行所必需的电力,保证安全可靠供电是系统集成的主要目标。根据具体工程的功能需求,该系统分别设置不同的多路电源输入、后备发电机与 UPS 系统,除保证它们相互之间的自动切换外,还应将全部运行状态实时反映至 IBMS 与 BMS 集成工作站,以便于全局的能量管理、计费以及在事故等特殊情况下的紧急处理。

6)电梯系统集成

电梯直接关系到乘梯人的安全,故一般智能建筑的系统集成不直接干预电梯的实时控制。一般情况下,电梯的控制系统除提供单个电梯的全套控制装置外,多台电梯的群控系统也由设备制造厂商配套提供。目前,国内外多数建筑的电梯系统很少全面参与弱电系统集成,经常在 BMS(或 IBMS)操作站加装电梯运行状态显示屏。该显示屏可以通过数字通信接口传送集成信息,也可以通过无源的继电器触点传递系统集成所需的信息。

电梯系统与其他系统的集成要求,目前主要表现在建筑物发生火灾事故时,除消防梯外的全部电梯均应迅速驶至底层并停止继续运行,直到火灾事故报告信号解除为止。

7)出入口控制系统集成

随着非接触式智能卡与 ID 卡技术的高速发展与价格的急剧降低,出入控制的应用已从大型智能建筑迅速普及至智能住宅小区。该系统除直接控制人流的方向外,其集成功能日益增强。

8.3 建筑智能化系统集成方法及步骤

系统集成主要是通过建筑与建筑群结构化的综合布线系统和计算机网络技术,使构成智能化建筑的各个主要子系统具有开放式结构,协议和接口都标准化和规范化。智能建筑的功能需求不断增长,使建筑内各种机电设备的监控系统种类和范围不断扩大,它们可采用不同的网络平台、不同的通信协议,解决互联和互操作性问题。实现系统集成,基本有以下几种方法。

8.3.1 采用统一的通信协议实现系统集成

长期以来,控制系统的开发和集成商一直在寻求一种一体化的解决办法,即将所有的监测控制功能,如照明、空调、电梯、供配电、给排水等,集成在一个控制系统中,换句话说,就是将控制系统通过一条通用的控制总线连成一个控制网络。目前比较流行的控制总线主要有 BACnet、LonWorks、Profibus、FF、CAN 等等,其中 LonWorks 和 BACnet 在建筑设备自动化系统中有着广泛的应用。

BACnet 定义了 23 种对象、39 种服务、6 种数据链路结构、三层网络架构,正在向 BACnet/IP 方向发展。很多空调、制冷、锅炉、变配电设备等的制造厂商均采用该标准协议,为智能建筑的系统集成开创了十分有利的局面。BACnet 网络模型中的数据链路层、物理层可以采用五种不同的技术,分别是 Ethernet(以太网)、ARCNET、MS/TP(主从/令牌环协议)、PTP(点对点）、LonTalk 。但是在先前的 BACnet 协议中，不同厂家生产的设备互连仍需通过协议转换器，尚未达成开放系统实现互操作的要求。Internet 与 BACnet/IP 网络结构和楼宇系统集成示意图分别见图 8-8、图 8-9 所示。

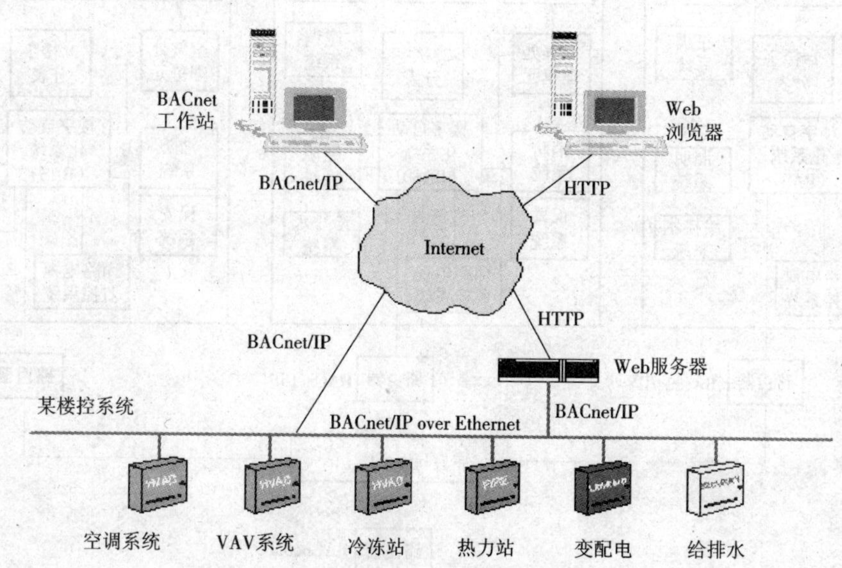

图 8-8　Internet 与 BACnet/IP 网络结构示意图

LonWorks 是美国埃施朗公司 1990 年推出的全分布式的具有开放性和互操作性、采用 LonTalk 协议的网络，经过 LonMark 互操作性协会认证的产品具有良好的互操作性。但是这种方式不是真正意义上的开放系统，因为这种协议对厂家不是中立的，其中有埃施朗公司的知识产权，真正的开放系统对各个厂家应该是中立的。

目前 BAS 的结构大多采用二级网络的形式，即上层为局域网 LAN（通常是以太网或 BACnet 网络），下层采用 RS-485、LonWorks 等速率较低的标准工控总线方式，具备集成的有利条件。此外，以 BAS 为中心的集成模式还可通过开发与第三方系统的网络接口（网关或网络控制器），将各种系统数据集成到网络主干上，这样 BAS 网关就能将 SAS、FAS 等第三方系统的协议转化为 BAS 级通信主干协议，从而实现以 BAS 为中心的集成目的。通过 LonWorks 与 TCP/IP 远程三表数据采集连接示意图如图 8-10 所示。

8.3.2　采用网关（协议转换）实现系统集成

具有不同协议的网络互连，可以采用协议转换器（网关）。协议转换器分为专用的协议转换器和标准的协议转换器。专用协议转换器指两种协议之间专用的转换器。采用这种协议转换器，如果要连接多个不同类型的网络，就需要多种类型的协议转换器。有时协议转换器难于匹配不同的网络的机制和服务；另外，当协议转换器故障时，这种结构没有提供可靠的端到端的机制。所以这种专用的协议转换器不可取。采用标准的协议转换器，可在局域网内部通信采用简单的通信结构，包括物理层、链路层以及提供了连接服务的会话/传送协议的应用层。这种方案中，接在局部网络上的所有站只使用简单的会话/传送协议，而所有协议转换器之间通信使用同样的传送层协议。由此解决了互联网的匹配问题。采用网关（协议转换）实现系统集成示意图如图 8-11 所示。

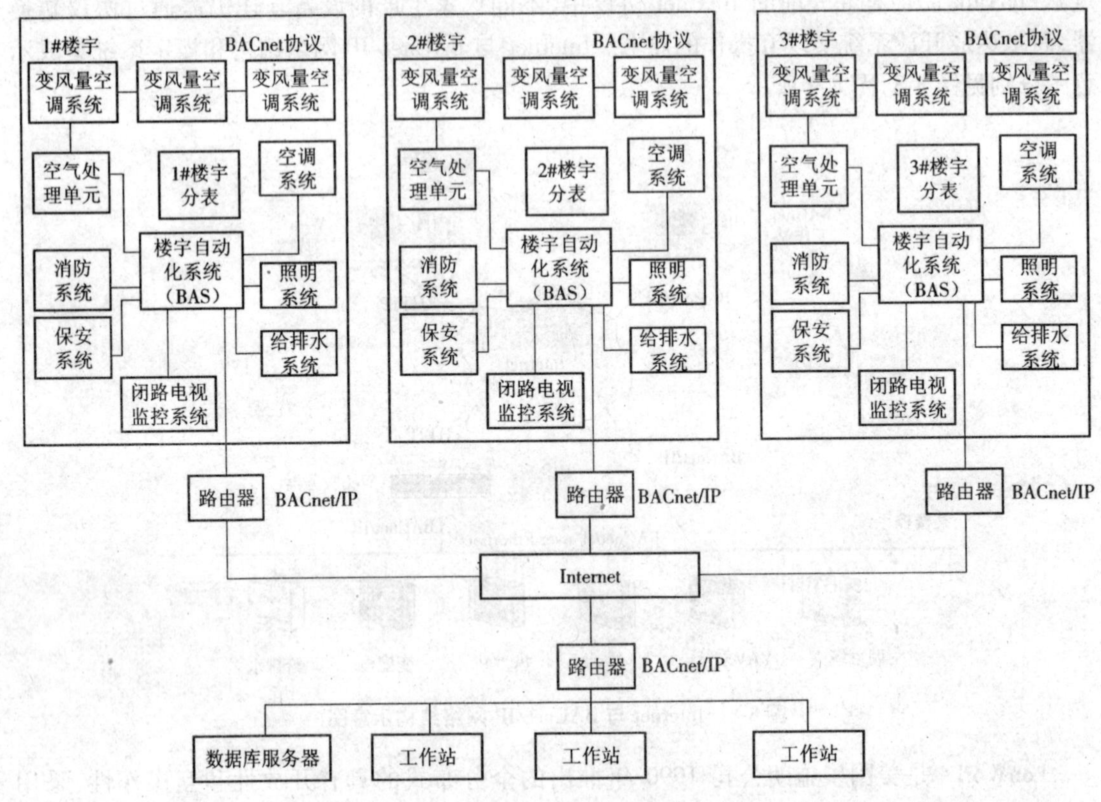

图 8-9 基于 Internet 与 BACnet/IP 网络楼宇系统集成示意图

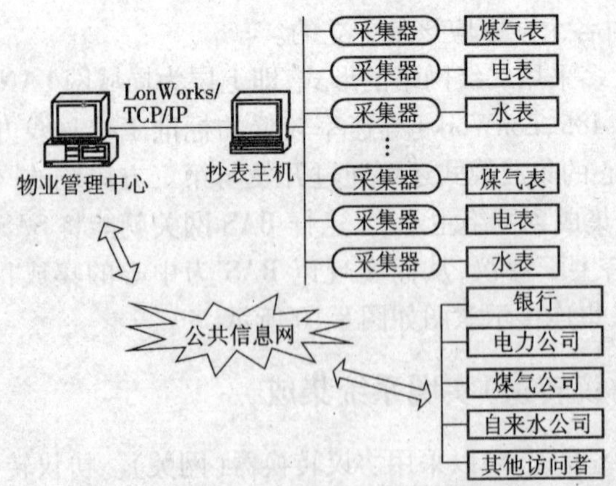

图 8-10 通过 LonWorks 与 TCP/IP 远程三表数据采集连接示意图

8.3.3 采用 OPC 技术实现系统集成

OPC 提供信息管理应用软件与实时控制域进行数据传输的方法，提供应用软件访问过程控制设备数据的方法，解决应用软件与过程控制设备之间通信的标准问题。当设备通过 OPC 互联时，图形化应用软件、趋势分析应用软件、报警应用软件等应用软件均基于 OPC 标准，现场设备的驱动程序也均基于 OPC 标准。在统一的 OPC 环境下，各应用程序可以直接读取现

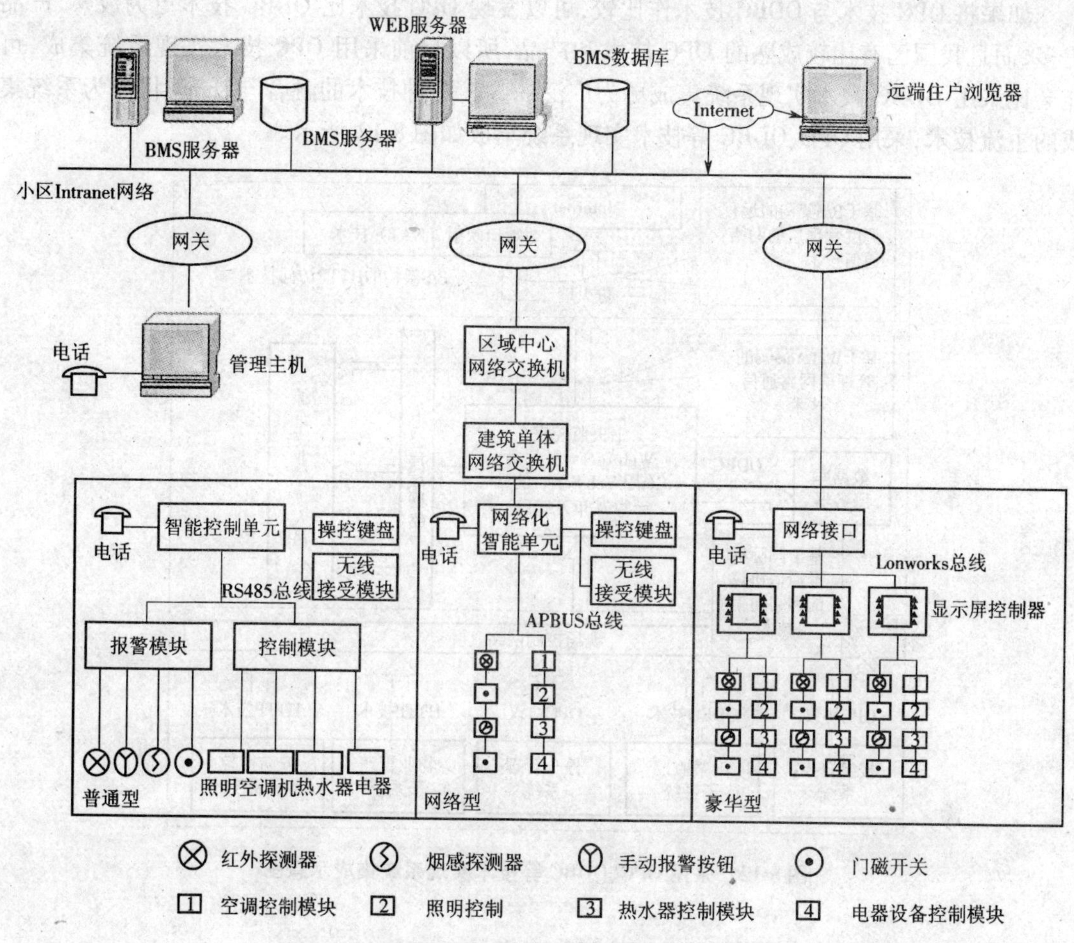

图8-11 采用网关(协议转换)实现系统集成示意图

场设备的数据,不需要一个一个地编制专用的接口程序,各现场设备也可直接与不同应用之间互联。OPC的重要作用是使设备的软件标准化,从而实现不同网络平台、不同通信协议、不同厂家的产品方便地实现互联和互操作。OPC技术的完善和推广,为建筑智能化系统集成时,在实时控制域与信息管理域的全面集成创造了良好的软件环境。所以说,OPC开创了系统集成的新途径,将成为系统集成的主要方式。

8.3.4 采用ODBC技术实现系统集成

ODBC是微软公司推出的一种应用程序访问数据库的标准接口,也是解决异种数据库之间互联的标准,目前已被大多数数据库厂商所接受。该标准适用于各种数据库。ODBC兼容的应用软件通过SQL结构化查询语言,可查询、修改不同类型的数据库。这样,一个单独的应用程序,通过它可访问许多个不同类型的数据库及不同格式的文件。ODBC提供了一个开放的,从个人计算机、小型机、大型机数据库中存取数据的方法。使用ODBC,可开发出对于多个异种数据库进行并行访问的应用程序。现在,ODBC已成为客户端访问服务器数据库的API标准。只要被使用的数据库支持ODBC技术规范,无论其数据库的类型如何,均能进行信息交换。

如果将 OPC 技术与 ODBC 技术作比较,可以发现 OPC 技术比 ODBC 技术更为成熟、产品更多,而且我国已有比较成熟的 OPC 技术和产品,所以目前采用 OPC 技术实现系统集成,可能会比采用 ODBC 技术实现系统集成更为广泛一些。两种技术的融合与补充,将成为系统集成的主流技术,采用 OPC、ODBC 等技术实现系统集成如图 8-12 所示。

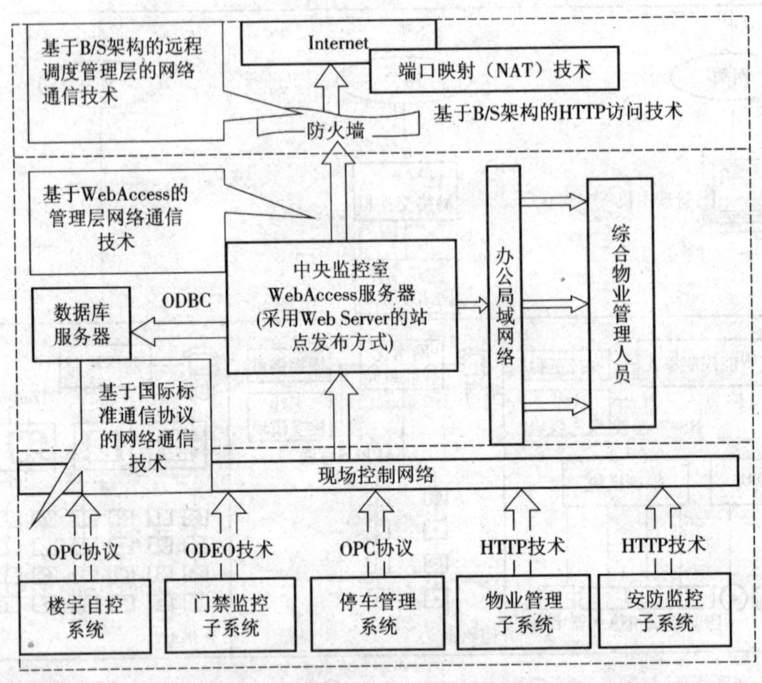

图 8-12 采用 OPC、ODBC 等技术实现系统集成示意图

8.3.5 基于 Web 的远程监控实现系统集成

基于 Web 的远程监控实现系统集成是将信息集成建立在建筑物(群)内部网 Intranet 的基础上,通过 Web 服务器和浏览器在整个网络上的信息交换、综合与共享,实现统一的人机界面和跨平台的数据库访问。网络环境下的控制软件比传统系统环境下的控制软件功能更完善,使用更方便,如 Intranet 下的控制系统软件能够调用、执行网络上其他计算机上的一个程序并与之交互,这是传统环境下应用程序无法实现的。随着技术的发展,微软公司不断对 Windows 系统本身进行改进、升级的同时,对 Windows 应用程序和标准、结构等均进行了重新定义,即遵循 COM/DCOM 标准,借助 ActiveX 实现的浏览器/服务器(B/S)结构。

浏览器/服务器结构的计算模式的主要思想是:根据组件对象模型(COM)或分布组件对象模型(DCOM)标准,将应用程序划分成逻辑上相互独立的若干个模块,这些模块就是 ActiveX 组件,它们各自为应用程序提供一定的服务。

B/S 结构模式与 C/S 结构模式类似,除了具有分布式计算的特性而外,主要特点是集中式管理,将程序、数据库以及其他一些组件都集中在服务器上,客户端只需配置操作系统及浏览器即可实现对服务器端的访问。基于这种模式的建筑智能化系统需要采用浏览器、Web 服务器、数据库服务器三层分布式结构,如图 8-13 所示。

由于智能建筑远程控制与监测的数据流动有着很大的不同,因此远程监测与控制部分分

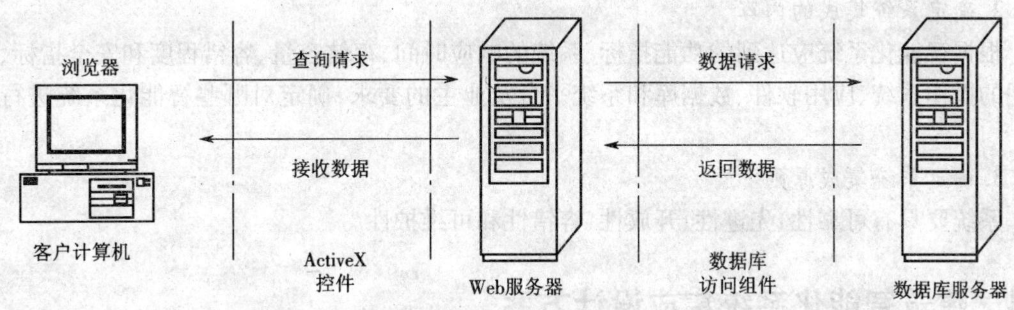

图 8-13　三层 B/S 结构模式

别由两个不同的模块来完成。其整体框图如图 8-14 所示。图中实线箭头表示控制代码和指令的数据流向,虚线箭头表示远程监测所采集的数据流向。控制代码和指令由远程客户发出,然后传到信息网上,并向服务器发出请求;服务器响应用户的请求后,通过网络接口将控制代码和指令传到控制层中的监控机;监控机根据用户的请求,将控制代码传到智能建筑现场控制节点的解析和编译模块,执行具体的控制任务。现场数据采集监测模块的数据流向和控制模块的数据流向刚好相反,由底层流向上层。

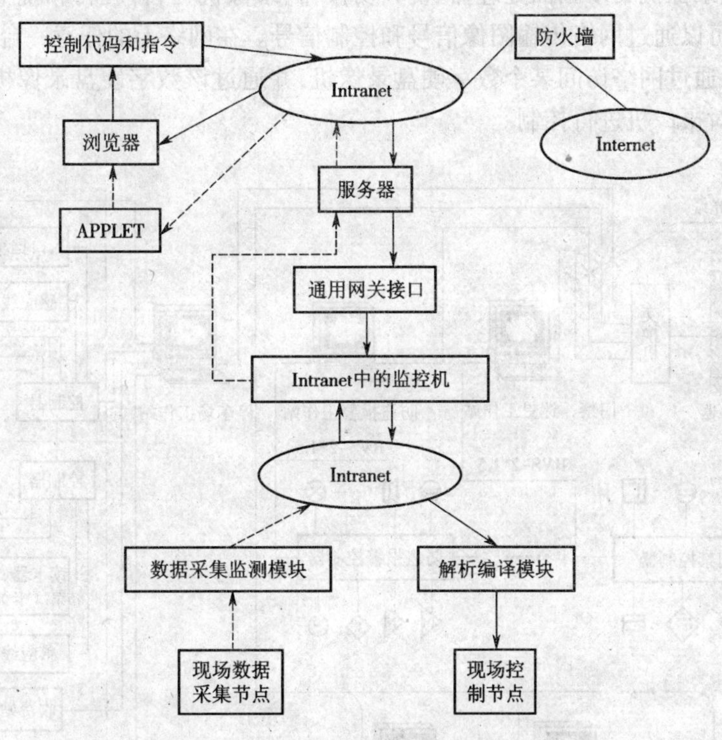

图 8-14　基于 Intranet 的监测与控制示意图

8.3.6　建筑智能化系统集成步骤

1. 研究建筑物的功能

了解建筑物、住宅(小区)的功能要求以及智能化系统的功能和构成。

2. 确定系统集成的内容

根据智能化系统应达到的功能指标、系统的响应时间、存储容量、容错程度和安全指标、所采用的操作系统、应用软件、数据库和系统平台及业主的要求，确定对哪些智能化系统进行集成。

3. 确定系统集成原则

系统要具有可靠性、先进性、开放性、容错性和可维护性。

8.4 建筑智能化系统集成设计方案

8.4.1 安全防范系统集成方式案例

如图 8-15 所示，安全防范系统集成了门禁系统、巡更系统、防盗报警系统、CCTV 系统、停车场管理系统。

①根据工程的要求，各工作站可接打印机等辅助设备。

②工作站至门禁控制器、防盗报警控制器之间可采用 RS-485 总线。

③数字硬盘录像机集多画面处理器、视频切换器、录像机、云台旋转和镜头伸缩的全部控制功能于一体，可以通过网络传输图像信号和控制信号。在网络上的任意一台计算机上，只要赋予权限就可以通过网络访问某个数字硬盘录像机，并通过该数字硬盘录像机看到某地方现场情况，还可以对摄像机进行控制。

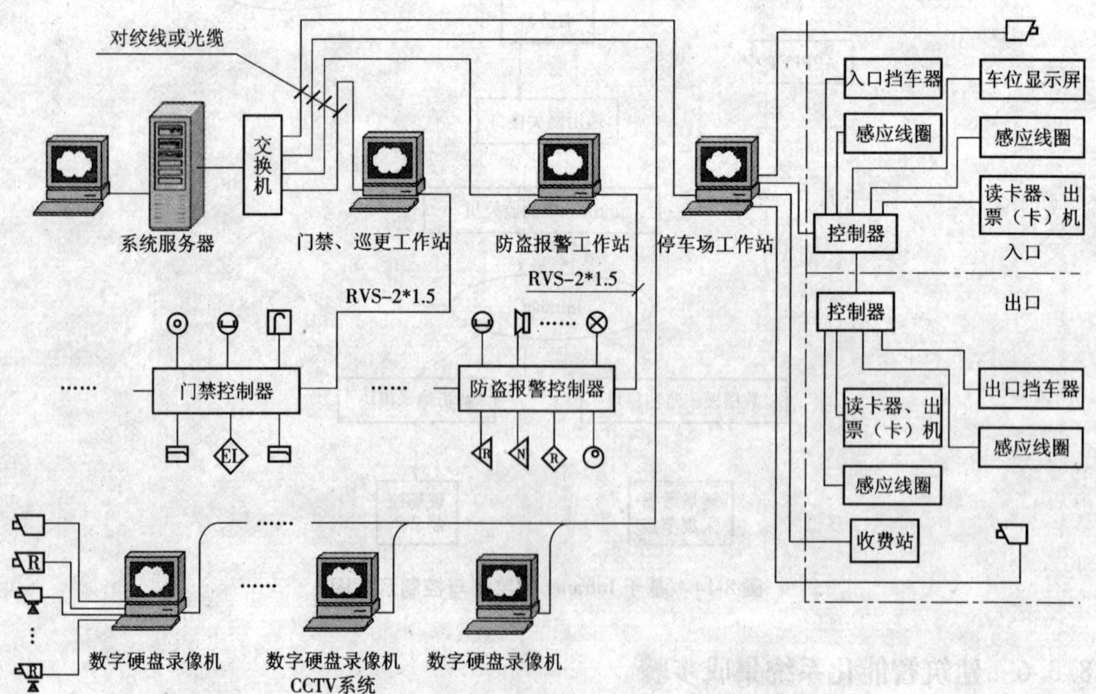

图 8-15 安全防范系统集成方式案例图

8.4.2　四表远传系统的集成方式案例

如图 8-16 所示，以四表远传系统的集成方式以 6 层、每单元每层 2 户为例。该图采用总线技术，适用于水、电、气、热力专业公司分别管理。

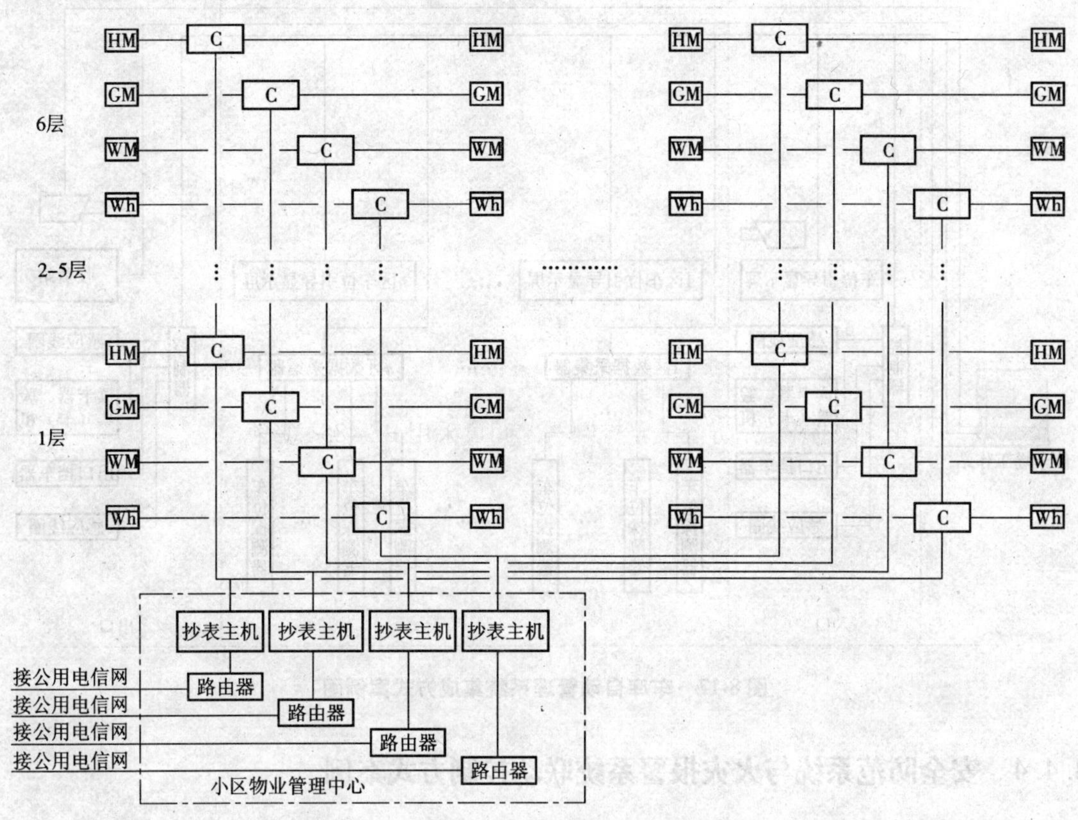

图 8-16　四表远传系统的集成方式案例图

8.4.3　车库自动管理系统集成方式案例

1. 车库自动管理系统集成方式案例连接方案

车库自动管理系统集成方式案例图见图 8-17。

2. 设计说明

①本系统为具有车位引导功能的车库自动管理系统集成方式。

②车位引导的工作原理。当车辆进出车库时，出、入口处的感应线圈将探测到的信息传送到停车场工作站。停车场工作站则根据车库内现有车位占用情况，计算出下一个最佳可停泊车辆的车位号，并将计算出的信息传送给车位引导显示屏，车位引导显示屏此时将显示出最佳空车位及行车路线。驾驶员在车位引导显示屏和各种引导标志的引导下，将车辆停泊在指定的车位上。此时安装在这个车位处的车位探测器探测到该车辆，并将该车位已被占用的信息发送给数据采集器；当车辆离开车位要驶出车库时、安装在这个车位处的车位探测器探测到信号发生变化，即可判断出该车位已无车辆停泊，并将该车位已无车的信息发送给数据采集器。数据采集器对接收到的各车位信息进行实时处理，并将处理结果传送给停车场工作站。停车

场工作站将这些信息存入系统数据库供查询统计，并实时地将有关车位使用状态发送给车位引导显示屏，使车位引导显示屏能实时显示出最佳空车位及行车路线。

(3)车位探测器可选用超声波、红外线、感应线圈或压电橡胶等类型的探测器。

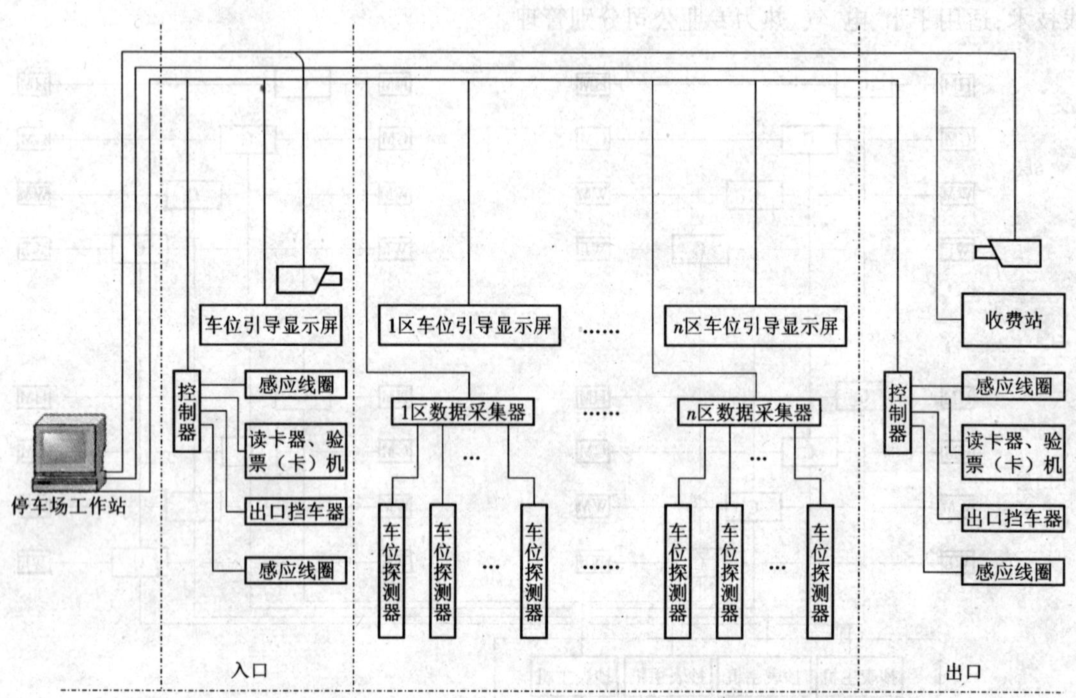

图 8-17 车库自动管理系统集成方式案例图

8.4.4 安全防范系统与火灾报警系统联动控制方式案例

1. 安全防范系统与火灾报警系统联动控制方式

安全防范系统与火灾报警系统联动控制方式案例图见图 8-18。

2. 设计说明

①安全防范系统与火灾报警系统的联动控制是通过接点实现的。

②当火灾发生时，可通过安全防范系统将 CCTV 系统的摄像机对准着火区域，对火灾的发生进行确认，并将着火区域门禁系统的电控锁打开，如果是停车场发生火灾，通过停车场管理将停车场的进口改成出口。

③根据工程的要求，各工作站可接打印机等辅助设备。

④工作站至各控制器之间可采用 RS-485 总线。

8.4.5 住宅(小区)安全防范系统集成方式案例

如图 8-19 所示为住宅(小区)安全防范系统集成方式案例，本方案依据北京恒业世纪电气技术有限公司产品设计，采用 CAN 总线集成。

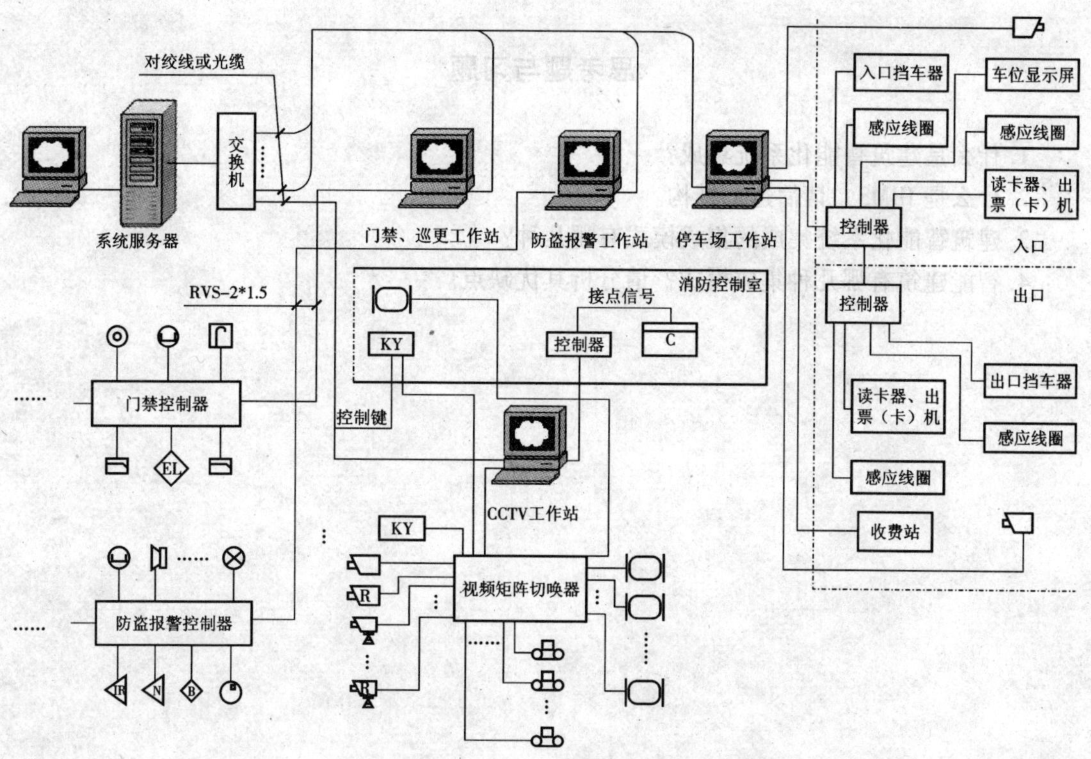

图 8-18　安全防范系统与火灾报替系统联动控制方式案例图

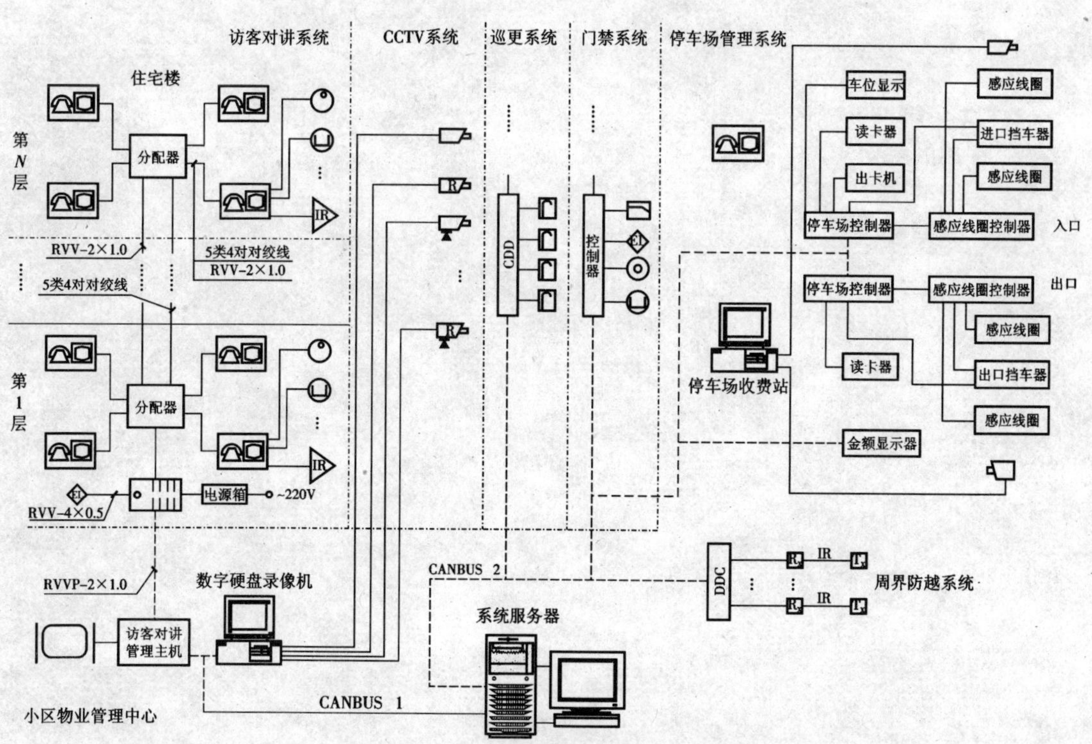

图 8-19　住宅(小区)安全防范系统集成方式案例图

思考题与习题

1. 什么是建筑智能化系统集成？

2. 什么是 IBMS？请简述其结构。

3. 建筑智能化系统集成的集成模式有哪几种？

4. 智能建筑有哪几种集成模式？请分析其优缺点。

第9章　智能住宅小区系统设计

9.1　概述

9.1.1　住宅小区的分类与组成

1. 住宅小区分类

住宅小区是构成城市的有机组成部分，是一个城市和社会的缩影，其规划与建设水平反映着居民在生活和文化上的追求，关系到城市的面貌，是社会物质文明和精神文明发展的主要标志。

(1)居住等级的划分　居住区规划是城市控制性详细规划的主要内容之一，是实现城市总体规划的重要步骤。居住区规划是满足居民的居住、工作、休息、文化教育、生活服务、交通等方面要求的综合性的建设规划，它在一定程度上反映一个国家不同时期的政治、经济、文化和科技发展水平。住宅小区按居住户数或人口规模可分为居住区、居住小区、居住组团三级。

①居住区泛指不同人口规模的居住生活聚居地和特指城市干道或自然分界线所围合，并与3~5万人的居住人口规模相对应，配建有一套完善的能满足该居住区生活所需的公共服务设施的居住生活聚居地。

②居住小区是指被居住区及道路或自然分界线所围合，并与7 000~15 000人的居住人口规模相对应，配建有一套能满足该居住区生活所需的公共服务设施的居住生活聚居地。

③居住组团是指被小区道路分隔，并与1 000~3 000人的居住人口规模相对应，配建有居民所需的基本公共服务设施的居住生活聚居地。

(2)住宅小区的类型　从不同视角，将住宅小区做如下分类。

①按照住宅小区建设条件的不同，可分为新建的住宅小区和城市旧住宅小区改建。

②按照住宅小区所处位置的不同，可分为城市内的住宅小区和独立的住宅小区。

③按照住宅小区内建设标准的不同，可分为普通住宅区、高级住宅区及别墅住宅区。

④按照住宅小区内住宅层数的不同，可分为低层住宅小区、多层住宅小区、高层住宅小区或各种层数混合修建的住宅小区。

2. 住宅小区的构成

(1)住宅小区的组成　住宅小区的组成基本上有以下两部分。

①建筑工程，主要为居住建筑，其次是公共建筑、市政公用设施用房和其他建筑。

②室外工程，包括地上、地下两部分，其内容有道路工程、绿化工程、市政工程管线以及挡土墙、护坡等。

(2)住宅小区规划用地　住宅小区规划总用地，包括居住区用地和其他用地。其各类、项用地名称可采用规定的代号表示，如表9-1所示。

表 9-1 住宅小区用地平衡控制指标 %

用地构成	居住区	居住小区	居住组团
住宅用地(R01)	45 ~ 60	55 ~ 65	60 ~ 75
公建用地(R02)	20 ~ 32	18 ~ 27	6 ~ 18
道路用地(R03)	8 ~ 15	7 ~ 13	5 ~ 12
公共绿地(R04)	7.5 ~ 15	5 ~ 12	3 ~ 8
居住区用地(R)	100	100	100

9.1.2 智能化住宅小区的概念

自20世纪90年代智能大厦进入我国以来,智能大厦的基本构造模式、结构及系统理论引入到民用住宅中,就形成了一个全新的概念——智能化住宅小区。城市数字化的规划发展,智能化配套产品及技术的发展,更进一步推动智能化住宅小区的发展。

智能化住宅小区是利用4C(计算机、通信与网络、自控、IC卡)技术,通过有效的传输网络,将多元信息服务与管理、物业管理与安全、住宅智能化系统集成,为住户提供安全舒适的家居环境。可以说,住宅小区的智能化不仅是智能化技术在住宅小区中的简单应用,同时也是与国内房地产业的升温及我国住宅小区的特点相结合的产物。

9.1.3 智能化住宅小区的特点

智能住宅小区的智能化系统所要达到的目标是实现小区的环境保障(包括家居安全)和为小区提供温馨舒适的服务环境。

"智能住宅小区"是一种面向社会提供的产品住宅,建设部(原)已在《全国住宅小区智能化技术示范工程建设工作大纲》中对智能住宅小区"普及型"、"先进型"、"领先型"作出规定,主要对小区安全防范系统、家居安全防范系统、"家庭能耗"自动计量系统、设备监控系统、计算机网络和信息服务系统、计算机物业管理和公共服务系统作出规定。智能住宅小区的智能化系统功能的设置,一般更突出安全防范监控、远程抄表、现代通信、有线电视、一卡通、计算机物业服务等智能化子系统方面的功能。

智能住宅小区由于其功能要求的特殊性,其技术实现上也有其独特之处。随着人民生活水平的逐步提高,实现安防、通信、服务成为智能住宅小区建设的要求。

9.1.4 智能住宅小区设计标准

根据《全国住宅小区智能化技术示范工程建设工作大纲》,中国住宅小区智能化系统评定标准分为三级。

1. 普及型

应用现代信息技术实现以下功能要求:

①住宅小区有计算机自动化管理中心;

②水、电、气、热等自动计量、远传收费;

③住宅小区封闭,实行安全防范系统自动化监控管理;

④住宅火灾、有害气体泄漏等实行自动报警;

⑤住宅设置紧急呼叫系统;

⑥对住宅小区关键设备、设施运行状态实施远程监控。

2. 先进型

应用现代信息技术和网络技术实现以下功能要求：

①实现普及型的全部功能要求；

②实行住宅小区与城市区域联网、互通信息、资源共享；

③住户通过网络端实现医疗、娱乐、商业等服务和费用结算；

④住户通过计算机实现网上阅读电子书籍和出版物。

3. 领先型

应用现代信息技术、网络技术和信息集成技术实现以下功能要求：

①实现先进型的全部功能要求；

②显现住宅小区开发建设技术，实施住宅小区开发现代信息集成系统，达到住宅小区建设提高质量、降低成本、缩短工期、有效管理、改善环境的目标。

9.1.5　智能化住宅小区的基本构成

根据建设部(原《全国住宅小区智能化系统示范工程建设要点与技术导则》的要求，结合智能化社区的基本概念，住宅小区智能化系统功能可分为智能家居管理子系统、网络信息服务子系统、小区物业综合管理子系统。

1. 家居智能管理子系统

家居智能化就是通过家居智能管理系统的设施来实现家庭安全、舒适、信息交互与通信的功能。家居智能化系统所提供的功能主要有三项，即家庭安全(HS)、家庭设备自动化(HA)和家居通信(HC)。

(1)安全防范　小区住户可配置烟感探测器，燃气泄漏探测器，红外探测器和紧急按钮、门磁开关，实现防盗报警、燃气泄漏报警、疾病意外紧急呼救报警。另外，一、二层住户每扇窗户可配置幕帘式红外线探测器，替代传统防盗窗。

(2)家庭设备自动化　家庭设备自动化主要有以下几点。

①集中化、遥控化和异地远程控制调节。可实现对家用电器(如电视机、音响、空调机、热水器、微波炉、洗衣机等)的状态进行监视和控制与调节。

②实现对四表(电表、水表、燃气表、热能表)的读数、数据自动采集与传输。

③实现对照明设备的联动控制和调表功能。

(3)家居通信　家居通信有以下几点：

①采用智能家居系统布线方式；

②实现电话、电视、电脑的综合通信和信息交互；

③采用数码电话机；

④实现 VOD 点播和多媒体信息通信。

2. 智能住宅小区物业综合管理子系统

智能住宅小区物业综合管理子系统由社区安全防范、信息服务、计量收费及物业设备管理(包括供水、配电、公共照明、电梯管理)四部分组成，是构成智能社区必备的物业综合管理系统。

1)社区安全防范

安全防范是人们选购住宅的重要前提。智能住宅小区安全防范系统是智能住宅小区的基本组成部分,包括周界防范系统、出入口管理系统、多媒体监控系统、楼宇对讲系统、巡更系统、住户家庭报警、救护系统。以上各项构成了保障小区安全的多道防线。

(1)周界防范系统　现代智能住宅小区一般都不设封闭式围墙,而改设为开放的防护栅栏,人们很易跨越。周界防范系统就是为小区周边构筑起一道无形的电子防护网,一旦有外来人员非法穿越时,系统及时报警、监控、启动现场声光警示设备并通过计算机监控集成,能以电子地图显示、数据库记录等手段对警情出及时反应,同时联动其他安全防范系统,达到万无一失的目的。该系统由周界红外报警探测器、传输信号线和监控中心3部分构成。

(2)出入口管理系统(门禁控制系统)　出入口管理系统可采取非接触式IC或ID卡门禁系统方式,它以智能卡技术对IC或ID卡、读卡器、控制器、电控锁进行有机组合,通过有效分级管理形成智能锁功能。一张卡即可用于单元门进出、公共场所进出、公共信息查询、小区内部消费等。

(3)多媒体监控系统　多媒体监控系统是以多媒体计算机为核心,利用最新多媒体技术和通信技术,并融合电视技术、传感技术、自动控制技术等,实现多方位、多功能、综合性的监视报警系统。

在社区出入口、停车场等主要场所安装摄像机,使物业保安管理人员在控制中心即可监视小区内的情况,大大加强了安保效果。该系统接到报警系统和出入口控制系统示警信号的同时,进行实时录像,录下报警时的现场情况,以供事后分析。

(4)楼宇可视对讲系统　通过楼宇可视对讲系统,住户可以直接观看到来访者,并与其通话。可以小区计算机联网方式将每户的对讲设备与小区控制中心联成一体,能够接收小区住户呼叫,监控单元门进出情况,提供户主不在家时来访者留言的传送、录音服务等。该系统由小区管理中心、楼宇门口分机、住户家庭可视分机三部分构成。

(5)住户家庭报警系统　系统由小区安防报警主机、红外线探测器、门磁、煤气泄漏探测器以及小区报警中心等设备构成,是一种主动式、智能化防范系统。

(6)保安巡更系统　保安巡更系统主要用于小区保安的巡更活动,对安全防范区域进行定时检查,在接到报警后,即时指导保安迅速处理警情。巡更系统通过总线进行信号传输,可以直接利用小区楼宇对讲通信网络或家庭室内报警网络设备,由监控中心软件识别,对警情作出迅速反应。该系统由巡更定位器、遥控发射器、小区巡更监控中心3部分组成。

2)小区信息服务系统

(1)小区综合电视网　在社区内设CATV系统,节目多样化(有卫星电视、有线电视、社区自办电视等),节目量大(按计划750 MHz网设计,可达到80套节目的容量),丰富社区文娱生活。

(2)小区公共广播与应急广播　在小区范围内进行背景音乐播放、流动宣传、发布通知通告,紧急状态下实现人员疏散广播。

(3)电子公告牌　在小区内设置LED显示屏,播放信息发布、新闻、小区通告,随时传递信息。

3)小区计量收费系统

(1)四表抄收及远传动系统　四表抄收及远传动系统是信息管理子系统的重要组成部分。通过总线网络抄表软件将电表、水表、气表、热源表与小区总控中心计算机联网,由系统完成抄表、数据存储、月结、计费、银行托收、报表打印、故障检查等一系列工作,为小区居民和物业管理者提供方便。该系统由四表、数据采集器、集中器、通信转换器、管理中心组成。

(2)停车场自动收费管理系统　对于现代的智能住宅小区,设置停车场自动收费管理系统是必不可少的,既保证停车安全又能方便住户停车、取车。智能住宅小区停车场系统多用非接触式 IC 或 ID 停车场管理系统,以计算机网络管理与控制为核心,采用 IC 或 ID 卡技术和图像识别技术,实现对小区通行车辆及停车管理的智能化和系统化。

3. 智能住宅小区信息网络服务子系统

信息网络服务系统就是向小区居民提供优质的、10 Mbit 以上带宽的网络接入服务,并开通诸如 WWW 浏览、VOD、电子商务、网上聊天、网上游戏、远程教学、远程医疗、文化娱乐等各种特色的信息服务。系统以计算机网络为核心,以智能综合布线为基础,主干采用光纤,各楼内采用五类双绞线来进行布线,使小区内的主干网速度可达 1 000 Mb/s,每个信息点达到 100 Mb/s 或更高,即所谓千兆到楼,百兆到户。其网络分为局域网、城域网和广域网。网络的拓扑结构分为星型、总线型、环型、树型和混合型。每个信息点百兆速率能够满足目前所有的网络应用,实现整个小区的信息、网络通信和资源共享。

1)网络硬件配置

小区主控中心需一组服务器,分别为主控服务器和辅控服务器,其他服务器作为应用服务器,如 WWW 服务器、Email 服务器、视频服务器等。

控制中心设主交换机,与小区各楼过来的主干光纤相连接。设置路由器,用户接入 Internet;设置具有大容量硬盘的服务器,专供 VOD 使用。

2)小区局域网软件的配置

结合小区网络规模及特点,可以选择不同的网络操作系统作为核心网络操作软件。

3)网络服务功能

①小区局域网服务,小区内住户可通过访问小区内部主站点来得到所需要的网络服务(如:医疗保健、病人护理、照料小孩、雇用计时工等一系列家庭服务)。

②小区局域网是小区与外界进行网络通信的桥梁,小区管理中心一方面通过代理服务网连入 Internet,一方面进行内部域名解析。

③通过 Internet 专线上网。

④VOD 视频点播。

9.2　电视监控及周界防范系统

闭路电视监控系统是当代小区保安系统中一个必不可少的重要组成部分,它通过在大门口、重要通道、进出口等处设置摄像机,对小区建筑内部的主要区域和重要部位进行监视控制,可以直观地掌握现场情况和记录事件事实,及时发现并避免可能发生的突发性事件,为小区的安全与管理提供事实依据。

闭路电视监控系统包括前端图像采集、中间传输控制、后端图像处理等几部分。

前端设备有摄像机、镜头、云台及传输控制信号的解码器。中央控制设备有视频、音频切换器、矩阵主机、画面处理器和计算机的控制设备。后端图像处理包括监视器、录像机及计算机显示部分。

9.2.1 设计思想

本系统属于一个小区监控保安系统,利用本系统能使管理保安人员在控制室中观察到门口、重要通道周围的人员的工作活动情况,提高夜间的安全防范自动化可靠程度,能及时发现并记录一些突发事件,为以后各种事件的处理提供完备的现场录像资料。按此设计思想本系统大致可分为前端摄像机、前端报警探头、传输、控制、显示和记录。

①前端摄像机主要功能是摄取监视范围内的图像。

②前端报警探头主要功能是发现非法入侵者及非常情况。

③传输的主要功能是传送各种信号。

④控制的主要功能是负责所有设备的控制与图像的信号管理。

⑤显示的主要功能是将摄取的图像及异常信号显示出来。

⑥记录的主要功能是将取得的内容记录下来,以便取证。

9.2.2 设计依据

施工质量将直接影响电视监视系统和图像监视,在施工时必须严格遵循国家颁布的电气设计规范和公安部颁发的行业标准,施工单位要具备安防设计施工资质。主要有以下四个规范和标准。

①《安全防范工程程序与要求》GA/T 75—94。

②《安全防范系统通用图形符号》GA/T 74—2000。

③《民用闭路监视电视系统工程技术规范》GB 50198—94。

④《民用建筑电气设计规范》JGJ/T 16—92。

9.2.3 小区监控与周界防范技术实施方案

1. 闭路电视监控系统

根据国家安保系统设计规范对安保系统的具体规定及要求,本系统根据甲方的要求和建筑物的具体情况,考虑在小区的主要出入口、进出通道等重要通道设置安保监控摄像机,以对进入小区内的可疑人员进行跟踪监视,可24小时不间断地对建筑物进行安全防范。

(1)监控摄像机安放位置　前端点分别分布于重要通道、进出口、四周护栏围墙等重要监控地点,可以全方位重点观察进出小区的人员情况。这样的布点即可对小区的出入口及大门口的情况进行全面的监控、监看。

(2)安保中心安放位置　根据安保系统规范及建筑物的特点,一般情况下安保监控室应设置在小区控制中心,以便在紧急情况下及时对突发性事件进行管理和控制较为便捷。安保控制室可与背景音响(紧急广播)控制中心共用,一旦监控室发现意外情况或紧急事件即刻通过广播系统进行广播;由工作人员对系统进行控制,要求控制室房间四周不得堆放杂物,墙壁上不得悬挂与系统无关的设备，做到工作走道畅通无阻，非工作人员不得进入该控制中心；系统内所有的摄像机的图像信号均通过视频电缆引入安保监控室进行图像控制与记录，从而构成监控管理网络系统。

2. 周界防范报警系统

周界防范报警系统是实现小区周边公共安全的主要手段，通常与闭路电视监控系统相配合，防止各种越墙而入的犯罪活动，将罪犯拒之于小区围墙之外，为小区居民提供一个稳定、安全的生活环境。周界防范系统是智能住宅小区安全防范重要的组成部分。智能住宅小区在小区周界建立围墙或栅栏，防范闲杂人员出入，但对小区周界进行安全防范，仅采用建立围墙、栅栏或值班人员守护的方法是不可靠的，应当采用人防技防相结合，在小区建立周界防范报警系统。一般采用远距离红外对射探测器，利用报警控制器与之相连，实现小区周边防范。在小区围墙和栅栏上（或内侧）安装红外线探测器，当发生非法翻越时，探测器将警情及时传送到智能控制中心，中心将在模拟电子地图上显示出翻越区域，以利于保安人员及时准确地处理警情，同时硬盘录像机启动录像。周界防范系统示意图如图9-1所示。

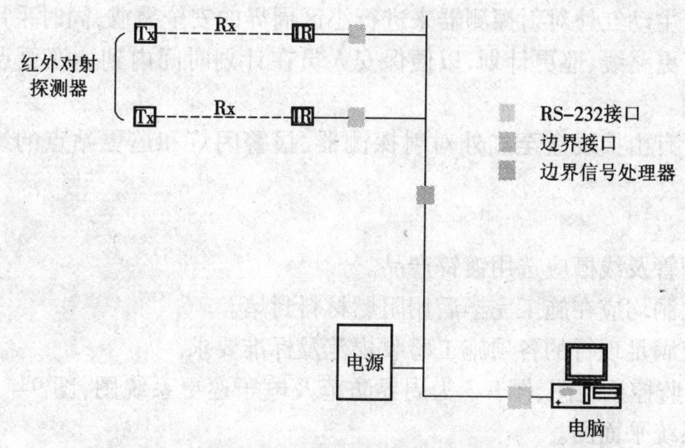

图9-1 周界防范系统示意图

3. 电子巡更系统

电子巡更系统是保安人员在规定的巡逻路线上，在指定的时间和地点向中央控制站发回信号以表示正常。在指定的巡逻路线上，安装巡更按钮或读卡器，保安人员在巡逻时依次输入信息。巡更系统分为有线式和无线式两种。

有线巡更系统又称在线式系统，由计算机、网络收发器、前端控制器、巡更点等设备组成。保安人员到达巡更点并触发巡更点开关，巡更点将信号通过前端控制器及网络收发器送到计算机。巡更点主要设置在各主要出入口、主要通道、各紧急出入口、主要部门等处。

无线巡更系统由计算机、传送单元、手持读取器、编码片等设备组成。编码片安装在巡更点处代替巡更点，保安人员巡更时手持读取器读取巡更点上的编码片资料，巡更结束后将手持读取器插入传送单元，使其存储的所有信息输入到计算机，记录各种巡更信息并可打印各种巡更记录。

有线式巡更系统管线安装、硬件可靠性以及使用方便性往往不及无线式巡更系统，因此后者推广应用较快。

9.2.4 视频监控及周界防范系统设计实例

1. 工程情况

某小区,总占地面积约 16 000 平方米,4 个人员出入口,2 个消防通道。

2. 设计依据与范围

设计依据有甲方提供的委托设计文件、要求和国家规定的规范及标准;设计范围有小区的视频安防监控系统、周界报警及电子巡更系统。

3. 视频安防监控系统

①在小区的主要通道、重要公共区域及周界等位置安装摄像机,系统将所摄图像传送到机房管理系统,并自动地为整个小区进行实时监控和记录,使管理人员全面、及时了解小区的有关情况。

②平面图中所有由接线盒至摄像机的线路采用穿 SC20 管保护。

③两台云台式摄像机采用不锈钢立柱安装,其他摄像机采用挂墙安装。

4. 周界报警及电子巡更系统

①本工程采用主动红外对射探测器来进行小区周界的安全警戒,同时采用实时巡更系统,在监控中心设置巡更路线、巡更计划,以便保安人员在计划时间内到达巡更点,对小区进行有效的人员安全巡视。

②平面图中所有由接线盒至红外对射探测器、报警闪灯和巡更站点的线路采用穿 SC20 管保护。

5. 注意事项

①所有明敷钢管及线槽应选用镀锌产品。

②所有穿墙孔洞均应在施工完毕后用阻燃材料封堵。

③在施工时应满足现行的各项施工验收规范及标准要求。

图 9-2 为视频监控系统图,图 9-3 为周界防范及电子巡更系统图,图 9-4 为周界防范及视频监控电子巡更系统平面图。

9.3 楼宇可视对讲系统

9.3.1 设计要点

1. 传输线路分类

住宅楼内配线线路采用暗配线管。对普通住宅,一般采用楼内墙和楼板内敷设电线管或 PVC 管,在墙上留有配、出线盒;对于高级公寓住宅,采用内墙暗配管,吊顶内敷设线槽和明设金属软管,在墙上设置箱盒。

住宅小区的外部线路将单元楼的门口主机同管理中心主机连接。它连通住户与物业管理中心保安值班人员之间的通信。单元楼门口主机的连线是以总线形式来实现的,一般规模不大的住宅小区配线均较简单,因此,在已设有地下电话通信管道的小区内可利用管道;在没有电话通信管道的小区内,可在人行道上建设适当孔数的管道和手孔,以布放线缆使用。

2. 线缆选择

线缆选择主要有以下几点:

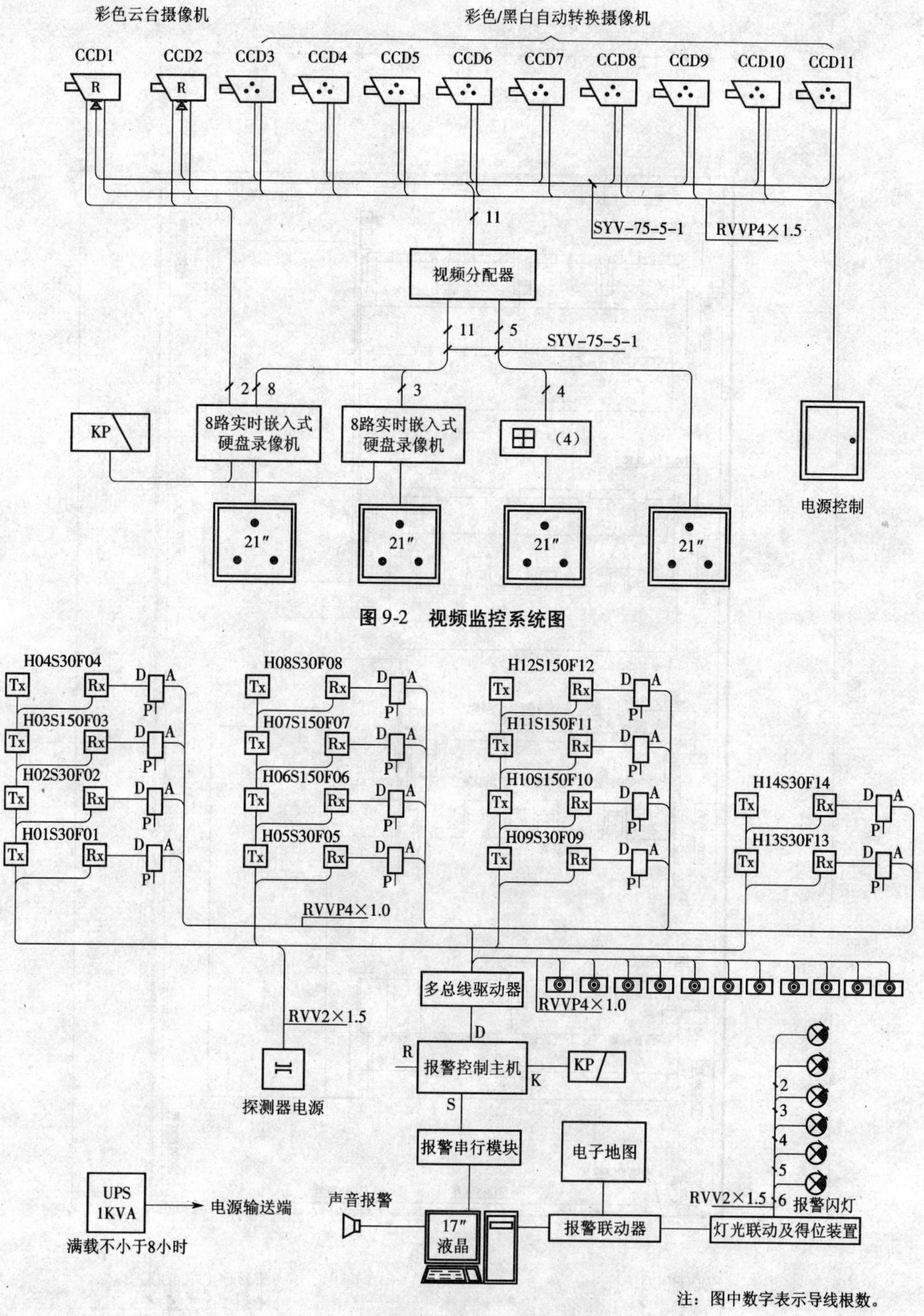

图 9-2　视频监控系统图

图 9-3　周界防范及电子巡更系统图

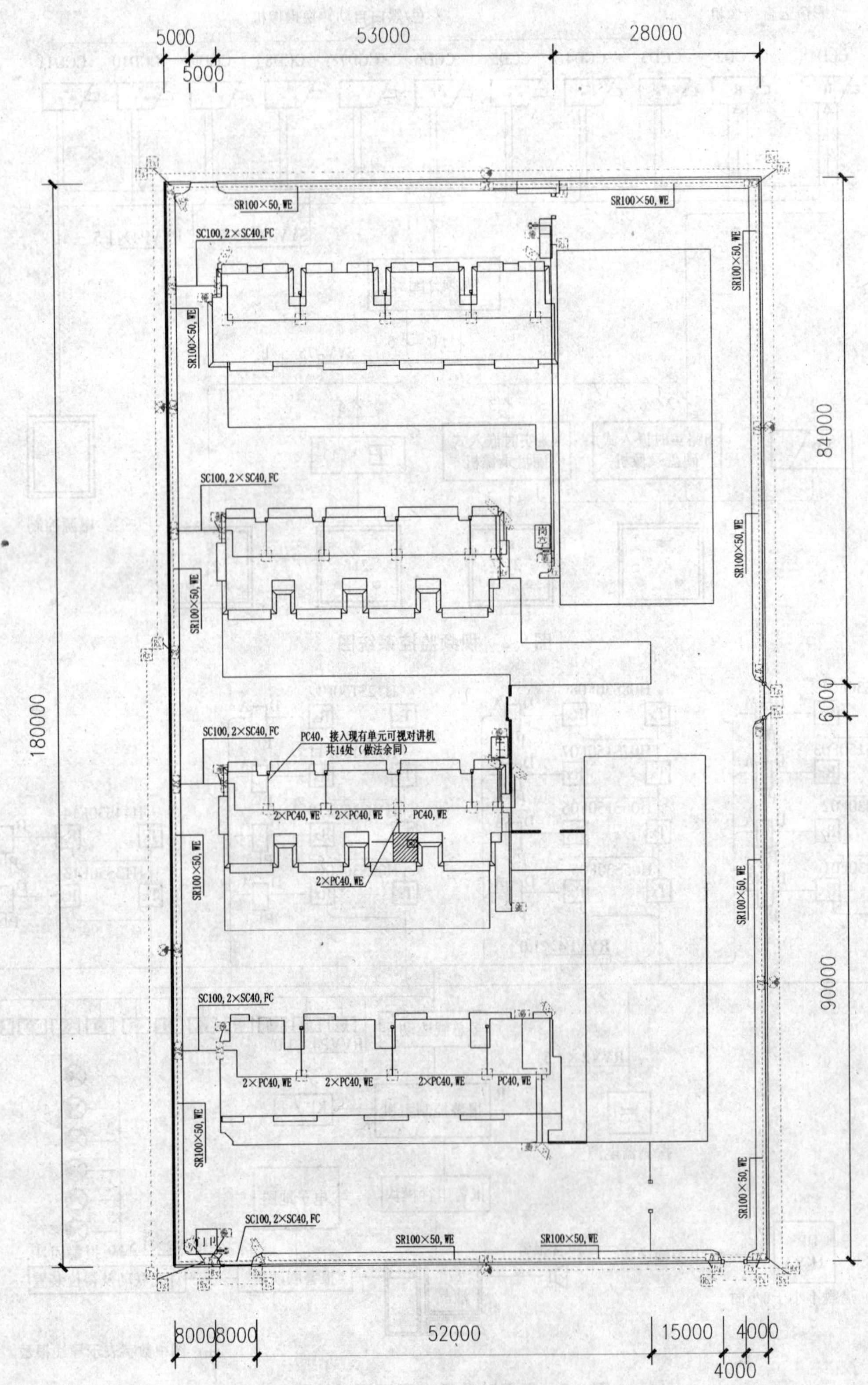

图 9-4　周界防范及视频监控电子巡更系统平面图

①传输视频信号的视频同轴电缆可采用 SYV－75－5 型号；

②楼内垂直干线可选用 8 芯屏蔽对绞线、6 芯屏蔽对绞线、SYV－75－5 型同轴电缆；

③楼内水平分户线可选线材种类、数量和功能与垂直干线相同，使用短路保护器与室内分机相连接；

④楼外总线可选用加粗 6 芯屏蔽对绞线将小区内各单元住宅楼设备与管理员机相连接，形成小区内的住宅楼对讲系统网络。

3. 联网线的连接方式

从某单元门口主机的电源箱引出，接到相邻单元楼的门口机电源箱，依次相连，最后接到管理中心室，接入管理员机的电源箱。

当小区大，单元楼栋多，距离较远时（最大线长 5 km），为扩大管理员总机的功能，可把小区内的住宅楼分成几个区域，每个区域有一根总线接入管理中心，形成小区内的星型网络。

视频电缆的连接方式与通信芯线相同。

9.3.2　某楼宇可视对讲系统设计实例

本楼设独立的访客对讲系统。门口机嵌墙安装，底边距地 1.4 m。对讲分机挂墙安装在住户门厅内，底边距地 1.4 m。干线和支线预埋管详见系统图。图 9-5 为楼宇可视对讲系统图，图 9-6 为多层住宅访客对讲一层平面，图 9-7 为多层住宅访客对讲标准层平面图。

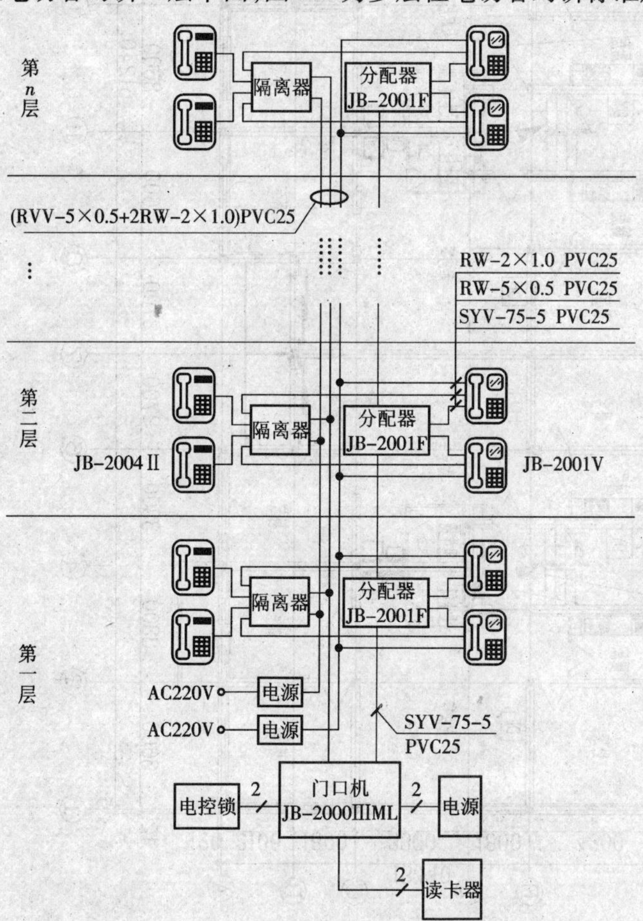

图 9-5　楼宇可视对讲系统图

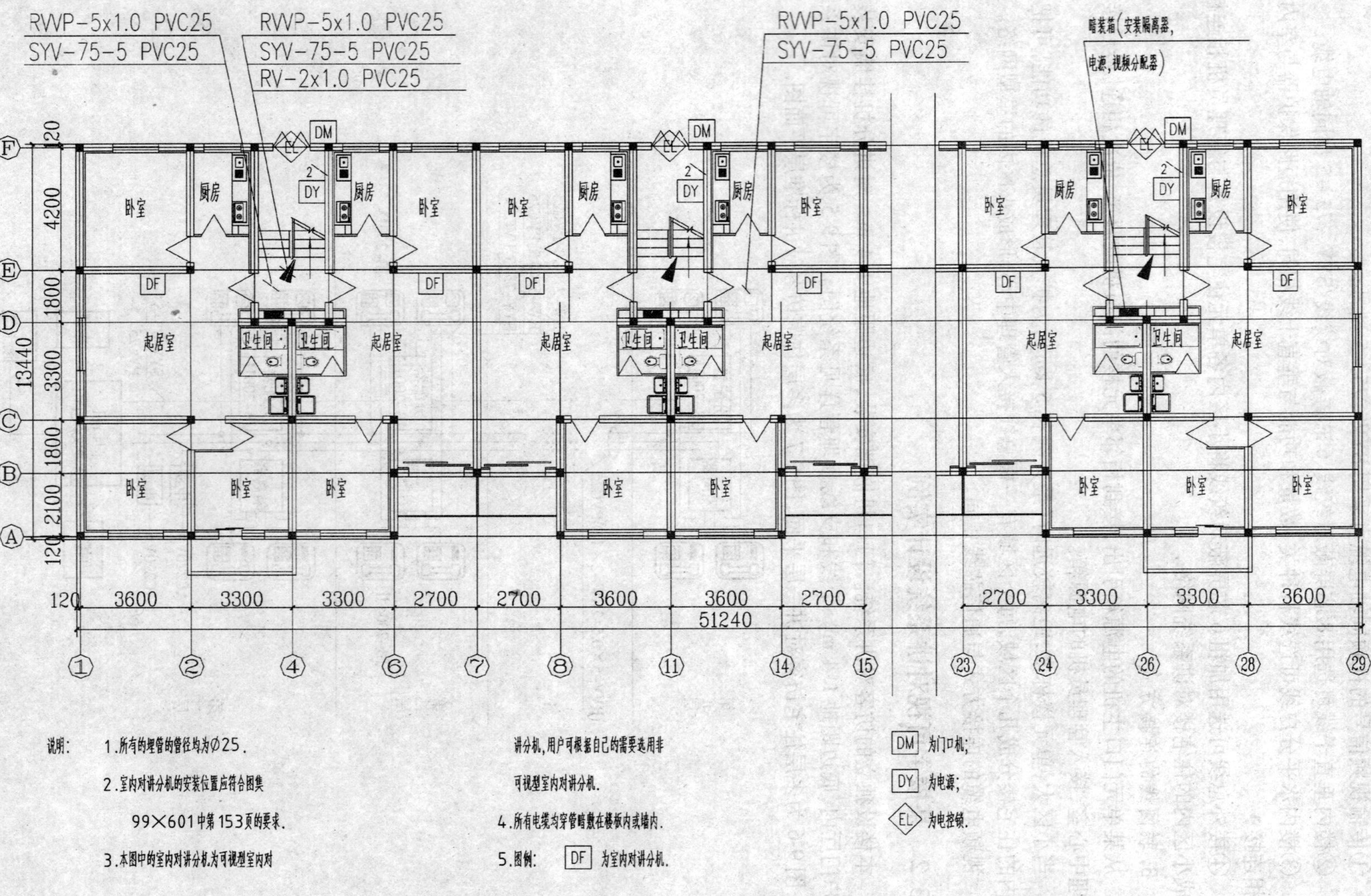

图9.6　多层住宅访客对讲一层平面图

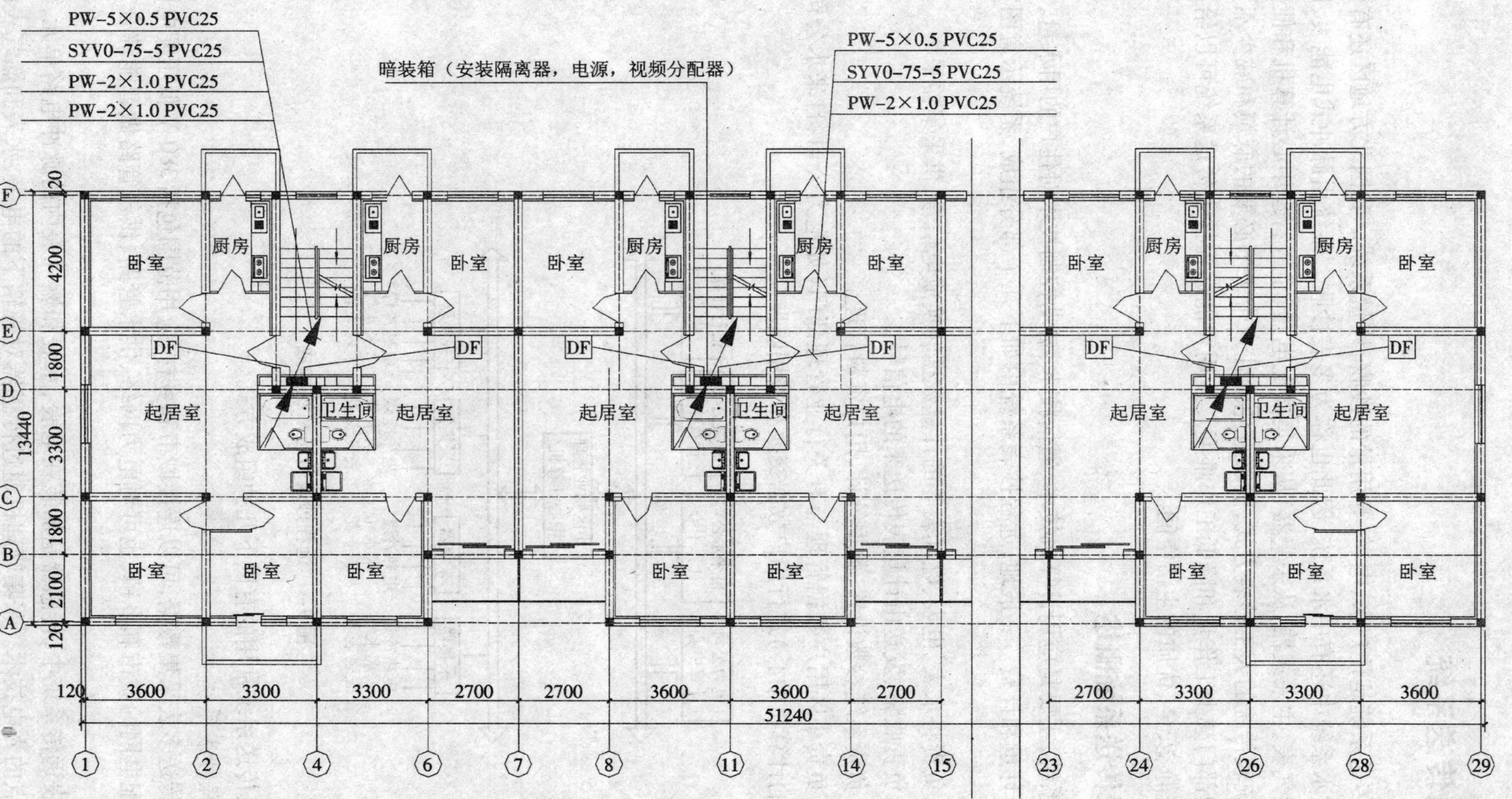

图9.7 多层住宅访客对讲标准层平面图

9.4 远程抄表传送系统

智能远程抄表传送系统是住户水、电、气等用量的抄收、计量系统。我国北方地区还有供热系统，有些地区供水系统中还有中水系统，因此也称为多表抄收。系统由脉冲式电能表、脉冲式水表、脉冲式燃气表、主采集器、从采集器、从采集器配电盘、小区管理中心计算机和便携式终端组成。该系统较传统的人工抄表方式，能够避免给住户带来不必要的麻烦和减少不安全因素，给物业管理部门减少工作量和降低工作难度。使用智能远程抄表传送系统可以给居民提供一个舒适、安静、安全、优质的生活空间。

9.4.1 远程抄表传送系统概述

远程抄表传送系统，主要是应用计算机技术、通信技术、自动控制技术对住户的用水量、用电量、用气量等进行计量和计费。一般地，远程抄表系统由如下几个部分组成，系统示意图如图 9-8 所示。

①数据转换层，负责将水表、电表、燃气表等的计量数据转换成电信号，供采集器采集。

②数据采集层，负责收集、发送由计量表传送来的电信号。

③数据管理层，负责系统参数设置、数据统计、用户资料管理。

④数据交换层，负责小区用户数据管理与有关行业管理部门(如电力公司、自来水公司、燃气公司以及银行的计算机中心)进行用户数据交换和费用收取。

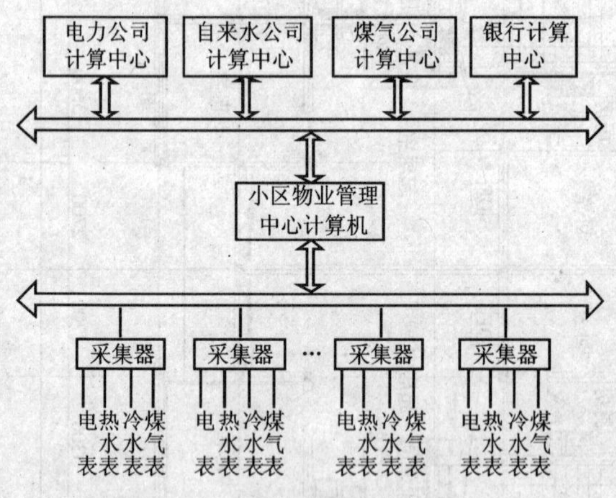

图 9-8 远程抄表传送系统构成

目前，远程抄表传送系统常用的有以下几种组成方式。

1. 电力载波远程抄表系统

电力载波方式传送多表采集数据，可以连接城市和乡村，应用范围包括 380 V 低压配电网小区和 10 kV 高压配电网的城市和乡镇，也可对电力网络、供水管路、供气管路做智能综合管理，如图 9-9 所示。

在电力载波多表远传系统中，传感器是加装在电表、水表和燃气表内的脉冲电路单元，信号采样是采用无触点的光电技术。采集管理机通过传感器对管辖下的电表、水表和燃气表的数据采集与存储。采集管理机内设置有断电保护器，数据在断电后长期保存。电力载波主控

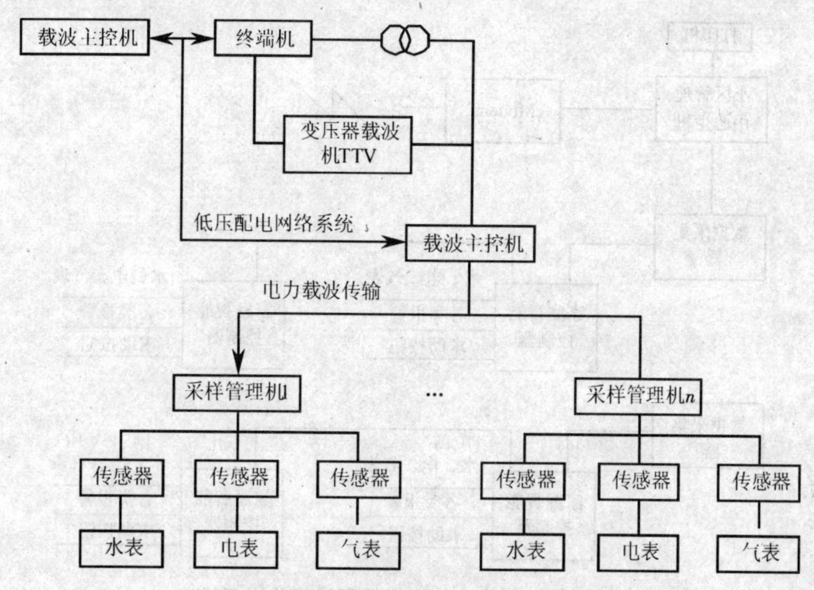

图 9-9　电力载波远程抄表传送系统

机负责对管辖下的电力载波采集器送来的数据进行实时记录，并将数据予以存储，等候管理中心的调用，同时将管理中心的各种操作命令传递给电力载波采集器。

电力载波采集器与电表、水表和燃气表内传感器之间采用普通导线直接相接，电表、水表和燃气表通过其内安装的传感器将脉冲信号传输给电力载波采集器，电力载波采集器接收到脉冲信号后将其转换成相应的计量单元后进行计数和处理，并将结果存储。电力载波采集器和电力载波主控机之间的通信采用低压电力载波传输方式。电力载波采集器平时处于接收状态，当接收到电力载波主控机的操作命令时，按照指令内容进行操作，并将电力载波采集器内有关数据以载波信号形式通过低压电力线传送给电力载波主控机。

管理中心的计算机和电力载波主控机的通信通过市话网进行，管理中心的计算机可以随时调用电力载波主控机的所有数据，同时管理中心的计算机通过电力载波主控机将参数配置传送给电力载波采集器。管理中心的计算机具有实时、自动、集中抄表数据，实现集中统一管理用户信息，并将电、水和燃气的有关数据分别传送给电力、自来水和燃气公司的计算机系统。管理中心计算机计算用户应缴纳的电费、水费和燃气费后，在规定的时间内将费用资料传送给银行的计算机系统，供用户在银行缴费时使用。

电力载波抄表传送系统的主要特征是数据采集器将数据以载波信号方式通过电力线传送。因为每个房间都有低压电源线路，连接方便，不需要另设线路。由于电力线路阻抗和频率特性几乎时刻都在变化，所以要求电网的功率因数必须保持在 0.8 以上，以保证传输信息的可靠性。另外，采用此系统，也可以考虑电力总线是否与其他总线方式兼容。

2. 总线控制网络远程抄表传送系统

总线控制网络远程抄表系统采用光电技术对电表、水表和燃气表的转盘的信息进行采样，采集器计数并将数据记录在其内存中供抄表主机读取。抄表主机根据实际管辖的用户表数依次对所有用户发出抄表指令，采集器在正确无误接收指令后，立即将内存中所存用户表数据发送给抄表主机。采集器和管理中心计算机的数据传送采用独立的双绞线，如图 9-10 所示。

管理中心的计算机可对抄表内所有环境参数进行设置，控制抄表主机的数据采集、读取抄

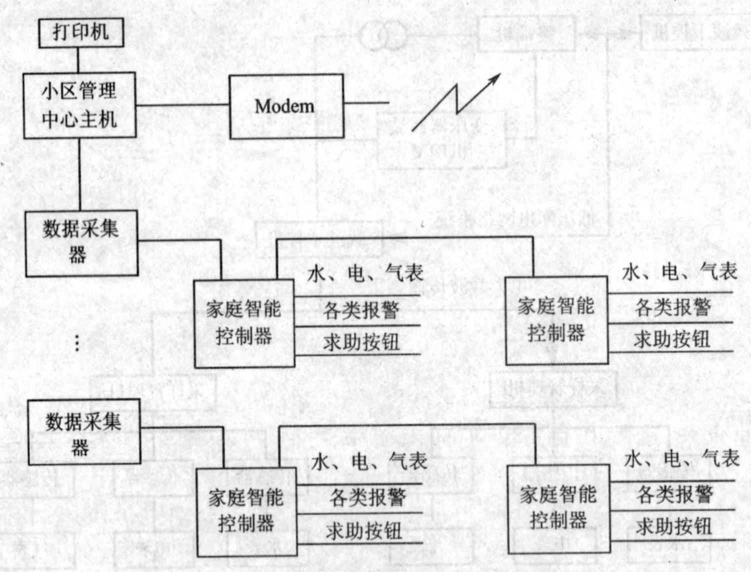

图 9-10 总线控制网络远程抄表传送系统

表主机内的数据,进行必要的数据统计管理。管理中心的计算机不仅会将有关的电、水和燃气的数据传送给电力、自来水和燃气公司的计算机系统,而且管理中心的计算机同时会准确快速地计算出用户应缴纳的电费、水费和燃气费,并将这些资料传送给银行计算机系统,供用户在银行缴费时使用。

3. 基于以太网的远程抄表传送系统

在基于以太网结构的远程抄表传送过程中必须具备两个设备:网络数据终端(NDT)和远程接口单元(RIU)。

1)网络数据终端 NDT

网络数据终端 NDT 具有多个数字、开关、脉冲量 I/O 端口,可用于住户室内外的安全防盗报警系统、燃气泄漏检测、紧急报警和服务请求、水电气表的数据记录等多种用途;具有键盘,可用于布防、撤防的控制;具有液晶显示屏,可用于发布公告信息、通知等;也可以控制用户室内的门锁及其他电气开关。

每个 NDT 作为数据控制终端,可置放于住户室内,并通过布线网络连接到中央控制计算机。中央控制计算机可以实时对每个 NDT 监控和管理,并保存有住户的相关数据库。NDT 在结构上分智能控制单元(SCU)和通信接口单元(NIU)。智能控制单元负责数字量、开关量、脉冲量的输入/输出,实现安防检测、计量表读数计数、报警及设备控制功能。用户可以通过键盘布防、撤防,查询显示当前水电气表读数及费用。物业管理公司可以通过中央控制计算机及时通知住户缴纳费用和公告信息,并在 NDT 上显示。通信接口单元负责处理网络传输协议、从网络输入的数据包、被处理掉所有的协议头,并在缓冲区重新装配完整的应用层数据,经过异步通信端口发送到智能控制单元。从智能控制单元发送过来的数据在通信接口单元被拆分、打包并加上协议头发送到网络上。介质访问协议为以太网 IEEE 802.3,网络传输协议采用 TCP/IP。NDT 具有 RS-485 扩展接口,从而可扩展大量系统应用,如专用的抄表系统等。

2)远程接口单元(RIU)

远程接口单元(RIU)称为抄表单元,是一个与 NDT 配套使用的外界设备,是 NDT 抄表功能的扩展。在集中抄表中,NDT 作为抄表主机,住户内配置 RIU,构成性能稳定、投资低廉的多功能表抄收系统,自动抄表、自动计费。RIU 通过双绞线或 RS-485 总线与 NDT 通信,并经由 NDT 与中心抄表计算机相连接。RIU 最多连接 6 只计量表,且每个计量表可以不同。NDT/RIU 组成的抄表系统如图 9-11 所示。

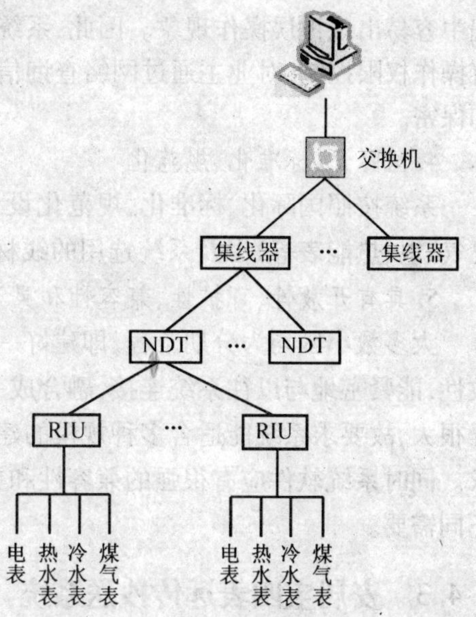

图 9-11　NDT/RIU 组成的抄表系统结构图

3) 系统结构说明

图 9-11 中,网络可以是以太网、ADSL 系统或有 Cable Modem 构成的 HFC 网络。网络中心抄表计算机需配备网卡和相应的抄表软件。NDT 是网络智能控制数据终端,主要作用是作为抄表集中器,将所有与之连接的 RIU 的信息传送到网络中心。RIU 与 NDT 之间采用 4 对非屏蔽的双绞线连接。每块 RIU 最多连接 6 只计量表,且每个计量表可以是不同种类。计量表与 RIU 之间采用 RS-485 方式连接。

4) 电源供电与线路长度

在连接 RIU 数量较多时,宜采用在 RIU 端供电的方法。在 RIU 集中的地方采用 1.5 A 直流电源供电,在线路较短(10 m 以内)时,可供 5 台 RIU 正常工作。

一般情况下,电源应与后备电池共同使用。RS-485 采用平衡式传输,所以采用这种方式供电,电源地线不需要与 NDT 的电源共地。

在线路长度为 100 m 时,采用电话线和五类双绞线,数据通信在 19 600 bit/s 速率下可正常工作。

4. 公共电话网远程抄表传送系统

这种系统是,采集器所采集的数据通过电话线发送给管理中心。这种方式较之无线信道或电力载波进行通信干扰小,因而更为可靠,可以节省初期投资,并且安装使用方便。

9.4.2　远程自动抄表系统的设计原则

远程自动抄表系统设计遵循的主要原则如下。

1. 采用先进、成熟及实用的技术

系统应具有较高科技含量、讲究简便实用,采用成熟的信息传输、信息存储技术,并结合远程抄表系统特点加以升级改进,成熟应用于多项不同工程中。

2. 系统具有可靠性和稳定性

系统在技术措施、设备性能的选择、系统结构上应充分考虑系统的可靠性和稳定性。在充分提高系统的无故障运行时间的同时,做到单采集点故障不影响模块中其他采集点的正常工作;一个采集模块故障不影响设备中其他模块的正常工作;一个设备故障不影响系统中其他设备的正常工作。

3. 操作具有安全性、保密性和容错性

由于多表远程抄收系统面临用户的数量众多,用户的层次和素质参差不齐,系统在使用过程中容易出现被误操作现象。因此,系统应具有较强的容错性和自检功能,对系统操作人员具有操作权限控制,对业主通过网络查询信息具有密码操作,在方便使用的同时兼顾信息的安全和保密。

4. 国际化、标准化、规范化

系统按照国际化、标准化、规范化设计,同时与系统相配套的各种表具(包括冷水、热水、燃气、电、热能表等)以及系统选用的线材也应选择国际化、标准化、规范化的产品。

5. 具有开放性、可扩性、兼容性和灵活性

大多数小区均为分期工程,即建好一期入住一期,然后再建下一期。系统应具有良好的开放性,能紧密地与以往系统连接,融合成一个整体,更好地为用户服务。由于工程范围、大小差异很大,故要求系统能适合多种规模的建筑,要有较强的扩展性,能随时适应对系统的扩容要求。同时系统软件应有很强的兼容性和灵活性,能适应升级换代及多种计费方式,满足用户的不同需要。

9.4.3 安居宝四表远传抄送系统

广东安居宝智能有限公司推出的 HY—311、HY—321、HY—331 型四表抄送系统是由抄表接口、抄表平台所组成。户内水、电、气、热表采用脉冲式表,利用抄表接口和抄表平台与系统总线相连,采集的四表数据存储在抄表接口的永久存储器中,小区管理人员需要抄表时,可以通过管理中心计算机十分方便地抄集每户四表数据,并通过打印机打印出来。

1. 功能

四表远传抄送系统,具有以下功能:

①系统采用总线结构、分层管理、每层一个抄表平台,每楼栋一个主抄表平台;

②层间抄表平台可接 39 户,主抄表平台可接 99 个层间抄表平台,管理计算机可管理 99 栋楼的主抄表平台;

③系统采用不间断电源供电,停电不受影响;

④系统自带巡检功能,发现线路故障能向管理处报警;

⑤完善的软件支持,小区智能管理系统能对用户四表进行自动抄集、经费、统计、存储等。

2. 设备用途

抄表系统中要单独布线。整个系统经过一个总线信号分隔器,与计算机或其他子系统相连。这样有利于系统巡检、及时发现线路故障。常用设备主要有以下几种。

①HY—311 型抄表接口。抄表接口主要用来实时采集四表的计数脉冲,并将原始数据存储在自身永久性存储器中。HY—311 型抄表接口接线如图 9-12 所示。

②HY—321 型层间抄表平台。层间抄表平台主要用于层间信号的隔离,抄表信号的传递以及承担楼层号的编码。HY—321 型层间抄表平台的编码与接线如图 9-13 所示。

③HY—331 型主抄表平台。主抄表平台主要用于管理一栋楼内的所有四表,主平台承担楼栋号的编码,通过主平台可使小区所有楼栋的四表与计算机联网使用。HY—331 型主抄表平台的编码和接线如图 9-14 所示。

3. 编码

系统中每户的编码与楼宇对讲系统编码一样,共 6 位,其编码方式如图 9-15 所示。

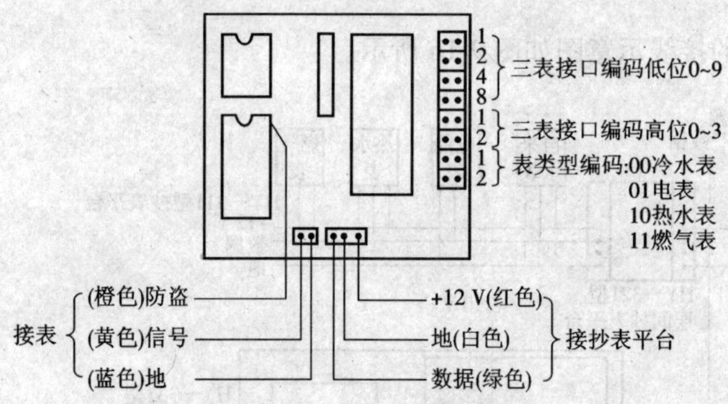

图 9-12　HY—311 型抄表接口

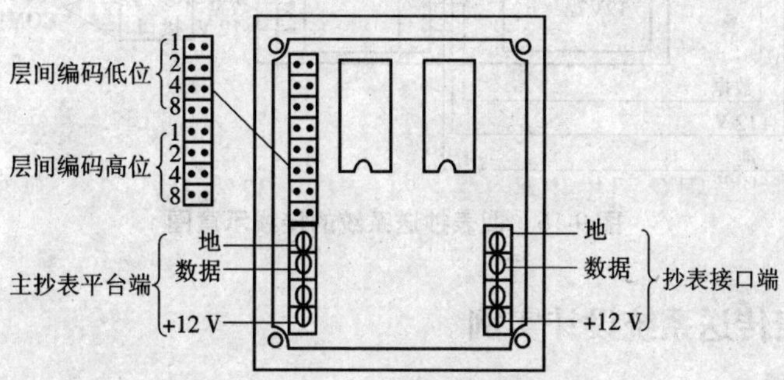

图 9-13　HY—321 型层间抄表平台

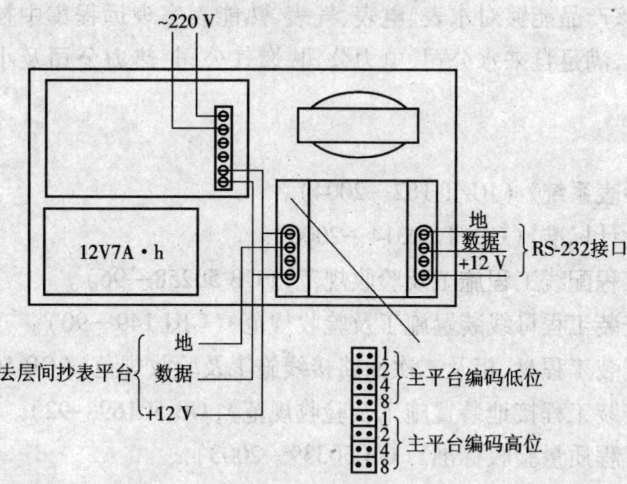

图 9-14　HY—321 型主抄表平台

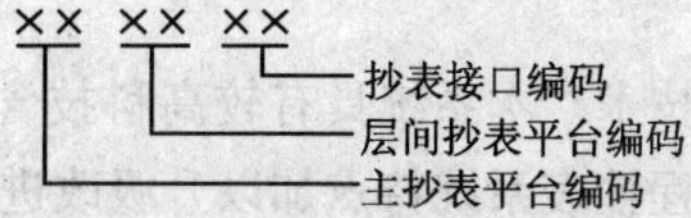

图 9-15　编码方式示意图

4. 接线

四表抄送系统的接线示意图如图 9-16 所示。

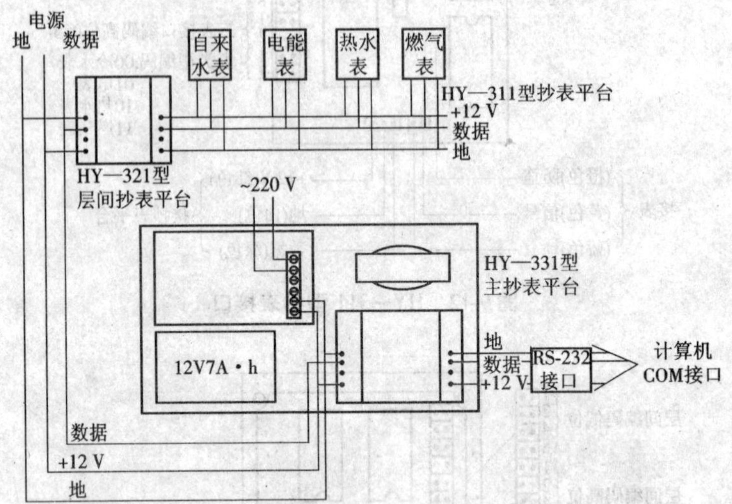

图 9-16 四表抄送系统的接线示意图

9.4.4 远程抄表传送系统设计实例

1. 概述

远程抄表传送系统是集计算机技术、现代信息传输技术、网络技术及信息集成技术于一体的高新技术产品。该产品能够对水表、电表、气表、热能表实现远程集中抄表、收费,并能控制各种阀门打开、关闭,满足自来水公司、电力公司、燃气公司、热力公司及小区物业管理公司等部门的需求。

2. 设计依据

①《住宅远传抄表系统》(JG/T 162—2004)。

②《智能建筑设计标准》(GB/T 50314—2000)。

③《电气安装工程配线工程施工及验收规范》(GB 50258—96)。

④《电气装置安装工程母线装置施工及验收规范》(GBJ 149—90)。

⑤《电气装置安装工程盘、柜及二次回路接线施工及验收规范》(GB 50171—92)。

⑥《电气装置安装工程接地装置施工及验收规范》(GB 50169—92)。

⑦《智能建筑工程质量验收标准》(GB 50339—2003)。

⑧《多表采集与控制系统企业标准》(Q/HDAKM 001—2000)。

⑨用户具体要求。

3. 设计原则

①采用先进、成熟及实用的技术。本系统具有较高科技含量、讲究简便实用,采用成熟的信息传输及存储技术,并结合远程抄表系统特点加以升级改进,成熟应用于多项不同工程中。

②系统应具有可靠性和稳定性。本系统在技术措施、设备性能的选择、系统结构上充分考虑系统的可靠性和稳定性。在充分提高系统的无故障运行时间的同时,做到了单采集点故障

不影响模块中其他采集点的正常工作;一个采集模块故障不影响设备中其他模块的正常工作;一个设备故障不影响系统中其他设备的正常工作。

4. 设计范围

本方案设计范围为某小区远传抄表系统。

5. 设计内容

某小区共有____栋楼____个单元,每单元____户,共计____户,____块电表。远程抄表系统设计如下。

每单元安装1台CXT2—12型12路多表采集器,各采集器用来采集和储存各户相应表具的输出值。每单元用1台电源。管理中心需配备计算机,并安装系统软件,运行系统软件通过转换器实现计算机与多表采集装置间通信,实现远程抄表功能。

6. 系统工作原理

多表远程抄收与传送系统由三部分组成,即前端的表具,中间的采集器、中继器等,终端的转换器、计算机、打印机等。

多表远程抄收系统前端的冷水表、热水表、中水表、纯净水表、电表、气表、热能表等需为具有输出功能的远传表具。

中间的采集装置安装在各楼层电气竖井内,每个装置中根据采集、控制点数需要配备一个或多个相对独立的采集模块,采集器模块通过RVVP 2×1.0(或RVVP 2×0.3)线缆对每户冷水表、热水表、中水表、纯净水表、电表、气表、热能表的输出进行数据采集,多表采集装置中的电源模块和蓄电池为采集器、控制器模块提供电源。

各多表采集装置之间通过RS—485总线(RVVP 2×1.0双绞线)或手持抄表器连接到小区管理中心,通过RS—485/232转换器接至计算机管理系统,采集模块在接收到计算机的指令后,将数据向计算机管理系统发送或执行计算机发出的指令。

计算机管理系统可以对每个用户的冷水表、热水表、中水表、电表、气表、热能表进行实时数据采集,可以设置各表具的初始值,可以设置单价和计量系数,可以随时进行数据查询、统计和计算管理,可以查询、打印交费情况和收据,业主可以通过园区网实时查询表具数值和应交费用。系统具有权限设定功能,操作员和管理员可设定不同的权限等级。

在系统中加入中继器,用于延长RS—485总线的传输距离和增加RS—485系统的采集装置容量。中继器根据现场情况安装于某个采集装置中。在计算机前端加入转换器,用于将RS—485总线信号转换为RS—232信号。本系统采用RS—485总线结构,软件运行在Windows 98及以上操作系统,可方便地与其他管理系统实现互联,抄表数据库采用的Microsoft Access可方便地与其他管理系统实现互联。系统结构图如图9-17所示。

7. 硬件系统功能

①系统采用RS—485工业总线。

②系统中采集器模块、控制器模块、中继器模块、转换器模块、电源模块、电池、箱体,相对独立,可以适合各个建筑单体。

③能实时读取各路采集信息,包括脉冲式水、燃气、电表、热能表的输出脉冲。

④可根据用户需求扩充输出控制点。

⑤每表两线制连接,能自动巡检各表具的开路、短路状态,并能远传故障告警。

⑥自动巡检设备的通信状态并能远传故障告警。

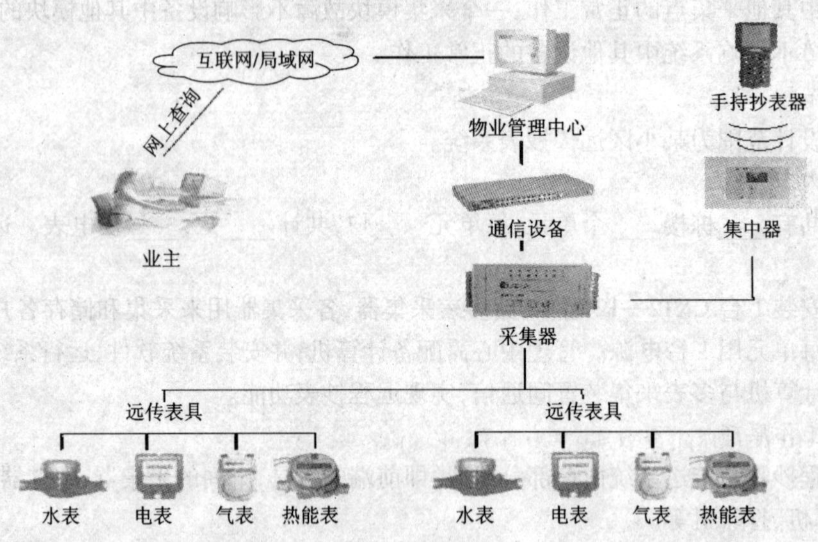

图 9-17　系统结构图

⑦当交流 220 V 停电时,现场多表采集装置可继续工作 72 小时。

⑧多表采集装置本地保存数据的时间为 10 年。

⑨可与干簧管、霍尔、三极管、光耦输出的远传表具连接。

8. 软件系统功能

①操作员、管理员可设置各自独立的密码和不同的操作权限。

②可以设置各种表具的单价,并可以根据价格变化更改设置。系统自动从价格设置确定时起执行新的价格计费。

③可以进行业主设置,对业主的楼号、层号、房间号、业主姓名、联系电话、用户密码进行登记,并生成唯一的业主编号。通过业主编号对业主进行管理。

④可以根据需要随时采集数据,也可以定时采集数据。

⑤可以对本地采集装置进行远动操作,设置其表底值或实现归零,完成初始化或恢复原有记录。

⑥可以查询业主的当前表具数值和表具工作状况。

⑦可以查询通信成功率,用于查看以往的通信是否正常。

⑧可以查询设备告警信息,用于查询是否出现表具线路故障。

⑨可以查询安防告警信息,用于查询是否有业主紧急求救。

⑩无论在设置、查询、检索、收费管理各画面下,若出现通信、设备、安防告警时,软件管理系统自动推出告警画面及相关信息,并具有语音提示。

⑪可以检索业主(部分或全部)在任一时间段内的各项使用量和交费金额,并可将报表打印输出。

⑫可以检索业主(部分或全部)在任一时间段内的安防告警信息,并可打印输出。

⑬可以检索设备(部分或全部)在任一时间段内的设备告警信息,并可打印输出。

⑭可以查询收费记录,查询各次收费时的原表底值、交费时表底值、使用量和交费金额。

⑮可以完成对业主的收费。系统自动从上次交费后起始,业主自动选择交费截止时间,完

成收费。并打印收据。

⑯如遇欠费或其他特殊情况,可进行远程控制,用于切断电、水、气等的供给。

9. 系统对脉冲计量表具的要求

①脉冲计量表具的输出方式可以是干簧管、霍尔、光耦三种。

②对于干簧管、光耦输出的脉冲计量表具,输出阻值要求如下:

a)开路时,24 kΩ;

b)闭合时,2 kΩ;

c)强磁场时,0 Ω(只限于干簧管输出)。

③脉冲计量表具的引出线是明线,要有金属护管,以防止施工时被损坏。

④脉冲计量表具引出线的长度要满足实际连线要求。

⑤电子式电表的脉冲常数≤6 400 个脉冲/(kW·h)。

⑥脉冲水表应具有自保持功能。

10. 系统技术指标

①功耗:每采集器模块功耗≤1 W。

②与计算机的连接方式:标准 232 接口。

③系统通信方式和速率:RS—485,速率 9 600 bit/s

④每采集模块可管理的表具数:4 ~ 12 表/模块

⑤脉冲计量表输入:计量误差为计量表具 ±1 个脉冲代表的计量值。

⑥状态量输入:闭合时为二进制码"1",断开时为二进制码"0"。

⑦采集器的外型尺寸:125 mm × 85 mm × 30 mm (壁挂式)。

9.5　智能住宅小区物业管理系统

智能住宅小区的物业管理系统也就是小区的综合信息管理系统,是智能住宅小区管理的中心,向小区的每一家庭提供公共服务设施和管理。其本质在于提供房地产售、租后期的服务,是房屋作为耐用消费品进入长期消费过程中的一种管理。智能住宅小区物业管理系统功能如图 9-18 所示。

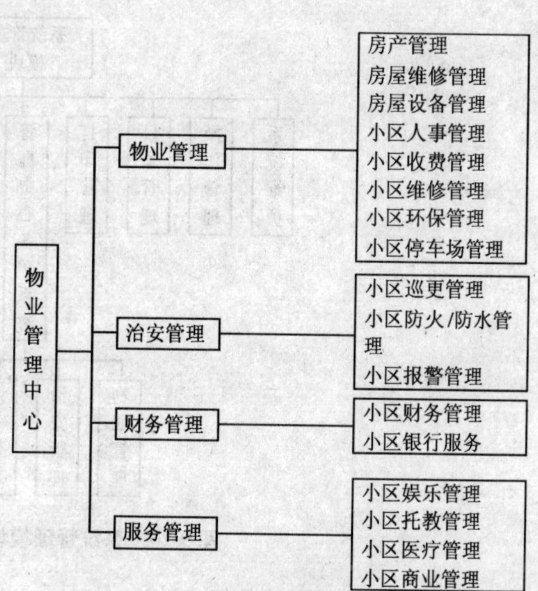

图 9-18　智能住宅小区物业管理系统功能

1. 小区物业管理系统建设所需的环境

建设一个小区物业管理系统,首先要建立一个信息平台。这个信息平台包括小区网络系统和小区信息管理系统。这里重点讨论小区信息管理系统的平台。小区信息管理系统平台如图 9-19 所示。

在上述平台的基础上建立软件管理系

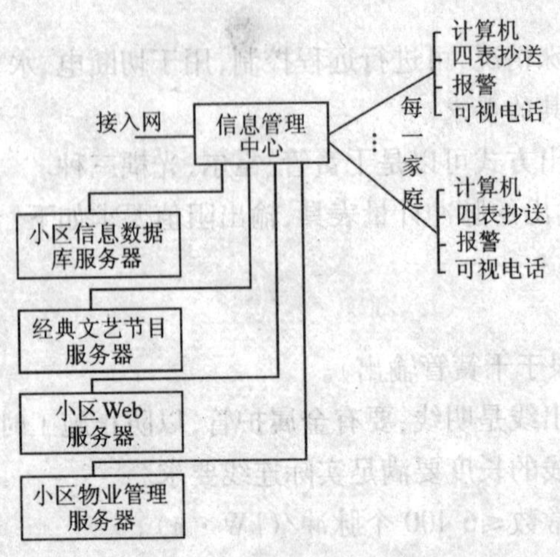

图9-19　小区信息管理系统平台

统作为操作平台,以期提高小区的服务水平和档次,同时使得小区的管理更加高效、合理、职责分明。

软件管理系统应是模块化设计,便于变更、扩充。整个软件系统包括系统主控模块、报警子系统、远程抄表子系统、物业管理子系统、收费管理子系统、设备管理子系统、办公管理子系统、小区服务子系统、一卡通管理子系统等模块和子系统。

2. 系统管理模块的主要功能

系统管理模块是系统主控模块,管理系统要求界面友好、操作简单,可方便地进行各种费率设置、收费管理、用户查询、费用自动计算、自动生成报表打印等功能,是操作员管理、日志管理、四表费率更改、系统数据维护以及系统注销和重新登录操作的场所。系统管理模块界面的主要功能如图9-20所示。

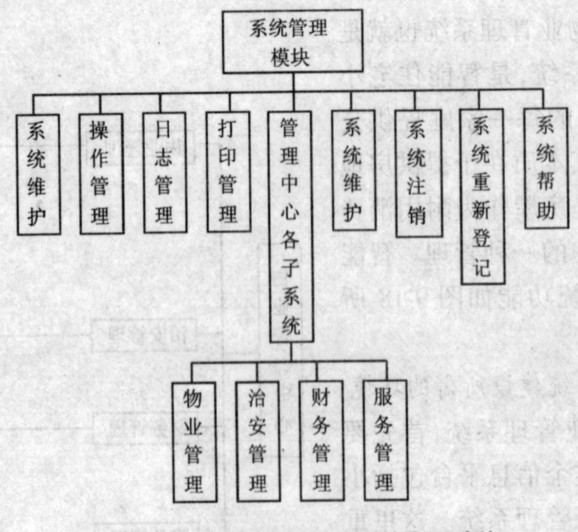

图9-20　系统管理模块界面的主要功能

3. 主要子系统的功能简述

报警子系统实现对小区内出现的异常状态作出报警,主要解决报警的来源、报警模式的设置、报警信息的记录、报警信息的处理、已报警信息的查询等。报警系统界面的功能如图9-21所示。

主要报警信息的来源如图9-22所示。图中所示的信息是事先预置的,当有报警信号发生时,自动调入。

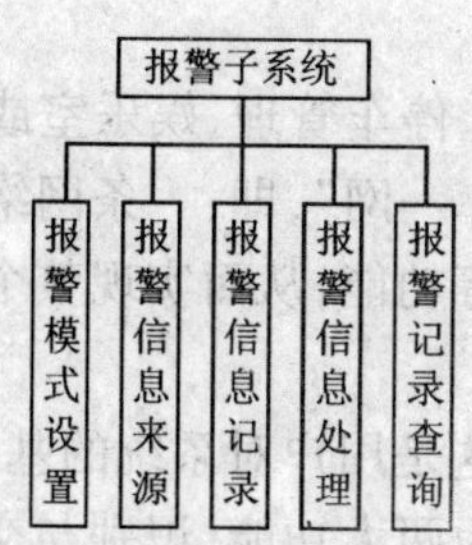

图9-21　报警子系统界面的功能

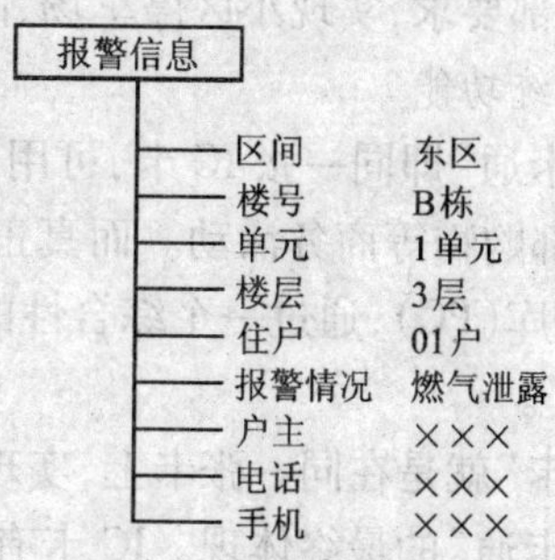

图9-22　报警的主要信息

(1)远程抄表子系统的功能　远程抄表子系统处理的主要内容为设置节电、远程抄表初始化、远程抄表子菜单。

(2)物业管理子系统的主要功能　物业管理子系统主要有车辆登记、车辆查询、添加房屋、住户入住、小区管理、楼区管理、住房查询等功能。

(3)收费管理子系统主要功能　收费管理子系统包括四表费用查询、四表收费登记、物业管理费用查询、单用户物业费用登记、多用户物业收费登记子菜单等,主要完成对住户四表费用及物业费用的查询登记等操作。

(4)人事档案管理子系统的主要功能　人事档案管理子系统主要是对住户管理和物业公司内部人员的人事管理。

(5)设备管理子系统的主要功能　设备管理子系统包括维修登记、维修查询、公共设施管理子菜单。维修登记和维修查询是对住户维修进行的操作和记录;公共设施管理主要是对小区公共设备的管理,对设备日常检测的记录等功能。

(6)办公管理子系统的主要功能　办公管理子系统有收发文件、投诉管理、访问记录子菜单,实现收发文件管理、报表管理、查询管理、投诉管理、回访管理等功能。

9.6　一卡通管理系统设计实例

9.6.1　概述

本方案针对某小区的出入口管理、门禁系统而设计。系统由出入口管理子系统、门禁系统、POS消费系统组成。停车场管理部分包括出入口车道,门禁系统包括小区出入口等设置,从而实现一卡通用。

1. 设计依据、规范及依据

①《民用建筑电气设计规范》JGJ/T 16—92。

②《智能建筑设计标准》GB/T 50314—2000。

③国际标准ISO/IEC 7816。

2. 系统选型原则

按照国家技术规范的要求,一卡通系统选型以系统的可靠性、产品质量、可集成扩充性及性能价格比为第一原则,同时兼顾系统产品完整性、兼容性、系统可升级等因素。这里一卡选用××感应式智能IC卡。整个系统选择具有先进水平的××公司一卡通系统,它完全能满足业主的全部要求,实现小区停车场、门禁、社区消费的智能化管理。

3. 系统功能

"一卡通"即同一张IC卡,可用于开门、考勤、就餐、保安巡更、停车管理、娱乐室或俱乐部消费、内部购物等商务活动。而真正的"一卡通"应该是"一卡一库一网",即:一条网络线连接一个数据库(PC),通过一个综合性的软件,实现IC卡管理、查询等功能,从而实现整个系统的"一卡通"。

"一卡"就是在同一张卡上,实现多种不同功能的智能管理,这是用户对系统的基本要求,也是"一卡通"的最终体现。IC卡有各种用途,归纳起来可总结为两大功能:识别与交易。开发商就是根据用户的需求,把多种功能集中在一张卡上,然后由这张卡去畅通无阻地实现进出消费等。

"一库"就是在同一个软件、同一台PC机上,实现卡的发行、卡的挂失、卡的资料查询等,所有系统共用一个数据库,达到数据共享的目的。

"一网"就是借鉴通信网及NT网的概念,多种系统的终端都能挂在一条线上,进行不同数据的信息交换。PC机只用提供一个通信接口即可。

"一卡一库一网"的意义在于以下方面。

①数据共享:加快了数据交换的速度。

②全面检索:因为有一个总的数据库,只要给出查询字段名,就可以在此库一次检查所有记录,提高效率、减少出错。

③全面统计:只有一个数据库,报表可及时生成,无须再逐一查询各个PC机。

④实时监控:所有系统每个终端的运行记录均可实现实时监控。

⑤操作简单:只需一次,最多两次步骤即可实现功能,无须多次转换。

⑥经济实惠:减少了设备的投资,间接创造了经济效益。

"一卡通"系统软、硬件均采用模块化结构,可以根据用户的经济实力来确定系统功能模块的多少、软件升级、硬件扩充,十分方便。使系统保持国际上先进水平。

4. 系统组成

一卡通系统由三个子系统组成,即出入口管理子系统、门禁子系统、消费管理子系统。"一卡通"系统的示意图如图9-23所示。

"一库一网"即在中控室建立一个管理中心(即网络中心),采用NT网络方式将各工作站和中心服务器连接起来,完成数据动态交换,同时通过一个"一卡通"综合软件实行智能卡的统一发行、查询和管理功能,该数据库的网络方式同时可以扩展到广域网上,实现联网工程的需要。

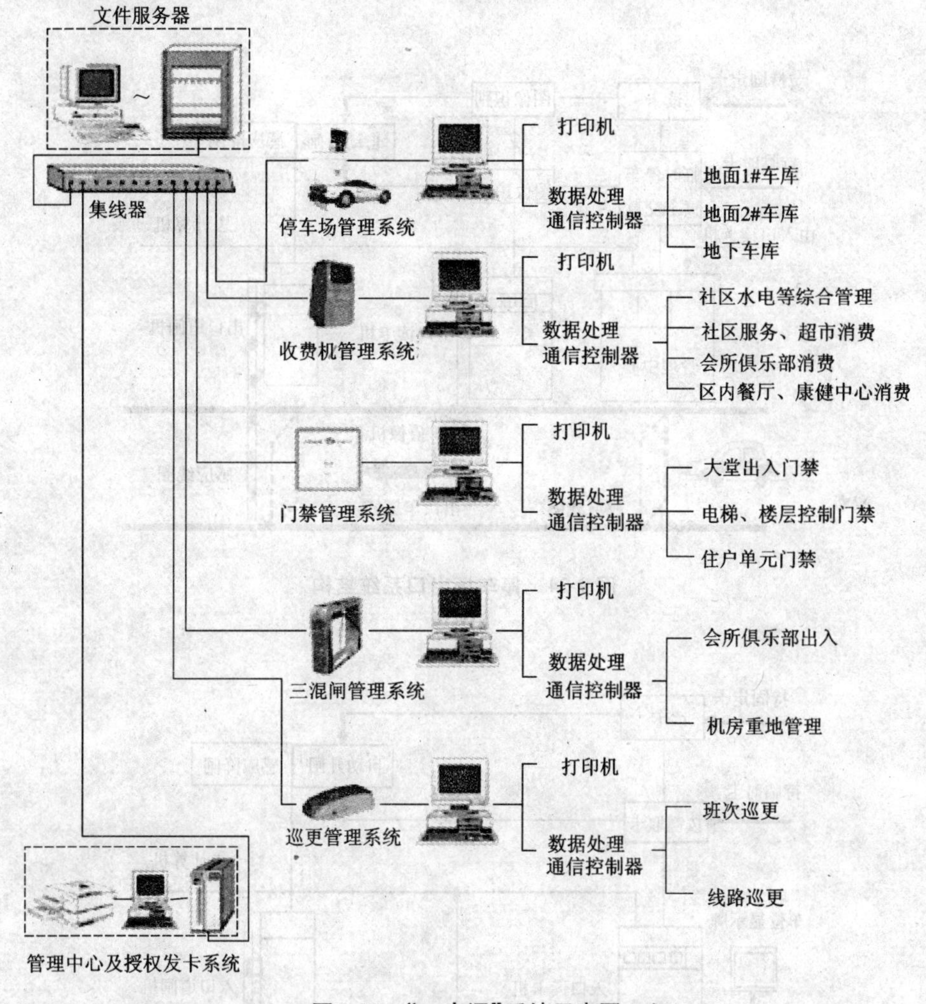

图9-23 “一卡通”系统示意图

9.6.2 停车场车辆管理系统

1. 停车场车辆管理系统功能

①车辆驶近入口时,可看到停车场指示信息标志,标志牌显示入口方向与停车场内空余车位的情况。

②车辆驶过栏杆门后,栏杆自动放下,阻挡后续车辆进入。

③进场的车辆在停车引导灯指引下,停在规定的位置上。

④车辆离场时,汽车驶近出口电动栏杆处,出示停车凭证,并经验读器识别出行车辆的停车编号与出场时间,出口车辆摄像识别器提供车牌数据与验读器读出的数据一起送入管理系统,进行计费。

2. 停车场车辆管理系统的组成

停车场车辆管理系统一般分为三个部分:车辆出入的检测与控制,车位和车满的显示与管理,计时收费管理。停车场出口系统结构如图9-24所示,停车场入口系统结构示意图如图9-

25 所示。

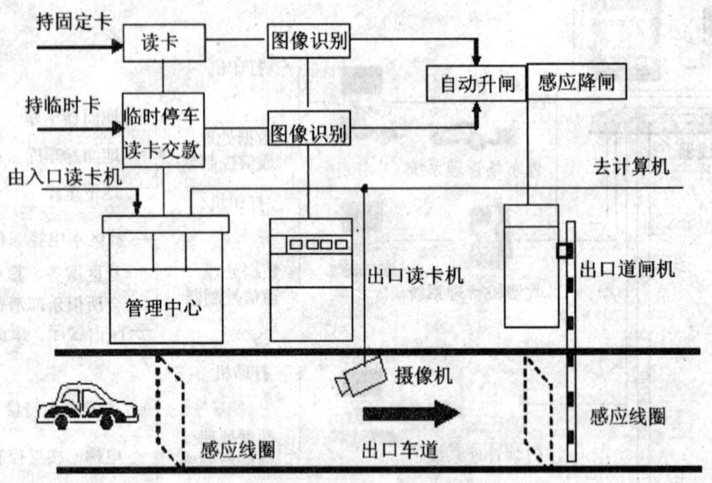

图 9-24 停车场出口系统结构

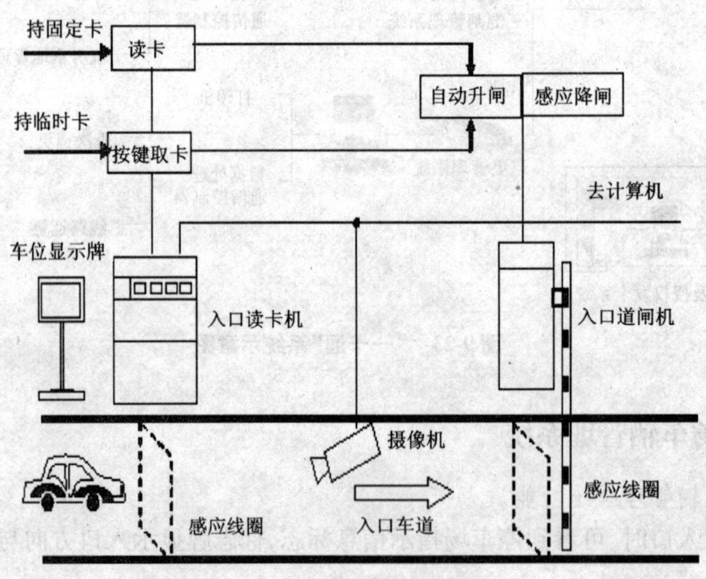

图 9-25 停车场入口系统结构

3. 停车场管理系统的主要设备

停车场管理系统的主要设备有出入口票据验读器、电动栏杆、自动计价收银机、车牌图像识别器、管理中心等。

4. 停车场管理布线系统图

图 9-26 为某一进一出停车场系统图。系统主要设备有出入口读卡机、电动栏杆、地感线圈、出入口摄像机、手动按钮、管理电脑等。出入口道闸可以手动和自动抬起、落下。管理电脑和读卡机之间，读卡机和道闸之间均采用 RVVP 6 ×0. 75 线缆。地感和道闸之间采用 BV 2 ×

1.0 线缆,手动按钮和道闸之间采用 RVVP 6×0.75 线缆。管理电脑和摄像机之间采用 128—75 的视频电缆。

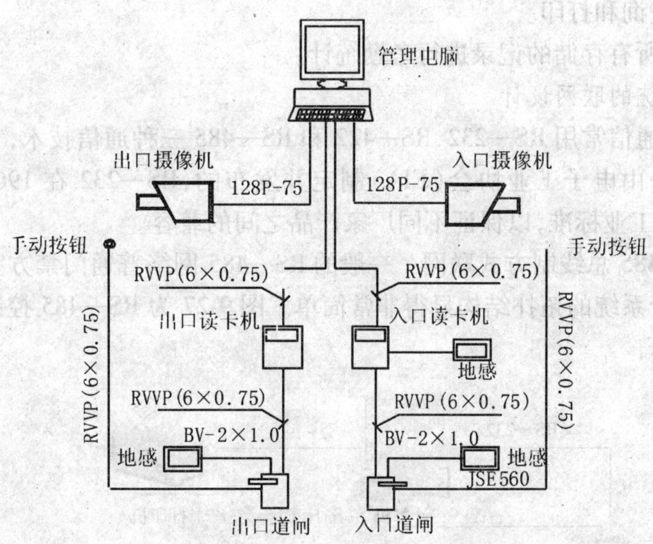

图9-26 停车场布线系统图

9.6.3 门禁控制系统

门禁控制系统也是出入口控制系统,该系统控制各类人员的出入以及他们在相关区域的行动。通常是预先制作出各种层次的卡或预定密码,在相关的大门出入口处安装磁卡识别器或密码键盘等,用户持有效卡或输入密码方能通过和进入。门禁控制系统一般要与防盗(劫)报警系统、闭路电视监视系统和消防系统联动,实现有效的安全防范。

1. 系统的组成

门禁控制系统一般由出入口目标识别子系统、出入口信息管理子系统和出入口控制执行机构三部分组成。系统的主要设备有门禁控制器、读卡器、电控锁、电源、射频卡、出门按钮及其他选用设备(如门铃、报警器、遥控器、自动拨号器、门禁管理软件、门窗磁感应开关)等。

(1)识别卡　按照工作原理和使用方式等方面的不同,可将识别卡分为接触式和非接触式、IC 和 ID、有源和无源。最终的目的都是作为电子钥匙被使用,只是在使用的方便性、系统识别的保密性等方面有所不同。

射频识别技术,是一项非接触式自动识别技术。它是利用射频方式进行非接触双向通信,以达到自动识别目标对象并获取相关数据,具有精度高、适应环境能力强、抗干扰强、操作快捷等许多优点。

(2)读卡器　读卡器分为接触式读卡器如磁条、IC,非接触读卡器如感应卡等。

(3)写入器　写入器是对各类识别卡写入各种标志、代码和数据(如金额、防伪码)等。

(4)控制器　控制器是门禁系统的核心,它由一台微处理机和相应的外围电路组成。由它来确定卡是否为本系统已注册的有效卡,该卡是否符合所限定的授权,从而控制电锁是否打开。

2. 门禁系统的主要功能

①管理各类进出人员并制作相应的通行证,设置各种进出权限。凭有效的卡片、代码和特

征，根据其进出权限允许进出或拒绝进出。

②门的状态及被控信息记录到上位机中，可方便地进行查询。断电等意外情形下能自动开门。实时统计、查询和打印。

③系统可以对所有存储的记录进行考勤统计。

3. 门禁控制系统的联网设计

门禁系统联网通信常用 RS—232、RS—422 和 RS—485 三种通信技术，它们都是串行数据接口标准，最初都是由电子工业协会(EIA)制定并发布的，RS—232 在 1962 年发布，命名为 EIA—232—E，作为工业标准，以保证不同厂家产品之间的兼容。

(1)采用 RS—485 总线制方式联网　一般的 RS—485 网络普通门禁方案采用 RS—485 总线制方式联网，整个系统的拓扑结构显得非常简单。图 9-27 为 RS—485 控制网络实物连接示意图。

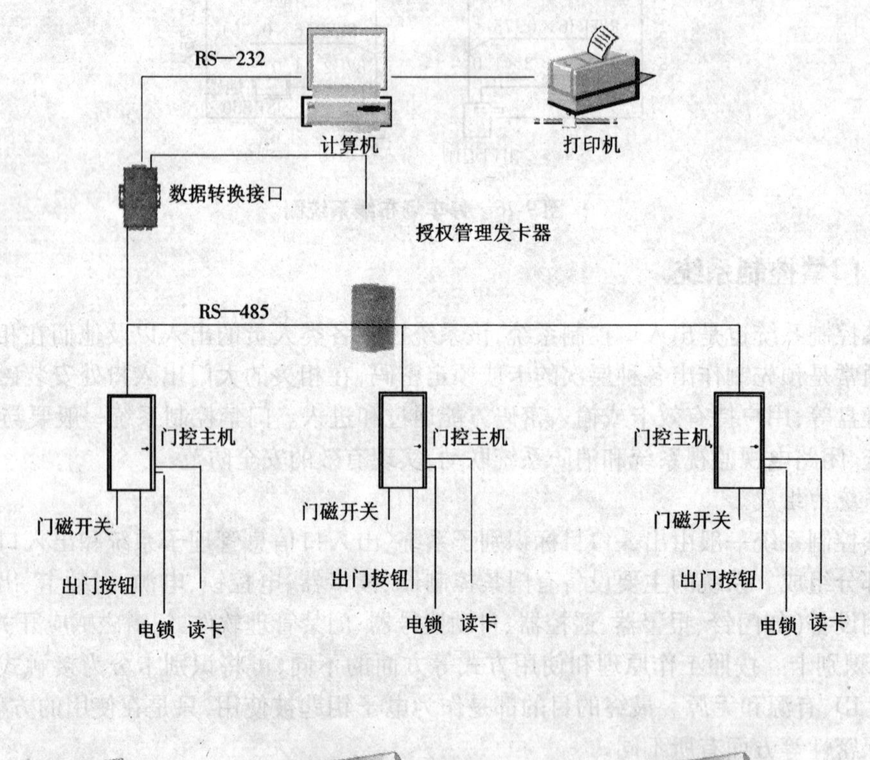

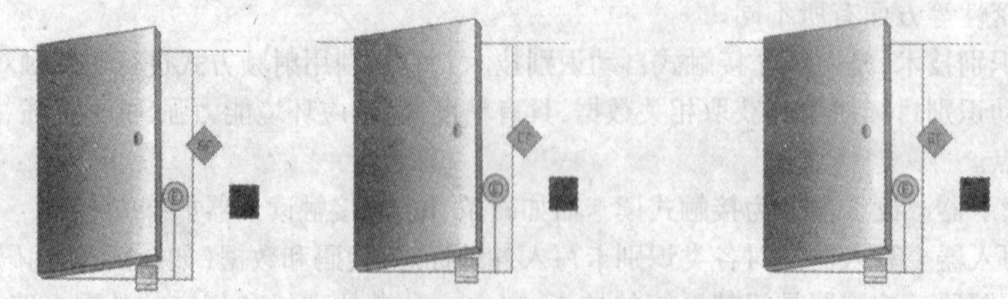

图 9-27　RS—485 控制网络实物连接示意图

图中读卡器与控制器之间采用 8 芯屏蔽双绞线(称读卡器线)，线径要求大于 0.3 mm × 0.3 mm，可用五类网络线。

电控锁与控制器之间采用2芯电源线(称锁线),线径要求大于0.5 mm×0.5 mm。如果锁线与读卡器线穿于同一根管中,则要求锁线采用2芯屏蔽线。

门按钮与控制器之间采用2芯电源线(称出门按钮线),线径要求大于0.5 mm×0.5 mm。

控制器与控制器及控制器与电脑的联网线,采用8芯屏蔽双绞线,线径要求大于0.3 mm×0.3 mm。可用五类网络线。

如果通信距离过长,如超过500 m,常采用中继器或者485HUB来解决问题。如果负载数过多,一条总线上超过30台设备,可采用485HUB来解决问题。对线路较长、负载较多的情况,采用主动科学的、有预留的解决方案。

(2)带TCP/IP网络功能的门禁系统控制网络　当使用TCP/IP联网方式时,每条TCP/IP下面可连接32台控制器,由于局域网的稳定性和无限扩展性,连接控制器数量也会大大增加,且稳定性极高。

如果系统支持30条RS—485总线,另加上TCP/IP联网方式,控制门点可达到几万个。如果自带TCP/IP网络转换模块,无须另接TCP/IP转换器,可直接接入局域网。TCP/IP控制网格实物连接示意图如图9-28所示。利用带TCP/IP联网功能的控制器接入交换机(或集线器),可以实现多级的大型联网,组建带Internet功能的控制网络。

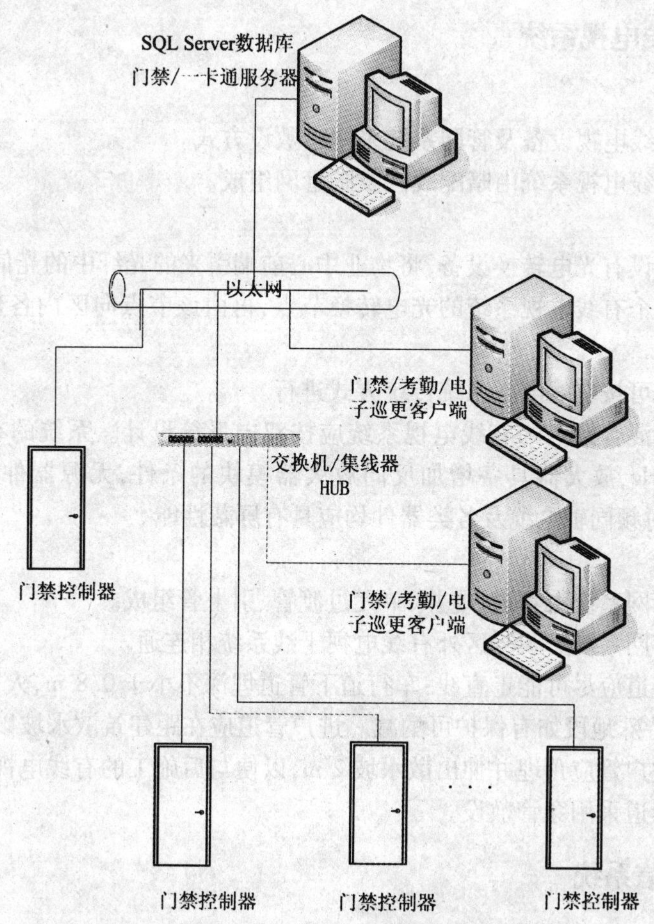

图9-28　TCP/IP控制网络实物连接示意图

4. 门禁控制系统图

图9-29为某建筑门禁控制系统示意图，系统由出入口控制管理主机、读卡器、电控锁、控制器等部分组成。各出入口管理控制器电源由UPS电源通过BV 3×2.5线统一提供，电源线穿SC15管暗敷设。出入口控制管理主机和出入口数据控制器之间采用RVVP 4×1.0线连接。图中在出入口管理主机引入消防信号，当有火灾发生时，门禁将被打开。

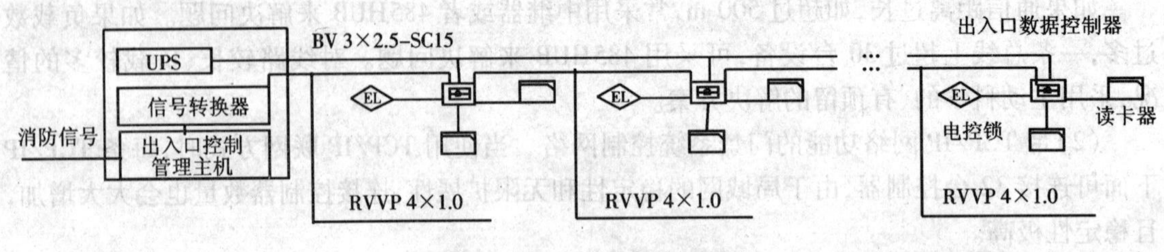

图9-29 门禁管理系统示意图

9.7 通信系统设计

9.7.1 共用天线电视系统

1. 一般要求

①建筑物的有线电视设备及管网系统采用暗敷设方式。

②建筑物的有线电视系统由暗配线网及暗管网组成。

2. 交接配线间

交接配线间内设有光电转换设备，将物业中心前端引来的光纤中的光信号转变为电信号，一个配线区就是一个有线电视系统的光电转换节点，再由该节点向区内各建筑按方向引出同轴电缆。

交接区内配线可按有线电视系统传统方式进行。

光纤同轴电缆混合网络的有线电视系统应按双向系统设计。系统的有源器件带宽应为750 MHz或860 MHz，放大器具备增加反向放大器模块的条件，无源器件频宽应达到1 000 MHz，所有采用的射频同轴电缆及各类器件均应具有屏蔽性能。

3. 具体要求

①有线电视管网系统由管道、缆井、单元过渡管、引上管组成。

②有线电视管网系统必须与区外有线电视干线系统相连通。

③有线电视管道应尽可能走直线；车行道下管道埋深不小于0.8 m，人行道和进户管道埋深不小于0.6 m，特殊地段如有保护可酌减。进户管道应在距建筑散水坡以外2 m设缆井；先施工建筑的地下进户管应预埋并伸出散水坡2 m，以便与后施工的有线电视管网相接。

④有线电视管道采用穿管敷设。

9.7.2 电话通信系统

1. 配线间

配线间内设置具有跳线功能的电话交接配线箱（柜），由物业管理中心机房引来为本交接配线区服务的一条干线或支干线电话电缆,进入配线箱端子排外线侧,由配线箱内线侧引出多条小对数的电话电缆,分别直接送达配线区内的各栋建筑,内外侧端子排之间用跳线连接。

2. 线缆

到每栋住宅楼一般为一栋一条配线电缆,配线电缆容量应按该建筑住户数的 2 倍考虑。在按常用电话电缆的标称对数取整确定,即每个住户保证有两条电话用户线引入。

由物业管理中心机房引来的一根大对数电话电缆的容量,其芯线对数可按配线区住户数的 1.2 ~1.4 倍的系数取值,系数取值的大小与该住宅区居民群体构成情况有关。

9.7.3 网络通信系统

对于一个有多交接配线区或组团组成的智能小区,每个交接配线区或每个组团都会有几栋或是几栋建筑组成。这样的小区应该是一个具有三级交换的内部网,即物业管理中心机房为网络中心,各交接配线间内设二级数据交换机,各住宅楼内设用户交换机或集线器。二级数据交换机至网络中心用一条光缆连接即可。二级数据交换机至本配线区内各建筑的用户交换机或集线器的线缆根据其距离远近,采用多模光缆或 UTP 铜缆,如果在 90 m 以内,则尽量采用铜缆。

另一种情况是,交接配线间不设二级数据交换机,仅设置光纤布线,一个光纤布线具有多个光缆互连单元,可起到与上述相同作用。

9.7.4 住宅通信系统设计实例

1. 设计说明

1)设计依据

①相关专业提供的工程设计资料。

②各市政主管部门对初步设计的审批意见。

③建设单位提供的设计任务书及设计要求。

④中华人民共和国现行主要标准及法规。

2)设计范围

①有线电视系统。

②电话通信系统。

③宽带系统。

3)有线电视系统

①电视信号由室外有线电视网的市政接口引来,进楼预埋两根 SC40 钢管。

②系统采用 750 MHz 邻频传输,要求用户电平满足(64 ±4)dB;图像清晰度不低于 4 级。

③放大器及分支分配器箱均安装在各层。嵌墙暗装。

④干线电缆选用 SYV—75—9,穿 RC25 管。支线选用 SYV—75—7,穿三 SC25 管。入户线选用 SYV—75—5,穿 PC16 管。沿墙及楼板暗敷。每户在起居室及卧室各设一个电视插座,用户电视插座暗装,底边距地 0.3 m。

4)电话系统

①每户按 2 对电话线考虑,在起居室、主卧室各设一个电话插座。

②市政电话电缆由室外引入至首层弱电竖井内的总接线箱,再由总接线箱通过竖井引至各层分线箱,由分线箱分线给室内每个电话插座。

③电话电缆及电话线选用 HYA 和 RVS 型，穿 RC 管敷设，沿墙、沿地暗敷设。

④总分线箱和层分线箱嵌墙暗装，底边距地 1.4 m。电话插座暗装，底边距地 0.3 m。

5）宽带系统

①宽带信号由光纤（穿 RC80 管）引入首层光缆总接线箱 FDO，再由 FDO 用五类 UTP 电缆（穿 PC 管）引至楼层信息分线箱 FDI，由分线箱分线给室内每个信息插座。每户在卧室设一个信息插座。

②FDO、FDI 嵌墙暗装，下皮距地 0.5 m，信息插座暗装，下皮距地 0.3 m。

6）其他

未说明未尽事宜按有关标注和规范进行施工。

2. 施工图样

图 9-30 为某多层住宅电视系统图，图 9-31 为多层住宅宽带网络系统图，图 9-32 为多层住宅电话系统图，图 9-33 和图 9-34 分别为标准层弱电和顶层弱电平面图。

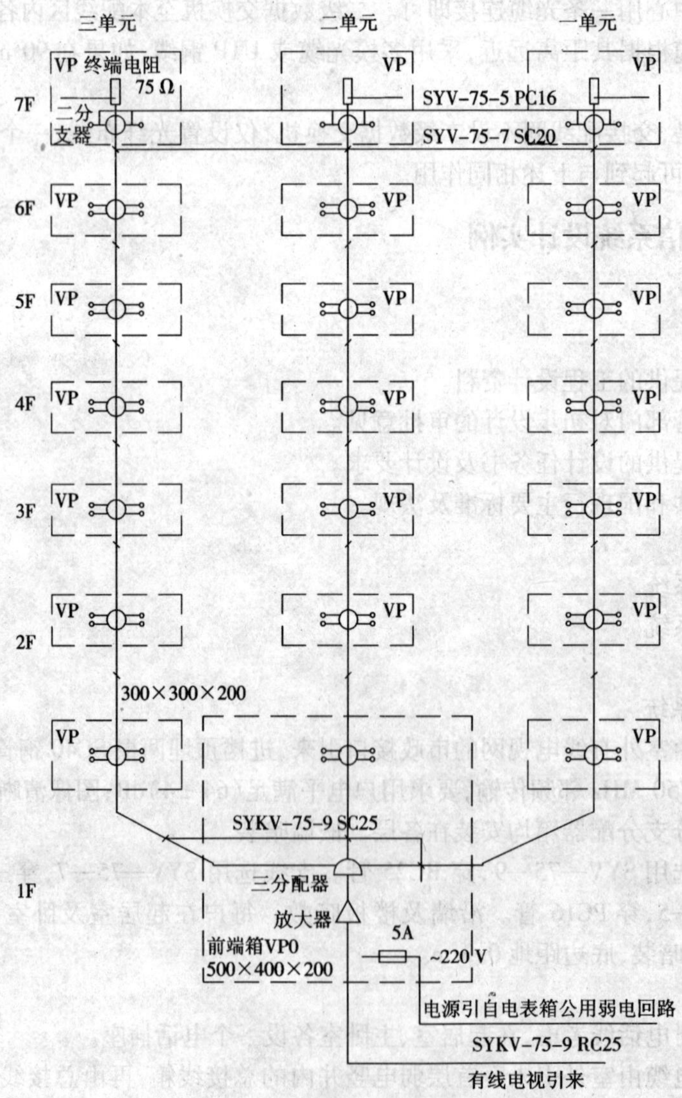

图 9-30　多层住宅电视系统图

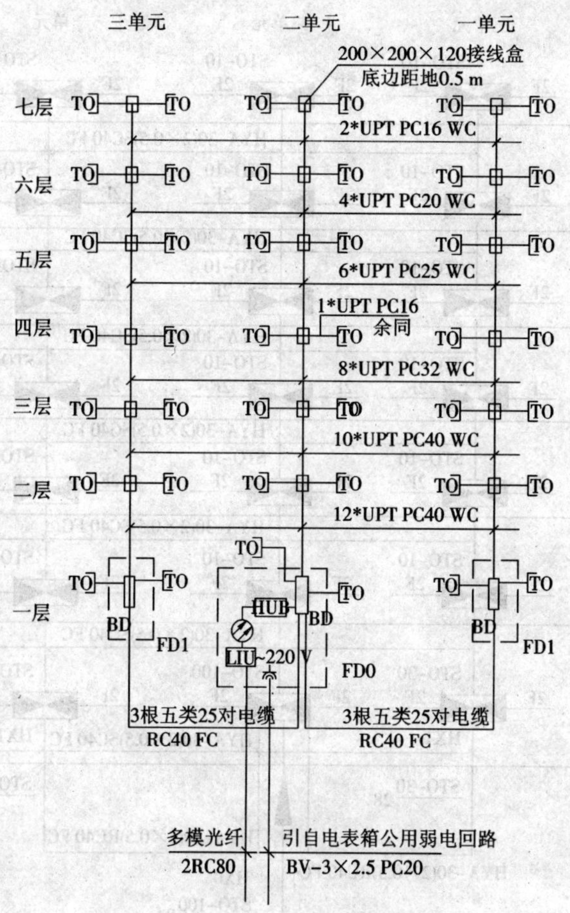

图 9-31　多层住宅宽带网络系统图

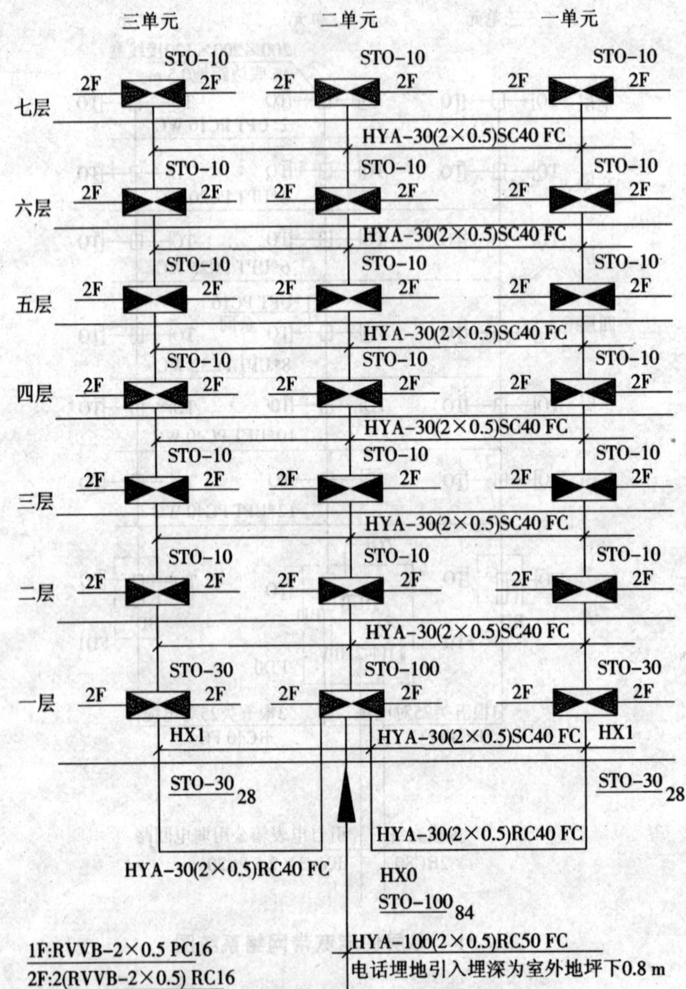

STO—100 箱体尺寸 400×900×160 mm

STO—30 箱体尺寸 400×650×160 mm

STO—100 箱体尺寸 400×280×160 mm

图 9-32　多层住宅电话系统图

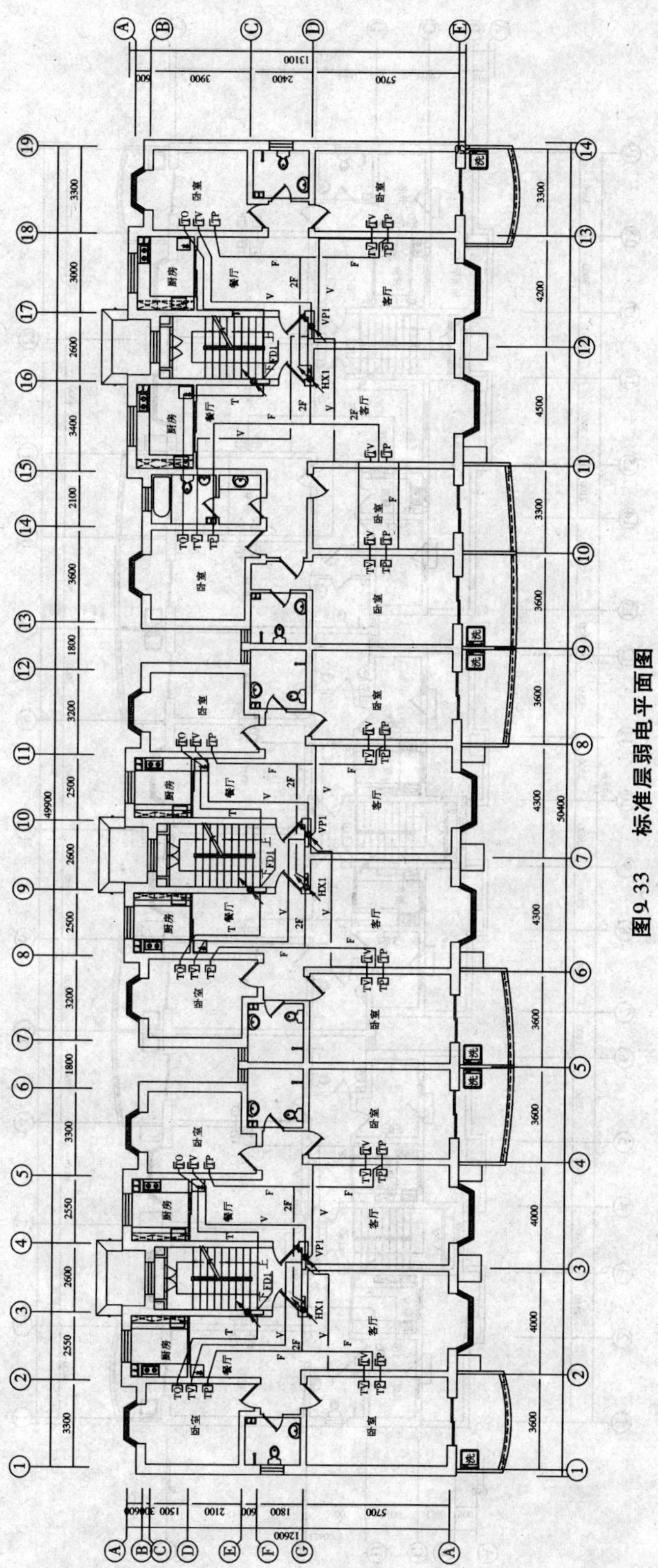

图9.33　标准层弱电平面图

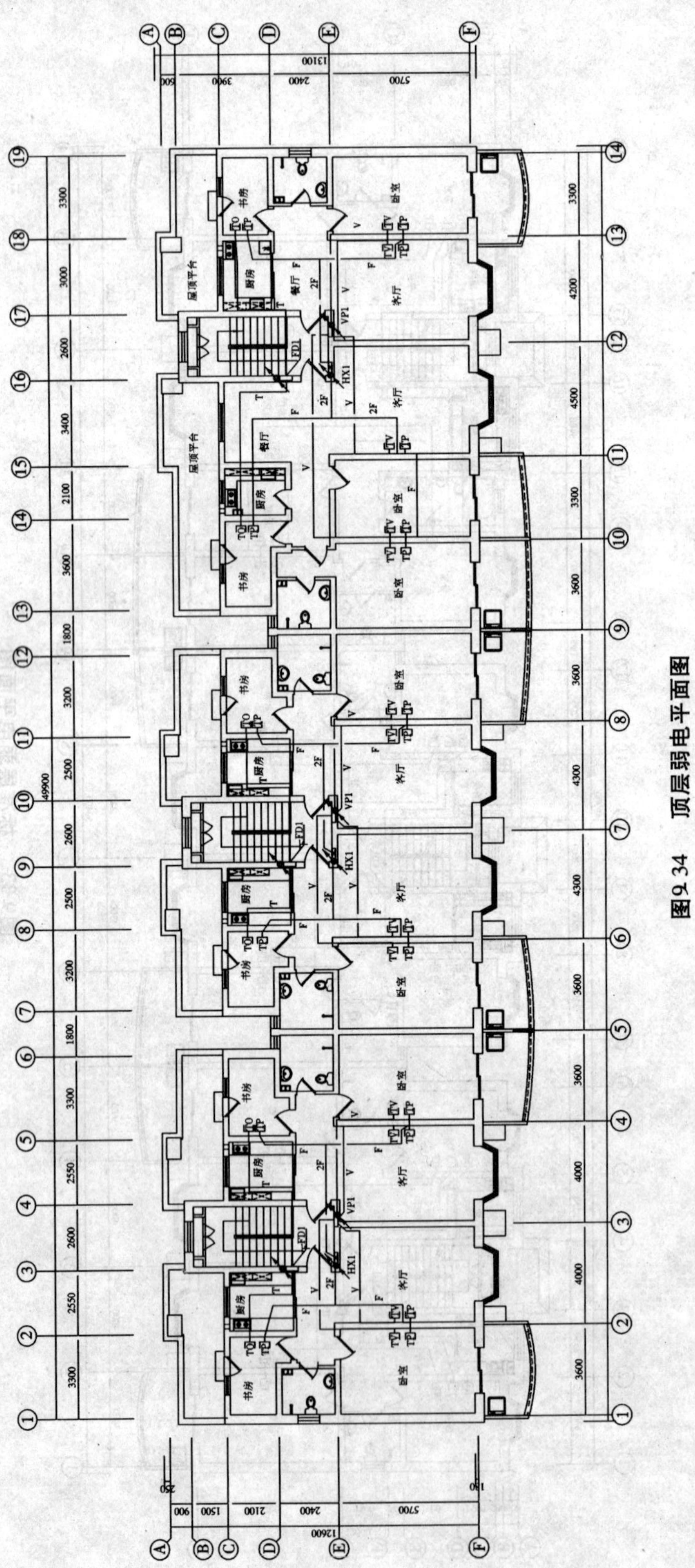

图9.34 顶层弱电平面图

思考题与习题

1. 住宅小区有哪些类型?
2. 什么是智能化住宅小区?
3. 智能化住宅小区评定分为几个级别?
4. 智能化住宅小区有哪些组成部分?
5. 智能化住宅小区社区安防系统包括哪些子系统?
6. 小区信息服务系统有哪些功能?
7. 小区物业管理系统有哪些功能?
8. 远程抄表系统有哪几种组成方式?
9. 什么叫“一卡一库一网”?
10. 停车场车辆管理系统有哪些功能?

附录　弱电工程常用图形符号

表 1　弱电常用图形符号——闭路电视

序　号		名　称	图形符号	备　注
1.	GB/T、IEC	电视摄像机		
2.	GB/T、IEC	带云台的电视摄像机		
3.	GB/T、IEC	球形摄像机	R	
4.	GB/T、IEC	带云台的球形摄像机	R	
5.	GB/T、IEC	有室外防护罩的电视摄像机	OH	
6.	GB/T、IEC	有室外防护罩的带云台的摄像机	OH	
7.	GB/T、IEC	彩色电视摄像机		
8.	GB/T、IEC	带云台的彩色电视摄像机		
9.	GB/T、IEC	电视监视器		
10.	GB/T、IEC	彩色电视监视器		

续表

序号		名称	图形符号	备注
11.	GB/T、IEC	带式录像机		
12.	GY/T	解码器	DEC	
13.	GA/T	视频顺序切换器(X代表几位输入,Y代表几位输出)	Y SV … X …	
14.	GA/T	图像分割器(X代表画面数)	(X)	
15.	GA/T	视频分配器(X代表输入,Y代表几位输出)	… Y … SV X	
16.	GB/T、IEC	彩色电视接收机		
17.	GY/T	监视立柜	MR	
18.	GY/T	监视墙屏	MS	
19.	GB/T、IEC	混合网络		
20.		有源混合器(示出五路输入)		

表2 弱电常用图形符号——有线电视

序 号		名 称	图形符号	备 注
1.	GB/T、IEC	天线一般符号		
2.	GB/T、IEC	带矩形波导馈线的抛物面天线	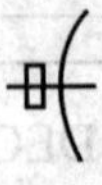	
3.	GB/T、IEC	前端		有当地天线引入的前端,示出一个馈线支路,馈线支路可以从圆的任何点画出
4.	GB/T、IEC	前端		无当地天线引入的前端,示出一个输入和一个输出通路
5.	GB/T、IEC	放大器一般符号 终端器一般符号	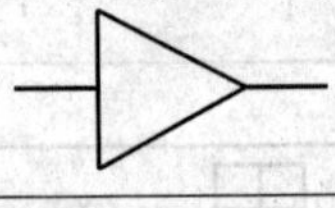	
6.	GB	具有反向通路的放大器	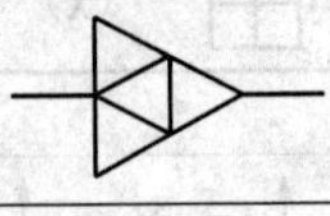	
7.		带自动增益和/或自动斜率控制的放大器	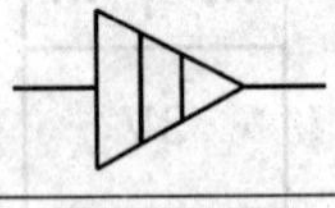	
8.		具有反向通路并带自动增益和/或自动斜率控制的放大器	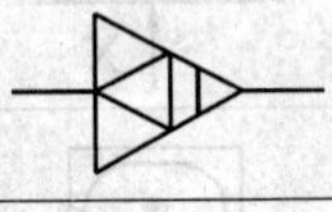	
9.	GB	桥接放大器(示出三路支线或分支线输出)	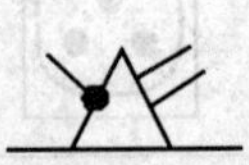	(1)标有小圆点的一端输出电平较高。 (2)支线或分支线可按任意适当角度画出
10.	GB	干线桥接放大器(示出三路支线输出)	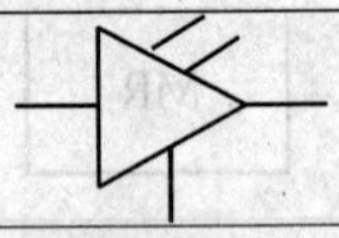	
11.		线路(支线或分支线)末端放大器(示出两路分支线输出)	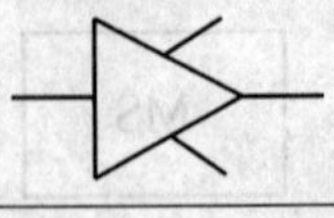	
12.		干线分配放大器(示出两路干线输出)		
13.	GB/T、IEC	混合网络	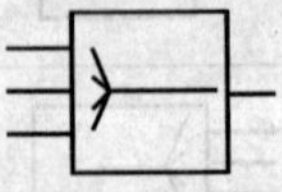	
14.		有源混合器(示出五路输入)	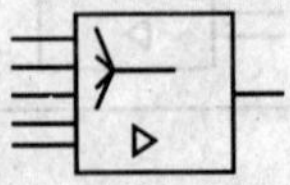	

续表

序 号		名 称	图形符号	备 注
15.		分波器(示出五路输出)	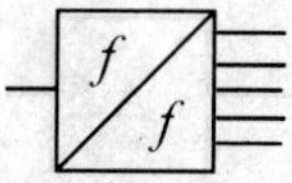	
16.	GB/T、IEC	二路分配器	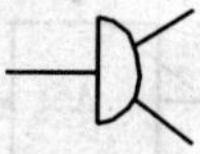	
17.	GB	三路分配器	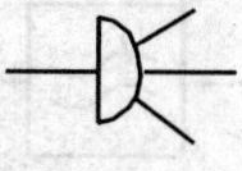	
18.		四路分配器		
19.	GB	定向耦合器	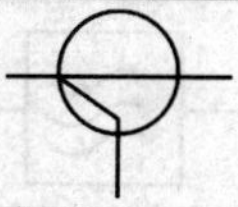	
20.	GB/T、IEC	信号分支一般符号		
21.	GB/T、IEC	用户分支器(示出一路分支)		
22.		用户二分支器	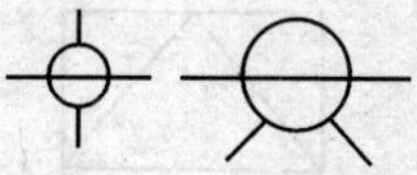	
23.		用户四分支器	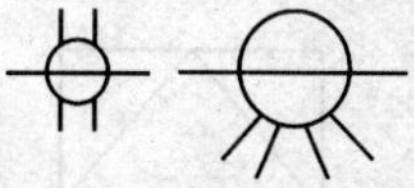	
24.	GB/T、IEC	系统出线端	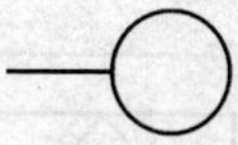	
25.		串接式系统输出口	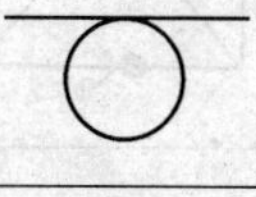	
26.		具有一路外接输出地串接式系统输出口	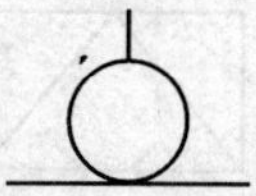	
27.	GB/T、IEC	均衡器		
28.	GB/T、IEC	可变均衡器	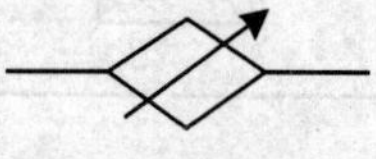	

续表

序　号		名　称	图形符号	备　注
29.	GB/T、IEC	固定衰减器	A	
30.	GB/T、IEC	可变衰减器	A	
31.	GB	高通滤波器		
32.	GB	低速滤波器		
33.	GB	带通滤波器		
34.	GB	带阻滤波器		
35.		陷波器	N	
36.	GB/T、IEC	调节器、解调器或鉴别器一般符号		
37.	GB/T、IEC	调制器		
38.	GB/T、IEC	解调器		
39.	GB/T、IEC	调制解调器		
40.		变频器，频率由 f_1 变到 f_2，f_1 和 f_2 可用输入和输出频率数值代替	f_1 f_2	

续表

序　号	名　称	图形符号	备　注
41.	匹配终端		
42.	彩色电视接收机		
43.	视盘放像机		
44.	卫星电视接收机	S	
45.	正弦信号发生器	G ~ *	星号“*”可用具体频率值代替
46.	线路供电器（示出交流型）	~	
47.	供电阻断器（示在一条分配馈线上）		
48.	线路电源接入点		
49.	有线电视接收天线		
50.	高频避雷器		

续表

序 号	名 称	图形符号	备 注
51.	视频通路(电视)		
52.	光纤或光缆一般符号		
53.	光发射机		
54.	光接收机		
55. GB	光电转换器	O E	
56. GB	电光转化器	E O	
57.	光连接器(插头—插座)		
58.	光纤光路中的转换接点		
59.	光衰减器	A	

表3　弱电常用图形符号——公共广播

序　号		名　称	图形符号	备　注
1.	GB	天线		
2.	GB/T、IEC	调谐器、天线电接收机		
3.		调幅调频收音机	AM/FM	
4.	GB/T、IEC	放音机、唱机		
5.	GB/T、IEC	带录音机		
6.		双卡录放音机		
7.		自动放音机	AT	
8.		自动录音机	AR	
9.		激光唱机		
10.	GB/T、IEC	光盘式播放机		
11.		传声器一般符号		
12.		呼叫站		
13.	GB/T、IEC	放大器设备	*	需指出放大器设备的种类时，在符号“＊”处就近用下述字母替代标注： A——扩大机 PRA——前置放大器 AP——功率放大器

续表

序号		名称	图形符号	备注
14.		扬声器		需要注明扬声器的型式时,在符号“ * ”处就近用下述字母替代标注: C——吸顶式安装型扬声器 R——嵌入式安装型扬声器 W——壁挂式安装型扬声器
15.		吊顶内扬声器箱		
16.	GB/T、IEC	扬声器箱、音箱、声柱		
17.	GY/T	高音号筒式扬声器		
18.		客房床头控制柜		
19.	GA/T	火灾警报扬声器		
20.		音频变压器		
21.	GY/T	电平控制器		
22.		监听器		
23.		分路广播控制盘	RS	
24.		带火灾事故广播的分路广播控制盘	RFS	
25.		火灾事故广播切换器	QT	
26.		火灾事故广播联动控制信号源	FCS	

续表

序号		名称	图形符号	备注
27.		蓄电池组		
28.		直流配电盘		
29.		直流稳压电源	DCGV	
30.		广播分线箱	B	
31.		端子箱	XT	
32.		端子板	1 2 3 4 5 6 7	
33.		继电器线圈		
34.		匹配电阻、匹配负载		
35.		保安器		
36.	GB/T、IEC	广播线路	B	
37.		调频	FM	
38.		调幅	AM	

表4 弱电常用图形符号——消防

序号		名称	图形符号	备注
1.	GB/T	火灾报警装置	⋇	需区分火灾报警装置时，在符号“⋇”处就近用下述字母替代标注： C——集中型火灾报警控制器 Z——区域型火灾报警控制器 G——通用火灾报警控制器 S——可燃气体报警控制器 GE——气体灭火控制盘
2.	GB/T、ISO	自动消防设备控制装置	AFE	
3.	GB/T、ISO	消防联动控制装置	IC	
4.	GB/T、ISO	火灾控制、指示设备	⋇	需区分火灾控制、指示设备时，在符号“＊”处就近用下述字母替代标注： RS——防火卷帘门控制器 RD——防火门磁释放器 I/O——输入/输出模块 O——输出模块 I——输入模块 P——电源模块 T——电信模块 SI——短路隔离器 M——模块箱 SB——安全栅 D——火灾显示盘 FI——楼层显示盘 CRT——火灾计算机图形显示系统 FPA——火警广播系统 MT——对讲电话主机
5.	GB/T、ISO	缆式线型定温探测器	CT	
6.	GB/T、ISO	感温探测器		
7.	GB/T、ISO	感温探测器（非地址码型）	N	
8.	GB/T、ISO	感烟探测器		

续表

序　号		名　称	图形符号	备　注
9.	GB/T、ISO	感烟探测器（非地址码型）	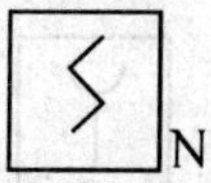 N	
10.	GB/T、ISO	感烟探测器（防爆型）	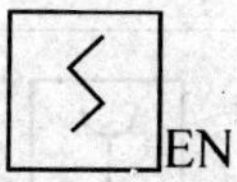 EN	
11.	GB/T、ISO	感光火灾探测器		
12.	GB/T、ISO	气体火灾探测器（点式）		
13.	GA/T	复合式感烟感温火灾探测器		
14.	GA/T	复合式感光感烟火灾探测器		
15.	GA/T	点型复合式感光感温火灾探测器		
16.	GA/T	线型差定温火灾探测器	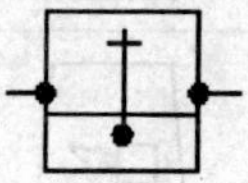	
17.	ZBC、GA/T	线型光束感烟火灾探测器（发射部分）	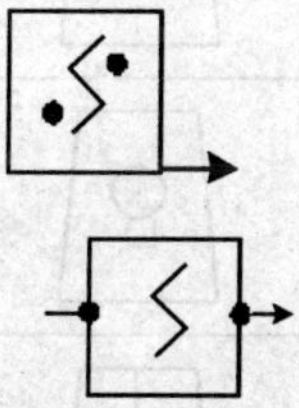	
18.	ZBC、GA/T	线型光束感烟火灾探测器（接收部分）	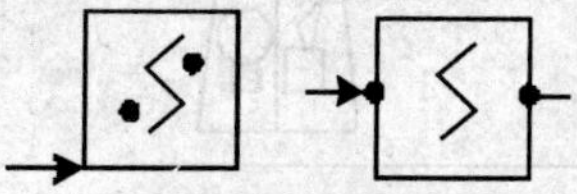	
19.	GA/T	线型光束感烟感温火灾探测器（发射部分）	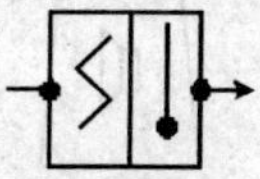	
20.	GA/T	线型光束感烟感温火灾探测器（接收部分）	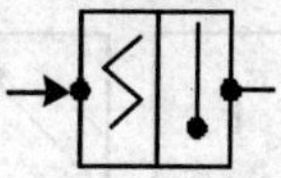	
21.	GA/T	线型可燃气体探测器		

续表

序号		名称	图形符号	备注
22.	GB/T	手动火灾报警按钮		
23.	GA/T	消火栓起泵按钮		
24.	GB/T、ISO	火灾报警电话机（对讲电话机）		
25.	ZBC、GB/T	火灾电话插孔（对讲电话插孔）	T	
26.	GB/T、ISO	带手动报警按钮的火灾电话插孔		
27.	GB/T、ISO	火警电铃		
28.	GB/T、ISO	警报发声器		
29.	GA/T	火灾光警报器		
30.	GA/T	火灾声、光警报器		
31.	GA/T	火灾警报扬声器		
32.	GA/T	水流指示器	F	
33.	GB/T、ISO	压力开关	P	

续表

序　号		名　称	图形符号	备　注
34.	GB/T、ISO	带监视信号的检修阀		
35.		报警阀		
36.		防火阀(需表示风管的平面图用)		
37.		防火阀(70 ℃熔断关闭)		
38.		防烟防火阀(24 V控制,70 ℃熔断关闭)	E	
39.		防火阀(280 ℃熔断关闭)	280	
40.		防烟防火阀(24 V控制,280 ℃熔断关闭)	280E	
41.		排烟防火阀		
42.		增压送风口		
43.		排烟口	SE	
44.	GB/T、ISO	应急疏散指示标志灯	EEL	
45.	GB/T、ISO	应急疏散指示标志灯(向右)	EEL →	

续表

序 号	名 称	图形符号	备 注
46. GB/T、ISO	应急疏散指示标志灯(向左)	EEL ←	
47. GB/T、ISO	应急疏散照明灯	EL	
48.	消火栓		
49.	配电箱(切断非消防电源用)		
50.	电控箱(电梯迫降)	LT	
51.	电控箱		
52.	紧急启、停按钮		
53.	启动钢瓶		
54.	放气指示灯		
55.	排风扇	∞	
56.	煤气管道阀门执行器	V	

表5　弱电常用图形符号——保安及防盗报警

序　号		名　称	图形符号	备　注
1.		防盗探测器		
2.		防盗报警控制器		
3.		超声波探测器	U	
4.	GA/T	微波探测器	M	
5.	GA/T	遮挡式微波探测器（Tx、Rx分别为发射、接收）	Tx M Rx	
6.	GA/T	被动红外线探测器	IR	
7.	GA/T	主动红外线探测器（Tx、Rx分别为发射、接收）	Tx IR Rx	
8.	GA/T	被动红外/微波双鉴探测器	IR/M	
9.	GA/T	玻璃破碎探测器	B	
10.	GA/T	压敏探测器	P	

续表

序　号		名　称	图形符号	备　注
11.		振动探测器	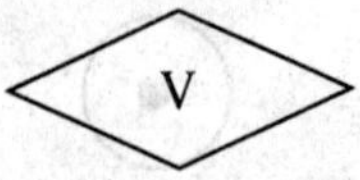	
12.	GA/T	门磁开关		
13.	GB/T、ISO	感温探测器		
14.	GB/T、ISO	感烟探测器		
15.	GB/T、ISO	气体火灾探测器(点式)		
16.	GA/T	压力垫开关		
17.	GA/T	紧急脚挑开关		
18.	GA/T	紧急按钮开关		
19.	GB/T	报警按钮		
20.		出门按钮		

表6　弱电常用图形符号——门禁及对讲

序　号		名　称	图形符号	备　注
1.	GA/T	电控门锁	EL	
2.		电磁门锁	ML	
3.		变压器		
4.	GA/T	读卡机		
5.		非接触式读卡机		
6.		指纹读入机		
7.		报警警铃		
8.		报警喇叭		
9.		声光报警器		
10.		报警闪灯		

续表

序　号	名　称	图形符号	备　注
11. GA/T	保安巡逻打卡器		
12.	保安控制器	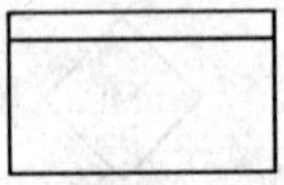	
13. GA/T	楼宇对讲电控防盗门主机	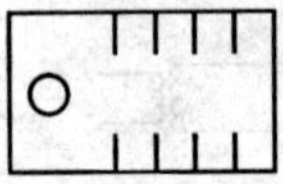	
14.	可视电话机		
15.	对讲电话分机		
16.	对讲门口主机		
17. GA/T	可视对讲机	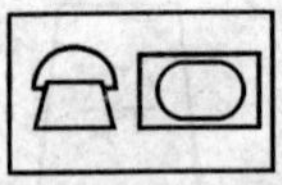	
18. GB/T、IEC	可视对讲户外机	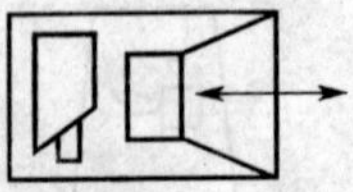	
19.	层接线箱		
20.	彩色电视接收机		

表 7　弱电常用图形符号——楼宇设备自动化

序　号		名　称	图形符号	备　注
1.	GBJ	温度传感器元件		
2.	GBJ	湿度传感器元件		
3.	GBJ	液位传感元件		
4.	GBJ	流量传感元件		
5.	GBJ	压力传感元件		
6.		流量测量元件(* 为位号)	FE *	
7.		一氧化碳浓度测量元件(* 为位号)	CO *	
8.		二氧化碳浓度测量元件(* 为位号)	CO_2 *	
9.		温度变送器(* 为位号)	TT *	
10.		湿度变送器(* 为位号)	MT *	
11.		液位变送器(* 为位号)	LT *	
12.		流量变送器(* 为位号)	FT *	
13.		压力变送器(* 为位号)	PT *	
14.		压差变送器(* 为位号)	PdT *	

续表

序 号		名 称	图形符号	备 注
15.		位置变送器（＊为位号）	ZT *	
16.		速率变送器（＊为位号）	ST *	
17.		电流变送器（＊为位号）	IT *	
18.		电压变送器（＊为位号）	XT *	
19.		电能变送器（＊为位号）	ET *	
20.		频率变送器（＊为位号）	f *	
21.		功率因数变送器（＊为位号）	$\cos\varphi$ *	
22.		有功功率变送器	J *	
23.		无功功率变送器	Q	
24.	IEC	有功电能表	Wh	
25.	GB/T、IEC	水表	WM	
26.	GB/T、IEC	燃气表	GM	
27.		模拟/数字变换器	A/D	

续表

序号		名称	图形符号	备注
28.		数字/模拟变换器	D/A	
29.	GB/T、IEC	计数器控制		
30.	GB/T、IEC	流体控制		
31.	GB/T、IEC	气流控制		
32.	GB/T、IEC	相对湿度控制	$\%H_2O$	
33.		液体流量开关	FS	
34.		气体流量开关	AFS	
35.		防冰开关	LT	
36.	GB/T、IEC	电动阀	M	
37.	GB	电磁阀	M	

续表

序号		名称	图形符号	备注
38.		电动三通阀		
39.		电动蝶阀	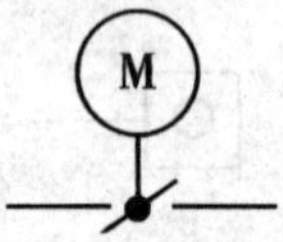	
40.		电动风门		
41.	GBJ	空气过滤器	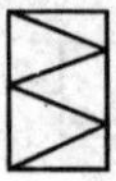	
42.	GBJ	空气加热器		
43.	GBJ	空气冷却器		
44.	GBJ	风机盘管		
45.	GB	窗式空调器		
46.	GBJ	对开式多叶调节阀	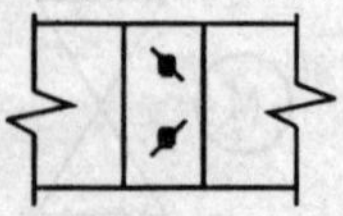	
47.	GBJ	电动对开多叶调节阀	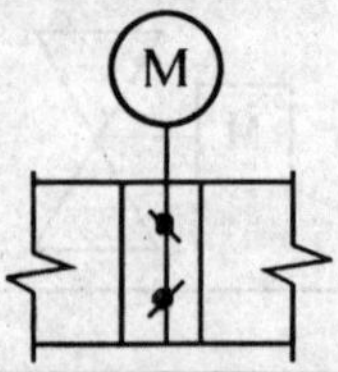	

续表

序　号		名　称	图形符号	备　注
48.	GBJ	三通阀		
49.	GBJ	四通阀		
50.	GBJ	节流孔板		
51.	GBJ	加湿器		
52.		风机		
53.		冷却塔		
54.		冷水机组		
55.		热交换器		
56.		水泵		
57.		电气配电、照明箱		
58.	GB/T、IEC	直接数字控制器	DDC	
59.	GB/T、IEC	建筑自动化控制器	BAC	
60.	GB/T、IEC	数据传输线路	T	

表 8 弱电常用图形符号——通信及综合布线

序号		名称	图形符号	备注
1.	GB/T、IEC	自动交换设备		
2.	GB/T、IEC		Ж	需指出自动交换设备的类型时，在符号处就近“Ж”，用下述字母替代标注： SPC——程控交换机 PABX——程控用户交换机 C——集团电话主机
3.	YD/T	总配线架	MDF	
4.	YD/T	数字配线架	DDF	
5.	YD/T	光纤配线架	ODF	
6.		单频配线架	VDF	
7.		中间配线架	IDF	
8.		楼层配线架	FD	
9.	YD	综合布线配线架（用于概略图）		
10.	YD	集线器	HUB	
11.	YD	集合点	CP	
12.	GB/T、IEC	电话机一般符号		
13.	YD/T	防爆电话机一般符号		

续表

序　号		名　称	图形符号	备　注
14.	GB/T、IEC	对讲机内部电话设备		
15.		电话出线座	TP	
16.	YD/T	分线盒一般符号	简化形	
17.	YD/T	室内分线盒		
18.	YD/T	室外分线盒		
19.	YD/T	分线箱一般符号	简化形	
20.	YD/T	壁龛分线箱	W 简化形	
21.	YD/T	架空交接箱		
22.	YD/T	落地交接箱		
23.	YD/T	壁龛交接箱		
24.		光纤配电设备	LIU	
25.	GB/T、IEC	电信插座一般符号		

续表

序号		名称	图形符号	备注
26.		信息插座	形式1 nTO 形式2 nTO	
27.		信息插座	TO	
28.		传真机一般符号		
29.		光纤或光缆一般符号		
30.		光发射机		
31.		光接收机		
32.	GB	光电转换器	O E	
33.	GB	电光转换器	E O	
34.		光连接器（插头—插座）		
35.		光纤光路中的转换接点		
36.		光衰减器	A	

表9　弱电常用图形符号——计算机及其他

序号		名称	图形符号	备注
1.	GB/T、IEC	计算机	CPU	
2.		显示器	CRT	
3.	GB/T、IEC	操作键盘	KY	
4.	GB/T、IEC	打印机		
5.	GB/T、IEC	接口器件一般符号		
6.	GB/T、IEC	过电压保护装置		
7.	GA/T	模拟显示板		
8.	GA/T	报警传输发送、接收器	Tx/Rx	
9.	GA/T	视频报警器	MVT	
10.	GB/T、IEC	线路电源器件、示出交流型	~	

续表

序 号		名 称	图形符号	备 注
11.	GB/T、IEC	线路电源接入点		
12.	GB/T、IEC	光纤或光缆一般符号		
13.	GB/T、IEC	电话线路或电话电路	F	
14.	GB/T、IEC	数据传输线路	T	
15.	GB/T、IEC	视频通路(电视)	V	
16.	GB/T、IEC	射频线路	R	
17.	GB/T、IEC	综合布线系统线路	GCS	
18.	GB/T、IEC	广播线路	B	
19.	GB/T、IEC	永久接头		

参考文献

[1]张玉萍. 建筑弱电工程读图识图与安装[M]. 北京:中国建材工业出版社,2009.
[2]杨绍胤. 智能建筑设计实例精选[M]. 北京:中国电力出版社,2006.
[3]迟长春,黄民德,陈冰. 有线电视系统工程设计[M]. 天津:天津大学出版社,2009.
[4]喻建华,陈旭平. 建筑弱电应用技术[M]. 武汉:武汉理工大学出版社,2009.
[5]孙景芝,张铁东. 楼宇智能化技术[M]. 武汉:武汉理工大学出版社,2009.
[6]杨国庆,张志钢. 网络通信与综合布线技术[M]. 天津:天津大学出版社,2008.
[7]张永坚. 智能建筑技术[M]. 北京:中国水利水电出版社,2007.
[8]黎连业,王超成,苏畅. 智能建筑弱电工程设计与实施[M]. 北京:中国电力出版社,2006.
[9]李英姿,等. 住宅弱电系统设计教程[M]. 北京:机械工业出版社,2006.
[10]郑洁,伍培. 智能建筑概论[M]. 重庆:重庆大学出版社,2006.
[11]《民用建筑电气设计规范》(JCJ 16—2008)
[12]《安全防范工程技术规范》(GB 50348—2004)
[13]《入侵报警系统工程设计规范》(GB 50394—2007)
[14]《视频安防监控系统工程设计规范》(GB 50395—2007)
[15]《出入口控制系统工程设计规范》(GB 50396—2007)
[16]《住宅小区安全防范系统通用技术要求》(GB/T 21741—2008)
[17]《民用闭路监视电视系统工程技术规范》(GB 50198—94)
[18]《智能建筑设计标准》(GB/T 50314—2006)
[19]《智能建筑工程质量验收规范》(GB 50339—2003)
[20]《综合布线系统工程设计规范》(GB/T 50311—2007)
[21]《综合布线系统工程验收规范》(GB/T 50312—2007)
[22]《大楼通信综合布线系统 第1部分:总规范》(YD/T 926.1—2009)
[23]《大楼通信综合布线系统 第2部分:电缆、光缆技术要求》(YD/T 926.2—2009)
[24]《大楼通信综合布线系统 第3部分:连接硬件和接插软线技术要求》(YD/T 926.3—2009)